제2판

농산물 브랜드 마케팅
AGRICULTURAL BRAND MARKETING

권기대 ｜ 김신애

개정판 머리말

회억하건대, 1994년 우루과이 라운드(UR)의 무역협상 타결, 1995년 지구촌 무역경찰 격인 세계무역기구(WTO)의 출범, 그리고 이어진 1998년 자유무역협정(FTA)은 서울의 중심가에서 최루탄이 난무하고, 정부를 원망하는 국민들의 격렬한 데모로 저항, 투쟁 그리고 정부와의 갈등과 분열의 어두운 그림자이었다. 필자도 농민의 아들이었기에 우리 농업을 걱정하지 않을 수 없었다.

그 시점에 선진 농업국의 Dole, Washington Apple(미국), Zespri(뉴질랜드), Sunrice(호주)라는 브랜드를 소유한 기업들은 우리나라 내수시장 진입을 정조준하였다. 동시에 정부는 풍전등화의 심정으로 우리 농민들에게 피해를 최소화하고, 장기적으로 우리 농산물의 수출 경쟁력을 높이는 정책의 일환에서 1999년 11월 우리 농산물의 브랜드화를 육성시키는 정책을 발표하였다.

우리나라 농산물 브랜드의 역사는 25년에 이른다. 농가들이 생산한 농산물에 일정한 품질 이상의 농산물에만 지자체에서 개발한 농산물 공동브랜드를 부착·유통하여 소비자의 높은 신뢰를 얻고 있다. 오늘날의 표적 소비자에 해당되는 MZ세대들은 농산물의 표준화·규격화·등급화된 사과(正品)를 정량(正量)(1개/300g)에 정가(正價)로 정시(正時)에 구입하는 환경 속에 살고 있다.

소비자의 오감(五感)에 의한 '신뢰의 농산물 브랜드 네이밍'은 '우리 농촌을 건강케 하고, 억대 농부 배출의 블루오션시장'이 될 수 있다. 이의 성공은 네 가지의 함정(Pitfall)을 극복해야 한다. 첫째, 단체장의 농산물 공동브랜드 육성 의지의 공적 책무이다. 둘째, 농가 CEO의 엄격한 품질관리 정신이다. 셋째, 소비자들의 마음을 얻고, 신뢰를 확보하는 길이다. 넷째, 소비자의 브랜드 로열티 관리이다.

1990년 미국에서 브랜드자산(brand equity)의 개념이 부각되고 있을 때, Larry Light는 Journal of Advertising Research Vol.30(1), pp.30-35에서 "The changing advertising world"의 주제로 향후 30년은 브랜드 전쟁의 시대가 된다고 예언했다. interbrand.com은 매년 10

월 초에 Best Global Brands 100을 발표한다. Coca cola, McDonald, Starbucks, Nescafé의 농식품 브랜드를 눈여겨볼 수 있다.

저자들은 우리 농산물 브랜드가 글로벌 브랜드 진입이라는 장기적인 목표의 실현을 희망하면서 병행하여 우리 소비자의 눈길을 끄는 Carmel(이스라엘), Delmonte(미국), Greenery(네덜란드), Welch's(미국), Danish Crown(덴마크)처럼 되기를 바라는 심정이다. 놀랍게도 브랜드라는 전문적 용어를 사용하지 않았지만 조선시대 권기(權紀)의 안동 읍지「永嘉誌(1608년)」권2에서 찾을 수 있다.

저자들은 지난 20년 동안 우리나라 농산물 공동브랜드를 사용하는 지자체 및 농가 조직을 현장 방문하고, 수많은 연구를 통해 체득한 경험을 모아「농산물브랜드마케팅」의 도서를 집필하는 데 그 토대가 되었으며, 다음의 차별성을 갖고 있다.

❶ 본 도서는 우리나라에서「농산물 브랜드 마케팅」의 주제를 다룬 유일한 전문 도서이고, 척박한 농산물 브랜드 시장을 개척하였다.

❷ 본 도서는 10장으로 구성되어 있고, 각 장의 끝에 저자들이 발표한 유익한 논문을 통해 농산물 브랜드의 시장을 더 공감할 수 있도록 구성하였다.

❸ 본 도서는 일종의 '브랜드의 전략적 제휴'에 해당된다. 전략적인 관점에서 1장~10장까지의 각 쪽마다 녹아있다.

❹ 본 도서의 기업은 농산물 분야에 종사하는 분이라면, '농업 조직'(농협, 농업회사법인, 법인, 개인 농가)으로 간주하고 내용을 이해할 필요가 있다.

❺ 오늘날 취업 문제가 사회화되고 있는 즈음에 대학생들이나 사회인들도 창업을 고려할 수 있음에 따라 프랜차이즈 창업을 반영하고 있다.

❻ 우리의 K-Agri brand가 글로벌 시장진입을 염원하면서 글로벌 브랜드의 장을 별도로 다루었다.

❼ 본 도서의 농산물 유통은 물류를 포함한 공급사슬관리(SCM) 맥락에서 그 전략적 중요성을 언급하고 있다.

본 도서는 우리나라에서 융복합학의 전통 개척자로서 성결대학교 김신애 교수의 연구결과가 반영되어 있다. 김 교수의 박사학위 청구논문은 경영학의 브랜드마케팅 + 경영학의 조직행동분야의 카리스마 리더십 + 미술학의 컬러마케팅을 접목한 통섭학의 상징성을 갖고 있다.

또한, 저자들과 학문의 인연을 맺으면서 7정(七情, 喜怒哀樂愛惡慾)과 동고동락의 추억들을 여기에 담아 기록한다. 자신의 분야에서 최고의 역량으로 조직의 가치창출에 공헌해 온 이점수 박사, 김동범 박사, 강장석 박사, 김동환 박사, 민월기 박사, 이익주 박사, 홍순일 박사, 고삼숙 박사, 김정배 박사 그리고 서장원 박사 등이다. 그리고 농산물유통 CEO과정을 운영하면서 ㈜데코리아제과 대표 김현묵, ㈜한성T&I 대표 황경주, 세종농촌문화 대표 정규호, 동성유통 대표 이혁인, H&H푸드 대표 서민옥 그리고 국제특허법률사무소의 천광신 변리사를 비롯한 350여 분의 CEO들과 소중한 시간을 함께했던 추억도 본 도서의 토대가 되었다. 감사할 따름이다.

필자를 있게 해주신 너무나도 보고 싶은 아버지 그리고 건강하게 망백(望百)을 바라보는 어머니에게도 불효자로서 미흡한 마음을 이 도서에 담아 감사함을 표현한다. 이 두 분의 자제로 태어나 넉넉하지 않은 가정형편에도 긍정적 마인드로 잘 살아온 권기향 누나를 비롯한 3남 3녀의 형제자매들의 안녕을 마음속에 담고 있다.

항상 바쁘다는 핑계로 마음이 착한 권협(權勰), 힘들게 Wisconsin Madison에서 약학박사과정을 밟고 있는 권송(權松)을 비롯한 가족들에게도 소홀함을 여기에서나 기록하여 미안한 마음을 덜고 싶다. 조선시대 1546(명종 1)~1624(인조 2)년 동안 견리사의(見利思義)로 안동 邑志「영가지(永嘉誌)」편찬한 용만(龍巒) 권기(權紀)의 후손들은 조상의 덕풍만리(德風萬里) 정신으로 지역에 더 봉사해야 한다.

마지막으로 본 도서의 출판을 위해 여러 해 동안 독려해 준 박영사의 안상준 대표, 이영조 부장, 책의 교정 교열 및 편찬에 적지 않은 도움을 준 김다혜 편집자께도 감사를 드린다.

2024. 02. 10(토). 갑진년 설날 원단
대표 저자 권기대

머리말

지난 2000년 초에 우리나라 농산물 내수시장은 UR, FTA 체결로 하나의 글로벌시장을 지향하는 파고에 직면했을 때, 우리 농가들은 내수시장을 고스란히 선진 농업 국가들에게 내어줘야 한다는 위기를 맞았다. 물론 주무부서인 농림축산식품부가 FTA체결에 따른 생산농가에게 피해를 최소화시키는 여러 정책을 펼치는 등 나름의 자구책을 모색하는 때이기도 하였다.

필자는 당시 '공산품 제조업체와 대리점 간의 유통경로에 관한 협력관계'에 관심을 두었던 터라 사실 농산물 분야에 문외한이었다. 여러 복잡한 상념 속에 국내든 해외든 출장을 갈 때, 농산물의 유통경로를 파악해보고, 대형유통업체 현장을 직접 찾아가 농산물이 진열된 매장을 보면서, 우리나라와 미국, 일본, 대만, 홍콩, 싱가포르 등의 농산물 유통 현장의 차이점을 찾아보았다.

필자는 현장에서 우리나라 농산물 유통매장과 선진국 대형유통 매장의 차이점은 바로 친환경농산물, 브랜드, 용기 및 패키지, 균일화된 품질, 표기방법, 재배이력 등에 있음을 몸으로 체득하였다. 필자는 농산물의 수확 후 홍수 출하로 인한 가격 폭락을 매년 매스컴을 통해 보면서 생산농민들의 주름살이 펼 날이 없을 듯하여 마음이 많이 쓰였다.

'이름난 농산물 브랜드 하나'는 '우리 농촌을 건강케 하고, 억대의 농부들이 즐비한 블루오션의 농촌'이 될 것이라는 생각을 가졌다. 2003년 『성곡언론문화재단』에 '친환경적 농산물 브랜드유형 및 고객가치가 고객만족에의 영향과 농산물마케팅전략'이라는 연구주제가 선정되어 농산물브랜드 연구의 단초가 되었다. 이번 기회에 지난 20년 동안의 브랜드에 대한 연구를 토대로 브랜드에 관심을 둔 대학생, 대학원생, 그리고 농림축산식품 현장의 CEO, 실무자분들을 위해 도움을 드리고자 출판하게 되었다.

1990년 미국에서 브랜드자산(brand equity)이라는 개념이 대두되고 있을 때, Larry Light는 Journal of Advertising Research Vol.30(1), pp.30-35에서 "The Changing Advertising World"의 논문에 향후 30년은 브랜드 전쟁의 시대가 될 것이라고 예고했다.

매년 interbrand.com이 10월 초에 발표하는 Best Global Brands 100에 농식품 브랜드는 Coca cola, Mcdonald, Nescafe 등 10여 개 이상 진입하고 있다.

본 도서는 우리 농산물브랜드가 Best Global Brands 100에는 못 들어가더라도, 글로벌 브랜드로서 명성을 가진 Carmel, Delmonte, Dole, Greenery, Sunkist, Welch's, Zespri처럼 되기를 바라는 목표를 가지면서, 우리나라 농산물 공동브랜드를 사용하는 농업 경영체의 진단 결과를 담은 내용들이다. 이에 본 도서는 다음과 같이 집필을 계획하고 내용을 반영 하도록 노력하였다.

❶ 농산물브랜드의 정의와 주요 개념들을 다루면서 실제 현장에서 볼 수 있는 브랜드 를 활용하였고, 각 장 끝에 '이슈문제'들을 언급해 두어 요약의 의미를 가질 수 있도 록 배치하였다.

❷ 농산물브랜드는 제조업체들의 공동브랜드와 달리 각 지방자치단체에서 동브랜드 를 개발하고, 지역의 모든 품목들을 취급하는 농협, 영농조합법인, 작목반에게 사용 승인과정을 밟는다. 농산물 공동브랜드의 꽃인 동시에 차별적 특징이라고 간주할 수 있기에 별도의 장으로 다루었다.

❸ 각 장마다 주제에 관한 내용 전개에서 필요시 예를 들어 농산물 공동브랜드를 사례 로 활용하려고 노력하였으나 불가피하게 문맥상 브랜드를 강조하기 위해서 반복적 으로 이름난 브랜드도 활용하였음을 이해하여 주시기 바란다.

❹ 마케팅전략은 경영관점에서 다루었다. 브랜드마케팅전략은 기업의 경영전략에서 중심이 될 수 있다고 보나, 기업의 경영전략은 가장 우선적이고 일관성과 보완적 맥 락에서 브랜드를 다루어야 하지 않을까 싶어서이다.

❺ 본 도서는 또한 기업이라는 단어가 많이 언급되고 있으나 이를 농업 경영체(농업회 사법인, 영농조합법인)로 간주하고 내용을 이해하여 주었으면 한다.

❻ 소비자의 인지도가 좋고 이미지도 괜찮으며 충성도 고객을 어느 정도 확보하고 있 다면 이름난 브랜드라고 볼 수 있다. 오늘날 대학 졸업생들의 취업문제가 사회화되 고 있는 상황에서 대학생들이나 사회인들도 조석지간으로 창업을 구상해 볼 필요성 의 차원에서 '프랜차이즈 브랜드창업'의 내용을 반영하였다.

❼ 우리 농산물브랜드는 하나같이 국내시장 지향적 브랜드 네이밍(brand naming)을 갖고 있다. 세계시장이 하나로 되어가는 글로벌시대를 맞이하여 우리 농산물 브랜

드들이 어떤 방향으로 가야 할 것인지를 다루기 위해 글로벌 브랜드를 예로 들었으며, 글로벌 브랜드 관리라는 주제의 장을 별도로 다루었다.

❽ 본 도서는 본문의 예를 가급적 농식품 브랜드를 사용하려고 노력하였으나 이들 브랜드로 설명할 수 없는 부분은 불가피하게 공산품 브랜드를 예로 활용하였다. 그만큼 브랜드가 특히 농식품분야에 적용할 수 있는 조건이 넉넉하지 않다는 현실임을 이해하여 주었으면 한다.

본 도서는 앞에 언급한 내용들을 중심으로 자료를 정리하고, 내용을 충실하게 하려고 배가(倍加)의 노력을 하였음에도, 필자가 아직 지식이 일천하여 본 도서를 집필하는 과정에 있어 적지 않은 전문가 분들의 고귀한 자료를 인용하지 않을 수 없었음을 언급하고자 한다. 이 자리를 빌려 선배제현(先輩諸賢)들에게 머리 숙여 배례(拜禮)를 드린다.

이 도서가 출판되기까지 많은 분들의 도움이 있었으며, 일일이 그 함자(銜字)를 언급하지 않더라도 항상 초심을 가지고 감사한 마음을 갖고자 한다.

오늘의 시절, 학자의 길로 인도해 주신 연세대학교 오세조 선생님께 머리 숙여 在遠之配慮를 드린다. 필자의 제자들은 만학의 어려움에서도 늘 함께 학문적 동지로서 우울한 마음을 서로 위로하고 지탱시켜주었다. 김동범 선생, 강장석 회장, 민월기 박사, 김동환 박사, 홍순일 박사, 서장원 선생, 안선기 본부장, 이익주 박사, 이점수 박사 그리고 세종농촌문화 정규호 대표, 나이 들어 무거운 삶에 대한 소회로 소통의 파트너인 미래시티개발의 김용진 대표를 포함한 CEO 과정의 황경주 부사장을 비롯한 250여 명의 CEO분들, 기초지방자치단체에서 농산물 공동브랜드의 연구를 위해 마음으로 늘 응원해 주신 順興 安영일 사무관(과장)님, 농산물 공동브랜드를 더 크게 볼 수 있도록 기회를 주신 충남지식재산센터 權赫彝 센터장님 등 제한된 공간에서 이루 다 언급할 수 없어 마음이 편치 않을 따름이다.

본 도서를 함께 집필한 성결대학교 김신애 교수의 노고를 언급하지 않을 수 없다. 미술학 박사과정을 수료하고 어려운 경영학을 다시 공부하여 박사학위 청구논문으로 '컬러마케팅을 농산물 브랜드 카리스마'에 접목한 우리나라 농산물브랜드의 대표적인 박사이기도 하다. 김신애 교수가 발표한 주옥같은 60여 편의 논문이 본 도서에 녹아나 있음에 더 감사를 드리는 바이다. 서경대학교 대학원장이셨던 권근원 원장님은 族親이기에 앞서 인생의 선배로서 많은 삶의 방향을 지도해 주셨다. 또한 본 도서의 출판을 몇 년 전부터 독려해 해주신 박영사의 이영조 부장님, 책의 교정·교열 그리고 시각적 돋보임을 위해 큰 도움을 주신 노현 이사님께도 감사를 드린다. 필자를 있게 해주신 너무나도 보고 싶은 아버지 그리고 건강하게 미수(米壽)를 맞이하신 어머니에게도 불효자로서 못다 한 마음을 감사함으로 표현한다. 이 두 분의 자제로 태어나 넉넉하지 않은 가정형편에도 긍정적 마인드로 잘 살아온 권기향 누님을 비롯한 3남 3녀의 형제자매들의 안녕을 마음속에 담고 있다. 항상 바쁘다는 핑계로 권협(權鑪), 권송(權松)을 비롯한 가족들에게도 소홀함을 여기에서나 미안한 마음으로 감사의 표현을 하고 싶다. 마지막으로 조선시대 1546(명종 1)~1624(인조 2)년 기간에 7년 동안 칩거하시면서 우리나라 대표적 지방사의 이정표 ― 안동지역의 邑志인 영가지(永嘉誌)(유네스코 登載)를 편찬하셨던 용만(龍巒) 권기(權紀) 先生의 13세 후손으로서, 지금의 주손인 大德大學校 敎授 權奇栢 그리고 安東鄕校의 典校이신 水淡 權五極 재종숙 어른에 이르기까지 宗族의 자긍심을 갖고 이 도서를 출판하게 되었음을 영광으로 생각한다.

2019. 01. 17. 己亥年 元旦

대표 저자 權奇大

목 차

1장 / 브랜드

1절 브랜드의 정의 ·· 3

2절 브랜드의 기능 ··· 6

3절 브랜드 네이밍의 개발 ·· 8

4절 브랜드전략의 유형과 전략 ··· 10

5절 브랜드와 제품의 구성요소 ··· 18
   5.1. 제품의 정의 ·· 18
   5.2. 제품브랜드의 분류 ··· 20
   5.3. 제품믹스의 구성요소 ·· 25

6절 제품믹스 및 계열관리 ··· 37
   6.1. 제품믹스관리 ··· 37
   6.2. 제품계열관리 ··· 40

이슈 문제 ·· 44

유익한 논문 ··· 45

2장 / 공동브랜드

1절 농산물 공동브랜드의 정의 ··· 49

2절 농산물 공동브랜드의 범위 ··· 51

3절 농산물 공동브랜드의 현황 ··· 56

4절 지리적 표시제 ··· 63
   4.1. 지리적 표시제 ··· 63
   4.2. 지리적 표시제의 이점 ·· 72

5절 친환경인증표시제 ······································· 73
　5.1. 친환경농축산물 인증 ·································73
　5.2. 친환경농축산물 인증 신청 ·······················75
　5.3. 유기가공식품인증 ·································76
6절 농산물 공동브랜드의 성공요인 ················· 78
이슈 문제 ······································· 82
유익한 논문 ······································· 82

3장 / 브랜드 자산

1절 브랜드 자산의 정의 ······································· 85
2절 브랜드 종류 ······································· 88
3절 브랜드의 구성요소 ······································· 90
4절 컬러마케팅 ······································· 99
　4.1. 컬러마케팅의 정의 ·································99
　4.2. 컬러마케팅의 중요성 및 특징 ·················102
　4.3. 컬러마케팅전략 ·································105
5절 브랜드 포트폴리오전략과 브랜드 아키텍처 ············· 111
　5.1. 브랜드 포트폴리오전략 ·······················111
　5.2. 브랜드 아키텍처 ·································119
이슈 문제 ······································· 121
유익한 논문 ······································· 121

4장 / 마케팅전략

1절 전략의 의의와 정의 ······································· 125
　1.1. 전략의 중요성과 의의 ·······················125
　1.2. 전략의 정의와 전술 ·························127
2절 전략수립과정, 전략수준 및 전략유형 ············· 129

2.1. 전략수립의 프로세스 ··130
2.2. 전략의 수준 ··140
2.3. 기업수준 전략의 유형 ··143
3절 마케팅전략에 유용한 모델 ··· 153
3.1. BCG 매트릭스 ··153
3.2. 산업구조분석모델 ···156
이슈 문제 ··· 167
유익한 논문 ·· 168

5장 / 브랜드의 소비자 구매행동

1절 소비재 브랜드의 구매행동 ··· 171
1.1. 구매의사결정과정 ··173
1.2. 정보처리과정 ···182
1.3. 개인적 영향요인 ··186
1.4. 환경적 영향요인 ··191
2절 산업재 브랜드의 구매행동 ··· 196
2.1. 산업재 브랜드마케팅의 정의 ··196
2.2. 산업재 브랜드 구매의사결정 ···197
이슈 문제 ··· 208
유익한 논문 ·· 209

6장 / 브랜드의 환경분석

1절 환경변화분석과 평가 ··· 213
1.1. 환경변화의 분석 ··214
1.2. 환경변화분석의 평가 ···216
2절 시장세분화 ··· 216
2.1. 시장세분화의 태동배경 ··216
2.2. 시장세분화의 요건과 기준 ··220
2.3. 시장세분화에 대한 비판 ··234

3절 표적시장 선정 ·· 235
  3.1. 세분시장의 평가 ··235
  3.2. 표적시장의 선택 ··238
  3.3. 표적시장전략의 선정 ···243

4절 포지셔닝 ··· 244
  4.1. 포지셔닝의 의의 ··244
  4.2. 포지셔닝전략의 유형 ···246
  4.3. 포지셔닝전략의 수립과정 ··247

이슈 문제 ·· 254

유익한 논문 ·· 254

7장 / 신제품 브랜드 개발과 브랜드수명주기

1절 신제품 브랜드의 개발 ··· 257
  1.1. 신제품 브랜드의 정의 ···257
  1.2. 신제품 브랜드 개발과정 ··259
  1.3. 신제품 브랜드 개발의 성공요인 및 실패요인 ··························269
  1.4. 신제품 브랜드의 수용 및 확산 ···271

2절 브랜드수명주기전략 ··· 275
  2.1. 브랜드수명주기의 형태 ···276
  2.2. 브랜드수명주기별 특징과 마케팅전략 ···································279
  2.3. 브랜드 성숙기의 마케팅전략 ··283
  2.4. 브랜드수명주기, BCG 매트릭스 그리고 신제품 브랜드 수용모델 간의 관계 ····288
  2.5. 브랜드수명주기전략에 대한 비판 ···291

이슈 문제 ·· 292

유익한 논문 ·· 293

8장 / 브랜드의 4P's 믹스전략

1절 가격의 개념과 특징 ················· 297

    1.1. 가격의 개념 ················· 297

    1.2. 가격의 기능 ················· 298

    1.3. 가격기능의 한계 ················· 299

    1.4. 가격기능의 보완 ················· 304

2절 가격결정요인과 방법 ················· 304

    2.1. 가격의 결정요인 ················· 304

    2.2. 가격결정방법 ················· 306

3절 가격전략 ················· 313

    3.1. 신제품가격전략 ················· 313

    3.2. 제품믹스 가격결정전략 ················· 316

    3.3. 가격조정전략 ················· 320

4절 유통경로와 유통경로설계과정 ················· 325

    4.1. 유통경로의 정의와 필요성 ················· 325

    4.2. 유통경로의 유형 ················· 331

    4.3. 유통경로 설계과정 ················· 332

    4.4. 유통경로의 갈등과 협력 ················· 342

    4.5. 도매상과 소매상 관리 ················· 346

5절 공급사슬관리 ················· 357

    5.1. 공급사슬관리의 태동 ················· 357

    5.2. 공급사슬관리의 개념 ················· 359

    5.3. 공급사슬관리의 적용과 시사점 ················· 363

    5.4. 공급사슬관리의 전략적 토대: 공급사슬의 통합 ················· 364

6절 촉진마케팅 ················· 368

    6.1. 촉진마케팅과 구성요소 ················· 368

    6.2. 의사교환의 촉진 ················· 372

    6.3. 촉진마케팅예산의 결정 ················· 377

    6.4. 한국적 정(情)마케팅 ················· 381

이슈 문제 ················· 389

유익한 논문 ················· 390

9장 / 프랜차이즈 브랜드 창업

1절 프랜차이즈 브랜드 ················· 393
　1.1. 프랜차이즈 브랜드의 정의 ················· 393
　1.2. 프랜차이즈 브랜드의 유형 ················· 395
　1.3. 프랜차이즈 브랜드의 장·단점 ················· 402
　1.4. 프랜차이즈산업의 특성 ················· 405

2절 프랜차이즈 브랜드의 창업 ················· 407
　2.1. 프랜차이즈 브랜드의 성장배경 ················· 407
　2.2. 프랜차이즈 브랜드의 업종 ················· 408
　2.3. 프랜차이즈 브랜드 창업 ················· 410

이슈 문제 ················· 424
유익한 논문 ················· 424

10장 / 글로벌 브랜드전략

1절 글로벌 브랜드 ················· 427
　1.1. 글로벌 브랜드의 정의 ················· 427
　1.2. 글로벌 브랜드의 특성 ················· 429
　1.3. 글로벌 브랜드의 장점 ················· 430
　1.4. 글로벌 브랜드 네이밍의 유형과 확장 ················· 431
　1.5. 원산지 효과 ················· 436

2절 글로벌 협력경영의 전략 ················· 444
　2.1. 글로벌 협력경영의 개념과 범위 ················· 444
　2.2. 글로벌 협력경영의 동기 ················· 448
　2.3. 글로벌 협력경영의 유형 ················· 452
　2.4. 성공적 협력경영을 위한 과정 ················· 462

3절 글로벌 브랜드 사례 ················· 465

이슈 문제 ················· 467
유익한 논문 ················· 467

찾아보기 ················· 468

브랜드

1절 브랜드의 정의

2절 브랜드의 기능

3절 브랜드 네이밍의 개발

4절 브랜드전략의 유형과 전략

5절 브랜드와 제품의 구성요소

6절 제품믹스 및 계열관리

이슈 문제

유익한 논문

01

1절 브랜드의 정의

브랜드(brand)란 '특정한 매주(賣主, 생산자, 판매자, 공급자, 유통업자)의 제품 및 서비스를 식별하는 데 사용되는 명칭 · 기호 · 디자인 등의 총칭'을 뜻한다. 구체적으로 말로써 표현할 수 있는 것은 브랜드 네이밍(名, brand naming), 말로써 표현할 수 없는 기호 · 디자인 · 레터링(lettering) — 문자 및 문자를 그리는 모든 행위 — 등을 브랜드 마크(brand mark)라고 한다. 또 브랜드 네이밍, 브랜드 마크 가운데서 그 배타적 사용이 법적으로 보증되어 있는 것을 브랜드[1](商標, trade mark)라고 한다. 이를 구체적으로 알아보면 [표 1-1]과 같다.

브랜드는 그 자체가 제조업체이냐 유통업체이냐 그리고 브랜드를 소유한 기업이 전국적이냐 아니면 지역적이냐에 따라 전국 브랜드(national brand)와 개별 브랜드(private brand, private label)로 나누어진다. 전자는 생산자 자신이 생산한(make) 제품에 대하여 부착 · 사용하는 것임에 반하여, 후자는 대형소매점 · 도매점 등의 유통업자가 자신들이 판매하는(buy) 제품[2]에 부착 · 사용한다. 개별 브랜드 상품의 대부분은 이들 유통업자의 기획 아래 생산자에게 위탁 · 생산(OEM, original equipment manufacturer)되는 것이며, 전국 브랜드의 품질에 비해 다소 가격이 저렴한 것이 특징이다.

가령, 오뚜기, 풀무원, 프랜차이즈 가맹본부의 교촌치킨, 안동간고등어 등은 [표 1-1]에서처럼 네 가지 범주를 하나로 통일해서 사용하는 기업에 해당하는 반면에, 우리나라 식품의 대표 ㈜대상(daesang.com)의 상호는 대상, 브랜드는 청정원으로 식품시장과 식품소재시장을 공략하고 있다. 마찬가지로 앞의 대상과 쌍벽을 이루는 CJ그룹(cj.net)은 다시다, 이츠웰, 계절밥상, 비비고, 투썸플레이스, 해찬들, 햇반, 쁘띠첼, CJ대한통운 등의 브랜

---

1) 브랜드는 상품을 표시하는 것으로서 생산 · 제조 · 가공 또는 판매업자가 자기의 상품을 다른 업자의 상품과 식별시키기 위하여 사용하는 기호 · 문자 · 도형 또는 그 결합을 말한다. 상표권은 설정등록에 의하여 발생하고(상표법 41조), 그 존속기간은 설정등록일로부터 10년이며, 갱신등록의 출원에 의하여 10년마다 갱신할 수 있다(42조). 상표권의 가장 중요한 내용은 지정 상품에 대하여 그 등록상표를 사용하는 것인데, 그 외에도 상표권은 재산권의 일종으로서 특허권 등과 같이 담보에 제공될 수 있으며, 지정상품의 영업과 함께 이전할 수도 있다. 상표권의 침해에 관해서는 권리침해의 금지 및 예방청구권, 손해배상청구권, 신용회복조치청구권 등 민사상의 권리가 인정됨은 물론(65 · 67 · 69조), 침해행위를 한 자에게는 형사상의 책임도 인정된다(93조). 이와 같이 등록상표를 보호하는 목적은 브랜드사용자의 업무상의 신용유지를 도모하여 산업발전에 이바지하고, 수요자의 이익을 보호하려는 데 있다.
2) 제품은 공산품, 농산물, 가공식품을 뜻한다.

드를 부착하여 국내시장을 비롯하여 글로벌 식품 시장을 공략하고 있다.

기업이 자사 제품에 브랜드를 부착하는 것은 경쟁 상대의 제품과 명확히 식별하기 위해서이지만, 소비자의 브랜드 충성도(brand loyalty)의 존재와도 무관하지 않다. 브랜드 충성도는 브랜드 선택에 있어 소비자가 어느 특정한 브랜드에 대해 갖는 호의적인 태도로서 그에 따른 동일한 브랜드의 반복적 구매 성향을 보이며, 구매빈도가 높고, 그 품질을 사전에 확인할 수 없는 제품일수록 특정한 브랜드를 구입하는 경향이 높다.

[표 1-1] 브랜드의 범주

구분		주요특징	보기
제품 명칭		물건의 관습적인 명칭으로 상품적 개념으로 일반적으로 사용하는 명칭을 말함	사과, 오디, 뽕잎차, 매실, 안동소주
브랜드(brand)		기호 · 문자 · 도형이나 이름의 결합으로 이루어진 모든 종류의 식별표시에 대한 총체적 이름, 출처 및 품질보증 역할	굿뜨래 Goodtrae[3]
브랜드	트레이드 마크 (trade mark)	특허청에 등록한 브랜드로서 법적보호가 부여되어 브랜드의 독점권을 갖게 되므로 타인이 함부로 사용할 수 없는 브랜드	의성[4]
	브랜드 네임 (brand name)	소리 내어 부를 수 있는 낱말, 문자, 숫자 등으로 표시된 브랜드의 표현. 문자브랜드일 때 브랜드와 브랜드 네임 일치	예가정성[5]
	심벌(symbol) 브랜드 마크 (brand mark)	브랜드의 일부로서 이름으로 소리 내어 부를 수 없는 기호, 도형, 색채, 디자인	Decoria enjoy looks & taste
	트레이드 네임 (trade name)	'상호'라고 하는데 상호가 브랜드로 쓰이는 경우에는 '상호브랜드'라고 부름. 브랜드와 반드시 일치하지 않음	자연과 사람들[6]
마크(mark)		브랜드보다 넓은 개념, 출처 표시의 보조기능을 갖거나 기타 다른 의미를 상징하는 역할을 하는 모든 기호, 도형, 디자인, 색채로 된 심벌까지 포함	휘장이나 기타 포장에 사용되는 여러 가지 기호, 도형
그래픽 디자인		전용서체(타이포그라피)[7]나 일러스트레이션으로 구성되는 특정한 의미성이나 상징성을 가진 그림	특정한 기업에서 사용하는 패턴이나 문양
시그니처(signature)		심벌과 로고타입을 가장 잘 합리적이고 균형적으로 조합시킨 것	청정원

이러한 요인으로는 브랜드 이미지와 소비자 기호의 일치, 소비자의 위험 회피적 태도 및 습관적 성향 등을 들 수 있다. 일반적으로 어떠한 브랜드에 대한 지명도가 높은 시장에서 그 브랜드와 관련이 있는 신제품을 도입할 때, 동일한 브랜드를 사용하면 각 제품의 판매촉진활동이 하나의 브랜드 우산 아래에서 결합상승효과(synergy effect)를 노릴 수 있기 때문이다.

최근에 이르러서 문자나 도형으로 이루어진 일반 브랜드 이외에 컬러(E-mart, Kodak 필름), 입체(미키마우스의 형상, 배트맨의 인형, 코카콜라병, 맥도날드 햄버거의 금빛 아치, MGM 영화사의 사자), 소리(라디오나 TV의 시그널 음악), 냄새(자수용 실 및 바느질용실에 특징적인 냄새를 담아 브랜드화)로 표현되는 브랜드가 등장하고 있다. 실제로 미국에서 특정 냄새가 브랜드로 인정되었는가 하면, 빛·맛을 소재로 한 브랜드도 등장하여 브랜드의 범위가 상상을 초월하여 확대되고 있다.

---

3) 굿뜨래는 충남 부여군의 농·특산물 공동브랜드이다. 이는 부여군에서 농산물 공동상표 사용에 관한 조례를 제정(제1732호, 2004.07.01.)하고, 이를 지역 생산농가(농협, 법인)에게 일정한 수준의 품질을 전제로 공동집하·공동선별·공동출하·공동정산의 정신을 갖추는 조직에 국한하여 제한적 승인을 하고 있다. 한편, 우리나라 농산물 공동브랜드의 출발점은 안성시의 안성마춤 상표 사용에 관한 조례(2001.05.10. 조례 제330호), 다음으로 화순군의 농산물 공동브랜드사용에 관한 조례 제정(2003. 12.30. 조례 제1798호)이 이루어졌으며, 부여군은 세 번째로 지역농산물의 공동브랜드 육성을 천명하였다.

4) 의성군 농·특산물 브랜드 지정 및 운영에 관한 조례(제정 2005. 1. 7 제2055호)를 개정 2007. 6.29 조례 제2118호(의성군행정기구설치조례)(전부개정) 2010.12.07 조례 제2228호를 시행하고 있으나, 2015년 12월에 '의성 眞' — '참다운·진정한 농산물', '거짓이 없는', '신뢰성이 있는' 우수한 농산물을 의미하는 공동브랜드로 리뉴얼되었으나 조례의 개정이 추진되고 있지 않는 상황이다.

5) 예가정성은 예산군의 농·특산물 공동브랜드이다. 당초의 공동브랜드 '의좋은 형제'는 상표권이 농심이 보유하고 있었으므로, 예산군 입장에서 브랜드의 확장성 한계로 예가정성을 개발하게 된 배경이다. 당초의 의좋은 형제라는 공동브랜드에 관한 조례는 예산군 농특산물 공동상표 관리 조례(제정) 2007.05.01 조례 제1785호이었다. '예가정성'의 리뉴얼은 예산군 농·특산물 공동상표 관리 조례[시행 2016.05.20](일부개정) 2016.05.20 조례 제2297호에 해당된다.

6) 주식회사 자연과사람들(innp.co.kr)은 2001년 11월 1일 창업한 기업으로, 청정지역이며, 죽향인 전남 담양(전남 담양군 금성면 금성공단길 10)의 12,000평 대지 위에 팩제품, 캔제품, 요구르트, 우유 등을 위생적으로 생산할 수 있는 설비를 갖추고 있으며, 고객의 요구에 부응하는 제품 생산과 포장을 할 수 있는 시설을 구비하고 있다.

7) 활판 인쇄술이라고도 하며, 각기 떨어져 움직일 수 있으며, 재사용이 가능하고, 각각의 꼭대기에 양각의 글자꼴이 붙어 있는 작은 금속조각을 사용한 인쇄술을 지칭한다.

2절 브랜드의 기능

브랜드의 기능은 [그림 1-1]과 같이 제품의 식별성, 출처표시, 품질보증, 광고, 시장점유율의 유지 및 법적 보호의 통제성, 자산성 등을 가지고 있다. 이것은 관념적인 구분이며, 현실적으로는 여섯 가지 기능이 하나가 되어 커다란 경제적 기능을 발휘하게 됨으로써 브랜드는 상표권으로서의 재산권을 행사하게 되고 동시에 소비자를 보호하는 작용을 하게 된다.

[그림 1-1] 브랜드의 기능

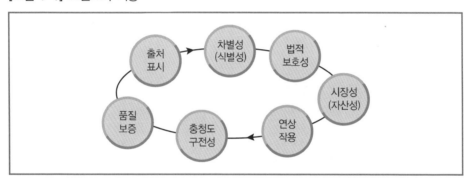

첫째, 브랜드가 갖는 제품의 식별기능 때문에 소비자는 자기가 원하는 상품이나 서비스를 식별할 수 있으며, 생산자를 표시함으로써 소비자를 보호하는 수단이 되기도 한다. 또한 브랜드는 품질에 대한 신뢰 기준이 된다. 유명 브랜드는 소비자에게 어떤 입지나 긍지(矜持)의 차별성을 심어 주기도 하며, 생산자에게는 자기가 생산한 상품을 수요자에게 인식시켜 보다 많은 고객을 유인할 수 있게 된다. 가령, Dole(dolesunshine.com), Delmonte(freshdelmonte.co.kr), Zespri(zespri.com) 등 과일 브랜드의 컬러는 레드(red)로 차별성을 낳게 하고 있다.

둘째, 상품의 출처표시는 생산자가 제조·판매하는 상품을 표시 혹은 과시하는 것으로, 이 기능에 의해서 생산자는 최종 소비자와 연결될 수도 있으며, 생산자 입장에서는 제품의 구매자가 구입한 제품의 생산자를 인식하고 타 제품과 비교할 수 있다. 그리고 타 제품보다 우수하다고 판단될 때에는 그만큼 지속적인 구매를 유발해 시장에서 보다 확고한 위치를 차지할 수 있게 한다. 한편, 출처표시란 반드시 제조업자만을 표시하는 것은 아니며, 경우에 따라 판매업자나 수입업자를 표시하는 수도 있다. 가령, '칠갑마루' 농산물 공동브랜드를 사용하고 있는 구기자는 우리나라 청양이 주산지로서 원산지 효과 및 지리적 표시제를 획득하고 있다.

셋째, 상품의 품질보증은 브랜드 사용자의 신용과 밀접하다. 브랜드의 사용자는 브랜드에 축적된 명성과 신용을 유지하며, 더욱 우수한 제품을 공급하고자 노력할 것이다. 따라서 구매자는 동일한 브랜드가 부착된 제품에 대해서 동일한 품질과 성능을 가진 것으로 기대하므로 동일 브랜드가 부착된 제품은 적어도 동일한 성능과 품질을 보증하는 것이어야 한다. 이런 의미에서 품질보증기능은 소비자를 보호하는 작용을 하고 있다. 동전의 양면에서 앞면이 브랜드라면, 뒷면은 품질을 의미한다고 보면 된다.

넷째, 광고연상은 브랜드를 소비자에게 알리는 연상작용 기능을 말한다. 즉, 매스 미디어를 통해 브랜드 자체를 선전하여 브랜드를 소비자에게 기억시킴으로써 판매촉진을 도모하는 것도 가능하다. 이는 대량생산·대량판매라는 현대의 경제거래에서 커다란 의의를 갖고 있다. 그러므로 오늘날 기업[8]경쟁은 제품의 품질보다도 오히려 브랜드의 광고기능에 의해 수행되고 있다고 해도 과언이 아니다. 가령, 백두산 화산 암반수를 뜻하는 광고가 TV를 통해 소비자들이 접한다면, 아마도 백산수(baeksansoo.com)를 연상할 수 있다.

다섯째, 시장점유율의 유지 및 법적 보호성의 통제기능을 갖는다. 소비자 촉진의 한 방안으로 특정 기업이 판매하는 제품을 반복해서 구입하는 소비자를 자사의 주위에 집합, 고정시키게 한다. 소비자 계열화전략은 소비자를 기업에 소속시키려는 것으로 궁극적으로 소비자에게 자사의 브랜드를 수용하게 하거나 이를 인식시켜 소비자의 구매 욕구를 자극하여 지속적인 구매를 유발시킨다. 법적 보호성은 그야말로 자체 브랜드 네이밍이 특허청에 등록되고, 법적으로 보호받음으로써, 경쟁사들이 함부로 사용할 수 없고 사용할 경우 법의 제재를 받을 수 있다. 이를테면, 남양유업(shopping.namyangi.com)의 '몸이 가벼워지는 시간 17차'가 시장에서 젊은 소비자들로부터 폭발적인 수요가 일어났을 때, 경쟁 기업이 유사한 '18차' 브랜드 네이밍을 개발하여 시장에 유통시킨다면 아마도 브랜드의 침해로 법적인 심판을 받을 수 있다.

여섯째, 브랜드 자산이란 한 브랜드와 그 브랜드의 네이밍 및 상징에 관련된 자산과 부

---

8) 기업은 제조업체뿐만 아니라 농산물을 생산유통하는 농업경영체(농협, 농업법인), 유통업체를 포함한다.

채의 총체이다. 이것은 제품이나 서비스가 기업과 그 기업의 고객에게 제공하는 가치를 증가시키거나 감소시키는 역할을 한다. 만일 브랜드의 네이밍이나 심벌이 바뀐다면 자산과 부채의 전부 혹은 일부가 영향을 받거나 없어질 수 있기 때문에 브랜드 자산을 구성하는 자산이나 부채는 브랜드 네이밍이나 심벌과 연관된 것이어야 한다. 단지, 일부만이 새로운 이름이나 상징으로 옮겨질 수 있다. 브랜드 자산의 근간을 이루고 있는 자산과 부채는 상황에 따라 다른데, 이것들은 다섯 가지 범주, 즉 브랜드 충성도, 브랜드 네이밍의 인지도, 소비자가 인식하는 제품의 질, 브랜드의 연상 이미지, 특허 · 등록 브랜드 · 유통관계 등과 같은 기타 독점적 브랜드 자산 등으로 구분될 수 있다.

3절 브랜드 네이밍의 개발

브랜드 네이밍(brand naming)이란 '제품을 판매하고자 하는 생산자나 유통업자들이 자사의 상품에 좋은 이름을 작명하는 것'을 의미한다. 좋은 브랜드 네이밍을 선정하는 것은 쉽지 않은 일이다. 기업이 좋은 브랜드 네이밍이라고 선정하였는데, 소비자에게 제대로 인식되지 않으면 사실 무용지물이다. 또한 소비자가 한번 구매의사결정하게 되면 변경하기도 쉽지 않고, 만약 변경하더라도 마케팅적으로 많은 손해를 감수해야 하기 때문에 처음부터 신중하게 작명되어져야 한다.

코틀러(Kotler) 교수는 "마케팅의 핵심은 브랜드 구축과 관리이다" 그리고 "브랜드 강화가 치열한 경쟁에서 기업이 선택할 수 있는 가장 바람직한 전략"이라고 지적하며, "장기적인 이미지 관리를 위해서는 브랜드 구축과 관리에 더욱 신경을 써야 한다."라고 주장하였다. 즉, 브랜드 네이밍은 기업 마케팅의 시작이며, 소비자에게 인지시키고, 확장하고, 관리해 제품을 판매하는 것은 마케팅의 마지막이라는 것이다. 하지만 독특한 브랜드만 가지고 브랜드 네이밍에 성공했다고 할 수 없다. 시장의 트렌드를 파악하고 소비자가 쉽게 인지할 수 있어야 적절한 브랜드 네이밍이 이루어졌다고 할 수 있다. 특히 수많은 업체가 범람하는 프랜차이즈 및 외식산업의 경우에 브랜드 네이밍을 통해 독특한 자신만의 메뉴를 소비자에게 알리는 차별성을 강조할 수 있는 적절한 선택이 요구된다.

브랜드 네이밍은 음성적 · 시각적인 요소로 구성되어 있으며, 일반적으로 브랜드는 크게 세 가지 이미지로 구성된다. 브랜드의 의미와, 언어적 느낌, 문자로서의 가독성 등이다. 이 중 우리나라에서는 가장 중요한 포인트를 의미(meaning)에 두고 선정하고 있다. 브랜드 네이밍을 들었을 때 연상하는 의미적 측면과 차갑다/뜨겁다, 언어적 측면에서 여성적이다/남성적이다 등의 음성적 이미지, 또 문자로 읽었을 때 느껴지는 부드럽다/날카롭다, 간결하다/길다 등의 시각적 요소로 이루어지게 된다.

좋은 브랜드 네이밍의 선정은 다음의 전제조건이 충족되었을 때 바람직하다.

첫째, 기억하기 용이하고 발음하기가 쉬워야 한다. 실제적으로 관심을 끌 수 있는 특이한 이름(Carmel, Delmonte, Sunkist), 시각적인 이미지를 연상(Dole, Washington apple), 간결하고 함축적인 단어(Zespri)＝Zest[(상큼한 맛이 영혼까지 기분 좋게 해준다는 의미에서 열정)＋Esprit(영혼, 정신)], 어떤 감정적 의미의 단어(품질이 곧 브랜드다! Zespri)이어야 한다. 최근의 시장경향을 살펴보면, 이러한 기존의 틀을 파격적으로 벗어나고 있다. 소비자들이 비록 긴 브랜드 네이밍을 기억하기 어렵다 할지라도 제품특성을 강조함으로써 주의를 촉진하고 오히려 소비자들에게 신선한 이미지를 전달하고 있다. 그러한 예로, 세계적인 명성의 과일 브랜드인 washington apple(https://waapple.org), 웅진식품(wjfood. co.kr)의 '자연은' 시리즈의 '210일 제주감귤, 70일 망고, 90일 토마토'가 있는가 하면, 롯데칠성음료(lottechilsung.co.kr)의 '미녀는 석류를 좋아해', 하이트진로(hitejinro.com)의 '참나무통 맑은 소주' 등이 여기에 해당된다.

둘째, 제품의 기능이나 편익을 잘 전달하는 기준에 부합하여야 한다. 가령, 전국친환경농업인연합회(http://ofkorea.org)에서 생산하는 무농약의 먹거리 농산물 브랜드들(organic farmers of korea), 사과의 주산지로서 당도와 색도 등의 품질이 우수하고 해외수출까지 리드하고 있는 안동사과(dongandong.com), 한국인삼공사(kgc.co.kr)는 세계인들에게 인삼의 종주국으로서 건강과 젊음을 유지하는 비결로 글로벌 브랜드로 포지셔닝된 정관장 브랜드 네이밍은 제품의 기능이나 편익을 잘 어필하고 있다.

셋째, 부정적인 이미지나 거부감이 들지 않아야 한다. 기업에서는 정제된 브랜드 네이밍으로 선정되었지만, 소비자의 상상력에 의해 본래의 브랜드 네이밍이 왜곡될 수 있기 때문에 가급적 그러한 여지도 없애는 것이 중요하다. 특히 두산주류(오늘날, 롯데칠성음료에서 인수/company.lottechilsung.co.kr)의 '청산리 벽계수'와 무학주조(muhak.co.kr)의 '깨끗한 화이트'는 소비자의 상상력을 충분히 발동할 수 있는 브랜드 네이밍이다. 또한, 외국으로 수출하는 경우, 다문화에 대한 지역적 특성을 잘 고려해야 한다. 가령, 쿨피스

(dongwonfnb.com)는 외국인에게 시원한 복숭아 오줌(cool + piss)이라는 이름으로 와전되었다.

넷째, 제품이나 각종 아이템에 적용했을 때 조화로움과 차별성이 있어야 한다. 최근 웰빙 참살이에 대한 관심의 고조로 대상(daesang.com)의 청정원, 풀무원(shop.pulmuone.co.kr) 브랜드가 자연과 건강을 상징적으로 잘 표현하고 있는 브랜드 네이밍들이다.

다섯째, 법률적으로 사용 가능한가를 확인해야 한다. 하지만 이러한 각각의 구성요소가 전체적으로 조화롭게 구성되어야만 성공적인 브랜드 네이밍이라고 할 수 있다. 또한 소비자가 얼마나 쉽게 인지할 수 있는지는 브랜드 네이밍의 기본이다.

브랜드 네이밍에 있어서의 유의사항은 브랜드가 제품 그 속에 포함되어 있는 깊은 의미를 소비자가 그 네이밍을 통해 무슨 상품인지를 알 수 있도록 쉽게 작명하는 노력이 필요하다. 즉, 고객들이 잘 기억하고, 다른 브랜드와 쉽게 구별할 수 있고, 가능하다면 제품의 품질이나 이미지를 쉽게 느낄 수 있어야 한다.

4절 브랜드전략의 유형과 전략

(1) 브랜드 주체의 결정

기업의 마케터는 먼저 제품에 브랜드 네이밍을 부착할 것인가의 여부와 제품에 브랜드를 부착할 경우 브랜드의 소유자를 누구로 할 것인가 등의 브랜드에 관한 전략적 의사결정을 선택해야 한다.

첫째, 제품에 브랜드 네이밍의 부착 여부를 결정해야 한다. 브랜드는 소비자, 유통업체, 그리고 생산자들에게 다양한 이점을 제공한다. 즉, 소비자는 원하는 브랜드를 신뢰하고, 그 브랜드에 대해 재평가 없이 구매의 효율성을 높여 주며, 그 브랜드의 사용을 통해 자기만족을 얻을 수 있다. 제조업자 및 유통업체들은 강력한 브랜드일 경우 진입장벽의 구축을 통한 경쟁우위를 얻게 하며, 신제품의 시장진입 용이, 거래상 협상력의 제고, 좋은 브랜드 이미지에 따른 고가격 전략 실행 그리고 법적보호 등의 이점을 갖는다.

오늘날 생활용품(예: 보일러 → 린나이, 롯데, 귀뚜라미; 여성용품 → 화이트, 해피문데

이), 서비스 제품(예: 정수기 렌탈, 인터넷 포탈업
체, 호텔관광업), 산업용품(예: 철강, 반도체, 조선,
부품)뿐만 아니라 농산물(굿뜨래, 칠갑마루, 예가정
성, 안동생강, Zespri, Delmont, Dole, Washington
Apple) 등 브랜드 없이(no brand) 제품을 시장에 유
통되는 경우를 거의 볼 수 없다. 한편, 생산자는 자

신에 의해서 만든 제품에 브랜드를 붙이지 않고 맥주, 콜라, 설탕 등과 같이 단지 제품의
내용만을 표시하고 판매하고 있는 노(No) 브랜드(generic brand)전략9)이 그것이다. 이는
생산자 또는 유통업자 브랜드보다 더 탄력적인 저가격전략을 실행할 수 있는 장점이 있다.

둘째, 브랜드의 소유자를 누구로 할 것인가를 결정해야 한다. 즉, 마케터는 생산자 브랜
드, 유통업체 브랜드, 그리고 복합 브랜드를 고려해 볼 수 있다. 생산자 브랜드(producer's
brand: 기업의 제조업체, 농산물 생산자, 영농조합법인, 농협)는 생산자 자신이 생산한 제

품에 브랜드를 부착하므로 그 소유권은 생
산자에게 있으며, 법적보호와 권한을 갖는
다. 생산자는 자신이 생산한 제품브랜드를
경쟁업자와 차별화하고 마케팅 촉진의 모든
비용을 직접 부담해야 한다. 가령, 연세대학
교에서 운영하는 연세우유(yonseidairy.com),
안동소주(andongsoju.com) 등 우리나라 가
공 및 제조업체 거의가 여기에 해당된다.

유통업체 브랜드(private brand)는 도소매업자가 자신
들의 파워풀한 브랜드를 활용하는 것으로 소위 유통업체
(제조업체)에서 우일음료(wooil.org)10)라는 생산업체에
게 아웃소싱을 주어 생산된 제품에 자사의 브랜드를 부착
하는 주문자상표(OEM, original equipment manufacturing)

---

9) 노 브랜드 상품과 같은 의미. 포장의 간소화나 메이커의 유휴설비 활용 등을 통해 철저한 저가격을 실현
   시킨 상품에 대해서 말한다. NB(내셔널 브랜드), SB(스토어 브랜드)라는 말에 연유해서 GB라고 약칭된
   다. 저네릭(generic)은 총칭적인, 일반적인, (상품에 있어) 특정 회사 상표가 붙어 있지 않은 등의 뜻이다.
10) 공장은 경상북도 예천군 예천읍 농공단지길 9에 위치하고 있다.

또는 고객의 요구에 맞는 제품을 당사에서 개발하고 생산하여 납품하는(ODM, original development manufacturing) 방식이다. 우리나라 유통업계의 중간상 브랜드의 개발은 초기 백화점을 중심으로 슈퍼마켓과 편의점에 의해 이루어져 왔으나, 최근에는 할인점으로 확대되었다.

복합브랜드(co branding)는 한 제품에 두 가지 이상의 브랜드를 함께 부착하는 것으로, 농심-Welch's(brand. nongshim.com/welchs), 롯데칠성음료-게토레이(company. lottechilsung.co.kr) 등에서 볼 수 있다. 이러한 복합브랜드의 장점은 기업 간의 서로 다른 제품에서의 유명브랜드들을 결합함으로써 보다 많은 소비자들을 유인하고 브랜드의 자산적 가치를 높여준다. 또한 독자적으로 진출하기 힘든 제품시장에 자사 브랜드를 비교적 용이하게 진출할 수 있다.

단점으로는 법적 계약이 복잡하고, 복합브랜드 참여기업 간의 마케팅 등에 대한 조정이 쉽지 않으며, 아울러 복합브랜드 경영진들의 전략불일치와 같은 의사소통 갈등으로 복합브랜드 계약 해지 문제도 브랜드 이미지를 훼손시킬 수 있다.

복합브랜드와 관련된 개념으로 공동브랜드(co brand)는 여러 기업들이 공동으로 개발하여 사용하는 단일 브랜드이다. 전략적 제휴(strategic alliance)를 통해 신제품에 두 개의 브랜드를 공동으로 표기하거나, 시장지위가 확고하지 못한 농업 경영체나 중소업체들이 공동으로 개발하여 사용하는 브랜드를 말한다.

또 대구경북 사과는 전국의 63% 이상의 시장점유율을 갖고 있는 사과의 주산지로서 수출을 위해 2008년 공동브랜드 '데일리(Daily)'(색도 90% 이상, 당도 13 브릭스 이상), 내수시장은 '애플시아(Applesia)'를 개발하였다.

미국의 캘리포니아 오렌지 업체들의 브랜드인 '썬키스트(Sunkist)'(kr.sunkist.com), 국내의 가죽제품 브랜드 '가파치(CAPACCI)', 중소신발업체가 공동 개발한 '귀족' 브랜드 등이 이에 해당한다. 최근에는 한정된 고객기반을 넓히고 자사제

품의 브랜드 가치를 높이기 위한 목적으로 대기업 간 또는 서로 다른 업종 간에도 사용되고 있는데, 일본의 자동차 제조업체 토요타는 마쓰시타전기 등 일본 내 7개 업체들과 협력관계를 구축, 공동브랜드 '윌(Will)'을 개발하여 신세대를 표적으로 자동차에서 가전, 식품, 문구, 여행 등 다양한 제품범주로 고객층을 확대하고 있다.

공동브랜드11)의 이점은 하나의 브랜드를 공동으로 사용하므로 마케팅 비용의 감소와 제품원가 절감을 통해 품질향상에 기여할 수 있고, 협력사 간의 기술과 마케팅, 시장정보 등을 공유할 수 있다. 그러나 공동브랜드를 사용하기 위해서는 각 브랜드들의 단점을 최소화하고, 장점을 극대화시키는 마케팅 활동을 적용하여야 하고, 협력사들이 각각의 제품에서 최고의 품질을 일관되게 유지하는 전략이 필요하다.

(2) 브랜드전략의 유형

마케터는 자사의 고유한 제품의 브랜드전략을 결정할 때, 몇 가지 브랜드전략 ─ 개별브랜드, 공동브랜드, 혼합브랜드 ─ 을 신중하게 선택해야 한다.

첫째, 개별브랜드전략은 생산자나 유통업체가 생산·관리하는 모든 제품에 대해 각각 별도의 브랜드를 부착하는 것을 말한다. 이의 장점은 한 브랜드가 시장에서 소비자들로부터 외면받더라도 다른 브랜드에 크게 영향을 미치지 않는다는 점과 각 브랜드별로 차별화된 이미지를 구축하여 보다 다양한 고객욕구를 만족시켜줄 수 있다는 점이다. 가령, LG 생활건강(lghnh.com)은 생산된 생활용품마다 개별브랜드를 붙이고 있으며, 화장품의 경우에 오휘, 이자녹스, 라끄베르, 수려한, LAHA, VONIN, 케어존, 본 등 각각 개별브랜드들이다. 프랑스의 루이비통 모에 헤네시(LVMH, louis vuitton monet hennessy)는 지방시(givenchy.com), 겐조(kenzo.com), 겔랑(guerlain.com), 펜디(fendi.com) 등 각각의 명품 브랜드를 사용하고 있다. 리치몬드그룹도 만년필 위주의 필기구에서부터 가죽, 보석, 안경 등의 명품 브랜드를 거느린 거대 명품 브랜드 중의 하나로 몽블랑(montblanc.com) 까르띠에(cartier.com), 피아제(piaget.com), 던힐(dunhill.com), 바쉐론 콘스탄틴(vacheron-constantin.com), 끌로에(chloe.com) 등의 고유 브랜드 영역을 개별브랜드로 승부를 걸고 있다.

---

11) 본 도서는 저자들이 발표한 농산물 공동브랜드에 관한 여러 논문을 반영·활용하였으므로 공동브랜드의 개념을 보다 명확하고 폭넓게 이해할 수 있다.

　　개별브랜드전략은 [그림 1-2]에서처럼 3/4분면의 멀티브랜드전략(multi brand strategy)
(기업이 동일한 제품범주 내에서 출시하는 제품마다 각각의 브랜드를 붙이는 전략)과 4/4
분면의 뉴 브랜드전략(new brand strategy)(기업이 제품범주에서 신제품을 출시할 때, 기
존의 브랜드가 그 제품범주에 부적합하여 뉴 브랜드명을 도입하는 전략)으로 대별된다.

　　기업에서 앞의 멀티브랜드전략을 채택하는 배경은 ① 각 세분시장에 적합한 브랜드 개
발에 따른 많은 고객 흡수 가능, ② 유통업체에서의 진열 공간 확보로 경쟁 브랜드 진입저
지, ③ 경쟁 브랜드 사용자의 브랜드전환 선택폭 확대, ④ 동일제품범주 내의 멀티브랜드
도입에 따른 브랜드 관리자 상호 간에 매출액 증대를 위한 경쟁촉발 등을 들 수 있다.

[그림 1-2] 브랜드전략의 유형

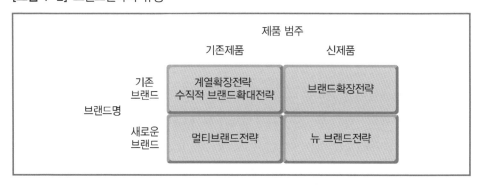

　　반면 단점은 ① 제품마다 브랜드가 다르기 때문에 별도의 마케팅비용을 유발하며, ②
여러 브랜드에 마케팅자원의 분산으로 소비자 선호도가 높은 소수 브랜드에 대한 마케팅
노력의 집중 한계, ③ 자사브랜드 간의 경쟁으로 자기시장 잠식현상(cannibalization)의
위험성 존재가 발생한다. 마찬가지로 후자의 뉴 브랜드전략은 멀티브랜드전략과 같이 여
러 제품들에 대해 각기 다른 브랜드를 부착함에 따라 마케팅자원의 분산이 발생한다. 이
에 따른 역기능의 극복은 전통적으로 개별브랜드전략을 추구해오던 P&G(pg.co.kr)의 경
우 선택과 집중의 전략을 취하고 있다. 구체적으로 시장에서 경쟁력이 약한 브랜드는 생
산을 중지하고 각 제품범주 내에서 시장점유율이나 수익성이 좋은 브랜드에게만 마케팅
자원을 배분하는 일종의 초우량브랜드전략으로 변경하였다.

　　둘째, 공동브랜드전략(family brand strategy)은 기업이 기존의 제품범주 내에 신제품을
도입할 때마다, 이미 브랜드명성을 얻은 기존 브랜드의 사용을 말한다. 이러한 전략을 시

도하고 있는 기업은 바로 CJ(cj.net)그룹의 다시다(쇠고기, 냉면, 멸치, 조개) ― 고향의 맛, 이 맛이야 ― 이다. 공동브랜드의 이점은 신제품을 시장에 판매할 때, 저렴한 마케팅비용으로 소비자들에게 브랜드를 인식시킬 수 있다. 특히 기존의 브랜드제품과 기업명이 소비자들에게 제공하는 편익 및 이미지가 신제품과 유사하거나 관련성이 높을 때는 공동브랜드전략을 구사하는 것이 매우 효과적인 것으로 평가된다. 문제점은 서로 다른 제품인데 동일한 브랜드를 사용했을 때, 브랜드의 고유한 특징의 상실과 신뢰성 저하 그리고 동일제품계열 내의 다른 브랜드의 매출을 희생시키는 영향을 낳을 수 있다.

한편, 공동브랜드전략은 [그림 1-2]에서처럼 1/4분면의 브랜드확장전략(brand extension strategy)(한 제품시장에서 성공을 거둔 기존 브랜드를 다른 제품범주의 신제품에도 사용하는 전략)과 2/4분면의 계열확장전략(line extension strategy)(기업이 기존의 제품범주 내의 쓰던 브랜드를 신제품에도 동일하게 브랜드를 부착), 그리고 수직적 브랜드확대전략(vertical brand stretching strategy)(기존제품시장의 정체에 따른 기존브랜드를 현재 위치보다 상·하급시장으로 진입시키고자 할 때)으로 대별된다. 이러한 브랜드전략의 예로는 앞에서 언급하였듯이 명품 브랜드를 들 수 있다. 가령, 돌(Dole)(dole.com)은 파인애플, 바나나, 포도, 딸기, 건포도, 체리 등의 생과일과 가공식품, 샐러드용 야채 등에 공동브랜드를 활용하고 있다.

(3) 브랜드전략

브랜드전략의 유형을 살펴보면 다음과 같다.

첫째, 자사브랜드전략이다. 이는 수출기업이 자체적으로 개발한 브랜드를 의미하는데, 기업이 자사브랜드로 해외에 수출하기 위해 강력한 마케팅 수행능력과 적정수준의 재정규모가 전제되어야 하며, 시장조사에 의한 합리적인 의사결정과 과감하고 지속적인 R&D투자, 그리고 해외마케팅 조직의 확보도 필요하다. 만일 기업의 재무상태가 양호하다면 R&D 투자, 광고활동, 유통경로관리 그리고 해외지사에 대한 지속적인 투자가 가능해져 자사브랜드전략을 사용하게 될 것이다. 또한 최고경영자의 태도가 진취적이고, 투자수익에 대한 장기적인 관점이 지배적이며, 최고경영자가 자사브랜드의 중요성을 충분히 인식하고 있어야 한다.

최근 중소기업을 중심으로 자사제품의 인지도를 높이고 수출량을 확대하기 위한 방안으로 통합공동브랜드[12]전략이 대두되고 있는데, 다수기업이 공동으로 브랜드를 개발하거나 기존 브랜드를 공동으로 사용하는 브랜드전략을 말한다. 이는 단일기업이 자기브랜드를 개발할 때 소요되는 막대한 초기투입비용을 경감하고 실패위험을 최소화하기 위해 여러 중소기업이 참여하여 공동으로 브랜드를 개발 · 공유하고, 품질 · 디자인 등에 대한 공동관리를 통해 브랜드 이미지를 부각시키는 브랜드전략을 의미한다.

또한, 통합공동브랜드의 도입형태는 유사하거나 동일한 업종에 종사하는 회원들이 조합이나 협회 같은 단체의 명의로 등록해 소속 회원이 공동으로 브랜드를 사용하면서 공동으로 시장을 개척하고 상품을 개발하는 경우와 대외 인지도를 확보한 특정기업의 브랜드를 품질 및 기술수준에 도달한 다른 기업의 제품에 자사브랜드를 사용할 수 있도록 라이선스(license)를 제공하고 마케팅비용을 분담하는 형태로 구분할 수 있다.

둘째, 혼합브랜드전략이다. 많은 기업들이 복수의 제품계열에서 여러 제품들을 생산하고 있으므로 개별브랜드와 공동브랜드를 조합하여 사용한다. 혼합브랜드전략은 다시 제품계열별 공동브랜드전략과 개별브랜드 · 공동브랜드 혼용전략으로 나눌 수 있다. 제품계열별 공동브랜드전략은 여러 제품계열들을 생산하는 기업이 각 제품계열에 대해 상이한 브랜드를 부착하고, 각 제품계열 내의 모든 제품들에는 공동브랜드를 이용하는 전략이다. 이러한 브랜드를 채택하는 기업의 예는 한국의 대형마트인 이마트(emart.ssg.com)를 들 수 있다. 이마트는 1997년 업계 최초 PL상품이었던 이플러스우유부터, 현재 1,000여 종에 달하는 피코크(peacock.emart.com)에 이르기까지 이마트 성장의 숨은 브랜드들이다. 개별브랜드 · 공동브랜드 혼용전략은 소비자에게 이미 친숙한 기업명을 개별브랜드들과 결합시키는 브랜드전략이다. 가령, 농심(nongshim.com)은 농심+신라면, 농심+안성탕면, 농심+너구리, 농심+짜파게티의 경우와 같이 각 제품의 독특성을 반영한 브랜드 네이밍과 소비자의 인지도가 높은 기업명을 연계시킴으로써 상승효과를 얻는 브랜드전략을 채택한다.

셋째, 주문자브랜드전략이다. 이 전략은 제조능력에 우위성을 가진 기업과 판매능력에 우위성을 가진 개별기업이 생산과 판매를 일체화시킴으로써 각자의 경영효율화를 도모하고자 하는 기업전략이다. 여기서 제조능력의 우위라 함은 결코 제조기술 면에서 우위

---

12) 대표적인 통합공동브랜드로는 가파치(가죽제품업체), 온누리(중소노트업체), 아리랑(화장지제조업체), 노들국수(면류공업협동조합), 코지호(대구패션조합), 부산패션일레븐, 쉬메릭(대구상공회의소 · 대구광역시), 실라리안(경상북도), 나들가게(마을 점포) 등이 있다.

를 뜻하는 것이 아니며, 표준화된 기술하에서 제조비용이 낮은 것을 의미한다. 수출기업이 주문자브랜드전략을 사용하는 이유는 기업의 가동률을 최대한 높여 완전생산을 이루려는 의도적인 면이 강하기 때문이다.

[표 1-2] 브랜드전략별 장단점 비교

구분	장점	단점	보기
자사 브랜드 전략	• 제품의 우수성과 광고 · 홍보를 통한 제품에 대한 독점적 포지션 확보 • 소비자의 신뢰를 기반한 지속적이고 높은 수익 확보 • 특허청에 브랜드 등록으로 자사 브랜드의 법적인 보호 • 국제적 경기 변동 시 독자적 · 유연한 대응 가능	• 브랜드홍보, 판매조직 구성, 유통경로에 많은 비용소요 • 제품판로 선정의 제한 및 시장기회 상실위험 초래 • R&D, 마케팅에 지속적 투자 • 해외시장에 대한 독자적 정보수립 능력, 기술 및 디자인 개발 요구	CJ CHUNG JUNG ONE 중앙 한성티앤아이
혼합 공동 브랜드 전략	• 브랜드 개발 위한 초기 투입비용 절감 · 실패위험 최소화 가능 • 자사브랜드의 라이선스 제공 • 마케팅비용의 공동부담 가능 • 소량 다품종 제품 요구 부응 • 생산품목의 전문화 · 수출시장의 자율 배분으로 과당경쟁 방지 • OEM · 하청업체가 입게 될 피해 방지 • 독자 영역구축으로 생산성 향상	• 브랜드홍보, 판매조직 구성, 유통관리에 많은 비용 소요 • 제품판로 선정의 제한 및 시장기회 상실위험 초래 • R&D, 마케팅에 지속적 투자 • 해외시장에 대한 독자적 정보수립능력, 기술 및 디자인 개발 요구 • 참여기업의 품질 및 기술 수준의 균질성 확보 필요	emart PEACOCK Life is Delicious Decoria enjoy looks & taste 13)
주문자 브랜드 전략	• 시장진입 시 추가적 비용 없이 판매력 보완을 통한 수출량 증대 • 규모의 경제. 대량생산, 생산비용 절감 • 수출국가의 수입규제 장벽 활용 • 판매경로유지비 및 광고 홍보비 최소화 • 기술과 품질관리의 급성장 • 자사브랜드 수출보다 위험 최소	• 선진국의 하청업체화 우려 • 최종소비자 확보 곤란 • 수출채산성의 한계 • 핵심기술전수의 한계 • 고유브랜드 개발 지연 • 국제적인 신제품개발 지연 • 해외마케팅 경험축적의 미흡 • 최종소비자들의 OEM 브랜드 인지도 없거나 매우 낮음	자연과 사람들 예당식품 14) 일품김치 ilpumkimchi 15)

13) 데코리아제과(대표, 김현묵)(decoriaconf.co.kr)는 충남 아산시 신창면 행목로 192번길 46에 위치하

만일 제품개발능력이 없는 수출기업의 경우 표준화된 제품을 생산할 수밖에 없다. 이런 경우 생산된 제품에 대한 가격경쟁력이 치열하므로 브랜드 설정으로 인한 이익을 기대하기가 어렵다. 그러므로 주문자브랜드전략은 주로 생산활동에 중점을 두고 단기간 내 수출의 양적 확대를 꾀하는 기업이 주로 사용하는데, R&D 투자와 해외광고활동 등에 대한 지속적인 투자가 불가능한 소규모의 기업, 해외시장 진출경험이 없거나 적은 기업, 해외시장에서의 경쟁이 치열한 제품을 생산하는 기업, 대외경쟁력이 취약한 기업 등이 사용한다.

이상과 같이 [표 1-2]에서처럼 일목요연하게 정리하였다.

5절 브랜드와 제품의 구성요소

5.1. 제품의 정의

제품(product)은 '고객의 욕구를 충족시켜 주기 위해서 제공되는 물리적인 제품, 서비스, 이벤트, 사람, 장소, 조직 아이디어 또는 이것들의 조합'을 뜻한다. 즉, 제품은 고객이 주의를 기울여서 구매한 다음, 이를 사용 혹은 소비함으로써 자신의 욕구와 필요를 충족시켜 줄 수 있는 것으로서, 판매목적으로 시장에 내놓은 모든 것을 말한다. 그러나 일반적으로 제품이라고 하면 기업이 생산하여 판매하는 유형재와 무형재인 서비스를 의미한다.

협의(狹義)의 제품은 구매자에게 제공되는 재화의 물리적이고 기능적인 실체를 말하

고, 자체 브랜드 젤로미(Jellomi) ─ 젤로 귀엽고(젤로美) 젤로 맛있는(젤로味) 과자, 끄레델리 등의 초콜릿, 젤리를 생산하여 세계 26개국에 수출하고 있으며, 내수시장은 뚜레쥬르, 파리바게뜨, 신라명과 등의 OEM 생산·공급을 하고 있다.

14) 예당식품(대표, 김동복)(yedangfood.kr)은 충청남도 예산군 응봉면 장구미길 17-7에 위치해 있으며, 자체 브랜드 맘스초이스와 OEM, ODM를 하는 농업회사법인의 형태를 띠고 있다.

15) 농업회사법인 유한회사 일품김치(대표: 이창우, 이우필, 홍택선)(ilpumkimchi.co.kr)는 2016년도에 사명을 변경하였다. 1995년 이화종합식품 영농협동조합 명의로 평택공장을 창업하였다. 현재의 '일품김치' 브랜드는 1997년 특허청에 등록하였다. 특이한 점은 ㈜홍진경 대표가 2004년 3월에 김치 개인사업자를 설립하고, 5월에 김치 사이트(thekimchi.co.kr)를 오픈, 10월에 이화종합식품영농조합법인과 OEM 생산계약을 체결했다. 이후 2005년 5월과 7월에 우리홈쇼핑과 CJ홈쇼핑에 홈쇼핑 판매를 개시했다.

며, 넓은 의미에서의 제품은 물리적이고 기능적인 실체는 물론 그에 부수되는 서비스 및 상징적 가치의 총체를 말한다. 즉, 물리적이고 기능적인 제품 그 자체뿐만 아니라 포장, 브랜드(상표), 배달서비스, 신용공여, 쾌적한 쇼핑분위기 등도 포함된다.

마케터는 다양한 소비자의 욕구를 충족시키기 위해 다차원적으로 제품을 이해해야 할 필요성이 있다. [그림 1-3]은 제품개념의 세 가지 구성요소인 핵심제품, 유형제품, 확장제품을 나타낸 것이다.

첫째, 핵심제품(core product)이란 제품개념 중에서 가장 기본적인 차원으로서, 고객이 제품구매로부터 얻으려고 하는 가장 근본적인 효용이나 서비스를 말한다. 가령, 농부가 들녘에서 풀을 뽑는 과정에서 배가 고팠을 때, 가장 근본적인 해결책은 한식(백반, 국밥), 분식(라면, 국수), 중식(짜장면, 짬뽕), 일식(초밥)을 통해 자신의 배고픔을 해소하고, 또한 이러한 음식을 통해 다른 심리적 편익(psychological benefit)까지 획득할 수 있다.

둘째, 유형제품(tangible product)은 실제적인 제품으로 유형화시켜야 하는데, 이를 유형제품 또는 실제제품(actual product)이라고 한다. 유형제품은 기대제품차원으로 고객이 어떤 제품을 구매할 때 정상적으로 기대하는 속성, 편익, 서비스를 말한다. 유형제품은 품질, 브랜드, 스타일, 포장, 디자인, 용기 그리고 제품속성으로 구성된다. 생수, 음료수, 주스 등이 이 차원에 해당되는 제품들일 수 있다. 가령, '백산수(baeksansoo.com)'는 수원

[그림 1-3] 제품의 해부

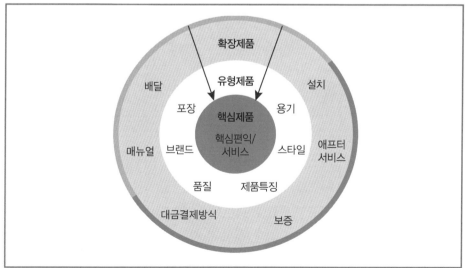

지가 천지차이다'로 경쟁사의 생수와 한판을 벌이려는 차별성을 강조하면서 '천지차이 백산수, 안전한 백산수, 건강한 백산수'로 언제 어디서나 우리 인간의 갈증을 충분히 해결할 수 있는 편리한 제품이라는 핵심적 편익을 가질 수 있다. 이러한 핵심적 편익을 소비자에게 제공하기 위하여 브랜드, 스타일, 용기, 포장, 특징 그리고 기타의 속성들을 주의 깊게 결합하여야 한다.

셋째, 확장제품(augmented product)은 핵심제품과 유형제품을 확장한 개념으로, 배달, 설치, 보증, 대금결제방식, 애프터서비스, 매뉴얼 등의 추가적인 서비스와 편익을 말한다. 이는 고객의 기대수준 이상의 추가적인 편익과 서비스로서, 즉 버섯을 판매할 때, 고객에게 이를 배달하면서 요리방법과 보관방법을 알려주고, 변질이 되면 무료로 교환해 주겠다고 한다면 이것이 확장제품에 해당된다. 또한 친환경농산물을 구매하는 소비자에게 친환경농산물은 물론 요리하는 데 여러 가지 문제점에 대한 전체적인 해결책을 제공해 주어야 한다. 가령, LG생활건강(lghnh.com)은 LG생활건강제품(Beautiful, Healthy, Refreshing)을 구매하는 고객들을 위해 품질 보증, 사용방법에 대한 교육 프로그램, 소비자가 문제가 있을 때 전화를 걸 수 있는 무료전화서비스 등을 포괄적으로 제시하여 주어야 한다. 이러한 확장제품의 개념은 기업이 제품을 판매하는 데 있어서 소비자의 총체적인 소비시스템을 고려해야 함을 의미한다.

5.2. 제품브랜드의 분류

(1) 소비재 브랜드

제품과 서비스는 제품의 용도에 따라 소비재 브랜드와 산업재 브랜드로 나눌 수 있다. 소비재(brand of consumer goods)는 최종소비자들이 자신들의 소비를 위해서 구매하는 제품의 브랜드를 말하며, 산업재 브랜드(brand of industrial goods)는 최종 완제품을 만들기 위한 중간 제품(부품) 혹은 사업을 수행하기 위해 사용할 목적으로 개인이나 조직에 의해 구매되는 제품의 브랜드를 의미한다. 따라서 동일한 제품일지라도 구매하는 사람과 용도에 따라 소비재 브랜드 또는 산업재 브랜드로 분류될 수도 있다. 가령, 한 가정의 주부가 가족들의 건강을 위해 구입하는 우유는 소비재이지만 특정한 조직(기초지방자치단체, 교육기관, 군대)에서 조달할 때는 산업재 브랜드로 분류된다.

소비재 브랜드는 최종소비자들이 구매과정에 보이는 쇼핑행동에 의해 다시 편의품, 선매품, 전문품으로 분류할 수 있다.

첫째, 편의품(convenience goods) 브랜드는 소비자가 구매활동에 많은 시간과 노력을 들이지 않고 구매하는 제품으로서, 구입할 때 여러 가게를 돌아다니거나 여러 브랜드를 비교하지 않고 구매결정을 내리는 상품 브랜드를 말한다. 즉, 소비자는 여러 개의 브랜드가 있을 때, 상이한 브랜드이더라도 가까운 곳에서 구매하려고 한다. 우리가 늘 즐겁게 찾는 즉석식품의 브랜드로 삼양라면(samyangfoods.com), 풀무원 두부(shop.pulmuone.co.kr), 부산삼진어묵(samjinfood.com), 김밥천국의 김밥(kimbab1009.com) 등의 식품류, 롯데제과(lotteconf.co.kr)의 자일리톨, 오리온(orionworld.com)의 초코파이, 애경의 2080 치약(aekyung.co.kr), P&G(pg.co.kr)의 질레트(Gillette) 같은 생필품류, 듀라셀(duracell.kr)의 건전지(乾電池, dry cell), 유한킴벌리(yuhan-kimberly.co.kr)의 '화이트', '좋은 느낌', 필립모리스인터내셔널(pmi.com)의 말보로 담배 등의 잡화류를 들 수 있다.

편의품은 생리대, 설탕, 커피, 화장지, 치약 등과 같이 정규적으로 구매되는 필수품(staple goods), 슈퍼마켓이나 약국, 할인점 등에서 사전계획 없이 충동적으로 구매하는 잡지 또는 껌과 같은 충동품(impulsive goods), 정전 시 플래시나 폭설 시 부츠, 비올 때 우산처럼 비상시에 즉각적으로 구매되어야 하는 제품인 긴급품(emergency goods)으로 나누어진다. 편의품은 구매욕구가 발생할 때, 별 노력을 기울이지 않고 많은 소비자들에 의해 구매될 수 있도록 하기 위하여 TV 및 잡지 광고와 구매시점에 자사의 브랜드를 생각나게 하는 점포 내에서의 광고가 중요한 역할을 하며, 언제 어디서나 구매할 수 있도록 폭넓은 개방적 유통망과 대량촉진의 마케팅전략이 필요하다. 편의품은 대체적으로 저관여 제품의 브랜드를 포함한다.

둘째, 선매품(shopping goods) 브랜드는 소비자들이 제품의 질, 디자인, 포장 등과 같은 제품특성을 토대로 제품대안들을 비교·평가한 다음 구매하는 제품의 브랜드를 말하는 것으로서, 의류, 가구, 가전제품 등을 들 수 있다. 이는 일반적으로 고가격이며, 편의품보다 구매빈도가 그리 높지 않다. 또한 소비자가 구매계획과 정보탐색에 많은 시간을 할애하는 제품이다. 선매품 브랜드는 상대적으로 고가격이기 때문에 중관여 이상의 제품브랜드로서 지역별로 소수의 판매점을 통해 유통되는 선택적 유통경로전략이 유리하며, 불특정 다수에 대한 광고와 특정구매자 집단을 표적으로 하는 인적판매(personal selling)가 더 중시된다.

셋째, 전문품(specialty goods) 브랜드는 제품이 지니고 있는 독특한 특성이나 매력으로 인해 상당수의 소비자가 그 제품을 구매하기 위해서 특별한 노력을 기울이는 제품으로서, 높은 제품차별성, 높은 소비자 관여도, 특정 브랜드에 대한 강한 브랜드 충성도의 특징을 갖고 있다. 특히, 건강웰빙지향의 친환경농산물 생산농가들의 조합 형태로 운영되는 한살림(hansalim.or.kr), 초록마을(choroc.com), 아이쿱협동조합(icoop.or.kr), 자연드림파크(naturaldreampark.co.kr) 등이 여기에 해당된다. 전문품은 일반적으로 고가격제품이며 소비자들이 구매를 위해 많은 시간과 노력을 투자할 만큼 브랜드 충성도(brand loyalty)가 있으므로 제조업자나 소매업자 등은 구매력이 있는 소비자들만을 표적시장으로 선정해서 이들을 겨냥한 광고나 판촉활동을 실시해야 한다. 그러므로 고관여제품 브랜드에 해당되며, 소수의 전속 대리점이 넓은 상권을 포괄하는 전속적 혹은 선택적 유통경로전략이 바람직하다.

이상에서 설명한 제품유형별 브랜드의 특징과 그에 적합한 마케팅전략을 요약하면 [표 1-3]과 같다.

(2) 산업재 브랜드

앞에서 언급한 것처럼 산업재 브랜드는 식자재처럼 완제품을 만들기 위한 중간제품(쪽파, 대파, 감자, 고구마, 배추, 고춧가루, 고추)이거나 사업을 수행하기 위해 사용할 목적으로 개인이나 조직에 의해 구매되는 제품을 뜻한다. 따라서 동일한 제품일지라도 구매하는 사람과 용도에 따라 소비재 또는 산업재 브랜드로 분류될 수도 있다. 가령, 최종소비자가 배가 고파 라면을 구입해서 끓여 먹었다면, 그것은 소비재이다. 반면, 정부조달청에서 군수물자로 구입했을 때는 산업재로 간주한다. 산업재는 기업이나 조직, 개인이 구입한 제품을 생산과정에 어떻게 이용하느냐에 따라서 자재와 부품, 자본재 그리고 소모품으로 분류된다.

첫째, 재료와 부품(materials and parts)[16]은 제조업자가 완전한 제품을 생산하기 위해서 가공 및 조립으로 투입되는 부분품으로, 가공 정도에 따라서 원자재(raw materials)와

---

16) 브랜드 관점에서 성분형 브랜드(ingredient brand)라고 한다.

[표 1-3] 제품브랜드 유형별 특징과 마케팅전략적 요소

구분		제품브랜드의 분류		
		편의품	선매품	전문품
소비재 용품의 특징	소비자의 쇼핑노력	극히 적음	상당함	근접지역에 잠깐 동안 구매할 수도 있고 먼 지역에서 오래 걸릴 수 있음
	구매계획 할애시간	극히 적음	상당함	상당함
	욕구충족 소요시간	즉각적	비교적 긴 시간	비교적 긴 시간
	가격과 품질 비교	없음	있음	있음
	가격	낮음	비쌈	비쌈
	구매빈도	많음	많지 않음	많지 않음
	중요도	중요하지 않음	때로는 매우 중요	일률적으로 평가 곤란
마케팅 전략적 요소	경로의 길이	길다	짧다	짧거나 아주 짧다
	소매상의 중요도	낮음	중요	대단히 중요
	거래점포의 수	되도록 많이	적게	적게(때로는 단일점포)
	상품회전율	높음	비교적 낮음	비교적 낮음
	이윤폭	낮음	높음	높음
	광고에 대한 책임	제조업체	소매상	공동책임
	구매시점 진열의 중요도	매우 중요	중요하지 않음	매우 중요하지 않음
	광고의 활용	제조업체	소매상	제조업체의 소매상
	브랜드와 점포명의 중요도	브랜드	점포명	브랜드와 점포명
	포장의 중요도	매우 중요	중요하지 않음	중요하지 않음

제조된 원료 및 부품(manufactured materials and parts)으로 구분할 수 있다. 원자재는 밀·면·쌀·채소 등의 농산물과 자작나무(자일리톨)·사탕수수(설탕)·뽕나무(트라넥삼산의 미백 효과) 등과 같이 천연재료를 경작·추출한 것으로 가공처리되지 않은 자연생산물을 의미한다. 반면, 제조된 원료 및 부품은 추가적인 가공과정에서 그 형태가 변화하는 것으로, 완전한 제품이 되기 위한 추가적인 가공에서 사용되는 자재를 말한다. 다년생 모시풀에서 추출한 모시실, 누에에서 뽑은 실 등이 이에 속한다. 부품은 최종제품을 만

들기 위해서 완성단계에 있는 제품에 추가적으로 투입되는 것으로, 완제품의 외형을 바꾸지 않는다는 특성을 갖는다. 가령, '한국정신문화의 수도'라는 슬로건을 내걸고 있는 안동지역(andongsambae.co.kr)에서 생산되는 삼베는 여름옷을 만들기 위해 대마(大麻) 풀에서 추출한 실을 말한다. 대부분의 재료와 부품은 산업재 고객들이 주로 구매하는데, 산업재에서는 브랜드나 광고보다 가격과 서비스 등이 보다 중요한 마케팅요소가 된다.

둘째, 자본재(capital items)는 생산을 지원해 주는 산업재를 말한다. 자본재는 설비(installation)와 보조장비(accessory equipment)로 나누어진다. 먼저 설비는 공장·사무실 등과 같은 건물이나 한성티앤아이(hstni.com)의 방역·방제기계 등과 같은 고정장비로 구성된다. 설비는 일반적으로 구매단가가 매우 높고 구매의사결정이 장기간에 걸쳐 영향을 미치므로 구매여부에 상당한 노력이 요구된다. 보조장비는 공장의 이동장비들이나 사무실 집기 등을 포함하는 것으로 가령, 지게차·팩시밀리·당도 측정기 등이 이에 해당된다. 보조장비는 완제품의 한 부분이라기보다는 완제품의 생산을 보조하기 위해 사용되며, 설비에 비해서 수명이 짧고 생산과정을 지원하는 정도가 보다 낮다. 주문량도 소량이기 때문에 산업재 사용자에게 직접 판매하기보다는 중간상을 통해 판매하는 것이 일반적이다.

셋째, 소모품과 서비스는 완제품에 전혀 들어가지 않는 산업재를 말한다. 소모품(supplies)은 운영품목(윤활유·석탄·연필·종이·손장갑)과 유지 및 수선품목 등으로 구분된다. 이러한 소모품은 브랜드 간의 비교 노력을 거의 하지 않고 구매하기 때문에 산업분야의 편의품이라고 할 수 있다. 한편, 기업서비스(business service)는 유지 및 수선서비스(유리창 닦기·농기계 수리)와 기업자문서비스(법률·경영·광고자문)로 구분된다. 이러한 서비스들은 보통 계약을 통하여 제공된다. 유지서비스는 종종 소규모 생산자에 의하여 제공되지만 수선 서비스는 장비 제조업자가 제공하는 것이 일반적이다.

이상에서 언급한 내용들을 요약하면 [그림 1-4]와 같다.

[그림 1-4] 제품브랜드의 분류

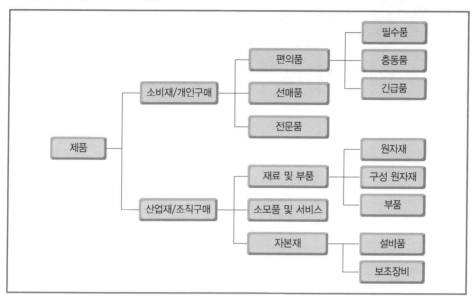

5.3. 제품믹스의 구성요소

(1) 품질

품질(quality)이란 '어떤 브랜드 제품이나 서비스가 일정한 표준에 얼마나 가까운가를 나타내는 척도로서 제품이 지니는 기능을 발휘할 수 있는 능력'이다. 제품의 품질에는 공산품의 경우 내구성, 신뢰성, 정확성, 작동편의성, 수선용이성, 브랜드의 신뢰성, 가격 등과 같이 가치 있는 속성들의 결합으로 결정된다. 이는 제품디자인, 원자재와 부품, 제조기술, 품질측정도구, 경영철학 등 많은 요인에 의해 영향을 받는다. 반면 농산물은 품질, 가격, 신선도, 당도, 색도, 생산자, 원산지 그리고 국가인증마크 등의 속성으로 구성된다. 그런데 이러한 품질의 속성 중에는 객관적으로 측정할 수 있는 것도 있지만 일반적으로 마케팅관점에서 구매자의 지각에 의해 측정된다.

최근 기업들의 품질개념은 [표 1-4]에서와 같이 생산라인에서뿐만 아니라 기업 전체수준에서 불량제품을 사전에 확인 가능한 TQC(total quality control), TQM, ISO 등의 품질통

[표 1-4] 품질개념의 변화

구분	품질관리(QC)	품질관리(QC) + 애프터서비스(A/S)	품질경영(QM)	통합적 품질경영(TQM)
관리목표	• 생산과정상의 문제점 발생이나 제품의 하자 발생방지에 주력	• 생산 시의 제품상 하자 및 고객클레임 해결주력	• 생산과 마케팅부분의 개선활동에 의해 최상의 품질 및 서비스제공에 주력	• 고객의 욕구에 부합하는 통합차원의 품질혁신, 경영혁신 활동에 주력
대상	• 생산	• 생산, A/S	• 생산 • A/S • 영업 및 마케팅	• 전 비즈니스 시스템
포인트	• 무결점 • 제품의 성능 및 기능 • 생산공정	• 무결점 • 고객클레임	• 최상의 제품성능 및 기능 • 최상의 서비스	• 비즈니스 시스템 전체 단계의 품질향상 • 고객들이 인식한 품질

제시스템의 도입으로 무결점(zero defect)화에 노력을 하고 있다. 이러한 통합적 품질경영시스템은 단순히 제품의 제조과정에서 발생되는 문제점들에 대한 관리뿐만 아니라 고객과의 관계, 서비스의 관리, 통계적 품질관리, 내부구성원 간의 의사소통 등 고객에 의해 지각된 제품품질에 영향을 미칠 수 있는 모든 요소들에 대한 관리를 포함한다.

품질은 동전의 앞면이 브랜드라고 할 때, 뒷면은 품질이다. 품질을 담보하지 않고, 시장에 농산물을 유통시킨다면, 소비자가 1회 정도는 그 농산물 브랜드를 미인지 상태에서 구입할지 몰라도 2회 이상의 반복 구매는 일어나지 않는다. 이는 곧 소비자가 그 농산물 브랜드의 품질을 기억하고 떠나간다고 볼 수 있다. [그림 1-5]에서와 같이 농산물 및 공산품에 자주 적용되고 있는 품질의 모래성이론을 예로 들어서 품질이 얼마나 중요한 역할을 하는가에 관한 이해가 요구된다. [그림 1-5]와 같이 Ferdows 교수의 모래성이론(sand-cone theory)에 따르면, 품질은 기업경쟁력을 가장 큰 기반으로 신뢰성, 제조응답속도 그리고 비용효율성(cost efficiency)의 순서로 핵심경쟁력이 누적되어 기업의 경쟁력이 형성된다.[17]

---

17) Ferdows, K. and De Meyer, a., Lasting improvements in manufacturing performance: in search of a new theory, Journal of Operation Management. Vol.9 No.2, 1990, pp.168-184.

[그림 1-5] 품질의 모래성이론

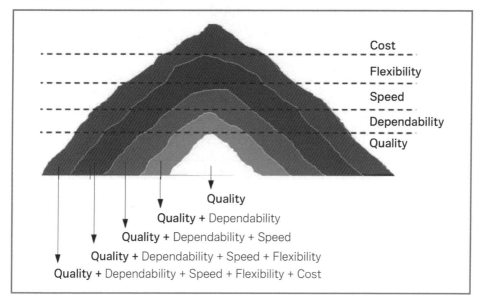

또한, [표 1-5]와 [그림 1-6]과 같이 농산물의 품질 진화단계를 언급하면, 적합품질, 신뢰품질, 성능품질, 감성품질 등으로 진화한다고 볼 수 있다.

[표 1-5] 품질의 진화단계

품질단계	품질의 정의
적합 품질	농가는 농산물의 재배생산유통 매뉴얼에 적시한 내용을 토대로 수확한 농산물을 내부 품질에 준해 균일하게 맞추는 품질 단계(유통기한, 포장재 없이 비닐봉지에 담아 판매; 예, 방울 토마토)
신뢰성 품질	소비자의 의구심을 불식시키고 신뢰를 높이는 품질 단계, 즉 공동집하 → 선별 → 포장(롯트관리/당도/유통기한/클로버 전화 시스템/농산물 인증마크/품질 등급/생산자 표기) → 공동정산 과정을 밟는 품질단계 농산물 및 가공품(예, 방울토마토의 표준화된 포장재 이용 및 유통기간 적시)
성능 품질	농산물의 성능을 다양화시키는 단계(다이어트 성분, 베타카로틴 함유 등), 공동집하 → 선별 → 포장(롯트관리/당도/유통기한/소비자 불만족 클로버 전화 시스템/농산물 인증마크/품질 등급/생산자/함량 표기) → 공동정산 과정의 품질단계 농산물 및 가공품(예, 무지개 색깔의 방울토마토 상품 출시 및 건강 다이어트용)

감성 품질	소비자의 느낌과 감성에 엄격한 품질단계, 공동집하 → 선별 → 소포장(1인 포장) · 포장(포장재 컬러/롯트관리/음용방법/당도/유통기한/소비자 불만족 클로버 전화 시스템/농산물 인증마크의 수/품질 등급/생산자/함량 표기) → 공동정산 과정의 품질단계 농산물 및 가공품(예, 스테비아 등을 이용하여 방울토마토를 먹으면 녹는듯한 부드러움, 향기 노출)
글로벌 품질	글로벌 소비자들을 대상으로 특정 지역의 소비자의 느낌과 감성에 더 엄격한 품질단계, 공동집하 → 선별 → 소포장(1인 포장) · 포장(포장재 컬러/롯트관리/음용방법/당도/유통기한/소비자 불만족 클로버 전화 시스템/농산물 인증마크의 수/품질 등급/생산자/함량 표기) → 공동정산의 과정 품질단계의 농산물 및 가공품(해외수출시장에서 볼 수 있는 우리 농산물)

[그림 1-6] 품질의 진화단계

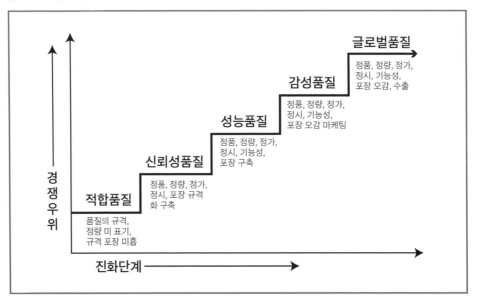

(2) 브랜드

앞에서 언급하였듯이 브랜드(brand)란 '특정한 도 · 소매업체(생산자, 공급자)의 제품 및 서비스를 식별하는 데 사용되는 명칭 · 기호 · 디자인 등의 총칭'이다. 우리 속담에 '사람은 죽으면 이름을 남기고, 호랑이는 죽으면 가죽을 남긴다(인생의 목적은 좋은 일을 하여 후세에 이름을 남기는 데 있다는 말)'에서처럼 브랜드는 제품구성요소의 하나이다. 오늘날 소비자들은 특정한 브랜드의 이미지를 통해 그 브랜드를 신뢰하고 또 지속적으로 구매하는 경향을 엿볼 수 있다. 이런 경향은 브랜드가 과거처럼 단순히 특정 상품의 이름으로 국한하지 않고, 일종의 브랜드 자산, 브랜드 파워로서 간주하고 있음을 알 수 있다. 사실 요즘 우리 가정에서 필수품인 쌀의 구매 선택 기준은 브랜드를 꼽는다.

[그림 1-7] 쌀의 브랜드 파워[18]

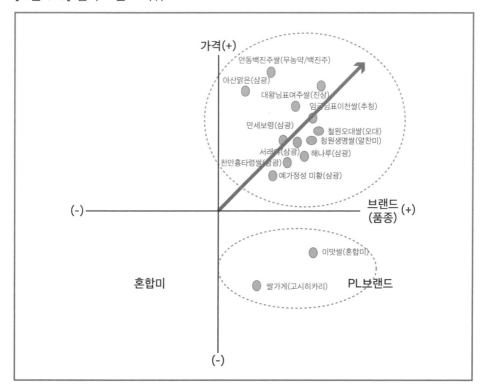

[그림 1-7]에서와 같이 쌀 브랜드(품종)(X축) 및 가격(Y축)에 따라 쌀 가격의 차이를 보임에 따라 쌀을 생산하는 기초지방자치단체마다 브랜드 정체성(BI)의 개발 및 마케팅에 총력을 기울이고 있다. 사실 브랜드를 개발했다고 바로 명품 쌀 브랜드가 되지 않는다. 지속적으로 브랜드의 정체성(BI), 브랜드의 품질 신뢰(confidence), 일관된 커뮤니케이션을 소비자와 관계를 맺을 때, 가능한 일이다. 그런데 소비자들의 명품 브랜드에 대한 신뢰도

---

18) 김신애, 예산군 농산물 공동브랜드의 전략적 제휴 연구: 예가정성 미황을 중심으로, 브랜드디자인학연구, Vol. 20 No. 3 2022, p. 15.

가 높음에 따라 마치 '숭어가 뛰니깐 망둥이도 뛰는 것' 같이, 저가 브랜드의 명품카피로 시장이 짝퉁으로 뒤덮이고 있는 것은 R&D 투자를 하지 않고 명품 브랜드의 후광효과를 얻어 쉽게 경제적 이익을 취하려고 하는 것으로서 우리 소비자들이 그러한 제품을 퇴출할 수 있도록 앞장서야 한다.

(3) 제품의 특성

제품의 특성(product feature)은 '소비자들이 요구하는 가치 있는 것을 기존 제품에 추가한 것으로 타 제품과 구별되는 기본적인 기능'을 말한다. 가령, 최근의 쌀 농가들은 경쟁적으로 국가인증마크 쌀(무농약 친환경쌀), 지리적 표시 등을 인증받고 오색미, 기능성 쌀을 생산 유통시키고 있는 실정이다. 그 이유는 기존의 쌀로서는 전업주부들에게 큰 구매의 자극을 제공하지 못하기 때문이다.

제품의 특징은 제품브랜드의 포지셔닝을 결정하기도 한다. 가령, 임금님표 이천(2000 ssal.co.kr)쌀은 제40-1016538호로 브랜드 등록(등록일, 2014.01.08.)되었다. 여기에 이천쌀은 생산계획량 47,138톤이라는 제12호 지리적 표시(2005.12.26.)가 국립농산품질관리원으로부터 등록되어 있다. 오늘날 한국의 주부들에게 가장 인지도가 높고, 선호하는 쌀 브랜드의 하나이다. 경기가 둔화되고 생산량이 과잉일 때, 소비자에게 신뢰받는 명품 쌀 브랜드는 10kg 가격이 고가(skimming price)로 유통되고 있지만, 유명무실한 쌀 브랜드들은 사실 10kg 가격이 명품 쌀에 비해 형편 없이 거래되고 있다.

(4) 디자인

제품의 디자인(design)은 '의장(意匠)·도안'을 말하며, 디자인이라는 용어는 '지시하다·표현하다·성취하다'의 뜻을 가지고 있는 라틴어의 데시그나레(designare)에서 유래한다. 디자인은 관념적인 것이 아니고 실체이기 때문에 어떠한 종류의 디자인이든지 실체를 떠나서 생각할 수 없다. 디자인은 주어진 어떤 목적을 달성하기 위하여 여러 조형요소(造形要素) 가운데서 의도적으로 선택하여 그것을 합리적으로 구성하여 유기적인 통일을 얻기 위한 창조활동이며, 그 결과의 실체가 곧 디자인이다.

디자인은 스타일(style)보다 큰 개념이며, 스타일은 단지 제품의 외관만을 지칭한다. 좋은 디자인이란 제품의 외관을 뜻하는 컬러, 크기, 모양, 성분(기능), 무게, 만들어진 방법, 제품의 경향, 유행 등의 스타일과 제품의 유용성도 제고시킨다. 가령, '정관장(正官庄)'(cheongkwanjang.co.kr)은 120여 년의 기록을 가진 브랜드로서 내수시장에서는 60% 이상의 점유율을 갖고 있으며, 해외의 홍콩, 중국, 대만에서도 인삼은 곧 '정관장'을 연상할 수 있을 정도로 차별성과 전통성을 갖고 있다.

우리의 주식인 쌀도 항상 10kg, 20kg 단위의 포장에서 1인 소비자 시대에 부응하는 쌀 스틱(30g) 형태의 포장디자인이 개발되어 널리 시장에서 볼 수 있다. 우리가 매일 먹는 쌀도 오색미 컬러로 소비자를 유혹한다. 뿐만 아니라 농산물에도 기능성을 반영한 블랙컬러가 유행하고 있으며, 심지어 바이오 푸드, 기능성 우유에서부터 다양한 먹거리에 이르기까지 제품의 색, 크기, 모양, 무게 등에 의해 나타나는 제품디자인은 소비자들에게 제품을 구매하게끔 하는 원인을 제공해 준다.

(5) 포장

포장(package)이라 함은 '제품을 담는 용기(container)나 이것을 감싸는 도구(wrapper)'를 말한다. 포장은 제품의 안전성과 사용편의성을 높인다는 점에서 제품의 주요 구성요소이다. 또한 포장은 제품에 대한 고객의 호의적 태도와 구매의사결정에 많은 영향을 미친다. 가령, 등산을 좋아하는 소비자는 병이나 캔에 들어 있는 고추장보다 사용하기 편한 튜브형 제품을 보다 선호할 것이다.

포장의 주요 기능으로는 [그림 1-8]에서처럼 제품기능, 의사전달기능 그리고 가격기능 등 세 종류의 기능을 수행한다. 물론 포장의 세 기능 중에서도 가장 본원적인 것은 제품기능이다.

첫째, 제품기능은 포장이 제품 자체가 가지는 각종 한계를 연장하고 극복해 주는 것을 의미한다. 포장은 액체나 분말 등의 제품을 담는 기능, 제품이 상하거나 훼손되는 것을 예방하는 보호기능, 고리를 당겨 여는 음료수 깡통, 쓴 약을 쉽게 복용할 수 있도록 한 캡슐(capsule)형 약품 등 제품의 사용을 편리하게 하는 기능이 그것이다.

둘째, 포장의 의사전달기능은 콜라병과 칠성사이다처럼 제품식별기능, 둥근형 · 핑크색상 · 천포장을 통한 여성적인 이미지를 줄 수 있도록 제품의 인상을 지어주는 기능, 장난감 포장과 같은 정보를 제시하는 기능, 민속주 안동소주(www.andongsoju.com)처럼

[그림 1-8] 농산물의 포장 형태

전통도자기모양 고급술이나 화장품의 포장을 통한 태도변화의 기능을 들 수 있다.

셋째, 가격기능(price function)으로서 대형 포장 구매유도기능과 다량구매유도기능, 프리미엄급의 고급품의 가격표시 기능 등이 있다. 특히 최고급 몽블랑(montblanc.com) 만년필 포장은 그 자체만 하더라도 고가 이미지를 갖는 동시에 가치를 강조하는 이미지까지 내포되어 있다고 본다.

최근, 포장의 기본적인 기능은 포장의 보호성, 상품성, 편리성, 심리성 및 배송성(配送性)으로 보고 있다. 종전에는 포장의 기능 및 중요성을 보호성에 두어왔고 또한 그것으로 충분하였으나, 오늘날에는 그것이 더욱 확대되어 판매촉진 기능에 중점을 두고 있다. 생산된 물품 그 자체만으로는 상품이라 하기는 어려우며, 포장이 됨으로써 비로소 상품화하였다고 할 수 있다. 따라서 포장이 내용물과 일체를 이룸으로써 비로소 상품이 되는 것이므로 포장의 상품성도 중요한 기능이다.

포장을 개발하는 데 있어서 개발자는 여러 요소들을 감안하여야 한다. 첫째, 원가이다. 다양한 포장 재료와 고급스러운 디자인은 제품의 가치를 높이는 데 기여하지만 소비자가 추가로 부담해야 하는 비용이 너무 높을 수 있다. 따라서 마케터는 시장조사를 통해 소비자들이 포장에 지불하고자 하는 원가수준을 찾아내어 포장디자인 개발에 반영하여야 한다. 둘째, 포장의 안전성이다. 뛰어난 포장재질이나 디자인이 안전성을 저해한다면 이는 포장으로서의 본원적 기능을 상실하는 것이다. 셋째, 포장의 일관성이다. 가령, 포카리스웨트(donga-otsuka.co.kr)와 게토레이(lottechilsung.co.kr)의 용기를 통해 그 기업의 이미지를 파악할 수 있듯이 특정제품의 포장은 회사 내 타 제품들의 것과 조화를 이루어 소비자들에게 일관된 기업이미지를 제공하도록 해야 한다.

이 밖에도 제품의 특성, 용도, 이점 등에 관한 정보를 제공해 줄 수 있는 촉진적 기능과 유통경로에서의 운반과 저장의 편의성을 제공하는 기능도 포장개발에 있어서 고려해야 할 요소들이다.

식품 포장은 식품의 저장성(preservation)을 향상시키고, 물리/화학/미생물학적 위험으로부터 식품을 보호(protection)하며, 외부환경과 식품과의 물리적 경계로서 식품을 담는 역할(containing)을 수행한다. 또한, 편리한 조리와 소비를 위한 디자인과 설비로 소비자에게 편의(convenience)를 주며 소비자에게 영양성분, 함량 및 원재료, 유통기한 등의 정보를 제공(communication)하는 역할을 한다. 생산단계에서부터 소비자에 이르기까지 식품의 대량 운반 및 수송(facilitate handling)을 위한 화물 운반대(pallet), 컨테이너(container), 묶음 포장(bulk packaging)도 이에 속한다.

(6) 보증

보증(guarantee)은 소비자가 특정회사의 제품을 구입하여 사용하면서 제품성능이 소비자의 기대에 미치지 못할 때, 환불이나 교환과 같은 보상을 약속한 일종의 보험(insurance)을 말한다. 데코리아제과(decoriaconf.co.kr)는 Décor+(Utop)ia의 합성어로 시각과 미각을 겸비한 최고의 과자를 상징하고, 'Enjoy and Looks Taste'를 추구하면서 전 세계 27개국에 젤로미(젤로 귀엽고(젤로美) 젤로 맛있는(젤로味)) 과자, 초콜릿과 젤리를 수출한다. 만약 고객이 이 회사의 캐릭터 상품을 구입한 후 상품을 확인한 결과 상품에 문제가 발생되어 먹을 수 없다고 할 때, 언제라도 교환이 가능하도록 소비자 만족 및 보상 프로그램을 제도화하고 있다. 농산물도 오늘날 소비자만족을 중요하게 다루고 있으며, 가령 특정한 브랜드의 쌀을 주문한 주부가 당초 생각했던 단일 품종의 쌀이 아니고 혼합미를 수령했을 때, 언제든지 공급자에게 교환을 요청할 수 있다.

(7) 대금결제

대금결제(payment)는 소비자가 원하는 농산물/가공식품의 구입에 대한 물품의 대가를 지불하는 수단을 말한다. 대금의 지불방법은 현금, 신용카드, 할부, 지역사랑카드 등 여러 결제방법이 있다. 가령, 농산물 직거래 장터에서 주부가 여러 식자재를 구입하고 싶은데 지갑에 현금이 없어서 카드로 결제를 요청할 때, 판매원은 결제방법을 완화하는 조건으로 구매를 유도할 수 있다.

최근 서민들의 주택구입을 용이하게 하기 위해 낮은 이자율 부담과 장기 상환형 상품의 개발은 서민들에게 주택구입에 관한 의사결정의 용이함을 제공하는 것이다. 물론 기업에서 고객을 위한 대금의 결제방식을 다양화하는 것도 중요하지만, 기업의 내부자금흐름에 대한 고려도 함께 해야 한다. 마케팅부서는 자체만의 판단보다는 재무부서와 같은 타 부서와의 공식적 의사소통을 통해 대금유입계획을 함께 검토하는 작업을 병행해야 할 것이다.

(8) 배달

배달(delivery)은 소비자가 구매한 제품을 안전 및 신속하게 고객이 원하는 목표장소에 전달하는 행위를 말한다. 효과적인 배달체계의 도입은 고객들이 자사제품을 선택하는 데 있어 유인책이 될 수 있어 판매향상에 도움을 준다. 가령, 서울에 거주하는 가정주부가 경상북도 의성지역(농산물 공동브랜드 의성 眞 개발 및 유통)에서 생산되는 무공해 유기농법의 사과와 마늘에 대해 매스컴을 통해 접하고 그것을 사고 싶다면 새의성농협(saeus.nonghyup.com)이나 우체국택배(parcel.epost.go.kr)를 통해 얼마든지 구매자의 집까지 택배가 가능하다. 뿐만 아니라 울릉도 오징어, 목포의 세발낙지도 소비자가 원하는 어느 곳이든 배달체제가 가능해졌다. 최근에는 온라인마케팅으로 공간적 제약을 극복하게 만들었다.

(9) 애프터서비스

애프터서비스(AS, after service)는 고객이 구매한 제품에 대하여 보증하는 기간 내에 문제가 발생할 경우 제조업자가 약관에 따라 제공하는 서비스를 말한다. 애프터서비스는 식품·먹거리뿐만 아니라 농기계 등 거의 모든 제품분야에서 제공되며, 확장제품의 대표적인 구성요소이다. 기업은 A/S제도를 통해 고객의 브랜드 충성도(brand loyalty)를 높일 수 있다.

[그림 1-9] 한성티앤아이의 애프터서비스

특히, 우리나라 방역방제분야 장비 제조분야의 글로벌 리더를 지향하는 한성티앤아이(hstni.com)는 전국적으로 대리점 67개, A/S지점 14개, 소형부품점 5개 애프터서비스센터를 소비자들에게 완전 개방하여 직접 제품수리담당자와 상담하면서 농기계의 어느 곳이 고장 난 것인지, 앞으로 사용상 주의해야 할 사항들을 서로 의사교환할 수 있도록 만들어 사용자와 서비스 제공자 간의 신뢰를 형성하게끔 하였으며, 무상품질보증제도를 통해 경쟁사들보다 브랜드 충성도를 제고시켰다. 애프터서비스는 유상과 무상으로 제공되는데, 기업은 제품특징과 보증기간, 그리고 보장하는 방법에 따라 고객이 이득을 느낄 수 있도록 이들을 적절히 결합해야 할 것이다.

앞으로 기업들은 제품의 무결점(zero defect)화 추구로 기업에서의 애프터서비스 조직도 최소화하는 방향으로 경영혁신이 이루어져야 한다. 더 시급한 점은 품질하자에 따른 단순한 A/S 무상수리에 만족할 것이 아니라, 소비자관점에서 제품품질의 하자로 여러 번 수리센터를 방문해야 하는 불편함에 대한 경제적 보상이나 정신적 보상의 기준을 마련해야 한다. 수리센터를 방문한다는 그 자체가 곧 소비자 개인의 소중한 시간을 할애하는 것이므로 비용의 발생, 즉 수리센터 방문에 걸리는 시간과 수리 후까지 기다려야 하는 시간, 수리센터 방문에 따른 다른 일을 하지 못하는 심리적 불편함 등에 대한 체계적 보상체계를 마련해야 한다. 아울러, 더더욱 기업의 마케팅전략차원에서 새로운 신제품에 관한 정보를 사전에 중요 고객에게 제공하는 사전서비스(before service)를 강화하도록 해야 할 것이다.

(10) 설치

설치(installation)는 어떤 제품을 구매한 고객이 즉각적인 사용과 작동에 어려움이 있을 때 설비담당기사를 파견하여 제품사용이 가능하도록 준비하는 모든 과정을 의미한다. 과수원을 경영하는 농가에서 농기계를 구입하였을 때, 구입한 소비자가 농기계를 직접 작동(설치)할 만큼 기술적 전문가가 아니기 때문에 판매한 제조업체나 대리점에서 농기계를 안전하게 사용할 수 있도록 기계설비 담당기사가 파견된다. 마찬가지로 산업재의 경우에도 설치는 더욱 중요하다. 가령, 도자기를 만드는 메이커에서 가장 중요한 설비는 전기로이다. 전기로는 도자기를 구울 때, 일정한 열을 발산하게 하는 것으로, 잘못 설치할 때 도자기가 불량으로 생산될 수 있으므로 전기로를 판매하는 메이커에서는 기본적으로 전기로 판매에 따른 설치가 뒤따라야 한다. 이때 산업재 구매자는 전기로라는 유형제품뿐만 아니라 시공 및 작동준비라는 확장제품까지 구매하게 되는 것이다.

(11) 매뉴얼

매뉴얼(manual)은 '사용 설명서(使用 說明書)'를 뜻하기도 한다. 농식품의 매뉴얼은 몇 인분의 밥을 지을 때 밥솥에 쌀 몇 컵, 물의 양, 조절 안내 등이 일종의 매뉴얼에 해당된다. 매뉴얼(user guide)은 특정 시스템을 사용하는 사람들에게 도움을 제공하기 위한 기술 소통 문서이다. 기술 전문 저술가가 작성하는 것이 보통이지만, 매뉴얼은 특히 기업의 프로그래머, 제품 및 프로젝트 관리자, 기타 기술담당 직원이 작성하는 경우도 있다. 사용 설명서는 전자 제품, 컴퓨터 하드웨어, 소프트웨어에 가장 흔히 연동된다.

대부분의 사용 설명서에는 안내 설명과 관련 그림들을 포함하고 있다. 컴퓨터 응용 프로그램의 경우 일반적으로 인간 기계 인터페이스의 스크린 샷을 포함하고 있으며, 하드웨어 설명서에는 분명하고 단순한 다이어그램이 자주 포함된다.

6절 제품믹스 및 계열관리

6.1. 제품믹스관리

(1) 제품믹스의 정의

제품믹스(product mix)란 기업이 판매하고자 하는 모든 개별제품들의 집합을 말한다. 이때 제품믹스의 구조는 넓이와 깊이 그리고 길이로 이루어진다. 넓이(width)는 기업의 제품계열의 수를 말하며, 깊이(depth)는 제품계열 내의 각 제품이 제공하는 품목의 수로서, 각 제품이 사이즈, 컬러별로 얼마나 다양한 구색을 갖추고 있느냐를 뜻한다. 길이(length)는 기업이 제공하고 있는 총 품목의 수로서, 넓이×깊이로 측정한다. 여기서 깊이는 각 제품계열별 깊이의 평균을 말한다.

[그림 1-10]은 풀무원(shop.pulmuone.co.kr)의 '바른 먹거리'의 제품믹스를 가상적으로 정리해 본 것이다. 풀무원의 제품계열 수는 3가지이기 때문에 제품믹스 넓이는 건강식품, 음료, 채소 등 3개이다. 건강식품 제품계열의 길이는 다이어트, 생식, 비타민, 홍삼 및 산삼, 흙마늘진, 음료는 두유, 칡즙 및 헛개나무, 과즙음료, 유산균, 녹즙, 생수, 채소는 채소, 샐러드, 나물 3개이므로 제품믹스의 길이는 각 제품 계열별 제품의 수를 모두 합한 전체의 제품 수이므로 16개이다. 여기에서 건강음료는 다이어트, 생식, 비타민, 홍삼 & 산삼, 흙마늘진 등으로 재분류됨에 따라 그 깊이는 6개로 보는 것이다. 마찬가지로 음료 역시 깊이는 7개, 채소는 3개이다. 따라서 제품믹스의 깊이는 제품계열 내의 평균제품의 수이므로 16/3=5.3이다. 또한 '건강식품' 제품이 크기에 따라 3종류, 컬러 2종류(자연, 혼합)로 생산한다면 제품의 깊이는 3×2=6이 된다.

마케터는 소비자들의 욕구와 시장상황에 따라 제품믹스를 변화시킨다. 새로운 제품계열을 확장하여 제품믹스의 넓이를 늘릴 수도 있고, 기존 제품계열 내에 제품을 추가하여 제품계열의 길이를 늘릴 수도 있다. 또한 인기 있는 제품의 깊이를 깊게 하여 소비자들이 다양하게 선택하도록 유도할 수 있다.

그러나 마케터는 전체적인 제품믹스를 이루는 각 제품계열들은 서로 간에 일관성과 보완성의 유지 — 여러 제품계열이 그 용도나 생산에 필요한 요소, 판매경로의 경제성 — 등 여러 가지 점에서 상호 밀접한 관련이 있도록 시너지효과를 동반하도록 하여야 한다.

[그림 1-10] 제품믹스의 보기

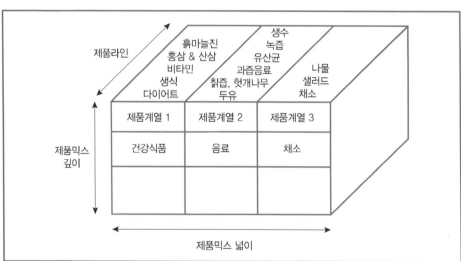

(2) 제품믹스전략

기업은 소비자의 욕구와 시장상황에 따라 제품믹스전략을 강구하여야 한다. [그림 1-10]에서 풀무원(pulmuone.co.kr)의 경쟁회사인 청정원(chungjungone.com)이 제품계열 1의 제품 건강식품에 견줄 만한 신제품 청정원 식품 시리즈를 출시한다면 풀무원 입장에서 제품계열을 확대할 것인지 또는 축소 및 퇴출할 것인지에 대하여 치밀한 전략이 요구된다.

1) 제품믹스확대전략

기업이 기존의 제품계열 이외에 새로운 제품계열을 추가하는 것을 말한다. 가령, 우리나라의 대표적인 유통회사인 이마트는 기존의 개별 브랜드(PL, private brand) 이외에 '피코크'라는 신선냉동 가공식품 브랜드 PL을 추가하였으며, '신선 및 가공식품'이라는 새로운 사업영역에 진출한 의미를 가진다. 이러한 제품믹스확대전략은 현재 생산하고 있는 제품계열과 유사한 제품계열을 추가함으로써 소비자들에게 자사제품에 대한 선택의 폭을 넓게 하는 의미를 가지며, 현재 생산하고 있는 제품계열과 전혀 다른 새로운 제품계열을 추가하는 제품다각화전략을 뜻한다.

2) 제품믹스축소전략

기업의 특정 제품이 수익률이 떨어지거나 브랜드수명주기의 성숙기나 쇠퇴기에 진입하고, 기업의 전체 이미지와 부적합할 때, 전략적으로 제품을 축소 또는 퇴출시킬 필요가 있다. 제품을 퇴출시키는 데 있어서 무조건적으로 철수하는 것보다는 시장 상황과 자사제품의 잔여 상품력의 향상을 통해 기업 이익을 함께 고려할 필요가 있다.

여기에서 ① 수확전략(harvesting)은 기업의 특정제품이 매출성장에서 안정된 단계나 쇠퇴기에 이르렀을 때, 기업이 유휴자원을 저렴하게 활용할 수 있을 때, 매출액 감소와 시장점유율 하락에 따른 반전을 위한 마케팅비용의 증가가 커질 때, 기업은 더 이상의 자원을 투입하지 않고 기존의 투자에 의해서 발생되는 이익을 회수하는 전략이다. 남양유업은 어린이 유제품에 곰팡이가 발견되면서, 그 품목은 소비자 저항을 사전에 대응하기 위해 강제로 제품 생산을 중단하고 소멸하는 방법을 취했다.

② 제품계열의 단순화전략(line simplification)은 기업이 제공하는 다양한 제품이나 서비스의 수를 관리하기 용이한 수준으로 감소시키는 전략이다. 다시 말해서 기업에 매출을 가져다주는 효자 품목으로 제품계열을 축소시켜 관리비용의 절감과 소비자들에게 서비스강화차원에서 검토될 수 있는 사안이다.

③ 철수전략(divestment)은 제품계열이 마이너스 성장을 하거나 제품이 전략적으로 부적절하다는 평가가 내려졌을 때 제품계열 전체를 철수하는 전략을 말한다. 사실, 신일산업(shinil.co.kr)은 선풍기 메이커로서의 명성을 이용해 세탁기시장에 진입하였지만 가전 3사의 브랜드를 극복하지 못해 결국 세탁기시장에서 철수하고 말았다. 역시 엘지전자(lge.co.kr)도 밥솥사업부를 철수한 사례를 기억할 것이다. 그런데 기업의 특정 품목이 비

록 마이너스 성장을 하더라도 시장에서 브랜드의 명성이 남아 있다면 특정 품목을 생산하는 메이커로 하여금 아웃소싱의 유형인 주문자상표부착(OEM, original equipment manufacturer)으로 시장을 유지할 수 있다.

3) 제품믹스의 분할 및 통합전략

복수의 제품계열을 소유한 기업이 기존의 제품계열을 재편하는 것을 뜻한다. 즉, 기존의 제품계열을 분할하거나 통합하는 전략으로서 현재 생산하고 있는 품목은 변화시키지 않고 단지 제품계열의 수를 감소시키거나 증가시키는 것이다. 이러한 전략은 특정제품계열이 지나치게 커지거나 작아져 효율적인 제품관리가 되지 않기 때문이다. 1969년 11월에 설립한 한국야쿠르트(hyfresh.co.kr)는 '신선한 가치, 건강한 습관(creating healthy habits with freshness)'을 전달하는 건강 전도사 야쿠르트 아줌마를 너무나도 잘 알고 있다. 그런데, 2012년 1월에 F&B 유통사업 분리로 (주)팔도(paldofood.co.kr)가 설립되었다. 팔도는 면 브랜드(팔도왕뚜껑라면류), 음료수 브랜드(비락식혜), 간편식 브랜드(팔도비빔장류)로 특화시켰다.

6.2. 제품계열관리

(1) 제품계열의 정의

제품계열(product line)은 기능이 유사하고, 동일한 고객집단에게 판매하며, 유사한 유통경로를 통해 판매가 되고 혹은 가격범위가 일정하기 때문에 서로 밀접한 관련이 있는 일련의 제품집단을 말한다. 가령, 제일제당(CJ)(cj.co.kr)은 세제, 화장품, 천연조미료, 즉석밥 등의 네 가지 제품계열을 생산하고 있다. 여기에 각 계열 내에 다양한 브랜드의 제품들이 있다. 즉석밥으로 햇반, 국밥, 흑미밥, 오곡밥, 영양밥 등으로 햇반 품목수를 늘려 왔다.

1979년 롯데리아(lotteria.com)는 새로운 식생활문화 창조와 고객만족 추구라는 기업정신으로 불고기버거(1992년), 불갈비버거(1998년), 라이스버거(1999년), 새우라이스버거(2000년), 김치버거(2001년)로 버거의 품목수를 늘려 왔다. 즉, 롯데리아는 햄버거와 치킨이라는 두 개의 제품계열에 제품믹스 길이는 긴 반면에 제품믹스 넓이는 좁고 제품믹스 깊이도 얕은 편에 해당된다. 그런데 제품계열측면에서 해석해 보면, 용도가 패스트푸드이고, 10대 고객들과 가족단위 고객, 프랜차이즈 시스템을 통해 전국에 700호가 개설되어 판매가 이루어지고 있다. 가격도 전국적으로 일정한 서로 밀접한 관련이 있는 일련의 제품집단에 속한다. 최근에 이르러서는 롯데잇츠(lotteeatz.com)로 통합되고, 프랜차이즈 간의 협력차원에서 Angel in us coffee, Krispy Kreme 도넛 등에 진출하였다.

(2) 제품계열전략

기업의 제품계열전략은 기업의 목표에 따라 그 계열의 길이가 달라진다. 그래서 기업은 제품계열의 길이가 짧을 때 매출기회를 놓칠 수 있고 품목 수를 늘리면 수익성이 감소될 수 있으므로 어느 정도로 유지할 것인가에 대해 시장조사에 기반한 합리적 결정이 요구된다. 만약 제품계열에 새로운 품목을 추가하려면 디자인이나 설계비용, 재고 및 물류비용, 제조비용, 주문처리비용, 그리고 마케팅촉진비용 등이 발생되므로 제품계열 길이의 확대에 의한 매출액 증대분과 이에 따른 비용증가분 간의 비교분석을 통하여 적정한 제품계열 길이를 유지하는 것이 바람직하다.

제품계열의 길이를 증가시키는 전략으로는 특정기업이 현재 커버하고 있는 제품범위를 넘어서 제품계열의 길이를 길게 하는 계열확장과, 현재의 제품계열의 범위 내에서 품목수를 추가하는 계열충원이 있다. [그림 1-11]에서와 같이 제품계열확장전략에는 네 가지 전략이 있다.

[그림 1-11] 제품계열확장전략

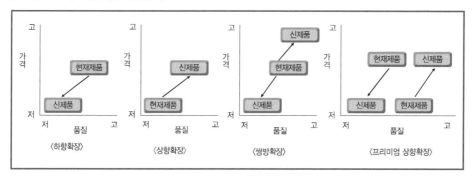

1) 하향확장(downward stretch)

고품질ㆍ고가의 제품계열을 생산하던 기업이 표준품 및 저가의 제품을 추가로 생산하는 것을 말한다. 기업이 하향확장전략을 추구하는 배경에는 초기에 고급이미지를 소비자에게 지각시킨 뒤 그 후광효과를 저가의 제품으로 확장함으로써 기존의 고품질 이미지를 저가제품에도 확산시키고자 하는 전략이다.

실제적으로 쾌적하고 고급지향의 쇼핑을 추구하는 롯데백화점(lotteshopping.com)은 고급 이미지를 롯데마트라는 할인점으로 확장시켰다. 기업에서는 고소득층을 대상으로 제품을 포지셔닝한 다음에 하향확장전략을 추구하는 것이 최고의 이상적인 전략이다. 최근 선진 시장뿐만 아니라 신흥 시장에서도 합리적인 소비가 확산되고 소비 포트폴리오가 다양화되면서 노키아는 초고가 시장과 초저가 시장을 오가는 철저한 바이 폴라(Bi-polar) 전략을 구가하고 있다. 인도와 중국과 같은 신흥시장에서는 30달러 정도에 팔리는 초저가 핸드폰을 팔고 있으며, 서부 유럽과 같은 선진 시장에서는 Vertu(베르투)라는 1억원 상당의 핸드폰을 출시했다. 진짜 금에 다이아몬드로 장식된 위버 프리미엄 제품인 베르투를 통해 노키아는 매출 확보를 위해 저가 제품을 출시했음에도 불구하고 오히려 명품 이미지를 구축할 수 있었다. 모토로라 역시 신흥시장에서는 저가폰을 출시했지만, 선진 시장에서는 레이저와 같은 슬림 폰 트렌드를 선도한 제품을 출시함으로써 디자인 리더십을 자랑하면서 브랜드 이미지를 오히려 강화할 수 있었다.

지역적으로 고가 시장과 저가 시장을 따로 공략하는 노키아나 모토로라와는 달리 체인 호텔 메리어트호텔(marriotthotels.co.kr)은 동일한 지역에서 고가 시장과 저가 시장을 같이 공략하고 있다. 이태리 명품 업체인 불가리(bulgari)(bulgari.com)와 손을 잡고 6성급 호텔인 불가리 호텔을 설립하였는데, 방에 명상(瞑想)실을 두고 불가리 스킨 및 향수를 구비하고 문을 여는 방법을 다르게 하는 등의 기술적인 차별화를 통해 포시즌 호텔 (fourseasons.com)이나 만다린 오리엔탈(mandarinoriental.com) 등의 초호화 호텔 및 리조트 등과 경쟁하고 있다. 그와 동시에 Courtyard 및 Fairfeild와 같은 저가 호텔 라인의 방을 1994~2004년 동안 백만 개 이상을 추가함으로써 저가 시장 규모를 확대했다. 물론 동기간에 메리어트 호텔의 중가 라인인 르네상스 호텔 등의 확대는 미흡했다. 이러한 고가 시장과 저가 시장을 동시에 공략하는 전략을 통해 9.11 테러 이후 불황이었던 호텔 산업에서 평균 5% 이상의 성장률을 달성한 것이다.

그러나 하향확장전략의 단점은 저가품목을 추가함으로써 경쟁사가 맞대응전략으로

고가품시장에 진입할 빌미를 제공하며, 고가제품만을 취급해 오던 유통상들이 저가제품
의 취급을 거부할 수 있으며, 추가한 저가제품이 고급시장을 잠식할 가능성이 있다는 점
이다.

2) 상향확장(upward stretch)

저품질·저가의 시장을 목표로 하던 기업이 고품질·고가시장을 목표로 제품계열을
확장하는 것을 말한다. 기업이 이러한 전략을 선택하는 이유는 고가의 제품들이 상대적
으로 높은 이익률과 매출상승을 가져오기 때문이다. 삼성전자는 백색 가전제품의 이미지
에 삼성전자의 후광효과를 활용하여 왔으나 독립적으로 고급 이미지인 파브 TV, 하우젠
(samsung.com)과 지펠 브랜드를 내놓아 성공하였다. 역시 경쟁사인 엘지전자(lge.co. kr)
도 X CANVAS, 트롬(TROMM) 세탁기, 디오스(DIOS) 냉장고, 휘센(WHISEN) 에어컨 등 고
가격 대형가전품으로 시장을 선도하고 있다.

한편, 지금은 개발도상국이나 중동지역의 소비자로부터 우리나라 가전제품이 명성을
얻고 있으나 아직까지 우리나라 제품이 외국에 수출될 때 외국인들은 한국제품을 중저가
브랜드로 인식해버리는 편견을 갖고 있다. 우리 기업들은 해외에서 현지 소비자 지향의
광고와 지속적 고객관계관리로 프리미엄 시장을 공략해야 한다.

상향확장전략의 단점은 신규진입기업이 고가제품을 생산할 수 있는 능력을 가지고 있
는지에 대해 유망고객들이 반신반의하며, 기업의 판매원과 유통업자들이 고가제품시장
을 관리할 수 있는 능력을 배양하고 훈련시키는 일이 쉽지 않을 수 있다는 점이다.

3) 쌍방확장(both ways stretch)

특정 기업의 품질과 가격 수준이 시장 내에서 중간 위치에 놓여 있을 때 고가와 저가 시
장을 동시에 공략하는 전략을 말한다. 가령, OB맥주(ob.co.kr)는 중가격대 시장의 맥주를
생산·판매하여 강력한 포지션을 구축한 후에 카프리(cafri)와 비드와이저(budweiser)의
프리미엄급을 추가하였으며, 동시에 계열사인 두산이 강원도의 경월소주를 인수한 후 그
린소주 브랜드로 저가시장에 뛰어듦으로써 주류시장 제품계열의 전체 범위를 모두 포함
하는 전 품목 생산기업으로 위치를 확보하였다.

4) 프리미엄상향전략(premium upwards stretch)

앞에서 상향확장은 현재제품이 저가에서 고가로 가는 전략이나 사실, 이러한 전략을 구사할 때, 지금까지 저가브랜드를 이용해 왔던 고객과 강제적으로 분리를 해야 한다. 기존의 이미지가 저가격의 실용성에 강한 이미지를 기억하기 때문에 결국 별도의 개별브랜드를 개발해야 하는 비용이 지출된다.

따라서, 기존 제품을 시장에 론칭할 때, 장기적 관점에서 프리미엄 브랜드로 출발하라는 전략이다. 그런 다음 high stand로 포지셔닝 된 이후에는 마음대로 다양한 전략을 구사할 수 있다. 물론 품질이나 다양한 가능성을 반영한 희소성의 프리미엄 전략일 수 있다.

또 다른 프리미엄 상향전략을 생각할 수 있다. 일정가격 이상의 중가격대에 기존제품을 출시하고, 그다음에 프리미엄으로 승부하는 전략이다. 이는 상향확장의 전략을 저가격에서 출발하는 것이 아니라 중가격대부터 시장전략으로 활용한다.

이슈 문제

1. 브랜드의 정의를 내리고 어느 대상까지 확대할 수 있는지의 예를 드시오.
2. 브랜드의 기능을 특정한 브랜드를 적용하여 언급하시오.
3. 브랜드 네이밍은 필요조건을 언급해 보시오.
4. 브랜드전략의 유형을 구체적 예를 들어가면서 설명하시오.
5. 자사 브랜드전략과 OEM 브랜드전략의 차이점을 설명해 보시오.
6. 소비재 및 산업재 브랜드를 특정한 브랜드를 활용하면서 비교 설명하시오.
7. 제품의 구성요소를 설명하시오.
8. 브랜드 제품계열의 정의와 그 특징을 설명하시오.

유익한 논문

 예가정성 농산물 공동브랜드의 네이밍 개발 및 홍보전략: 충남 예산군 사례를 중심으로

권기대

공동브랜드

1절 농산물 공동브랜드의 정의

2절 농산물 공동브랜드의 범위

3절 농산물 공동브랜드의 현황

4절 지리적 표시제

5절 친환경인증표시제

6절 농산물 공동브랜드의 성공요인

이슈 문제

유익한 논문

02

1절 농산물 공동브랜드의 정의

농산물 공동브랜드란 [표 2-1]에서처럼 '도·시·군의 지방자치단체 행정조직이 지역 농협 및 지역의 영세한 농업조직들(농협, 영농조합법인)에게 불확실한 시장에 대한 대응력과 안정적 소득증대를 제고하기 위해 광역적으로 추진되는 것과 단일 생산자 조직에서 연합하여 공동의 농산물 브랜드를 개발하고, 이를 사용토록 한 공공적 자산의 브랜드'로 정의할 수 있다.[1][2]

[표 2-1] 농산물 공동브랜드 주체와 주요 브랜드

구분			브랜드소유자 / 브랜드사용자	품목	공동브랜드
농산물 공동브랜드	지방자치 단체브랜드	시·도 브랜드	경상북도 / 농협경북본부	과실류	daily
		시·군 브랜드	의성군 / 연합사업단	공통	의성
		시군, 농협 브랜드	지방자치단체 / 지역농협	자두 대추 복숭아	옹골찬 Ongolchan
	생산자조직 공동브랜드	지역연합	경북농협 / 안동유통센터	사과	안동 Andong Apple
		품목연합	지역농협연합	참외	참별미소
		광역연합	지역농협연합, 전문농협연합, 광역영농조합	과일류	천년의맛
개별 브랜드			개별농협, 영농조합법인/ 농업회사법인, 작목반	고춧가루	빛깔찬

1) 전창곤, 농산물 공동브랜드화 유형과 성공요인 및 발전방안, 식품유통연구, Vol.21 No.1, 2004, pp. 1-24.
2) 김신애·이점수·권기대, 지방자치단체 농산물 공동브랜드의 이미지 및 브랜드네이밍전략, 브랜드 디자인학연구, Vol.11 No.4, 2013, pp.5-16.

우리나라 상표법(브랜드)(법률 제15581호, 2018.4.17., 일부 개정)에 따르면, '브랜드'란 자기의 상품(지리적 표시가 사용되는 상품의 경우를 제외하고는 서비스 또는 서비스의 제공에 관련된 물건을 포함)과 타인의 상품을 식별하기 위하여 사용하는 표장(標章)을 말한다.[3] '표장'이란 기호, 문자, 도형, 소리, 냄새, 입체적 형상, 홀로그램 · 동작 또는 색채 등으로서 그 구성이나 표현방식에 상관없이 상품의 출처(出處)를 나타내기 위해 사용하는 모든 표시를 말한다. '단체표장'이란 상품을 생산 · 제조 · 가공 · 판매하거나 서비스를 제공하는 자가 공동으로 설립한 법인이 직접 사용하거나 그 소속 단체원에게 사용하게 하기 위한 표장을 말한다. '지리적 표시'란 상품의 특정 품질 · 명성 또는 그 밖의 특성이 본질적으로 특정지역에서 비롯된 경우에 그 지역에서 생산 · 제조 또는 가공된 상품임을 나타내는 표시를 말한다.

브랜드의 사용은 ① 상품 또는 상품의 포장에 브랜드를 표시하는 행위 ② 상품 또는 상품의 포장에 브랜드를 표시한 것을 양도 또는 인도하거나 양도 또는 인도할 목적으로 전시 · 수출 또는 수입하는 행위 ③ 브랜드에 관한 광고 · 정가표(定價表) · 거래서류, 그 밖의 수단에 브랜드를 표시하고 전시하거나 널리 알리는 행위 등이다. 즉, 브랜드의 기능은 어느 곳에서 생산되었고(출처기능), 소비자가 유사한 농산물을 보면 항상 구매해왔던 농산물 공동브랜드가 생각나고(연상작용), 다른 이웃동네의 농산물과 무엇이 다르고(차별성), 시장소비자로부터 얼마나 사랑을 받으며(시장성과 자산성), 소비자가 좋은 다른 농산물 공동브랜드가 있더라도 대체하지 않고, 평소 구입해 왔던 공동브랜드를 재구매하고(충성도), 그 농산물 공동브랜드는 눈을 감고도 신뢰하고(품질보증), 그 브랜드 이름으로 타 농산물에 부착되었을 때(법적 보호) 등의 역할을 담당한다.

마케팅학에서의 브랜드(brand)란 '사업자(농산물 생산농가, 영농조합, 농협, 식자재회사, 프랜차이즈)가 자기가 취급하는 상품을 타인의 상품과 식별하기 위하여 상품에 사용하는 표지(標識)'로서 이는 '판매자(생산자 또는 유통업자) 자신의 상품이나 서비스를 다른 경쟁자와 구별해서 표시하기 위해 사용하는 명칭(naming), 용어(term), 상징(symbol), 디자인(design) 혹은 그의 결합체(combination)'를 의미하는 것[4][5]으로 보아 일맥상통함

---

3) 법제처, 상표법, 법률 제15581호, 국가법령정보센터, 2018.

4) Aaker, D.A., Building Strong Brands, Aaker, D.A., Building Strong Brands, Free Press: New York, 1996. p.35.

5) Keller, K.L. Strategic Brand Management, Prentice-Hall, 2003. p.38.

을 알 수 있다.

　농산물 개별브랜드는 공동브랜드와 대칭되는 개념으로 공동이 아닌 단독적으로 지역 농협, 영농조합법인, 농업회사법인, 작목반 등에서 개발한 브랜드를 일컫는다. 공동브랜드는 공적인 세금을 투자해서 개발된 브랜드로서 지역에서 생산되는 모든 품목에 적용할 수 있는 공공적 자산의 특징을 가졌다고 본다면, 개별브랜드는 공적인 투자에 의하지 않고 개별조직 단독으로 개발되고 사용되며, 품질기준도 오히려 공동브랜드들보다 더 엄격하게 차별적으로 관리하여 브랜드의 가치를 높이려고 할 수 있다. 다만, 개별브랜드는 품질의 균일성 유지는 우월성을 유지할 수 있으나 개별브랜드의 소비자 인지도 확대를 위한 홍보비용의 자체조달 및 운용문제, 그리고 — 대형마트, 식자재회사, 식품가공회사 등의 — 지속적 공급물량의 확보는 쉽지 않다.

2절　농산물 공동브랜드의 범위　　　　　　　　　　　　　　　○

　공동브랜드 사용의 대상은 행정조직기관이나 생산자 조직 연합에 의해 투자되고 개발된 공동브랜드를 그 지역의 농협, 법인 조직을 대상으로 브랜드심의위원에 의해 사용토록 승인한다. 물론 전제조건은 공동브랜드를 사용할 수 있는 기준의 CEO의 역량, 공인된 생산시설, 품질관리 열의도, 외부기관의 수상실적(GAP, HACCP, HALAL) 등의 평가기준을 통과했을 경우 일정기간만 사용토록 브랜드개발 주체기관에서 관리 감독한다.

　[표 2-2]는 농산물 브랜드의 주체별·영역별 브랜드화 조건을 설명하고 있다. 공동브랜드는 여러 조직들이 여러 품목들에 공동으로 사용하기 때문에 품질관리와 생산자 조직화가 개별브랜드들보다 사실 매우 불리할지 모르지만, 엄격하게 그 기준을 지키지 않을 경우 공동브랜드 사용승인을 행정취소 조치를 취할 수 있으므로 오히려 장기적 관점에서 볼 때, 품질관리, 물량의 규모화, 유통의 공동화(공동집하 → 공동선별 → 공동출하 → 공동계산), 상품 규격화 등 전반적으로 매우 유리할 수 있다.

[표 2-2] 농산물 브랜드의 주체별 · 영역별 브랜드화 조건[6]

구분	브랜드의 주체	브랜드의 범위	브랜드화 조건 요인				
			품질 관리	물량 규모화	생산자 조직화	유통 공동화	상품 규격화
공동 브랜드	생산자 조직 연합	2개 이상 조직 시군 단위	불리	유리	유리	유리	유리
	행정조직기관	광역, 시군 지방자치단체	불리	유리	불리	보통	보통
개별 브랜드	개별생산자, 개별 농업 경영체	개별농가, 개별 농업 경영체	매우 유리	매우 불리	매우 불리	매우 불리	매우 유리
	개별 생산자 조직	작목반, 법인 지역조합 단위	유리	불리	유리	유리	유리

주: 5점척도 반영, 1점 → 매우 유리, 2점 → 유리, 3점 → 보통, 4점 → 불리, 5점 → 매우 불리

[표 2-3] 농산물 브랜드의 추진 주체별 브랜드 효과[7]

구분	브랜드의 주체	인지도 신뢰성	브랜드 이미지	시장 교섭력	유통 전략 수립	시장 경쟁력	브랜드 화비용	브랜드 관리	브랜드 경제 효과
공동 브랜드	생산자 조직연합	유리	매우 유리	유리	유리	매우 유리	보통	유리	매우 유리
	행정조직 기관	유리	매우 유리	유리	유리	매우 유리	보통	유리	매우 유리
개별 브랜드	개별생산자 개별농업 경영체	불리	불리	매우 불리	매우 불리	불리	매우 불리	불리	매우 불리
	개별 생산자 조직	불리	불리	불리	불리	불리	불리	불리	불리

주: 5점척도 반영, 1점 → 매우 유리, 2점 → 유리, 3점 → 보통, 4점 → 불리, 5점 → 매우 불리
브랜드이미지는 필자가 반영

---

6) 전창곤, Op.cit., pp.1-24.
7) 전창곤, Op.cit., pp.1-24.

[표 2-4] 지자체-비지자체(농협, 영농조합법인) 공동브랜드의 특징[8]

구분		농산물 공동브랜드	
		지자체(광역단체, 기초지방자치단체)	농업협동조합, 영농조합법인
공동브랜드의 개발 목적		생산자-소비자 간의 사회적·공익적 가치 실현 지향	농협 조직의 우선 이익 추구
공동브랜드의 원칙		공동집하 → 공동선별 → 공동출하→ 공동정산	개별농가 → 자체선별 → 자체유통→ 자체정산
사용승인 품목		지역 내 생산 농산물(단일 품목 및 여러 품목 공동브랜드)	조합원의 생산 농산물
경영전략 유형		지자체-농가 조직(농협, 영농조합법인 등) 브랜드 제휴[9]	해당 사항 없음
사용승인 대상 조직		생산자 단체, 유통 전문 조직(개인농가 는 품질담보 불가)	개별 조합원, 각 회원(개별농가 사용 가능)
브랜드 사용 승인 품질 기준		국가인증마크 인증 농산물(친환경, GAP, 지리적 표시제)	농협 내부 품질 가이드 라인 제시
		품목별 세부 품질 지침 기준 규격의 포장 (품목, 산지, 품종, 등급, 당도, 크기, 무 게, 생산자 정보, A/S)	별도의 품목별 세부 품질 지침 근거
브랜드 소유권		지자체(광역, 기초)	농협·개별 영농조합법인
자치법규[10]		지자체(광역, 기초의회)에서 공동상표 육성조례 제정	해당 사항 없음
농산물 공동브랜드 마케팅	농산물	엄격한 품질의 규격화된 농산물, 통일 된 패키지 등 소비자 필요 농산물 정보 제공	좌측의 기준보다 품질 기준 다소 완화
	원물 이용 가공품	지역생산 원물(농산물) 51% 이상 활용 지역생산 원물 51% 이상 이용, 역외지 역에서의 OEM	동일 지역·타지 원물 이용, 수익성 감안 가공 투자 기피
	포장	공동브랜드 포장재, 국가인증마크 부 착으로 차별성, 품질성 강조, 공동브랜 드 미인증 농가에게 포장재 차용 불가	농협에서 개발된 공동브랜드 부착: 유통 경로 확장성 미흡
	가격	농협 등의 Co-Brand에 비해 다소 높음	기초지방자치단체 공동브랜드 보다 다소 낮음
	농산물 유통경로	B2B, B2C(On & Off Channel Line) 거래	불안한 B2B B2C(On & Off Line), 대형마 트의 OEM 주문
		해외시장 마케팅전략	신토불이의 내수시장 중심 유통

8) 권기대·김신애, 기초지방자치단체와 개별농가의 공동브랜드, 신뢰 및 충성도 간의 관계, 브랜드디자 인학연구, Vol. 21. No. 4, 2023, pp. 5-22.

유통 네트워킹		지자체 단체장의 대외 공익적 마케팅활동으로 우위	악성채권 등에서 안전추구, 매너리즘, 현상 유지
인적자원 마케팅력		공직 입문 공무원(자격 균일 보유)(전문교육 훈련 필요)	자체 선발 인력(다수의 비전공자)
농산물 홍보		광역(기초), 공적자금 활용: 자매도시, 옥외 간판, TV광고 등	농협 조직 자체 조달로 다소 미흡한 광고 홍보 예산
농산물 판매촉진		직거래 장터 개설, 국내외 박람회 전시회 참가	자체 직거래 장터 개설, 내수시장 위주
소비자 신뢰		소비자들의 지자체 공적 활동으로 간주하여 매우 높음	No-Brand보다 높음
소비자 충성도		개별 농산물 브랜드, 농협 브랜드보다 높음	지자체의 공동브랜드보다 낮음
공동브랜드의 수직 계열화		지역생산 농산물의 Local Food를 Sub Brand로 활용	지자체의 도움을 받아야 하므로 현재 상태는 불가
기대효과		① 농가 조직은 품질관리 집중, 유통은 생산자 단체에서 책임 ② 지역경제 촉진(일자리 창출) ③ 지역명 이미지 확산, 지역 부동산 자산 향상 ④ 관광객의 역내 유입, 귀농ㆍ귀촌 유치 기여	① 농협 구성조합원의 이익 단체 ② 조합원들의 불만 해소 불가능으로 영농조합법인 파생 ③ 가공 투자 기피; 농촌경제의 리더로서 역할 부재 ④ 금융 및 경제사업의 엮임으로 농가의 불가피한 거래
단점		① 지자체-대형 유통업체 간의 공급 체결 시 지자체 공동브랜드 보다 유통업체의 PL 브랜드 계약 조건 공급 주문 ② 과잉 주문량일 때, 능동적 대응으로 이웃 행정구역과 브랜드의 광역화로 주문량 대응 필요	① 소비자가 요청할 때, 품질의 내부 지침 공개 불가 ② 농가의 승인된 단일 포장 박스 미사용 시 규제조항 부재 ③ 조합원의 의견 수렴 한계로 신규 영농조합 설립 파생
브랜드 예		[11]	[12]

주1: 좌측 하단의 청풍명월은 충청남도에서 예산을 투입ㆍ개발하고, 동 지역의 농협에서 사용하는 광역 쌀 단일 품목 공동브랜드이다.

주2: 우측 하단의 한토래는 농협양곡의 쌀 품목 단일 공동브랜드를 말한다.

---

9) 김신애, 예산군 농산물 공동브랜드의 전략적 제휴 연구, 브랜드디자인학연구, Vol. 20 No. 3, 2022, p. 7.

10) 자치법규정보시스템, https://www.elis.go.kr, 2023.07.13.

11) 부여군, https://www.buyeo.go.kr, 2023.12.24.

12) 농협양곡, http://www.riceall.co.kr, 2023.12.24.

[그림 2-1] 정부기관의 품질인증마크[13]

[표 2-3]과 [표 2-4]의 농산물 브랜드의 추진 주체별 브랜드 효과를 살펴보면, 공동브랜드는 개별브랜드에 비해서 시간의 경과에 따라 소비자들이 행정조직에 대한 브랜드 인지도 및 이미지에 대한 신뢰감 형성, 대규모의 농산물 물동량에 대한 대형 유통업체들과의 협상력 제고, 전문가들에 의한 시장유통전략 수립의 실행, 공적자금의 투입에 따른 브랜드개발비용의 저비용화(농협, 영농조합법인을 총비용으로 배분하면 오히려 적은 비용의 투입) 등으로 공동브랜드를 통한 규모의 경제화로 지역경제촉진의 마중물 역할을 할 수 있다.

개별브랜드는 상대적으로 공동브랜드에 비해 취약한 예산 확보에 따른 브랜드화의 비용 지출의 한계, 홍보 등의 미흡으로 인지도 및 이미지 확산의 제동, 제한된 분업화로 시장교섭력 악화 등에 따른 브랜드 관리의 열위에 이르게 된다. 그러나 개별브랜드의 탈출구는 [그림 2-1]에서처럼 공인된 권위기관으로부터 품질인증(국립농산물품질관리원(naqs.go.kr)의 국가인증마크)의 획득, 명인·명장의 타이틀 확보, 품질에서의 수상경력 등의 확보로 공동브랜드를 뛰어넘을 수 있는 경쟁우위요인이 될 수 있다.

---

13) 국립농산물품질관리원, http://www.naqs.go.kr, 2023.12.24.

3절 농산물 공동브랜드의 현황14)

　우리나라 공동브랜드는 [그림 2-2]와 [표 2-5]에서 보듯이 2017년 12월 31일 기준으로 총 4,978개 브랜드 수로 집계되었다. 이는 2006년말 6,552개에서 2011년말 5,291개, 2017년 말 4,978개로 점차 감소추세를 보였다. 4,978개의 브랜드 중 공동브랜드가 751개로 전체의 15.1%를 차지하며, 나머지 4,227개는 개별브랜드로 전체 조사 건수의 84.9%에 해당된다. 전반적으로 농산물 브랜드 수의 감소 배경은 사용실적이 없거나 상표출원 후 10년 경과 시점에서의 갱신등록이 반영되지 않는 경우, 또는 행정을 통한 서면 조사에 따른 누락 가능성 등을 고려해 볼 수 있다.

[그림 2-2] 농산물 브랜드의 변화 추이

(단위: 개)

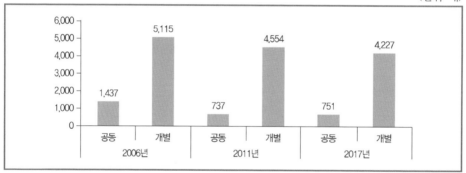

　사실 농림부가 시장개방에 따른 영세 농가들의 보호 목적에서 브랜드를 육성시킬 시점인 2000년대 중반부터 2010년대 초반까지 농산물 브랜드에 대한 관심이 높았고, 브랜드 개발 관련 정책지원 분위기가 유지되었기 때문에 브랜드의 수가 증가하는 추세를 보였으나 근래에 들어와서는 농산물 브랜드 인지도나 이미지가 낮고 경쟁력이 없는 브랜드는 자동 소멸하는 경향을 보이고 있음은 바람직한 현상으로 볼 수 있다.

　브랜드는 특허청에 등록하지 않고 사용은 가능하나 사실 타인 명의(법인)로 등록된 브랜드를 사용하면 할수록 허성을 쫓는 격이며, 수렁에 빠지는 꼴이다. 따라서 특허청에 브랜드 권리화가 매우 중요하다. 특허청 등록 브랜드는 전체 브랜드의 49.2%인 2,448개로

14) 농림축산식품부·aT농수산식품유통공사, '17년 농산물 공동브랜드현황, 유통정책과, 2019.

절반 수준이다. 농산물 브랜드의 육성을 강조하던 시기에는 시간적으로 등록이 저조하였다. 즉, 공동브랜드 등록률이 2006년말 기준 62.8%에서 2011년말 83%, 2017년 12월말 88.4%로 점차 증가를 보였다는 것은 매우 고무적이다. 2017년 12월말 기준 특허청에 등록된 공동브랜드는 751개 중 664개(88.4%)이며, 개별브랜드는 4,227개 중 1,784개(42.2%)만 등록이 된 것으로 나타났다. 공동브랜드의 특허청 등록비율은 2011년 83.0%에서 2017년 88.4%로 5.4% 증가한 것으로 파악되었다. 특히 농산물 공동브랜드는 지방자치단체에서 개발하는 경우가 많기 때문에 법적인 문제 발생을 최소화하기 위해 특허등록에 적극적으로 대응하는 것으로 해석할 수 있다.

[표 2-5] 농산물 브랜드의 등록여부 현황

(단위: 개, %)

구 분	2006년 12월말			2011년 12월말			2017년 12월말		
	공동	개별	계	공동	개별	계	공동	개별	계
등 록	902 (62.8)	1,508 (29.5)	2,410 (36.8)	612 (83.0)	1,380 (30.3)	1,992 (37.6)	664 (88.4)	1,784 (42.2)	2,448 (49.2)
미등록	535	3,607	4,142 (63.2)	125	3,174	3,299 (62.4)	87	2,443	2,530 (50.8)
계	1,437 (21.9)	5,115 (78.1)	6,552 (100)	737 (13.9)	4,554 (86.1)	5,291 (100)	751 (15.1)	4,227 (84.9)	4,978 (100)

주: ( )안은 비율임.

[표 2-6] 시 · 도별 농산물 브랜드 현황

(단위: 개, %)

구 분		계	경기	강원	충북	충남	전북	전남	경북	경남	제주	기타
공동	'06	1,437	88	154	195	199	105	173	256	170	22	75
	'11	737	66	85	53	91	84	122	127	75	8	26
	'17	751	94	108	43	48	68	122	130	92	8	38
개별	'06	5,115	333	663	363	544	509	868	916	564	130	225
	'11	4,554	232	577	294	701	401	465	672	874	161	177
	'17	4,227	263	568	278	322	414	653	807	672	97	153
계	'06	6,552	421	817	558	743	614	1,041	1,172	734	152	300
	'11	5,291	298	662	347	792	485	587	799	949	169	203
	'17	4,978	357	676	321	370	482	775	937	764	105	191
	증감(%)	△5.9	19.8	2.1	△7.5	△53.3	△0.6	32.0	17.3	△19.5	△37.9	△5.9
공동 비율 (%)	'06	21.9	20.9	18.8	34.9	26.8	17.1	16.6	21.8	23.2	14.5	25.0
	'11	13.9	22.1	12.8	15.3	11.5	17.3	20.8	15.9	7.9	4.7	12.8
	'17	15.1	26.3	16.0	13.4	13.0	14.1	15.7	13.9	12.0	7.6	19.9

주: '기타'는 서울, 부산, 대구, 인천, 광주, 대전, 울산을 포함함.

시도별 브랜드 수는 [그림 2-3], [그림 2-4]와 [표 2-6]에서 보듯이 2017년 기준으로 보면 경북(937개) > 전남(775개) > 경남(764개) > 강원(676개)의 순으로 나타났다. 공동브랜드의 수는 경북(130개) > 전남(122개) > 강원(108개) > 경남(92개) 순으로 많았으며, 시도별로 조사된 브랜드 중 공동브랜드의 비율은 경기 26.3% > 전남 15.7% > 전북 14.1% > 경북 13.9%의 순으로 높았다.

2017년 기준으로 개별브랜드의 수는 경북(937개) > 전남(775개) > 경남(764개) > 강원(676개)의 순으로 많았다. 연차별 브랜드 개발건수에 있어 일정한 경향성을 보이지는 않으며, 상대적으로 농업규모가 큰 지역일수록 브랜드 보유 건수가 많았다.

[그림 2-3] 시·도별 브랜드 현황

(단위: 개)

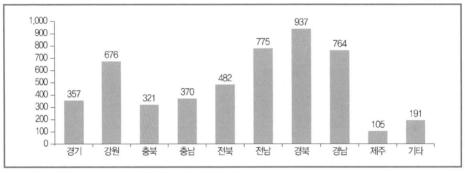

[그림 2-4] 시·도 및 연차별 브랜드 현황

(단위: 개)

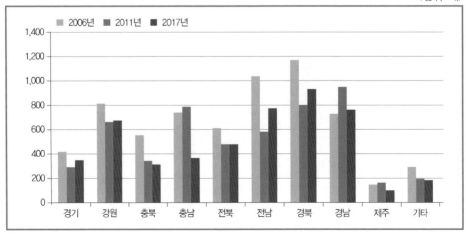

　시·도별 특허청 등록 브랜드는 [표 2-7], [그림 2-5]에서 보듯이 경북 532개 > 전남 422
개 > 경남 344개 순으로 많았다. 브랜드 등록비율은 제주 78.1% > 경북 56.8% > 전남
54.5% > 경기 50.7% 순으로 나타났다. 브랜드의 특허청 등록비율은 2011년 37.6%에서
2017년 49.2%로 11.6% 높아졌다.

[표 2-7] 시도별 브랜드 등록 현황

(단위: 개)

구 분		계	경기	강원	충북	충남	전북	전남	경북	경남	제주	기타
등록	'06	2,410	234	331	247	232	178	326	412	233	89	128
	'11	1,992	135	242	124	233	173	247	422	225	108	83
	'17	2,448	181	300	139	119	225	422	532	344	82	104
미등록	'06	4,142	187	486	311	511	436	715	760	501	63	172
	'11	3,299	163	420	223	559	312	340	377	724	61	120
	'17	2,530	176	376	182	251	257	353	405	420	23	87
계	'06	6,552	421	817	558	743	614	1,041	1,172	734	152	300
	'11	5,291	298	662	347	792	485	587	799	949	169	203
	'17	4,978	357	676	321	370	482	775	937	764	105	191
등록 비율 (%)	'06	36.8	55.6	40.5	44.3	31.2	29.0	31.3	35.2	31.7	58.6	42.7
	'11	37.6	45.3	36.6	35.7	29.4	35.7	42.1	52.8	23.7	63.9	40.8
	'17	49.2	50.7	44.4	43.3	32.2	46.7	54.5	56.8	45.0	78.1	54.5

[그림 2-5] 시도별 브랜드 등록 현황

(단위: 개)

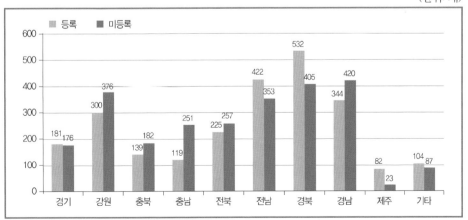

[표 2-8], [그림 2-6]에서처럼 품목별 현황을 살펴보면, 2017년말 기준으로 쌀, 감자 등 식량작물이 1,359개(27.3%)로 가장 많았으며, 농산가공 1,239개(24.9%), 과실류 567개(11.4%), 축산물 516개(10.4%) 순으로 나타났다. 2011년 품목별 브랜드는 식량작물 1,519개(28.7%), 농산가공 1,054개(19.9%), 과실류 657개(12.4%), 과채류 473개(8.9%) 등이었으며, 생산농가의 가공 브랜드가 두드러지게 증가현상을 보였다.

[표 2-8] 품목별 브랜드 현황

(단위: 개)

구분		계	식량작물	과실류	과채류	채소류	화훼류	축산물	임산물	특작류	농산가공	수산물	수산가공	공통	기타
공동	'06	1,437	445	204	159	43	9	147	35	58	108	-	-	193	36
	'11	737	172	76	48	22	4	86	31	20	75	42	3	155	3
	'17	751	135	72	40	35	4	98	19	27	91	2	-	209	19
개별	'06	5,115	1,367	685	652	276	44	423	269	303	912	-	-	110	74
	'11	4,554	1,347	581	425	185	25	377	159	143	979	100	142	75	16
	'17	4,227	1,224	495	269	194	20	418	156	129	1148	6	-	102	66
계	'06	6,552	1,812	889	811	319	53	570	304	361	1,020	-	-	303	110
	'11	5,291	1,519	657	473	207	29	463	190	163	1,054	142	145	230	19
	'17	4,978	1,359	567	309	229	24	516	175	156	1,239	8	-	311	85
품목비율(%)	'06	100	27.7	13.6	12.4	4.9	0.8	8.7	4.6	5.5	15.6	-	-	4.6	1.7
	'11	100	28.7	12.4	8.9	3.9	0.5	8.8	3.6	3.1	19.9	2.7	2.8	4.3	0.4
	'17	100	27.3	11.4	6.2	4.6	0.5	10.4	3.5	3.1	24.9	0.2	-	6.2	1.7

[그림 2-6] 품목 및 연차별 브랜드 현황

(단위: 개)

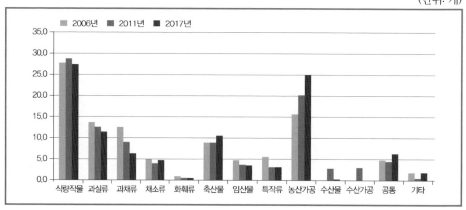

특허청에 등록된 품목별 브랜드 수는 [표 2-9]에서 보듯이 농산가공이 683개로 가장 많으며, 식량작물 435개, 축산물 370개, 공통류 273개, 과실류 255개 순으로 나타났다. 품목별 브랜드 등록비율은 공통류 87.8%, 축산물 71.7%, 수산물 62.5%, 농산가공 55.1% 순이었다. 공통류(3품목 이상) 대부분이 인지도가 높은 지역대표 농·특산물 공동브랜드로 구성되어 있어 등록율이 높은 경향을 보이지만, 공통류 등록비율은 2011년 91.3%에서 2017년 87.8%로 3.5%P 감소추세였다.

[표 2-9] 품목별 브랜드 등록현황

(단위: 개)

구분		계	식량작물	과실류	과채류	채소류	화훼류	축산물	임산물	특작류	농산가공	수산물	수산가공	공통	기타
등록	'06	2,410	575	267	171	97	10	400	48	96	458	-	-	224	64
	'11	1,992	426	230	86	64	7	314	73	46	376	92	58	210	10
	'17	2,448	435	255	101	108	8	370	80	69	683	5	-	273	61
미등록	'06	4,142	1,237	622	640	222	43	170	256	265	562	-	-	79	46
	'11	3,299	1,093	427	387	143	22	149	117	117	678	50	87	20	9
	'17	2,530	924	312	208	121	16	146	95	87	556	3	-	38	24
계	'06	6,552	1,812	889	811	319	53	570	304	361	1,020	-	-	303	110
	'11	5,291	1,519	657	473	207	29	463	190	163	1,054	142	145	230	19
	'17	4,978	1,359	567	309	229	24	516	175	156	1,239	8	-	311	85
등록비율(%)	'06	36.8	31.7	30.0	21.1	30.4	18.9	70.2	15.8	26.6	44.9	-	-	73.9	58.2
	'11	37.6	28.0	35.0	18.2	30.9	24.1	67.8	38.4	28.2	35.7	64.8	40.0	91.3	52.6
	'17	49.2	32.0	45.0	32.7	47.2	33.3	71.7	45.7	44.2	55.1	62.5	-	87.8	71.8

[그림 2-7] 음절수에 따른 브랜드 현황

(단위: 개)

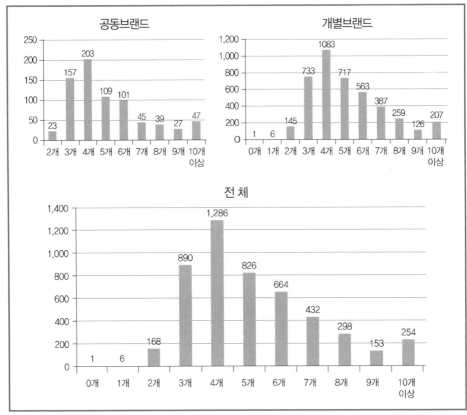

마지막으로 [그림 2-7]에서처럼 신규 개발 브랜드는 공동브랜드 182건, 개별브랜드 725 건이었고, 3~4개 음절의 브랜드가 2,176개로 전체 브랜드의 43.7%를 차지하였다. 공동브 랜드는 전체 751개 중 4음절이 203개(27.0%)(예: 하늘그린, 고맛나루, 청송사과, 예가정 성, 명실상주, 아침마루, 일월명품), 3음절이 157개(20.9%)(예: 굿달래, 햇사레, 의성진, 서 대야, 해나루, 꽃다지, 산수향, K-메론), 5음절이 109개(14.5%)(예: 새재의 아침, 영일만 친 구) 순으로 많았으며, 개별브랜드도 전체 4,227개 중 4음절이 1,083개(25.6%), 3음절이 733개(17.3%), 5음절이 717개(17.0%) 순으로 나타났다. 특히 개별브랜드는 공동브랜드에 비해 5음절 브랜드가 많았다.

4절 지리적 표시제

4.1. 지리적 표시제

지리적 표시제(GI, geographical indication)는 상품의 품질과 특성 등이 본질적으로 그 상품의 원산지로 인해 생겼을 경우, 그 원산지의 이름을 상표권으로 인정해 주는 제도이다. 이는 상품의 특정 품질, 명성 또는 그 밖의 특성이 본질적으로 특정 지역의 지리적 근원에서 비롯되는 경우 그 지역 또는 지방을 원산지로 하는 상품임을 명시하는 제도로, 다른 곳에서 함부로 상표권을 이용하지 못하도록 하는 법적 권리가 부여된다.

지리적 표시제의 보호를 받는 경우 예를 들어 프랑스 샹파뉴아르덴주에서 생산된 발포성 백포도주를 제외한 다른 제품에는 '샴페인'이라는 명칭을 붙일 수 없게 된다. 또한, 미국 플로리다 오렌지, 인도 다즐링 홍차, 프랑스 카망베르 치즈, [그림 2-8]에서처럼 우리나라의 보성 녹차 등을 들 수 있다.

지리적 표시 보호를 언급한 최초의 국제조약은 산업재산권의 국제적 보호를 위하여 체결된 파리협약(1883년)이다. 이후 마드리드협정(1891년)과 리스본협정(1958년)에 원산지 명칭의 보호 등에 관한 내용이 포함되었으나 이 협약들은 강제력이 없는 무역협정이라는 점에서 국제협약으로서의 한계를 지니고 있었다. 국제규범으로서 실질적인 효력이 발생하기 시작한 것은 1995년 세계무역기구(WTO)가 출범하며 지적재산권 협정(TRIPs, trade related intellectual properties)을 채택하고 난 다음부터이다. 이 협정에는 '원산지를 오인하게 만들 수 있는 브랜드는 각국이 등록을 거부하거나 무효로 해야 한다.'고 명시되어 있다.

우리나라에서는 1999년 1월 개정된 농산물품질관리법에 '지리적 표시제'를 도입하여 이듬해부터 전면 실시하였다. 2005년부터는 상표법에 '지리적 표시 단체표장제'를 지정하여 농축산물, 임산물, 수산물뿐만 아니라 공산품도 포함시키고, 권리 침해자에 대한 제재도 할 수 있게 되었다. FTA(자유무역협정)로 인하여 지리적 표시제는 더욱 주목받았는데, 한국과 칠레, 미국, EU(유럽연합)와의 FTA 협정에는 지리적 표시 보호가 별도로 규정되어 있다. 특히 EU와의 FTA에서는 한국 64개, EU 162개의 지리적 표시 상표를 서로 보호해 주기로 구체적인 약정까지 맺었다.

□ 도입 배경 및 목적
• 국제적인 지리적 표시 보호 움직임('95년 WTO의 무역관련지적재산권협정 TRIPs)에
  보다 적극적으로 대처

[그림 2-8] 우리나라 지리적 표시 상품

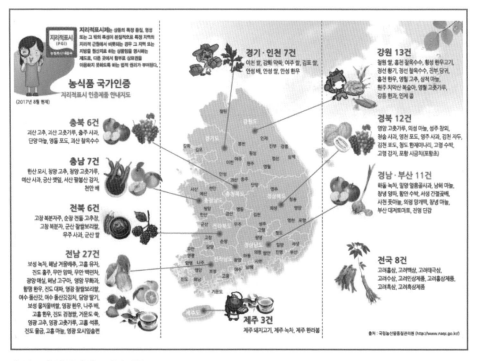

출처: (사)한국여성소비자연합(http://www.jubuclub.or.kr).

• 우수한 지리적 특성을 가진 농산물 및 가공품의 지리적 표시를 등록·보호함으로써
  지리적 특산품의 품질향상, 지역특화산업으로의 육성도모
• 지리적 특산품 생산자를 보호하여 우리 농산물 및 가공품의 경쟁력 강화
• 소비자에게 충분한 제품구매정보를 제공함으로써 소비자의 알 권리 충족

□ 추진 경과
• '99년: 지리적표시 등록제 시행근거 규정마련(농산물품질관리법)
• '00년: 지리적표시등록심의회구성·운용규정 제정

- '01년: 지리적표시등록심의회 구성('01.8.25.)
- '02년: 보성녹차를 제1호로 최초 등록
- 등록현황(누계): ('02) 1건 → ('03) 2건 → ('04) 3건 → ('05) 13건 → ('06) 25건 → ('07) 41건 → ('08) 52건 → ('09) 60건 → ('10) 72건 → ('11) 78건 → ('12) 83건 → ('13) 90건 → ('17) 100건 → ('18) 102건 → ('19) 103건 → ('20) 101건 → ('23) 113건
- '09년: 지적재산권 강화, 심판위원회, 변경신청절차 규정 마련

□관련법령
- 농수산물 품질관리법
- 농수산물 품질관리법 시행령
- 농수산물 품질관리법 시행규칙

□등록절차
○신청 자격
특정지역에서 지리적 특성을 가진 농수산물 또는 농수산 가공품을 생산하거나 가공하는 자로 구성된 단체(법인만 해당한다)에 한정. 다만, 지리적 특성을 가진 농수산물 또는 농수산 가공품의 생산자 또는 가공업자가 1인일 때는 개인도 가능함
○대상 품목
지리적 특성을 가진 농수산물 또는 농수산 가공품
○신청 방법
등록신청서와 구비서류를 작성하여 지리적 표시관리기관장(국립농산물품질관리원장, 산림청장, 국립수산물품질관리원장)에게 제출하고 지리적 표시관리기관장은 지리적 표시 등록심의 분과위원회에 심의 요청
○접수 기관: 국립농산물품질관리원(농산물), 산림청(임산물)
○구비서류 정관(법인의 경우)
- 생산계획서(단체의 경우 각 구성원별 생산계획을 포함)
- 품질의 특성에 관한 설명서
- 유명 특산품임을 증명할 수 있는 자료
- 품질의 특성과 지리적 요인과의 관계에 관한 설명서

- 지리적 표시 대상지역의 범위
- 자체품질기준
- 품질관리계획서
- 수수료: 없음
- 처리기한: 심의요청을 받은 후 1년 이내
- 지리적 표시등록 신청서 작성예시

○ 심의기준
- 해당 품목이 대상지역에서만 생산된 농산물인지, 또는 이를 주원료로 해당 지역에서 가공된 품목인지 여부(지역성)
- 해당 품목의 우수성이 국내 또는 국외에서 널리 알려져 있는지 여부(유명성)
- 해당 품목이 대상지역에서 생산된 역사가 깊은지 여부(역사성)
- 해당 품목의 명성·품질 또는 그 밖의 특성이 본질적으로 특정지역의 생산환경적 요인이나 인적 요인에 기인하는지 여부(지리적 특성)

○ 심의결과 처리
- 지리적 표시관리기관장은 지리적 표시 등록심의 분과위원회의 심의결과에 따라 처리
- 등록거절 결정 지리적 표시를 하기에 부적합하다고 결정된 때는 지체 없이 그 사유를 명시하여 신청자에게 통지
- 보완 통지: 부적합 사항이 단기간에 보완될 수 있다고 판단되는 경우
- 등록 및 등록공고: 등록을 거절할 사유가 없는 경우(특허청 의견조회를 거침) 지리적 표시 등록 후 지리적 표시등록증을 교부하고 등록을 공고
- 공고 내용: 지리적 표시 등록 신청인의 성명·주소 및 전화번호, 지리적 표시 등록 대상품목 및 등록명칭, 품질의 특성과 지리적 요인과의 관계, 지리적 표시 대상지역의 범위, 신청자의 자체품질기준 및 품질관리계획서

○ 이의신청 및 심사
- 누구든지 등록신청 공고일로부터 2개월 이내에 이의사유를 기재한 이의신청서와 필요한 증거를 첨부하여 지리적 표시관리기관장에게 이의신청 가능
- 지리적 표시관리기관장은 지리적 표시 등록심의 분과위원회의 심의를 거쳐 처리
- 지리적 표시 등록: 이의신청 심사결과 등록을 거절할 정당한 사유가 없는 경우

- 등록거절 및 부적합통지: 이의신청이 등록을 거절할 정당한 사유에 해당될 경우

○ **지리적 표시품의 표시**

지리적 표시품의 포장 · 용기의 표면 등에 등록명칭을 표시하고, 농수산물 품질관리법 시행규칙 별표의 표지 및 표시사항을 표시

○ **지리적 표시등록의 변경**

- 지리적 표시등록 사항 중 등록자, 대상지역의 범위, 자체품질기준을 변경하려면 지리적 표시등록(변경) 신청서를 작성하여 지리적 표시관리기관에 제출
- 등록자가 법인인 경우 법인명 변경, 법인합병의 경우에만 이전 및 승계가 가능
- 지리적 표시 등록심의 분과위원회의 심의를 거쳐 적합할 경우 승인 후 변경 승인한 내용을 공고

○ **지리적 표시의 심판**

- 지리적 표시 등록거절, 등록취소, 무효 · 취소심판 등 지리적 표시에 관한 심판 및 재심이 필요한 경우 농림축산식품부에 심판청구서를 제출

□ **사후관리**

○ **조사**

- 지리적 표시관리기관장(국립농산물품질관리원장)은 지리적 표시품의 품질수준 유지와 소비자보호를 위하여 다음의 조사를 할 수 있음
- 지리적 표시품의 등록요건에의 적합성 조사
- 지리적 표시품의 관련서류 등의 열람
- 지리적 표시품의 시료수거 · 조사 또는 전문시험연구기관에의 시험의뢰

○ **위반사항 발견 시 행정처분**

- 지리적 표시품에 대하여 시정명령, 표시정지, 등록취소 등의 행정처분이 가능하며 등록취소의 경우 청문을 실시
- 등록취소사유 발생 시 등록을 취소하며, 등록취소공고를 함

○ **처벌**

- 3년 이하의 징역 또는 3천만원 이하의 벌금: 지리적 표시품이 아닌 농산물 및 그 가공품에 지리적 표시 또는 이와 유사한 표시를 하는 행위, 지리적 표시품에 지리적 표시품이 아닌 농산물 및 그 가공품을 혼합하여 판매하거나 판매할 목적으로 보관 또는

진열하는 행위

- 1년 이하의 징역 또는 1천만원 이하의 벌금: 취소 등 행정처분에 따르지 아니한 자
- 1천만원 이하의 과태료: 사후관리를 위한 수거 · 조사 및 열람 등을 거부 · 방해 또는 기피한 자

한국에서 지리적 표시 보호를 받으려면 [그림 2-1]에서처럼 국립농산물품질관리원 (naqs.go.kr), 산림청(forest.go.kr) 그리고 국립수산물품질관리원(www.nfqs.go.kr)에 등록을 해야 하는데, 등록 허가를 받으려면 해당 상품이 역사적으로 우수했고, 유명하다는 것을 입증해야 하고(유명성 혹은 역사성), 해당 상품의 품질이 해당 지역 토질이나 기후 등의 특성에서 기인해야 하고(지리적 특성), 해당 상품의 생산과 가공이 그 지역에서 이루어져야 한다(지역 연계성)는 조건이 필요하다.

2002년 보성 녹차가 지리적 표시 1호로 등록되었으며, 영양 고춧가루(2005.3.5: 제5호), 의성마늘(2005.7.18: 제6호), 한산모시(2006.12.29: 제25호), 예산사과(2010.3.25: 제66호), 천안배(2013.12.10: 제92호), 청송사과(2023.05.15.: 제113호) 등 113여 개의 품목이 등록되어 있다. 지리적 표시가 있으면 소비자들은 품질을 신뢰할 수 있고, 유명한 상품의 경우 유사품이 시장을 갉아 먹는 것을 막을 수 있으며, 인지도가 떨어지는 상품의 경우 홍보 효과를 낼 수 있는 등 경제적 효과를 거둘 수 있다.

지리적 표시품의 표시는 [그림 2-9]에서처럼 지리적 표시품의 포장 · 용기의 표면에 그 명칭을 표시하고, 농수산물 품질관리법 시행규칙 별표표지 및 표시사항을 표시한다. 한편, 지리적 표시제 마크와 지리적 표시 단체표장과의 차이는 [표 2-10]에서 식별 · 확인할 수 있다. 그리고 지리적 표시제 품목은 2023년 12월 31일 기준하여 농산물 113개, 임산물 61개(3개 취소), 수산물 27개이다.

[표 2-10] 지리적 표시제 마크와 지리적 표시 단체표장과의 차이

구분	지리적 표시제 마크	지리적 표시 단체표장
등록 요건	품질의 우수성	품질의 우수성 불필요
등록 대상	농산물 및 그 가공품	모든 상품(공산품 포함)
사후 관리	농산물품질관리원을 통한 품질관리 및 허위표시 단속	시장기능에 일임, 문제발생 시 단체상표권자의 심판서기를 통해 해결

인증 마크	별도 등록마크를 부여	'지명 + 품목명'으로만 구성
재배 및 가공지	해당 지역에서 생산(재배) 및 가공되어야 함	해당 지역에서 생산(재배) 또는 가공되면 됨
관련 법률	농산물품질관리법	상표법('05. 07. 01. 개정)
관련 기구	국립농산물품질관리원	특허청

[그림 2-9] 우리나라 지리적 표시 상품

[표 2-11] 지리적 표시제의 등록 품목 현황

구분	품목(개)	지역(년도, 등록번호)
농산물 113개	고추(4)	괴산(05, 7), 청양(07, 40), 영월(08, 52), 영광(13, 90)
	고춧가루(5)	영양(05, 5), 괴산(05, 9), 영월(10, 64), 영광(13, 91)
	인삼(8)	고려홍삼(06, 19), 고려백삼(06, 20), 고려태극삼(06, 21), 고려수삼(07, 39), 고려인삼제품(08, 47), 고려홍삼제품(08, 48), 고려흑삼(16, 102),고려흑삼제품(16, 103)
	쌀(8)	이천(05, 12), 철원(20, 13), 여주(21, 32), 보성웅치올벼(10, 71), 김포(11, 79), 진도검정(12, 84), 군산(15, 97), 안성(15, 98)
	마늘(7)	의성(05, 6), 남해(07, 28), 단양(07, 29), 삼척(09, 58), 사천풋(10, 72), 창녕(12, 82), 고흥(15, 99)

사과(6)	충주(06, 23), 밀양얼음골(06, 24), 무주(09, 56), 예산(10, 66), 청송 (23, 113)
배(4)	나주(12, 81), 안성(13, 87), 천안(13, 92)
녹차(3)	보성(02, 1), 하동(03, 2), 제주(08, 50)
찰옥수수(3)	홍천(06, 15), 정선(07, 37), 괴산(11, 77)
포도(3)	영천(09, 53), 영동(09, 60), 김천(10, 62)
주류(3)	순창복분자주(04, 3), 진도홍주(07, 26), 서천한산소곡주(21, 110)
양파(2)	창녕(07, 30), 무안(07, 31)
수박(2)	함안(08, 46), 고령(11, 73)
감자(2)	서산팔봉산(13, 89), 고령감자(13, 93)
찰보리쌀(2)	군산(08, 49), 영광(10, 65)
쑥(1), 약쑥(1)	거문도(12, 85), 강화(06, 16)
떡류(2)	의령망개떡(21, 74), 영광모싯잎송편(17, 104)
딸기(1)	담양(10, 70)
복숭아(1)	원주치악산(10, 63)
참외(1)	성주(05, 10)
고구마(1)	해남(08, 42)
콩(1)	인제(11, 78)
멜론(1)	곡성(22, 112)
키위(1)	보성(22, 111)
시래기(1)	양구(20, 109)
토란(1)	곡성토란(19, 108)
오디(1)	부안오디(19, 107)
달래(1)	태안달래(18, 106)
쪽파(1)	기장쪽파(18, 105)
배추(1)	해남겨울(05, 11)
매실(1)	광양(07, 36)
미나리(1)	청도한재(10, 69)
김치(1)	여수돌산갓(10, 68)
돌산갓(1)	여수(10, 67)
자두(1)	김천(09, 59)
대파(1)	진도(10, 61)
시금치(1)	포항(14, 96)
단감(1)	진영(13, 88)
깻잎(1)	금산(11, 76)
토마토(1)	부산대저(12, 86)
석류(1)	고흥(14, 94)
울금(1)	진도(14, 95)
한라봉(1)	제주(15, 100)
유자(1)	고흥(06, 14)
고추장(1)	순창전통(05, 8)

	복분자(1)	고창(07, 35)
	모시(1)	한산(06, 25)
	당귀(1)	진부(07, 38)
	황기(1)	정선(07, 27)
	무화과(1)	영암(08, 43)
축산물	한우(6)	횡성(06, 17), 홍천(08, 51), 함평(09, 57), 영광(11, 80), 고흥(21, 83), 안성(16, 101)
	돼지고기(1)	제주(06, 18)
임산물 61건	곶감(6)	산청(06, 3), 상주(07, 12), 영동(09, 24), 청도반시(10, 28), 함양(11, 39)
	송이(4)	양양(06, 1), 봉화(07, 10), 영덕(07, 14), 울진(09, 21)
	고로쇠수액(5)	광양백운산(08, 16), 덕유산(11, 33), 울릉도우산(12, 40), 인제(14, 50)
	대추(3)	경산(07, 9), 보은(10, 27), 밀양(18, 56)
	밤(3)	정안(06, 4), 충주(11, 38), 청양(14, 48)
	오미자(4)	문경(09, 19), 장수(16, 52), 무주(17, 54), 인제(20, 57)
	표고(3)	장흥(06, 2), 청양(14, 47), 부여(16, 53)
	구기자(2)	청양(07, 11), 진도(11, 34)
	곰취(2)	태백(10, 31)
	호두(3)	천안(08, 18), 무주(14, 49), 김천(22, 59)
	잣(2)	가평(09, 25), 홍천(09, 26)
	죽순(2)	거제맹종(10, 30), 담양(11, 36)
	산양삼(1)	평창(17, 55), 함양(21, 58)
	고사리(2)	남해창선(07, 13), 제주(22, 60)
	황칠나무(1)	해남(23, 61)
	삼나물(1)	울릉도(06, 12)
	미역취(1)	울릉도(06, 12)
	참고비(1)	울릉도(06, 12)
	부지갱이(1)	울릉도(06, 12)
	산수유(1)	구례(08, 15)
	대봉감(1)	영암(08, 17)
	머루(1), 와인(1)	무주(09, 20), 무주머루와인(11, 37)
	더덕(1)	횡성(09, 22)
	곤드레(1)	정선(10, 29), 영월(14, 51)
	죽순(1)	담양(11, 36)
	개두릅(1)	강릉(12, 41)
	작약(1)	화순(12, 42)
	목단(1)	화순(12, 43)
	옻칠액(1)	원주(12, 44)
	무주(1)	천마(13, 45)
	명이(1)	홍천(13, 46)

수산물 27건	김(5)	완도(10, 8), 장흥(10, 10), 신안(14, 17), 해남(14, 18), 고흥(15, 21)
	전복(4)	완도(09, 2), 해남(14, 19), 진도(17, 24), 신안(18, 26)
	미역(3)	완도(09, 3), 기장(09, 5), 고흥(12, 14)
	다시마(3)	완도(09, 4), 기장(09, 6), 고흥(12, 15)
	굴(2)	여수(12, 12), 고흥(16, 22)
	우럭/조피볼락(1)	신안(21, 27)
	가리맛조개(1)	순천만(18, 25)
	무지개 송어(1)	평창(17, 23)
	새고막(1)	여자만(14, 20)
	미더덕(1)	진동(13, 16)
	미꾸라지(1)	남원(12, 13)
	매생이(1)	장흥(11, 11)
	넙치(1)	완도(10, 9)
	꼬막(1)	보성벌교(09, 1)
	키조개(1)	장흥(09, 7)

주: 지리적 표시 14호(서산마늘), 22호(안동포), 44호(여주고구마), 45호(보성삼베) 철회
주: 국립농산물품질관리, http://www.naqs.go.kr; 산림청, www.forest.go.kr; 국립수산물관리원, www.nfqs.go.kr,
　　2023.07.19.

4.2. 지리적 표시제의 이점

앞에서 언급한 지리적 표시제(GI)의 이점은 다음과 같이 요약할 수 있다.
① 소비자는 제품에 대한 정확한 정보를 알 수 있어 품질을 신뢰할 수 있다.
② 유명한 상품의 유사품이 시장에 유통되는 것을 막을 수 있다.
③ 인지도가 떨어지는 상품은 홍보를 통해 경제적인 효과를 거둘 수 있다.

5절 친환경인증표시제

5.1. 친환경농축산물 인증

　친환경농축산물이란 '환경을 보전하고 소비자에게 보다 안전한 농축산물을 공급하기 위해 유기합성 농약과 화학비료 및 사료첨가제 등 화학자재를 전혀 사용하지 아니하거나, 최소량만을 사용하여 생산한 농축산물'을 말한다. 친환경농축산물 인증제도는 '소비자에게 보다 안전한 친환경농축산물을 전문인증기관이 엄격한 기준으로 선별·검사하여 정부가 그 안전성을 인증해주는 제도'이다.

　친환경농축산물의 종류 및 인증표시 도형은 [그림 2-10]과 같으며, 생산방법과 사용자재 등에 따라 [표 2-12]에서처럼 유기농산물(유기축산물), 무농약농산물(무항생제축산물)로 분류한다.

[표 2-12] 친환경농축산물의 종류 및 기준

종류	기준
유기농산물 유기축산물	• 유기농산물은 유기합성농약과 화학비료를 일체 사용하지 않고 재배(전환기간: 다년생 작물은 최소 수확 전 3년, 그 외 작물은 파종 재식 전 2년) • 유기축산물은 유기농산물의 재배·생산 기준에 맞게 생산된 [유기사료]를 급여하면서 인증기준을 지켜 생산한 축산물
무농약농산물 무항생제축산물	• 무농약농산물은 유기합성농약을 일체 사용하지 않고, 화학비료는 권장 시비량의 1/3 이내 사용 • 무항생제축산물은 항생제, 합성항균제, 호르몬제가 첨가되지 않은 [일반사료]를 급여하면서 인증 기준을 지켜 생산한 축산물

[그림 2-10] 친환경 인증 종류별 표시방법

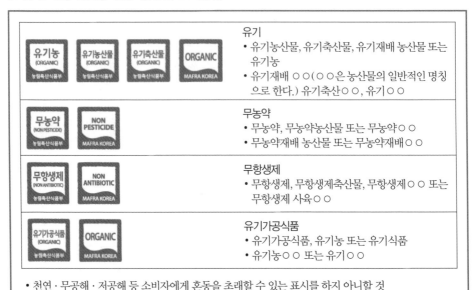

	유기
	• 유기농산물, 유기축산물, 유기재배 농산물 또는 유기농
	• 유기재배 ○○(○○은 농산물의 일반적인 명칭으로 한다.) 유기축산○○, 유기○○
	무농약
	• 무농약, 무농약농산물 또는 무농약○○
	• 무농약재배 농산물 또는 무농약재배○○
	무항생제
	• 무항생제, 무항생제축산물, 무항생제○○ 또는 무항생제 사육○○
	유기가공식품
	• 유기가공식품, 유기농 또는 유기식품
	• 유기농○○ 또는 유기○○

• 천연 · 무공해 · 저공해 등 소비자에게 혼동을 초래할 수 있는 표시를 하지 아니할 것
• 토양이 아닌 시설 또는 배지에서 작물을 재배하되 생육에 필요한 양분을 외부에서 공급하거나 외부에서 공급하지 않고 자연용수에 용존한 물질에 의존하여 재배한 농산물은 양액재배농산물 또는 수경재배농산물로 별도 표시할 것

친환경농축산물인증 관련법령[15])은 다음과 같다.
• 친환경농어업 육성 및 유기식품 등의 관리 · 지원에 관한 법률
• 친환경농어업 육성 및 유기식품 등의 관리 · 지원에 관한 법률 시행령
• 친환경농어업 육성 및 유기식품 등의 관리 · 지원에 관한 법률 시행규칙
• 친환경농축산물 및 유기식품 등의 인증에 관한 세부실시 요령(국립농산물품질관리원 고시)
• 친환경농축산물 및 유기식품 등의 인증기관 지정 · 운영 요령(국립농산물품질관리원 고시)

---

15) 국립농산물품질관리원(http://www.naqs.go.kr) 참고 필요

5.2. 친환경농축산물 인증 신청

친환경농축산물 생산농가는 친환경농축산물 인증을 획득하기 위해서는 다음과 같은 방법으로 인증신청을 해야 한다.

첫째, 생산농가는 다음의 구비 서류를 갖추어 인증기관에 인증신청을 하면 인증기관에서 서류심사와 현장심사를 거쳐 기준에 적합한 경우 인증서를 교부하고 인증관리를 실시한다.

① 인증신청서(생산자용)

② 인증신청서(제조가공 취급자용)

③ 인증품생산계획서(농산물용)

④ 인증품생산계획서(제조가공 및 취급자용)

⑤ 경영관련자료(필수 항목)

⑥ 사업장의 경계면을 표시한 지도

⑦ 생산, 제조·가공, 취급에 관련된 작업장의 구조와 용도를 적은 도면(작업장이 있는 경우만 해당)

⑧ 인증수수료: 신청비 + 인증심사원의 출장비 + 심사관리비

둘째, 인증기준은 인증 종류별 기준과 허용물질의 종류로 나눈다.

셋째, 인증기관지정은 친환경농산물의 인증에 필요한 인력과 시설을 갖춘 전문기관으로 국립농산물품질관리원으로부터 인증기관으로 지정받아 친환경농산물인증 업무를 수행한다.

• 인증기관 지정기준 → 농관원 홈페이지 참고

• 인증기관 지정현황 → 농관원 홈페이지 참고

5.3. 유기가공식품인증

(1) 유기가공식품인증의 목적과 절차

유기가공식품인증의 목적은 유기 표시의 신뢰도를 높여 소비자를 보호하고 고품질의 유기식품 공급을 장려하기 위함이다. 인증체계는 가공식품을 '유기'로 표시하거나 판매하고자 하는 자는 ① 국립농산물품질관리원에서 지정한 인증기관으로부터 인증을 받아야 한다. 대상자는 국산 또는 외국산 유기 원료를 사용하여 국내에서 유기가공식품을 제조 및 가공하고자 하는 자, ② 국내 판매를 목적으로 국산 또는 외국산 유기 원료를 사용하여 외국에서 유기가공식품을 제조하고자 하는 자이며, 유기원료는 친환경법에 따라 인증 또는 동등성 인정된 국내 · 외 유기농산물 또는 유기가공식품을 뜻한다.

유기가공식품 동등성 인정은 외국에서 시행하고 있는 유기식품 인증제도가 우리나라와 같은 수준의 원칙과 기준을 적용함으로써 우리나라의 인증과 동등하거나 그 이상의 인증제도를 운영하고 있다고 검증되면, 양국의 정부가 상호주의 원칙을 적용하여 상대국의 유기가공식품 인증이 자국과 동등하다는 것을 공식적으로 인정한다. 즉, 동등성 인정 협정 체결 상대국에서 생산된 유기가공식품은 자국의 인증을 받은 것과 동일한 것으로 간주되어 별도의 추가 인증 절차 없이 유기가공식품으로 표시 · 수입이 가능하다. 동등성 인정 협정이 체결되면 농림축산식품부 및 국립농산물품질관리원 홈페이지에 동등성 인정 국가명, 인정범위, 유효기간, 제한조건 등을 게시한다.
- 한-미 유기가공식품 동등성인정 협정 → 농관원 홈페이지 참조
- 한-EU 유기가공식품 동등성인정 협정 → 농관원 홈페이지 참조

(2) 인증 사후관리

첫째, 생산과정 및 유통과정 조사는 연 1회 이상 국립농산물품질관리원 및 인증기관에서 인증사업자의 농장소재지, 작업장, 판매장 등을 조사한다. 조사내용은 다음과 같다.
① 조사내용 경영관련 자료의 기록 여부
② 인증품의 출하내역 확인
③ 인증품의 표시사항 적정 여부

④ 금지물질의 구입, 보관 및 사용 여부

⑤ 항목별 인증기준의 준수 여부

⑥ 인증심사 시 제출한 이행계획서의 실행 여부

⑦ 제조 · 가공자 및 취급자의 경우 원료 농산물 또는 축산물의 표본을 선정하여 생산자가 실제 출하하였는지 여부

⑧ 인증품의 구매내역 및 판매내역이 일치하는지 여부

⑨ 인증이 취소된 인증품, 표시사용정지 중인 인증품이 유통되는지 여부

⑩ 인증품이 아닌 제품을 인증품으로 표시 · 광고하거나 인증품에 인증품이 아닌 제품을 혼합하여 판매하거나 판매할 목적으로 보관 · 운반 또는 진열하는지 여부

둘째, 인증의 갱신은 매년 유효기간이 끝나는 날의 2개월 전까지 인증기관의 장에게 인증갱신 신청서를 제출하여 인증의 갱신을 위한 심사 및 승인절차는 신규 신청에 준하여 실시한다.

셋째, 인증의 변경은 인증품목 변경, 사업 규모 축소, 사업자의 주소, 업체명 또는 인증부가조건 변경과 같은 사유가 발생한 때에 변경승인 신청서를 인증기관의 장에게 제출하여야 한다. 변경된 사항에 대해서 심사를 실시(사업장 규모의 축소, 사업자의 주소 또는 업체명 변경 등 현장심사가 불필요한 경우에는 생략 가능)

넷째, 인증의 승계는 다음의 내용으로 조치하여야 한다.

㉮ 인증사업자의 지위를 승계한 자는 다음과 같이 인증심사를 한 인증기관의 장에게 그 사실을 신고하여야 한다. ① 인증사업자가 사망한 경우 그 인증제품을 계속 생산하려는 상속인 ② 인증사업자가 그 사업을 양도한 경우 그 양수인 ③ 인증사업자가 합병한 후 존속하는 법인이나 합병으로 설립되는 법인

㉯ 인증사업자가 합병한 후 존속하는 법인이나 합병으로 설립되는 법인은 ① 매년 1월 20일까지 전년도 인증품의 생산 · 출하 실적을 인증기관의 장에게 제출, ② 자재 · 원료의 사용에 관한 자료 또는 문서, 인증품의 생산, 제조 · 가공 또는 취급 실적에 관한 자료 또는 문서를 그 생산연도 다음 해부터 2년간 보관

다섯째, 인증 취소, 인증표시의 제거 또는 정지사항은 다음과 같다.

① 거짓이나 그 밖의 부정한 방법으로 인증을 받은 경우

② 인증기준에 맞지 아니한 경우

③ 정당한 사유 없이 처분 등의 명령을 따르지 아니한 경우

④ 전업, 폐업 등의 사유로 인증품을 생산하기 어렵다고 인정하는 경우

여섯째, 위반행위별 과태료의 부과기준은 위반행위 및 횟수에 따라 10만원~500만원의 과태료 부과한다.

기타 인증과 관련된 자료는 다음과 같으며, 국립농산물품질관리원의 홈페이지를 통해 참고할 필요가 있다.

① 재포장 취급자 인증 Q&A 자료

② 재포장 취급자 인증신청서류 및 인증기준

③ 유기식품 등의 유기표시 기준

④ 유기농축산물의 함량에 따른 제한적 유기표시의 기준

⑤ 친환경농산물 표시방법 예시

⑥ 수입유기식품의 신고

⑦ 친환경농산물 표시

⑧ 친환경농산물인증 관련

⑨ 친환경축산물 관련

⑩ 취급자 관련

⑪ 유기가공식품 등의 표시

⑫ 유기가공식품인증 관련

⑬ 유기가공식품 동등성인정

⑭ 유기가공식품 Q&A

⑮ 유가공식품 인증제도 설명회 동영상(2013.12.11. aT 센터) 및 원고

6절 농산물 공동브랜드의 성공요인

성공의 사전적 의미는 '목적하는 바를 이룸'이다. 이는 다양한 맥락에서 정의를 내릴 수 있지만 매출액, 수익성 등의 재무적 목표를 충족시키는 것과 소비자의 선호도 증가, 소비자에 대한 이미지 강화의 비재무적 성과 등 다차원적 의미를 갖는다. 여기에서 핵심성공요인은 '조직의 활동이 성공하기 위해 갖추거나 수행되어야 할 전제'를 가리킨다. 이는 경

영의 최종목표와 단기적 목적을 성취하기 위한 중요한 요건이 된다.

앞에서도 언급하고 있지만 브랜드란 '판매자 자신이나 단체가 제품이나 서비스를 다른 경쟁자와 구별해서 식별하기 위해 사용되는 명칭·용어·표시·심벌이나 디자인 또는 이들의 조합'으로서 '농산물과 서비스의 이미지를 구별시키고 강화시키는 식별·출처·사용·신용의 기능'을 갖는다. 소비자는 여러 브랜드를 보고 구매의사결정과정을 거치며, 반복되는 구매행동의 결과로 브랜드와 농업 경영체는 동일시되어 그 농업 경영체가 시장에 새로운 농산물을 출시할 때, 이에 대한 긍정적 전이가 된다.

오늘날까지 성공요인의 이론적 기반은 주로 기업의 신상품 성과와 성패에 따른 성공요인의 탐구에 집중해 있다. 신상품의 성공에 관한 대표적 연구는 활발한 상품생산을 하고 있는 177개의 캐나다 기업을 대상으로 신상품의 성패에 영향을 미치는 요인의 분석이 이루어졌다. 즉, 환경, 조직, 개발과정의 특성을 파악하고, 그에 따른 신상품의 성공을 위한 핵심적인 결정변수로 상품의 우수성, 마케팅 숙련성, 기술의 효율성, 시장특성, 가격, 마케팅 및 관리의 시너지, 마케팅 커뮤니케이션 능력, 투자 등 11개의 요인을 제안하였다. 후속연구는 선행연구에서의 성공을 위한 핵심요인과 고객에게 독자적 편익을 제공할 수 있는 상품의 우월성, 마케팅 및 기술상의 시너지를 강조하고 있다.

국내의 신상품 성공요인 연구는 '신상품 개발의 성패요인분석'이다. 이는 신상품의 개발과 시장진입의 성패에 영향을 미치는 요인을 분석한 연구로 신상품개발 흐름 도표(flow process)를 통해 각 개발 프로세스에서의 성공과 실패의 결정적 요인을 다루었다. 이후 신상품의 효과적 개발과정을 통한 성과나 성공요인 연구는 기업의 신상품 성과에 영향을 미치는 전략, 개발과정, 시장환경, 기업조직환경 등의 여러 요인들 중 개발과정요인에 집중하여 진행되었다. 농산물 브랜드와 유사한 우리나라 식음료시장을 대상으로 식음료 상품의 성공요인을 다루었으며, '소기업과 대기업의 신상품개발 성공요인'은 기업차원에서 신상품 성공요인을 환경, 기술전략, 신상품특성, 개발 프로세스로 보고, 기업 규모별 영향력의 차이가 있음을 밝혔다. '한국·미국·일본의 3개 국가 간 신상품 성공요인의 비교연구'는 신제품개발 프로세스의 경쟁우위를 통한 제품의 경쟁우위, 시장지향성, 기업내부·경쟁환경의 신제품 성공요인 변수들이 신제품 성과에 영향을 미친다고 하였다.

국내외 대부분의 성공요인 연구는 기업 내 신상품의 성과에 영향을 미치는 주요 성공요인을 구명하는 데 반해, 브랜드차원의 연구도 시작되었다. 그들은 성공적인 브랜드를 위한 마케팅전략의 요인들을 소비자 대상 설문을 통해 찾아내고, 각기 다른 전략이 전국 및 지방브랜드에 미치는 영향의 차이를 고찰하였다. 시장 내에서 브랜드 파워와 고객만족을 높이기 위해 브랜드 인식, 지각된 품질, 브랜드이미지를 제고시키는 전략적 브랜드 자산을 추구해야 한다. 또한 신상품 개발의 성공요인을 다룬 연구는 화장품업계에서 3년 이내에 신상품을 출시한 경험이 있는 12개 브랜드를 대상으로 기업측면에서 신상품의 성공요인을 파악하여 마케팅 능력, 기술, 임직원 몰입도, 부서 간 통합, 상품차별, 시장잠재성, 마케팅활동 등 7개 요인을 제시한 바 있다.

한편, 농산물 공동브랜드의 성공요인(마케팅요인, 시장요인, 상품요인, 소비자요인, 임직원의 몰입, 조직 간 협력, 기술능력)은 굿뜨래 공동브랜드가 타 지역의 공동브랜드와 차별적인 요인들을 많이 가질수록 소비자의 만족에 긍정적인 관계로 나타났다.[16] 이어서 고객만족이란 '소비자들이 구매상황에서 제공한 희생의 대가가 적절히 또는 부적절하게 보상되고 있다고 보는 인식적 상태로서 선택된 대안이 구매 전의 신념과 일치한다는 평가'라고 볼 수 있으나 학자들마다 다양하게 정의되고 있다. 요컨대, 고객만족은 고객이 더 많은 양을 빈번하게 구매하며, 그들이 창출하는 긍정적인 구전효과는 신규고객을 유치하는 데 중요한 역할을 한다.

동태적인 시장환경에서 마케팅의 핵심은 신규고객의 유치와 시장점유율 확대 등의 공격적 마케팅 전략보다, 고객충성도와 기존고객 유지의 방어적 마케팅전략의 실행을 통한 기존 고객들의 유지율에 그 중요성이 점증하고 있으며, 방어적 마케팅전략의 핵심인 고객만족, 고객 충성도 등에 대한 관심이 증대되고 있다. 더욱이 공동브랜드 농산물에 대한 고객만족은 농산물 생산자의 고투자(high investment)에 따른 재정 위험을 완화시켜 주는 고객관계관리에 해당된다. 구매만족은 어떤 특정한 농산물 브랜드가 시장에 출하되었을 때, 외관, 당도, 색도, 소문 등의 여러 정보의 원천을 통해 구매한 후의 만족을 느낀다. 또한 브랜드 충성도는 '선호하는 제품이나 서비스의 브랜드를 재구매하려는 깊은 몰입상태'에 해당된다. 즉, 농산물 공동브랜드의 성공요인에 따른 구매만족은 고객의 충성도로 이어진다. 요컨대, 우리나라 및 글로벌 농산물 브랜드를 두고 볼 때, 그나마 성공적인 브랜드는 [그림 2-11]과 같다.

---

16) 김신애 등, 부여군 공동브랜드 굿뜨래의 성공요인에 관한 실증연구, 한국산학기술학회논문지, Vol. 14 No. 4, 2013, pp. 1620-1631.

[그림 2-11] 성공적인 농산물 개별 및 공동브랜드

이슈 문제

1. 농산물 공동브랜드의 정의를 내리고, 구체적 예를 언급하시오.
2. 국가인증마크, 지리적 표시는 브랜드로 간주할 수 있는지 이유를 설명하시오.
3. 친환경인증마크의 예를 들고 설명하시오.
4. 농산물 공동브랜드의 성공요인은 무엇인가? 설명하시오.
5. 지방자치단체 및 농협중심의 공동브랜드 간의 차이를 언급해 보시오.
6. 품질의 모래성이론과 품질의 진화단계를 연계하여 설명하시오.
7. 농산물은 Outsourcing이 가능한가? 논리적 토대를 언급해 보시오.
8. 지역, 사람, 책, 식당은 브랜드인가? 브랜드의 개념을 활용하여 설명해 보시오.
9. 명인, 전수자, 그리고 명장은 브랜드인가? 설명해 보시오.

유익한 논문

기초지방자치단체와 개별 농가의 공동브랜드, 신뢰 및 충성도 간의 관계: 부여군 '굿뜨래' 농산물 공동브랜드를 중심으로　　　　　　　　　　　권기대, 김신애

소비자의 친환경농산물 인증마크 지각, 마크의 친숙성 및 충성도 간의 관계
　　　　　　　　　　　　　　　　　　　　　　　　　　　권기대, 김신애

지리적 표시제 마크, 구매만족 및 구전효과 간의 관계　　　　권기대, 김신애

지방화 시대에서 농산물 공동브랜드의 이미지 및 시장우위요인 분석: 전라남도 기초지방자치단체를 중심으로　　　　　　　　　　　　　　　　　　김신애

브랜드 자산

1절 브랜드 자산의 정의

2절 브랜드 종류

3절 브랜드의 구성요소

4절 컬러마케팅

5절 브랜드 포트폴리오전략과 브랜드 아키텍처

이슈 문제

유익한 논문

03

1절 브랜드 자산의 정의

　브랜드 자산은 '특정 농산물이나 서비스'를 사용함으로써 형성되는 부가적인 가치 (added value)라고 정의를 내리고 있다. 부가가치적 맥락에서 회계법인은 브랜드 자산을 측정하는 경우에도 '추가적 현금흐름(incremental cash flow)'이라는 개념을 적용하였다. 브랜드 자산을 '관계(relationship)', 문화인류학적 관점에서 의미 전이(meaning transfer)로 정의하기도 한다. 브랜드는 사람의 브랜드 개성(brand personality)을 가진다고 보았다 (Smothers, 1993). 어떤 브랜드에 대해 일정기간 동안 경쟁 브랜드와 비교하여 판매원 → 유통업자 → 소비자 등이 생각하고 느끼는 가치로 보았다(Bovee & Arens, 1992). 브랜드 자산은 특정 브랜드와 브랜드의 명칭, 상징과 관련된 자산과 부채의 총합으로 정의하고, 이의 구성요소로 [그림 3-1]에서처럼 브랜드 인지도, 브랜드 이미지(연상), 브랜드 충성도, 지각된 품질, 기타 독점적 자산(특허, 등록상표, 유통관계) 등을 제시하였다(Aaker, 1992).

　한편, 브랜드 자산은 소비자의 다차원적인 브랜드 지식체계로 이해하면서 브랜드 이미지를 보다 세분화하고, 브랜드 자산의 무형적 특성을 쉽게 파악하도록 분류를 시도하였다(Keller, 1993). 브랜드 자산 연구는 블랙박스(blackbox)로 남아 있었던 브랜드 이미지의 정량적 특징을 가능하게 해 주었다는 점에서 큰 의미를 찾을 수 있다(Keller, 1993).

　브랜드 자산의 구성요소들은 다음과 같다. 첫째, 브랜드 인지도는 '소비자가 한 제품범주에 속한 특정브랜드를 알아보거나 그 브랜드를 쉽게 떠올릴 수 있는 능력'을 말한다. 브랜드 양대 산맥의 한 사람인 Aaker(1991)는 소비자들이 브랜드를 해당 브랜드 카테고리와 연관시키는 정도로 보았으며, Keller(2003)는 '브랜드 인지도의 정도를 깊이로서 브랜드의 요소들이 얼마나 쉽게 고객들의 마음속에 떠오르는가의 정도이고, 폭으로 브랜드의 요소가 마음속에 떠오르는 구매범위와 사용상황 등으로 설명'하고 있다. 이는 소비자들이 제품 구매 시 특정 브랜드를 고려군 내에 속하게 할 가능성을 증가시킨다. 특히 소비자는 특정 브랜드에 대한 광고로부터 인지가 되어 있을 경우 인지되지 않는 브랜드보다 신뢰하게 된다. 브랜드 인지도는 다시 브랜드 재인(brand recognition)과 브랜드 회상(brand recall)으로 구성된다. 전자는 소비자에게 특정의 브랜드를 제시했을 때, 과거에 그 브랜드에 노출된 적이 있는지를 확인할 수 있는 능력이다. 후자는 제품범주 혹은 특정 구매상황을 단서로 제시했을 때 특정의 브랜드를 기억으로부터 끄집어낼 수 있는 능력을 말한다.

둘째, 브랜드 이미지(브랜드 연상)란 '소비자가 특정 제품의 브랜드에 대해서 가지고 있는 좋고 나쁜 느낌, 브랜드에 대한 신념 또는 소비자의 심리적 구조체계'라고 정의할 수 있다. 브랜드 이미지는 '소비자의 기억 속에 다양한 브랜드 연상을 통해 반영된 브랜드에 관한 지식으로서 브랜드 자산에 직접적인 영향을 주는 구성요소'로 보았다(Keller, 1993). 고객은 브랜드의 구매, 소비과정이나 서비스 전달과정 중 공급자로부터 어떠한 대우를 받았는가와 지각하게 되는 이미지에 따라 브랜드 신뢰가 결정된다고 하였다(Parasuraman et al., 1988). 또한 고객은 특정 점포의 인상이나 제품의 이미지 및 교환조건 등에 대해 긍정적인 신념을 갖게 되면 현재의 관계를 보다 신뢰하게 되며, 상품을 취급하는 상점이나 종업원으로부터 정중함, 노력, 예의 등을 제공받을 때, 그 상호작용의 긍정적인 평가를 하게 되어 고객의 신뢰감은 더욱 커지게 된다(Clemmer & Schneider, 1996).

셋째, 지각된 품질(perceived quality)은 '소비자의 눈에 보이지 않는 브랜드에 대한 전반적인 감정으로서 소비자가 어느 한 브랜드에 대해 인식하는 신뢰성과 품질특성의 총체적인 차원'을 말한다. 즉, '고객의 마음속에 형성된 제품의 우월성 또는 우수성에 대한 소비자의 총체적인 주관적인 판단'이므로 지각된 품질이 실제적인 품질보다 더 중요하다. 전반적인 품질지각은 고객의 브랜드 신뢰에 긍정적인 영향을 미친다고 하였다(Hennig-Thurau & Klee, 1997). 제품의 품질은 우월성 또는 탁월성에 대한 소비자의 판단이라고 하였다(Zeithmal, 1988). 그는 지각된 품질의 하위요인으로 내재적 속성(품질, 색상, 가격 등)과 외재적 속성(제조업자에 의해 변할 수 있는 제품의 특성으로 가격, 브랜드 등)으로 구성된다고 주장하였다. 다른 한편으로는 기능적 품질과 기술적 품질로 분류하고(Gronroos, 1982), 신뢰성, 반응성, 공감성, 확신성, 유형성 등으로 간주하였다(Parasuraman et al., 1988).

넷째, 브랜드 충성도(brand loyalty)는 '미래에 지속적으로 브랜드 및 서비스를 재구매하고 선호하는 약속으로 어떠한 상황에서라도 고객이 마케팅활동에 영향을 받지 않고 구매전환을 하지 않는 것'으로 정의를 내릴 수 있다(Oliver, 1997). 브랜드 충성도는 가격 프리미엄과 시장점유율을 검증하는 브랜드 자산 가치의 핵심으로 브랜드의 경험에 의해 많이 좌우되고 브랜드의 지속적인 사용에 의해 만들어진다고 주장하였다(Aaker, 1991). 기업들이 자사 브랜드의 충성도를 확보하면, 지속적 수익창출, 마케팅비용 절감, 고객의 수익증대, 운영비용 절감, 고객추천 증가, 가격 프리미엄 증가 등의 다양한 효과를 얻을 수 있다(Reichheld, 1993). 소비자와 브랜드 간의 관계개선의 기능에서 브랜드 자산을 개념

화하면서 두 주체 사이의 관계에 있어서 브랜드 신뢰가 가장 중요한 요소라고 말하고 있
다(Ambler, 1997).

　다섯째, 기타 독점적 자산은 특허, 등록상표 등을 말하며 안전 장치적 성격이 크다. 이
는 경쟁사들이 고객과 브랜드 충성도를 잠식하는 것을 막아줄 수 있을 때, 가장 가치가 크
다. 예를 들어, 등록 브랜드는 경쟁사들이 비슷한 브랜드 네임, 심벌, 패키지를 사용하여
소비자를 혼동시키려고 할 때 효과가 있으며, 특허는 경쟁사와의 직접적인 경쟁을 막아
준다.

[그림 3-1] 브랜드 자산의 구성요소

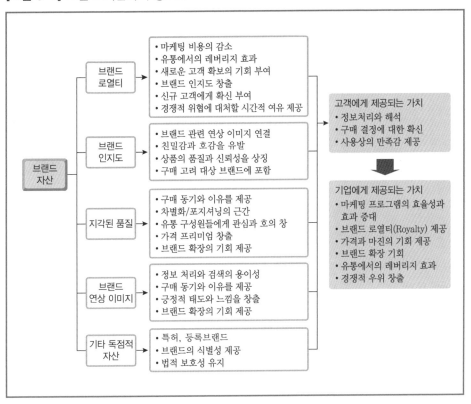

　이상에서 살펴본 브랜드 자산의 구성 개념에 대한 Aaker의 견해는 브랜드 자산을 구성
하는 요소별로 어떤 세부 요인들과 관련되는지를 비교적 상세히 제시함으로써 브랜드 관
리를 위한 전반적인 가이드라인(guideline)을 제공한다는 점에서 높게 평가되고 있다. 그

러나 브랜드 자산을 구성하는 요소들이 명확하게 구분되지 않으며(예를 들어 브랜드 연상 이미지와 지각된 품질은 중복되는 개념이라 볼 수 있다), 이들 간의 연결 관계도 모호하다는 비판을 받고 있다.

2절 　브랜드 종류

미국마케팅학회(AMA, american marketing association)에 따르면, 브랜드란 '판매자 자신이나 단체가 제품이나 서비스를 다른 경쟁자와 구별해서 표시하기 위해 사용하는 명칭, 용어, 표시, 심벌이나 디자인, 또는 이들의 조합(a name, term, sign, symbol or design or a combination of them, intended to identity the goods and service of one seller or group of sellers and to differentiate them from those of competition)'이라고 정의하였다.

한편, 1990년 1월 개정된 우리나라 상표법에 의하면 '브랜드(brand)'란 "상품을 생산·가공·증명 또는 판매하는 것을 업으로 영위하는 자가 자기의 업무에 관련된 상품을 타인의 상품과 식별되도록 하기 위하여 사용하는 기호·문자·도형 또는 이들을 결합한 것(이하 '표장'이라 한다)"으로 정의하고 있다.

브랜드는 앞 장에서도 언급하였지만, 브랜드가 어떻게 분류하느냐에 따라 브랜드를 [표 3-1]에서처럼 그 명칭을 달리할 수 있다. 즉, 단일의 브랜드가 공급사슬관리(SCM, supply chain management) 선상에서 그 기업이 어느 곳에 위치하느냐, 또한 기업의 브랜드마케팅전략 및 지역적으로 그 브랜드를 두고 브랜드 명칭이 달리 불려질 수 있다.

또한, 브랜드개발의 주체에 따라서도 브랜드 분류를 달리하기도 한다. 이러한 예가 농산물의 공동브랜드라고 볼 수 있다. 이는 특정 지역에서 살고 있는 농산물 생산농가들을 위해 지방자치단체가 공동브랜드를 개발하여 사용할 수 있도록 한 것이 바로 공동브랜드인 것이다.

[표 3-1] 브랜드의 다양한 명칭

구분	명칭	정의(기업)	보기
유통 경로 상의 기업 소유 마케팅 전략	소비재/ 제조업자 브랜드 (maker's brand)	메이커가 소비재를 직접 제조 및 브랜드를 소유하며, 가격을 통제 가능(풀무원)	Pulmuone
	산업재/ 제조업자 브랜드 (maker's brand)	메이커가 산업재를 직접 생산 및 브랜드를 소유하며, 가격을 통제 가능(한성 T&I)	주식회사 한성티앤아이
	서비스재/ 제조업자 브랜드 (maker's brand)	메이커가 서비스재를 직접 생산 및 브랜드를 소유하며, 가격을 통제 가능(아워홈)	아워홈 OURHOME
	도매업자 브랜드 (wholesaler's brand)	공급사슬상의 도매업자 소유의 브랜드 및 가격 통제 가능(트레이더스 홀세일 클럽)	TRADERS WHOLESALE CLUB
	소매업자 브랜드 (retailer brand)	공급사슬상의 소매업자 소유의 브랜드 및 가격 통제 가능(홈플러스)	Homeplus
	패밀리 브랜드 (family brand)	기업이 생산하는 제품들에 하나의 브랜드만을 가짐. 후광효과와 광고비 절약 및 모브랜드 확산가능(청정원, CJ)	청정원 CJ
	공동브랜드 (co brand)	지방자치단체에서 예산 투입, 개발한 브랜드를 생산자 단체에서 사용할 수 있게 한 브랜드(굿뜨래, 칠갑마루)	굿뜨래 Goodtrae 칠갑마루
	개별브랜드 (individual brand)	개별기업이 생산하는 제품마다 개별적인 브랜드 네이밍을 붙이는 브랜드전략(데코리아, 젤로미, 끄레델리)	Jell0mi Ggredeli Decoria enjoy looks & taste
판매 지역별 브랜드	전국 브랜드 (national brand)	기업에서 생산된 브랜드가 전국적인 조직과 유통망을 갖고 있는 브랜드(샘표간장, 오뚜기)	샘표 농심
	로컬 브랜드 (local brand)	특정지역을 토대로 생산 판매되는 상품(안동소주, 문배술)	民俗酒 安東燒酎 梨薑酒
	글로벌 브랜드 (global brand)	특정기업의 브랜드가 지역과 국가를 초월한 글로벌 유통망을 갖춘 브랜드(정관장, 코카콜라)	JUNG KWAN JANG Sprite

3절 브랜드의 구성요소

브랜드는 [그림 3-2]에서처럼 크게 무형적인 요소의 언어적인 부분과 유형적인 요소의 시각적인 부분의 결합에 의하여 이루어진다. 일반적으로 농산물 브랜드의 구성요소로는 브랜드네이밍(brand naming), 로고(logo), 심벌(symbol), 캐릭터(character), 슬로건(slogan), 청각적 요소(jingle), 포장(package), 색채(color) 등이 있다(Aaker, 1996; Keller, 1998). 기업은 브랜드 구성요소를 선택함에 있어 브랜드 카리스마의 구축에 기여하는지를 가장 우선적으로 고려해야 한다. 즉, 각각의 브랜드 구성요소는 브랜드 인지도를 향상시키고, 강력하고 호의적이면서도 독특한 브랜드 연상의 브랜드 카리스마를 형성·강화할 수 있어야 한다.

[그림 3-2] 브랜드의 구성요소

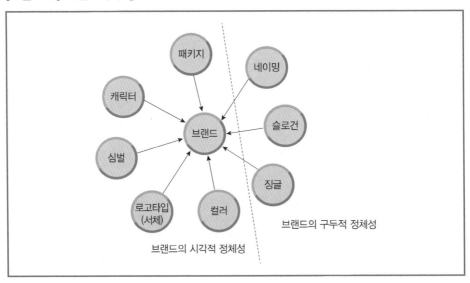

(1) 브랜드 네이밍

브랜드 네이밍(brand naming)이란 '어떤 제품이나 서비스를 사람이 발음하거나 들을 수 있는 언어, 단어, 문자, 숫자 등이 결합되어 부르는 브랜드 이름'을 말한다. 브랜드 네이밍은 브랜드 카리스마를 형성하기 위한 비중 있는 중요한 요소로서의 위치를 차지한다. 이는 경쟁사가 쉽게 모방할 수 없는 전환장벽으로 제품이나 서비스 또는 기업을 차별화할 수 있는 특징을 가지고 있다. 또한 브랜드 네이밍은 [그림 3-3] 기업의 제품을 시장에서 효과적으로 브랜드 카리스마를 포지셔닝하는 역할을 수행한다.

브랜드 네이밍 자체의 의미적인 차원은 브랜드 네이밍 스펙트럼(brand naming spectrum)이라고 하여 [그림 3-3]에서처럼 특정제품에 대한 보통명칭(generic brand name), 서술적(descriptive), 암시적(suggestive), 임의적(arbitrary), 그리고 브랜드 네이밍 자체에는 의미가 없는 순수한 조어적(coined) 브랜드 네이밍까지 브랜드 네이밍의 의미차원은 매우 다양하다(Murphy, 1990).

또한 문자숫자형 브랜드 네이밍(alphanumeric brand naming)도 등장하고 있는데, 이는 '문자와 숫자가 결합된 형태의 브랜드 네이밍'을 말한다(Pavia and Costa, 1993). 이는 그 자체적으로 의미가 없지만 소비자들이 문자와 숫자를 하나의 단서로 활용하여 제품이나 서비스에 대한 추론을 하고, 브랜드를 평가한다. 가령, 롯데칠성음료의 2% 부족할 때, 광동제약의 17차와 비타 500, 해태제과의 자일리톨 333, 애경의 2080 치약 등을 들 수 있다.

[그림 3-3] 브랜드 네이밍의 스펙트럼

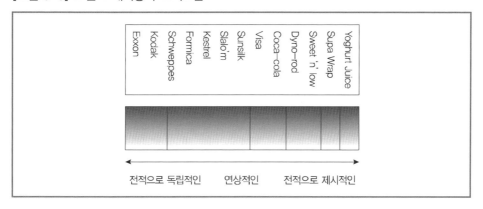

(2) 로고

로고(logo)는 로고타입(logotype)의 약자이며, 브랜드 네이밍이나 기업명을 독특한 방식의 서체(書體)로 표기한 것으로서 기업명이나 브랜드 네이밍은 고유(unique)하고, 독특한 서체로 표현되는 것이 일반적이다(Keller, 1998). 로고는 브랜드 네이밍만을 사용한 로고(name only Logos), 브랜드 네이밍과 심벌을 함께 사용한 로고(name and symbol logos), 약자의 브랜드 네이밍을 사용한 로고(initial letter logos), 브랜드 네이밍을 그림문자로 처리한 로고(pictural naming logos), 연상적 로고(associative logos; allusive logos), 추상적 로고(abstract logos) 등으로 구분된다. [그림 3-4]는 브랜드 로고의 보기이다.

[그림 3-4] 브랜드의 로고

(3) 심벌

심벌이란 로고(logo) 중에서 워드마크(word mark)가 아닌 로고를 심벌이라고 하는데 이것은 브랜드 마크(brand mark)로도 부른다. 심벌은 브랜드의 의미, 추구하는 이미지, 연상 등을 나타내기 위하여 사용되는 상징물로서 독특한 형태, 표현양식, 컬러, 문자 등으로 구성되어 있다. 이러한 심벌은 소비자들에게 시각적으로 독특하게 인식은 되지만, 언어로 표현하기가 어렵다는 단점이 있다.

브랜드 네이밍과 심벌은 기본적인 기능은 동일하나 구체적인 차원에서는 [그림 3-5]에서와 같이 그 역할이 차이가 날 수 있다. 첫째, 심벌은 기업이 제품과 서비스를 그 자체적으로 차별화하기 어려울 때, 차별화의 핵심수단으로 활용할 수 있다. 둘째, 심벌은 그 자체가 거의 독창적으로 브랜드 인지, 연상, 브랜드 충성도, 품질지각 등에 영향을 주고, 호감을 만들어내는 역할을 한다. 이러한 심벌은 시각적인 정보로서 브랜드 네이밍과 같은 언어적인 정보보다 기억하기 쉽고, 소비자의 다양한 감정적인 반응을 유도해 낼 수 있기 때문이다. 셋째, 심벌의 대상은 브랜드마다 다르고 그 표현형태도 다양한데 기업들은 브랜드에 따라 심벌의 독특한 형태를 통하여 브랜드의 개념이나 의미를 전달할 수 있다

(Aaker, 1991).

심벌형 로고가 어느 때 바람직하고, 어느 때 워드마크형 로고가 바람직한지에 대한 명확한 기준은 아직 정립되어 있지 않다. 다만 브랜드 심벌과 워드마크의 선택기준은 브랜드를 관리하는 전문가들이나 브랜드 및 브랜드 업계, 관련 디자이너들에 의해서 [표 3-2]와 같이 제시하고 있다.

[그림 3-5] 브랜드 심벌의 역할

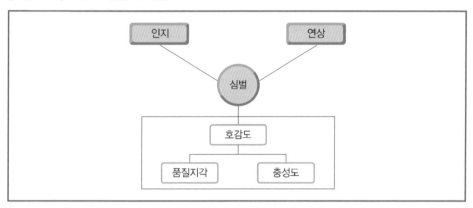

[표 3-2] 심벌형 로고와 워드마크형 로고의 비교

심벌형 로고	워드마크형 로고
• 일반적인 브랜드 네이밍일 때 • 너무 긴 브랜드 네이밍일 때 • 국제적으로 잘 번역되지 않는 브랜드 네이밍일 때 • 개성이 미흡한 브랜드 네이밍일 때 • 제품의 문장(emblem)이 필요한 자동차나 운동화일 때 • 모회사와 자회사 간에 연결고리가 필요하고, 그것을 브랜드 네이밍을 통하여 용이하게 나타낼 수 없을 때 • 심벌이 무엇을 나타내는지 소비자에게 인지시키는 다양한 매체와 같은 마케팅 수단이 존재할 때	• 브랜드 네이밍이 적절하게 독특하고 일반 명사화되어 있지 않을 때 • 제품이나 자회사와 모회사와의 연관성을 심벌보다 명확하고 직접적으로 나타내고자 할 때 • 의사소통비용이 제한되어 있을 때 • 브랜드 네이밍을 알리거나 인지시키는 것에 마케팅 초점을 맞출 때

(4) 캐릭터

브랜드 캐릭터(brand character)는 브랜드 심벌의 특별한 형태이다. 동물을 의인화하거나 사람을 직접 형상화한 또 다른 형태의 브랜드 심벌이다. 캐릭터는 전통적으로 광고나 패키지 디자인을 통해서 소개되어 일반 대중의 눈길과 관심을 유발시킨다. 브랜드 캐릭터는 [그림 3-6]에서처럼 소비자에게 친근감을 제공하여 브랜드 이미지와 인지력을 높이는 커뮤니케이션 역할을 한다. [그림 3-6]에서 좌측 캐릭터는 부여군 농산물 공동브랜드이고, 중간의 그림은 디즈니 미키 캐릭터를 보여주며, 우측 캐릭터는 미국에서 농산물 캐릭터로 어린이들에게 식습관의 변화를 도모하는 차원에서 개발된 캐릭터이다.

[그림 3-6] 브랜드의 캐릭터

일반적으로 브랜드 캐릭터는 다양한 컬러와 풍부한 상상력을 동원하여 소비자들을 쉽게 유인한다. 브랜드 캐릭터는 브랜드 퍼스널리티를 형성시키고, 소비자의 브랜드 호감도를 높이는 데 큰 영향력을 갖는다. 캐릭터는 일종의 마스코트로도 간주할 수 있다. 마스코트(mascot)는 행운을 가져온다고 믿어 늘 가까이 두거나 고이 간직하는 작은 완구나 동물을 뜻한다. 오늘날의 마스코트는 일종의 문화 상품으로서의 가치를 지닌다.

(5) 슬로건

브랜드 슬로건(brand slogan)의 사전적 의미는 '대중의 행동을 조작(操作)하는 선전에 쓰이는 짧은 문구'를 말하며, 이는 브랜드를 설명해 주고 브랜드를 알리고 브랜드에 관한 정보를 제공해 주는 축약된 커뮤니케이션 문구를 말한다. 일반적으로 광고, 패키지, 포스터, 간판 등 시각적 브랜드 요소와 마케팅 프로그램에서 브랜드 슬로건을 발견할 수 있다.

본래 스코틀랜드에서 위급할 때 집합신호로 외치는 소리(sluagh-ghairm)를 슬로건이라고 한 데서 나온 말이다. 인간은 전적으로 논리적인 판단만을 하는 것은 아니며 정서에 의해서 움직이게 되는 면도 적지 않다. 특히 대중은 피암시성(被暗示性)이 강하므로 정서적으로 채색된 단순한 표어가 효과를 나타내는 수가 많다. 그것은 정치행동부터 상업광고의 영역에 이르기까지 널리 사용되는데, 하나같이 내용이 이해하기 쉽고 표현이 단순하며, 단정적(斷定的)이라는 점 등이 중요한 요소이다. 대중의 태도가 동요적(disturbance)이고 미확정적일 때일수록 슬로건의 호소력은 크다.

[그림 3-7] 브랜드의 슬로건

브랜드 슬로건의 이점은 [그림 3-7]에서처럼 소비자들이 슬로건을 통하여 순간적으로 브랜드의 의미와 브랜드 연상을 쉽게 얻는 데 있다. 브랜드 슬로건의 또 다른 역할은 브랜드를 경쟁브랜드와 차별화시킴으로써 브랜드 포지셔닝 강화에 큰 도움이 된다. 이처럼 브랜드 슬로건은 브랜드 네이밍 그 자체를 강화시키거나 브랜드의 핵심주제나 브랜드 비전을 전달하거나 브랜드와 제품과의 관계를 전달하는 마케팅요소로서 역할을 한다.

브랜드 슬로건은 다음과 같이 주의하여 개발되어야 한다. 첫째, 슬로건의 주제이다. 브랜드 비전이나 브랜드철학을 담을 것인지, 브랜드 네이밍과 제품 간의 관계를 알릴 것인지, 브랜드 내용의 우수성이나 경쟁브랜드와의 차별성을 강조할 것인지 등을 고려하여 브랜드 슬로건의 주제를 정하는 일이다. 둘째, 슬로건은 언제 어디서나 일관적이어야 하므로 하나이어야 한다. 브랜드 슬로건이 계절이나 해마다 바뀐다면 어느 소비자도 그 브랜드의 슬로건을 기억할 수 없을 것이다. 또한 소비자의 브랜드 카리스마를 얻기 위해서는 브랜드 슬로건이 나라마다 달리 표현되어서도 곤란하다. 셋째, 브랜드 슬로건이 시대에 적합하지 않을 때는 새롭게 변경해야 한다. 브랜드 슬로건이 진부해지거나 브랜드 주제가 변경되거나 소비자의 취향이나 경향이 바뀌면 새로운 경향에 적합한 슬로건으로 바

꿰어야 한다.

(6) 징글

징글(jingle)은 '청각적 요소'라고도 한다. 이는 브랜드에 관련된 소리나 음악과 같은 사운드(sound)를 의미하는 것으로 브랜드정보를 일정 운율을 가진 음성으로 나타낸 것이다. 징글은 주로 전문 음악가에 의하여 개발되며, 청취자나 소비자의 마음을 끄는 연결고리와 같은 역할을 하여 브랜드 카리스마를 높이기 위한 방법으로 활용된다.

징글은 브랜드 네이밍을 명확하고 재미있는 방법으로 소비자에게 부호화하기 위해 종종 반복적으로 사용된다. 즉, 브랜드에 관하여 쓰인 음악적인 메시지이다.

가령, 동아오츠카(donga-otsuka.co.kr)에서 판매되는 오란씨 음료의 광고를 보면, '하늘에서 별을 따다, 하늘에서 달을 따다, 두 손에 담아드려요~ 오란씨~ 파아인~'으로 브랜드에 음을 실어 커뮤니케이션하고 있으며, 청각요소로 CM송을 이용하고 있다.

여기에서 글자와 달리 청각적인 요소는 소비자에게 오래 기억되기 때문에 이해와 기억에 도움이 된다. 요컨대 브랜드 카리스마에 시각적(visual)인 요소도 중요하지만 구어(verbal)적인 요소가 더욱 영향을 미치고 있음을 보여준다.

(7) 패키지

패키지(package)의 사전적 의미는 '물품을 수송ㆍ보관함에 있어서 가치 및 상태를 보호하기 위하여 적절한 재료나 용기 등을 물품에 시장(施裝)하는 기술 및 상태'를 말한다. 이는 제품을 보호하거나 감싸는 것을 디자인하고 제조하는 일련의 활동이다(Kotler and Armstrong, 2001).

패키지는 개장(個裝)ㆍ내장(內裝)ㆍ외장(外裝)의 세 가지가 있다. 패키지의 기본적인 기능은 패키지의 보호성ㆍ상품성ㆍ편리성ㆍ심리성 및 배송성(配送性)에 있다(Keller, 1998). 종전에는 패키지의 기능 및 중요성을 보호성에 두어왔고 또한 그것으로 충분하였으나, 오늘날에는 그것이 더욱 확대되어 판매촉진 기능에 중점을 두고 있다. 생산된 물품 그 자체만으로는 상품이라 하기는 어려우며, 포장이 됨으로써 비로소 상품화하였다고 할 수 있다. 따라서 패키지의 내용물과 일체를 이룸으로써 비로소 상품이 되는 것이므로 패키지의 상품성도 중요한 기능이다.

오늘날에는 판매촉진을 위해 편리한 패키지, 내용물을 쉽게 끄집어 낼 수 있는 패키지 등이 판매상의 강조점이 되어 포장의 편리성도 중시되고 있다. 또한 슈퍼마켓 등과 같이 셀프 서비스(self-service)제에 의한 판매방식의 점포에서는 소비자가 패키지를 보고 구매결정을 하는 것과 같이 구매심리상의 작용도 포장이 수행하므로 구매심리를 자극하는 패키지의 심리성도 중요한 기능의 하나이다. 한편, 수송패키지에 있어서는 외장의 형상 · 치수 · 중량 등은 수송 · 보관 · 하역에 편리하도록 하여야 하므로 배송성도 중요한 기능이 된다.

[그림 3-8] 제품의 포장

| 〈벌크형태〉 | 〈선별 박스포장〉 | 〈가공된 포장형태〉 |

개장(個裝)이란 물품을 직접 싸기 위한 패키지로서 대개는 제조공정의 마지막 단계에서 제품에 시장된다. 이는 단순히 제품의 보호라는 기술적인 요구만을 충족시키는 것이 아니고, 패키지재료 또는 용기에 포장된 것이 상점에 진열되어 구매자의 구매의욕을 자극하는 세련된 디자인이라는 시각적인 목적도 지닌다. 개장에 사용되는 패키지재료로는 금속 · 종이 · 플라스틱 및 나무 등이 있다. 또 패키지 디자인은 단순히 상품을 표면상 곱게 장식하는 데 그치지 않고 기능적인 면도 고려하여야 한다.

내장(內裝)이란 개장된 물품을 상자 등과 같은 용기에 넣는 포장으로 패키지된 화물의 안쪽에 시장되는 것이다. 이는 개장이나 외장보다 복잡하여 고도의 기술이 요구된다. 이에는 특수한 목적 없이 일반적으로 시장되는 일반 내장과 특수한 목적을 가지는 내장이 있는데, 전자의 경우에는 약품·화장품·과자·문방구 및 도자기 등에 종이 포장지나 용기가 주로 쓰인다. 후자는 상품을 수분이나 습기에서 보호하려는 목적하에 시장되는 방수방습(防水防濕)포장과, 금속제품의 수송·보관 중에 녹이 슬지 않도록 방지하려는 목적하에 시장되는 방청(防錆)포장, 패키지화물의 수송·하역 중에 받게 되는 진동이나 충격으로부터 내용물이 파손되지 않도록 보호하려는 목적하에 특히 도자기·유리제품, 광학부품 및 전자제품 등 파손되기 쉬운 제품에 시장되는 완충(緩衝)패키지의 세 가지가 있다.

외장(外裝)이란 수송을 위한 패키지로서 각종 용기에 상품을 넣어 패키지하는 것이다. 종래에는 나무상자로 포장하는 것이 일반적이었으나 오늘날에는 목재자원절약과 패키지합리화의 관점에서 골판지상자나 철사를 이용한 패키지가 늘어나고 있으며, 합성수지의 개발·발전으로 플라스틱 용기가 널리 사용되고 있다. 이외에도 상품에 따라서 통, 액체약품을 넣기 위한 금속관(金屬罐)·병, 내산성(耐酸性)이 있는 항아리, 가축수송용의 대나무 광주리, 산소 등을 넣는 봄베(bombe) 등이 있으며, 끈이나 로프 등으로 다발로 묶는 결속(結束)패키지·자루패키지 방법 등도 있다. 외장에는 패키지물이 목적지에 정확히 수송되도록 패키지화물인(包裝貨物印)의 표시를 하여야만 하는데 이에는 화물 번호, 송화인(회사 등) 표시, 품명·품질표시 기호, 행선지·용적·무게 및 주의사항 등이 해당한다. 이 같은 외장을 흔히 공업패키지라 하고, 개장과 내장을 상업패키지 또는 소비자 패키지라고 한다.

생활의 다양화, 식생활의 향상과 아울러 가공식품의 증대는 [그림 3-8]에서처럼 식품포장에도 큰 변화를 가져오고 있다. 인스턴트 식품의 패키지, 사용 후에 버리는 것을 전제로 하는 물품의 포장의 일반 통행화(one way)는 편리성을 추구하는 경향에 비추어 확대될 가능성이 있으며, 화장품 등과 같은 무드 상품(mood goods)의 패키지는 호사화 경향을 띠고 있다.

수송패키지는 나무상자로부터 급속히 골판지화가 진전되어 경량화 방향으로 나가고 있다. 플라스틱은 필름과 용기의 형태로 소비자패키지는 물론 수송패키지에도 널리 이용되고 있다. 그러나 플라스틱의 포장 폐기물은 환경오염과 공해문제를 일으키고 있으며, 또 자원부족과 관련하여 지나친 편리성 위주의 호사성·과대패키지도 문제가 되고 있다. 따라서 포장폐기물의 재활용이나 재순환과 관련되는 패키지설계가 요청된다.

요컨대, 농산물은 여러 모양을 띠고 있음에 따라 다양한 패키지 방법의 연구를 통해 농산물 상품의 가치를 높일 수 있다. 과거 검은 비닐봉지에 감자나 고구마를 넣어 팔던 시대에서 오늘날에는 판매자가 일정한 용기의 플라스틱을 통해 패키지하여 판매하는 것을 볼 때 상품의 가치는 커진다고 볼 수 있다.

4절 컬러마케팅

4.1. 컬러마케팅의 정의

컬러마케팅(color marketing)의 사전적 의미는 '색상으로 소비자의 구매 욕구를 자극시키는 마케팅 기법'을 말한다. 이는 '기업이 컬러를 이용하여 최종고객들에게 가능한 한 최대한의 경쟁적 우위를 갖는 가치를 제공해 주기 위해 내·외부적 고객들에게 가치 있는 기업으로 인식되도록 운영하는 활동'이다. 즉, '일반적인 상품이나 서비스브랜드의 이미지에 적합하게 다양한 색깔을 고안하여 기획, 촉진, 유통 그리고 가격결정을 계획하고, 집행하는 과정'으로 볼 수 있다.

컬러마케팅은 '컬러로 상품을 팔리게 하고, 제품이나 서비스의 이미지에 맞는 색깔을 고안하여 마케팅에 이용'한다(고은주, 이지현, 2003). 컬러는 마케팅의 영역에서 심미적이고, 상징적이며, 실질적으로 활용된다. 컬러마케팅은 인체의 오감 중에서 가장 빠르게 인식되고 이미지 형성에 큰 비중을 차지하며, 개인이 느끼는 이미지에도 차이가 있다. 이러한 컬러를 이용하여 시각의 변화를 통해 감수성을 자극하여 심리변화를 유도하는 데 컬러마케팅의 목적이 있다(Elliot and Maier, 2007).

한편, 컬러(color)란 '물리적인 현상과 함께 생리적이고 심리적인 현상에 의하여 성립되는 시감각'을 말한다. 즉, 물체의 색[1]이 눈의 망막에 의해 지각됨과 동시에 생겨나는 느낌이나 연상, 상징 등을 병행하여 경청하는 것을 의미한다. 컬러는 많은 사람들이 제일 먼저 가장 강하게 반응하는 디자인 요소로 빛 에너지에 의한 눈의 생리적 반응 현상과 더불

---

1) 색은 빛이 물체를 비추었을 때 생겨나는 반사, 흡수, 투과, 굴절, 분해 등의 과정을 거쳐 인간의 눈을 자극함으로써 생기는 물리적인 지각현상을 뜻함. 즉, 색은 빛의 색이나 물체의 색을 모두 가리키는 데 사용될 수 있지만, 컬러는 물체라는 개념이 따라다니기 때문에 빛의 색을 가리키는 용어로 사용할 수 없음.

어 여러 가지 사고판단 작용과 감성, 심리상의 반응을 일으키는 역할을 수행한다 (Chambers and Moulton, 1978). 이는 디자인의 의미나 상징성, 거리감, 질감, 대비 등의 원리를 느끼게 하는 수단으로 작용한다(IRI 색채연구소, 2003).

우리 인간이 식별할 수 있는 컬러의 수는 200만 가지라고 하나 일반적으로 색은 컬러를 느낄 수 없는 무채색과 컬러를 느낄 수 있는 유채색으로 구분하여 사용한다. 무채색은 색의 개념에는 포함되지만 컬러의 개념에서는 제외되고 있으며, 흔히 말하는 컬러는 유채색의 의미에 더 가깝다. 무채색(achromatic color)은 색이 구별되는 색상이 없으며, 밝고 어두움만 갖는 색을 말한다. 즉, 흰색 · 회색 · 검정 등과 같은 색은 색상이 전혀 섞이지 않은 색이며, 색의 밝기만이 존재한다. 그러므로 흰색에서 검은색 사이의 모든 색은 색상 기미가 없는 무채색에 속하게 된다. 유채색(chromatic color)은 컬러를 느낄 수 있는 색으로 색상을 갖는 색을 말한다. 즉, 유채색은 흰색에서 검정까지의 순수한 무채색 이외의 모든 색들을 의미한다. 인간이 볼 수 있는 가시광선 범위의 색인 빨강 · 파랑 · 주황 · 노랑 · 보라 등의 색과 이 색들의 혼합에서 나오는 색들은 모두 유채색에 포함된다.

인간은 컬러를 지각할 때, 색이 가지고 있는 기본적 성질에 따라 여러 컬러로 느낀다. 이렇게 컬러를 규정하는 세 가지 지각 성질로 첫째, 색상(hues)은 사물을 봤을 때, 각각의 색이 가지고 있는 독특한 성질이나 명칭을 말하는 것으로 컬러를 구분할 때, 색상에 의해 구분한다. 색상은 무채색을 제외한 스펙트럼에서 나타나는 무지개색을 포함해 파장의 변화에 따라 보이는 모든 색들을 포함하고 있으며, 분홍색, 붉은 갈색, 빨간색 등은 모두 빨강 색상 계열의 컬러로 본다. 여러 색상 중에서 성질이 비슷한 것끼리 둥글게 배열하면, 순환성을 가진 색상환, 또는 색환이 된다. 둘째, 명도(brightness, value)는 색을 표현할 때, 색상을 배제하고 밝은색, 어두운색으로 구분하는 것이다. 명도는 물체 표면이 상대적인 명암에 관한 컬러의 속성을 뜻한다. 즉, 지각에 있어서 색의 밝고 어두운 정도를 나타내는 명암단계를 말하며, 그레이 스케일(gray scale)이라고도 한다. 명도는 빛의 분광률에 따라서 다르게 나타나며, 빛의 특성상 완전한 흰색과 검정은 존재하지 않는다. 명도는 컬러의 3속성 중에서 우리 인간에게 가장 민감하게 반응하며, 그 밝기의 정도에 따라 고명도, 중명도, 저명도로 구분한다. 셋째, 채도(saturation)는 색의 순수한 정도, 색상의 포함 정도를 뜻한다. 채도는 색의 선명도를 나타내며, 색의 밝고 탁함, 색의 강하고 약함, 순도, 포화도 등으로 다양하게 해석된다. 순도가 높을수록 채도가 높아지며, 무채색이나 다른 색이 섞이면 채도는 낮아진다.

색료의 3원색은 [그림 3-9]에서처럼 청색(Cyan), 자주(Magenta), 노랑(Yellow)을 말하며, 이들 3원색을 여러 가지 비율로 혼합하면, 모든 색상을 만들 수 있다. 반대로 다른 색상을 혼합해서는 이 3원색을 만들 수 없다. 이들 3원색을 1차색이라고 부르며, 빨강과 노랑을 혼합해서 만든 주황과 노랑과 파랑을 혼합해서 만든 초록과, 파랑과 빨강을 혼합해서 만든 보라색은 2차색이라고 부른다. 색채의 지각과정에서 살펴보았듯이 물체의 색채는 물체의 표면에서 반사된 빛이라는 것을 알 수 있다. 인쇄 잉크나 페인트와 같은 안료는 물체의 표면색을 만들기 위해 사용된다.

[그림 3-9] 색료의 3원색과 색광의 3원색

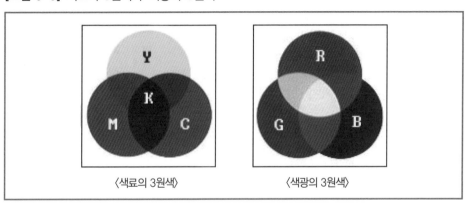

〈색료의 3원색〉 〈색광의 3원색〉

색광의 3원색은 [그림 3-9]에서와 같이 반사의 과정을 거치지 않은 빛의 색을 직접 보는 것은 텔레비전 화면이나 모니터에서 색채를 보거나 혼합하는 경우이다. 화면에 빨강(R), 초록(G), 파랑(B)의 모든 색파장을 고르게 비치면 흰색으로 보인다. 빨강, 초록, 파랑의 색파장뿐만 아니라 주황, 보라, 노랑의 색파장도 다른 색파장을 조합해서 만들 수 없는 빛이기는 하지만, 시각기관에 있는 감각 수용기는 빨강, 초록, 파랑 파장에 가장 민감하게 반응한다. 그것은 이들의 조합으로 다른 색을 느끼게 되는 색파장이기 때문이며 이를 빛의 삼원색이라 한다.

4.2. 컬러마케팅의 중요성 및 특징

소비자는 삶을 살아가는 데 컬러를 항상 생활 속에서 접할 수 있으며, 그것은 정보의 원천으로도 활용된다. 일반적으로 우리 인간은 상대방이나 환경 또는 물건을 처음 접할 때 90초 이내에 잠재의식적인 판단을 내리며, 판단의 약 62~90%를 단지 컬러에 의존하고 있다. 컬러의 분별 있는 사용은 경쟁자로부터 제품을 차별화시킬 뿐만 아니라 어떤 제품의 태도에 대한 분위기(moods)와 감정(feeling)에 긍정적이든 부정적이든 영향을 미친다(Singh, 2006). 즉, 오늘날 소비자에게 컬러의 영향력은 마케팅에서 적지 않다는 점을 시사한다. 이처럼 컬러를 제품이나 서비스에 적절히 사용하면 소비자에게 만족을 주고 생산과 유통의 기능을 활성화시킬 수 있어 기업경영에서 컬러의 경제적 중요성이 제기되었다(Birren, 1950).

컬러마케팅의 중요성은 첫째, 경제발전에 따른 소득의 증가와 고객시장의 세분화로 사고방식과 개성, 가치관을 가진 신소비계층의 성장을 들 수 있다. 둘째, [표 3-3]에서처럼 감성소비시대로의 진입이다. 70~80년대 소비자들이 제품품질이나 기술적 성능이 제품선택의 가장 중요한 요인이라면, 90년대 소비자들은 아름다움, 감성, 개성표현 등과 같이 제품의 부가적인 효용을 중시하여 브랜드를 통한 감성적 경험과 접근을 시도하였다. 셋째, 마케팅의 초점이 편익과 효용의 제품속성으로부터 생활양식이나 가치체계로 이행하면서 컬러마케팅의 역할이 증대되었다.

기업에서 컬러마케팅의 시초는 1920년 미국 파커(Parker)의 빨간색 만년필이다. 그 당시 여성용 만년필은 조금 가늘었을 뿐 남성용처럼 검은색과 갈색이 전부였다. 이 회사는 그때 여성용 립스틱을 이미지화한 것으로서 파격적인 빨간색을 대담하게 도입하여 여성용 만년필 시장을 석권하였다. 이후 GM사에서 자동차에 컬러를 도입하여 시장에서 인기를 끌면서 컬러마케팅에 관한 전문적인 연구로 연결되었다. 이를 계기로 1950년대 중반부터 제품기획이 중심이 되어 컬러마케팅이란 용어가 처음 사용되었다(산업자원부, 2003).

우리나라의 컬러마케팅 태동은 가전제품이 등장한 1950년대부터 1960년대 사이이다. 1980년대 후반부터 상품의 컬러가 개성화, 고급화, 다양화된 것이다. 흰색계통의 가전제품에서 다양한 컬러가 등장하였고, 선풍적인 호응을 받았다. 이 시기에 TV 광고에서도 컬러를 강조한 제품광고가 등장하였다. 1990년대에 들어서면서 전 제품에 컬러와 국내 자동차에도 컬러마케팅이 적극 도입·확산되었다. 검은색(black) 계통의 자동차에 소비자

[표 3-3] 감성소비시대의 마케팅

마케팅	개념	특징과 사례	
향기마케팅 (aroma marketing)	향기를 이용하여 매출을 올리는 마케팅 기법	1990년대 영국의 마케팅분야에서 이론적 논의 시작, 제품화는 1949년 일본의 한 비누회사가 제품 특성을 나타내는 향료를 잉크에 섞어 인쇄하거나 극소형 향료 캡슐을 종이에 바르는 방법으로 신문에 냄새광고 게재가 최초. 향기 나는 의류, 종이	
음향마케팅 (music marketing)	음악을 이용하는 마케팅기법	1920년 후반 배경음악 통한 호텔 로비나 사무실 등에서 쾌적한 분위기 조성에서 출발. 1980년대 말부터로, 백화점이나 패스트푸드점 등에서 시간대별로 음악을 달리하여 고객의 구매심리 자극. 고객이 적은 시간에는 느린 음악을 틀고, 고객이 많은 시간에는 경쾌한 음악을 틀어 판매신장에 활용	
체험마케팅 (experience marketing)	소비자들의 직접 체험 통한 제품을 홍보하는 마케팅 기법	고객은 단순히 제품특징이나 제품이 주는 이익을 나열하는 마케팅보다 잊지 못할 체험이나 감각을 자극하고 마음을 움직이는 서비스를 기대. 즉, 제품생산 현장으로 고객 초청. 직접 보고, 느끼고, 만들어 볼 수 있도록 하는 것. 화장품이나 의류, 자동차 등 소비자에게 사용 후 구매 유도	
컬러마케팅 (color marketing)	색상으로 소비자의 구매 욕구를 자극시키는 마케팅 기법	컬러마케팅의 시초는 1920년 미국 파커(Parker)의 빨간색 만년필임. 한국은 1980년대 컬러텔레비전이 국내 모든 가정에 등장하여 컬러정보가 생활 곳곳에 전달되어 소비자들의 시각문화를 형성하기 시작하면서부터 색의 중요성이 급증	

자료: 연구자가 자료 정리.

의 취향에 맞춰 멋과 개성의 표현으로 컬러가 적용되었다. 2000년대에는 식음료를 비롯한 화장품 · 가구 · 자동차 · 가전제품 등의 소비재 전 분야에 걸쳐 고정관념을 깨는 차별화된 컬러마케팅전략이 마케팅의 핵심으로 부각하게 된 것이다.

컬러마케팅의 특징은 첫째, 컬러의 색상(hues), 명도(brightness), 채도(saturation)를 활용하여 상품이나 서비스브랜드에 대해 소비자의 지각, 심리적 반응, 감정적 반응 또는 행동적 의도에 영향을 미친다. 실제적으로 제품 설계자들은 긍정적인 소비자의 반응을 불러일으키기 위해 분위기, 컬러, 음악, 향수(scent), 종업원의 외모와 같은 단서를 적절히 처리한다. 물리적 점포의 특징에서 변화는 곧 소비자의 기분, 지각, 쇼핑시간, 그리고 만족으로 바꿀 수 있고, 이에 비즈니스 영역에서 컬러마케팅은 브랜드에 대한 태도와 기대에 영향을 미친다. 가령, 빨강은 코카콜라(coca cola)를 상징하는 컬러이고, 파랑은 IBM을 연상하게 한다. 둘째, 컬러마케팅은 소비자에게 특정 브랜드에 대한 인식과 친밀성을 증대시키고, 구매가능성을 높일 수 있는 수단이 된다(Keller, 1998). 컬러마케팅의 시각적인 요소는 언어적 정보에 더해졌을 때, 기억을 향상시키는 데 효과가 있다(Tavassoli, 1998; Schmitt and Simonson, 1997). 컬러는 브랜드의 본질적인 브랜드의 의미를 투영하는 유일

[표 3-4] 컬러마케팅의 역할

구분	컬러의 역할	사례
기업	• 판매촉진 • 제품차별화 추구 • 시장 선도력의 입증 • 기업 이미지 제고 • 프리미엄, 명품화	• 빨강: SK에너지, 홈플러스, CJ, 롯데마트, 도도화장품, 엘지그룹 • 노랑: S오일, 이마트, 오뚜기 • 그린&블루: 삼성그룹, GS, 현대오일
제품 또는 서비스	• 제품가치 향상 • 제품 보호 • 주목성 • 안전성	• 빨강: BC카드 • 노랑: 오뚜기, 현대카드(오일) • 그린&블루: 풀무원 • 블랙: 고급승용차, 검은콩 우유
소비자	• 소비자 욕구 충족 • 소비자 유행에 어필 • 개성화 • 차별화 • 다양화	• 소비자의 오감을 통한 컬러의 상이한 해석과 구매행태 유발 • 성공한 남성: 블루정장 • 전통한복: 단아한 한국이미지

자료: 연구자가 연구의 목적에 부합하도록 자료를 정리한 것임.

한 구성요소라고 할 수 있으며(Bottomley and Doyle, 2006), 컬러경험은 브랜드에 의미를 부여하거나, 존재하는 의미와 상징적 연상을 강화하거나 높이는 특징을 가지고 있다 (Garber and Hyatt, 2003).

요컨대, 컬러마케팅은 [표 3-4]에서와 같이 기업과 제품 그리고 소비자에게 다양한 역할을 담당하고 있는 것이다.

4.3. 컬러마케팅전략

컬러마케팅(color marketing)은 제품선택의 구매력을 증가시키는 가장 중요한 변수를 색깔로 정해서 구매력을 결정짓게 하는 마케팅 기법이다. 이 마케팅은 제품 자체의 색깔에서 시작되었으나, 1950년대 중반부터 제품기획이 중심이 되면서 비로소 마케팅이란 용어를 붙이게 되었다. 컬러마케팅은 [표 3-5], [그림 3-10] 그리고 [그림 3-11]에서와 같이 다양한 컬러를 이용한 차별적 이미지를 통해 판매를 극대화시키는 마케팅전략이다. 기업의 제조기술이 평준화되면서 디자인 중에서도 컬러가 제품선택을 결정하게 되었고, 사람은 컬러에 대해서 감성적인 반응을 보이므로, 이것이 곧 구매충동과 직결된다는 것이 이 마케팅의 기본논리이다. 컬러마케팅을 이용하여 주 소비층인 10대, 20대 등 신세대 젊은 고객들의 고정관념을 깬 색깔로 공략하였으며, 광고에서도 제품과 가장 잘 어울리는 하나의 색채만을 사용하여 광고와 브랜드 간의 일치된 컬러를 통해 보다 효과적으로 메시지를 전달하여 매출을 증대시켰다. 식음료를 비롯한 가구·자동차·가전제품 등 소비재 전 분야에 걸쳐 그 대상이 확산되었다.

컬러마케팅은 지난 20세기 우리나라의 경제체제가 원가우위의 대량생산체제에서 벗어나 감성마케팅시대를 맞이하면서부터 그 기능과 역할은 더욱 증대되고 있다. 컬러의 특성은 문자나 형태에 비해서 감각적 소구력이 뛰어난 장점을 갖고 있고 있으며, 그 기능은 시각유도, 표현, 상징, 식별, 미적 기능을 갖는다. 특히 미적 기능은 컬러가 어떠한 물체나 형을 아름답게 보이게 한다. 이러한 특징을 지닌 컬러는 인간에게 생리적, 심리적으로 영향을 끼치며, 기능과 역할 면에서도 영향력은 지대하다고 볼 수 있다.

본 연구는 컬러마케팅의 정의인 '색상으로 소비자의 구매욕구를 자극시키는 마케팅'과 주요 기능들인 '상징성·주목성·연상성·식별성'(유미혜, 2002)을 '시장에서의 경쟁우위 또는 생존'을 뜻하는 '전략'이란 용어로 통합하여 '컬러마케팅전략'으로 재정의하여 활용한다.

(1) 상징성

상징성(symbolization)이란 '추상적인 사물이나 개념을 구체적인 사물로 나타내는 성질'을 말한다. 기업은 소비자들에게 파워 있는 브랜드 자산과 이미지를 높이기 위해 다양한 컬러를 이용하여 상징성을 어필하고 있다. 컬러의 경험은 브랜드에 의미를 부여하거나, 존재하는 의미와 상징적 연상을 강화하거나 높이는 특징을 가진다(Garber and Hyatt, 2003). 즉, 컬러의 연상은 개인차를 초월하여 전통이나 사회적 성격을 가질 때 상징성을 갖는다.

상징성은 생활양식이나 문화적인 배경, 그리고 지역과 풍토에 따라 나타나는 연상과 상징, 그리고 온도감, 중량감, 강·약감, 화려함과 수수함, 흥분, 시간의 장단, 계절 등의 감정효과를 들 수 있다. 사실 미국에서의 검은색은 원래 유럽에서 이민 온 여성들이 착용하는 촌스러운 컬러를 상징하였으나 모델들이 검은색을 입고 사교계에 나타나면서부터 도회지적인 세련된 이미지로 포지셔닝되었다(Cooper and Matthews, 2002).

이러한 맥락에서 볼 때, 상징성은 브랜드 개성의 창출에 유용하다. 가령, 맥도날드(Mcdonald)의 황금색 아치, 메릴 린치(Merril lynch)의 황소, 카멜(Camel) 담배의 캐릭터인 조 카멜(Joe Camel) 등과 같은 상징은 브랜드 아이덴티티와 브랜드 개성을 창출한다. 또한 문화적으로 국가의 국민성에 따라 어떤 일정한 컬러에 대한 현저한 기호를 갖고 있다. 즉, 컬러의 좋고 나쁨의 기호색은 곧 상징성을 나타내며, 대한민국은 흰색을, 중국과 미국은 빨간색을 선호하는 것으로 파악된다.

(2) 주목성

주목성(attractiveness)은 사람들의 시선을 끄는 힘으로 시각적으로 잘 띄어 주목되는 것을 말한다. 즉, 컬러 자체의 채도가 높아 눈에 잘 띄는 정도이다. 주목성은 컬러의 형태와 면적, 연상 작용, 색의 3속성 등에 따라 달라지게 된다. 특히 빨강, 주황, 노랑과 같이, 고명도, 고채도의 컬러가 주목성을 높이며, 난색계통이 더 효과적이다. 주목성은 시인성

[표 3-5] 컬러의 다양한 해석

컬러	접근성	의미
청색 (blue)	구체성	바다, 창공, 물, 호수, 제복, 액체, 여름하늘, 소다수, 지중해, 칵테일
	추상성	희망, 청춘, 이상, 시원한 맛, 스마트, 잔잔함, 청결, 정의, 전진, 슬픔, 젊음, 광대, 과거, 동경, 고독, 피로, 투명
자색 (purple)	구체성	와인, 승복, 가스불꽃, 뽕나무, 오디, 포도, 열매, 형광등, 날이 저문 하늘(황혼), 등나무 꽃
	추상성	내 마음대로, 적막, 슬픔, 죄, 거만, 신비, 숭고함, 고전의식, 고독, 격식, 우아
백색 (white)	구체성	구름, 토끼, 흰옷, 안개, 창문, 간호사, 눈, 크림, 이, 화장지, 국화, 와이셔츠
	추상성	청결, 허무, 평화, 냉기, 무, 단순, 미래, 정숙, 가능성, 공간, 결백, 순결, 자유, 완전함, 공포, 신앙
흑색 (black)	구체성	석탄, 타이어, 구멍, 피아노, 비구름, 밤하늘, 경유, 기관차, 그림자, 연기, 카메라, 목탄, 눈동자
	추상성	악마, 폐쇄, 절망, 중압감, 사심, 오점, 고통, 슬픔, 후회, 외지, 범죄, 냉혹함, 무한함, 종료
적색 (red)	구체성	피, 소방차, 와인, 저녁 해, 립스틱, 사과, 불꽃, 토마토, 심장, 신호, 딸기, 장미꽃, 입술, 금붕어, 램프
	추상성	정렬, 에너지, 위험, 혁명, 폭발, 과격, 흥분, 투쟁, 감동, 거절, 사랑, 열광, 열렬, 연소, 생명, 광기, 동란, 정지, 결혼, 격동, 참을 수 없는 더위, 노기, 걱정, 절교
등색 (orange)	구체성	태양, 감, 귤, 등대, 불꽃, 중국요리, 열화, 당근, 아침노을, 가로등, 화롯불, 터널 내 외등, 오렌지 주스, 친구
	추상성	따뜻함, 양기, 우울, 명랑, 즐거움, 희망, 신선, 정열, 얌전하고 싹싹함, 행운, 우정, 전진, 괴로움, 가정, 애정, 건강, 진심, 원기, 허용, 열
황색 (yellow)	구체성	레몬, 모자, 별, 해바라기, 바나나, 오리의 입, 헬멧, 태양, 배추꽃, 기린, 달, 장미, 벼, 사막
	추상성	활발, 공해, 교통안전, 광기, 현대문화, 주의, 행동, 불완전, 원기, 영광, 미래, 경쾌, 용기, 저능, 기쁨, 불안, 미숙
녹색 (green)	구체성	잔디, 나뭇잎, 공원, 오아시스, 바다, 진행신호, 참외, 산림, 고원의 나무, 신록, 에메랄드, 해초, 식물, 초목, 호수
	추상성	평화, 잔잔함, 생명감, 안전, 춘풍, 온화, 경쾌, 정의, 신비, 건강, 합리적 사고, 안식, 청결, 성실, 침착함, 성장, 안심

자료: 이수미(2006), "휴대폰 컬러마케팅에 관한 연구", 이화여자대학교 석사논문, p. 15.

(visibility)과 함께 짧은 시간에 빨리 눈에 띄어야 하는 심벌, 표시, 기호, 문자, 포스터, 광고 등에 사용된다.

시인성은 멀리서도 잘 보이는 물체의 색을 시인성이 높다고 한다. 이처럼 시인성은 명시도, 가시성이라고도 하며, 물체의 색이 얼마나 잘 보이는가를 나타내는 뚜렷한 정도를 말한다. 반면 명시성이란 색·선·면 등을 썼을 때 대비가 이루어져 금방 눈에 띄는 성질이다.

요컨대, 주목성의 컬러마케팅은 시각적인 것들 중 소비자가 사물(제품, 패키지, 매장 디스플레이)을 인식하고, 판단하기 위해서 지각하고 통합해야 하는 여러 시각적 요소(크기, 형태)에서 차별적 역할에 매우 중요하다(Triesman, 1991).

[그림 3-10] 다양한 컬러를 이용한 이미지

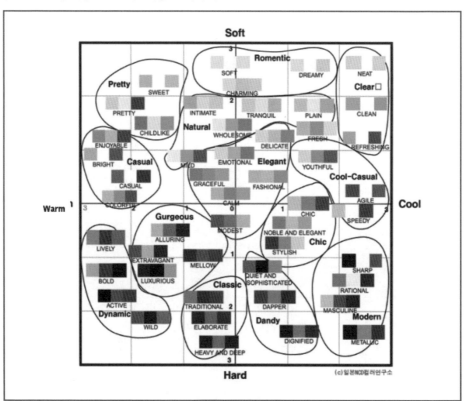

자료: 채수명(2002), 「컬러심리마케팅」, 서울: 도서출판국제.

(3) 연상성

연상성(association)이란 '어떤 대상의 유사성과 인접성을 근거로 한 사물의 심성을 다른 사물에 투영해 새로운 심상을 불러일으키는 것'을 말한다. 즉, 연상성은 소비자의 기억 속에 있는 브랜드 연상에 의해 반영되는 어떤 브랜드에 대한 지각이며, 브랜드 카리스마이다.

소비자가 특정한 연상이 없을 때, 특정한 제품에 대한 정보를 처리하고 접근하는 데 어려움이 있으며, 기업이 고객들에게 소구하려는 사실을 전달하는 데 상당한 비용이 유발된다. 연상은 기업이 차별화를 시도하려고 할 때, 중요한 토대가 된다. 특히 브랜드 컬러의 연상은 개인의 경험, 지적 능력, 성별에 의해 차이가 존재한다.

[그림 3-11] 주요 컬러의 이미지 지각도

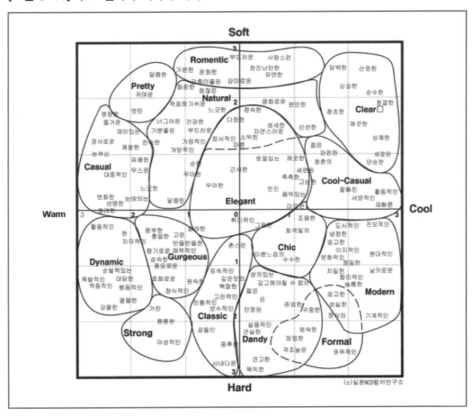

자료: 채수명(2002), 「컬러심리마케팅」, 서울: 도서출판국제.

연상성은 소비자의 마음속에 호의적이고 강하면서, 독특한 연상들을 심을 때 비로소 구매결정과 브랜드 선호 형성의 근간으로 작용된다(Keller, 1993). 컬러마케팅은 소비자에게 특정 브랜드에 대한 인식과 친밀성을 증대시키고, 구매가능성을 높일 수 있는 수단이 된다(Keller, 1998). 상징적 컬러마케팅은 브랜드의 본질적인 브랜드의 의미를 투영하는 유일한 구성요소라고 할 수 있다(Bottomley and Doyle, 2006).

(4) 식별성

식별성(discrimination)이란 '사물의 존재나 상태를 식별' 또는 '어떤 대상이 다른 것과 서로 구별되는 속성'을 말한다. 정상적인 우리 인간은 쾌적한 환경하에서 일반적 색상 1,000가지와 약 750만 종의 색 표면을 구분 및 식별할 수 있다. 인간의 두뇌에 전달되는 모든 자극의 3분의 2는 시각적이라는 Zaltman(1996)의 주장처럼, 브랜드 아이덴티티(brand identity)의 형성에 있어 시각적 요소는 중요한 부분을 차지한다. 또한 시각적인 요소는 언어적 정보에 더해졌을 때, 기억을 향상시키는 데 효과가 있다(Tavassoli, 1998; Schmitt & Simonson, 1997).

식별성은 안전을 확보하는 용도로 안전색채에 사용되고, 상품이나 기업이 경쟁자들과의 차이를 주장하는 수단인 기업의 브랜드 아이덴티티(BI), 시인성(visibility)이 저하되는 것을 이용하는 군복 등에서 찾아볼 수 있다.

그 밖에도 정보를 효과적으로 전달하는 데 이용되며 주로 지도나 포스터 등의 시각자료에서 많이 쓰인다. 가령, 대형할인점들은 자사의 브랜드(롯데, 빨강; 홈플러스, 빨강; 이마트, 노랑)를 경쟁사와 차별적으로 어필하고, 바로 소비자들로 하여금 유·무형적으로 차별화시키고 있다. 마찬가지로 농산물 브랜드에서도 자연을 상징하고 인간의 정성을 더한 의미의 웰빙지향의 브랜드가 소비자들에게 어필되고 있다.

5절   브랜드 포트폴리오전략2)과 브랜드 아키텍처

5.1. 브랜드 포트폴리오전략

브랜드 포트폴리오는 한 기업이 운영하는 특정 제품군에서 모든 브랜드들을 의미한다. 즉, 이는 한 제품군 내 단일 브랜드를 유지할 것인가 혹은 라인확장할 것인가 또는 다수의 브랜드를 론칭하여 세분화된 표적시장별로 복수브랜드로 가져가서 시장을 공략할 것인가에 있다.

브랜드 포트폴리오는 [그림 3-12]에서처럼 다섯 가지 구성요소를 갖는다. 즉, 브랜드 포트폴리오, 브랜드 포트폴리오의 역할, 제품 및 시장이라는 환경에서의 역할, 브랜드 포트폴리오의 구조 그리고 브랜드 포트폴리오의 시각화 등이다.

(1) 브랜드 포트폴리오

브랜드 포트폴리오(portfolio)는 '기업이 관리하는 모든 브랜드'를 뜻한다. 여기에는 마스터(master) 브랜드(보증 제품에 대한 1차적 판단기준 제공), 보증 브랜드(제품에 신뢰와 자산 제공), 하위 브랜드, 브랜드화된 차별적 요소, 공동브랜드, 브랜드화된 활력요소 그리고 기업 브랜드 등을 포함한다. 이는 조직/기업 내부 브랜드, 브랜드화된 스폰서십, 심벌, 유명인 보증, 국가나 지역 등과 같은 조직의 외부 브랜드들을 모두 포함하며, 이들을 적극적으로 관리하는 것을 말한다.

(2) 브랜드 포트폴리오의 역할

브랜드 포트폴리오의 역할은 기업의 브랜드 구축과 브랜드 관리에 필요한 제한된 경영자원을 가장 최적화하여 분배를 담당한다. 여기에는 전략적 브랜드, 브랜드화된 활력요소, 린치핀(linchpin), 실버 불렛(silver bullet), 방어용(flanker), 현금창출(cashcow) 브랜

---

2) 이 부분의 내용은 다음의 자료를 활용하였음. Aaker & Joachimsthaler (2000), Brand Leadership, The Free Press와 Aaker (2004), Brand Portfolio Strategy, The Free Press.

[그림 3-12] 브랜드 아키텍처 구성요소

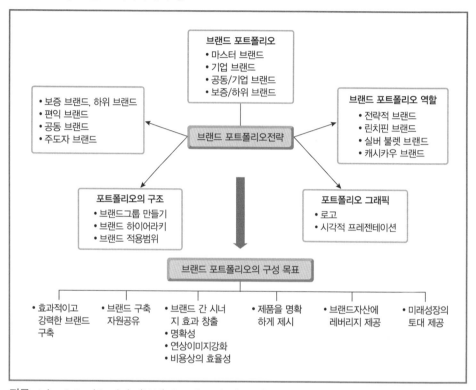

자료: Aaker & Joachimsthaler(2000), Brand Leadership, The Free Press.

드 등이 포함된다.

① 전략적 브랜드(strategic brand): 미래에 조직에 큰 이윤을 가져올 수 있는 브랜드. 조직의 전략에 성공적이고도 중요한 역할을 담당해야 하는 브랜드이므로 조직의 가용할 수 있는 경영자원을 우선적으로 집중 투입.

• 파워 브랜드/카리스마 브랜드: 특정한 시장에서 지배적 브랜드로서의 포지셔닝 구축. 예 오리온 초코파이 정(chocopie.co.kr)

• 린치핀(linchpin) 브랜드: 주요 사업영역을 기업의 비전과 연계시켜주는 브랜드. 예 풀무원(pulmuone.co.kr)의 유기농 전문브랜드인 올가(Orga)

② 브랜드화된 활력요소: 연상 이미지를 통한 표적
브랜드로 발전시키고, 활력을 제공하는 브랜드화
된 제품, 촉진 스폰서십, 심벌, 프로그램. 예 코카
콜라(cocacola.co.kr)의 슬로건, "이 맛, 이 느낌
(Taste the Feeling)"

③ 실버 불렛(silver bullet) 브랜드: 조직의 다른 브랜드
의 이미지에 긍정적인 영향을 주는 브랜드 또는 하
위브랜드를 뜻한다. 예 샘표식품(sempio.com)의 전
통간장의 이미지를 쇄신한 연두

④ 방패(flanker) 브랜드: 조직의 주력 브랜드는 경쟁 브
랜드에 무관하게 브랜드 고유의 특징을 일관되게 유
지하고, 한편으로는 경쟁 브랜드가 가격을 낮출 때
주로 유사한 브랜드 포지셔닝으로 조직의 주력 브랜
드를 보호하는 역할. 예 1980년대 칠성사이다(lotte
chilsung.co.kr)는 일화의 맥콜 등장에 따른 견제 음
료로 '비비콜' 론칭으로 칠성사이다 시장 방어.

⑤ 캐시카우(cashcow) 브랜드: 조직에서 전략적 투자
를 통한 주력 브랜드로의 성장, 특허권이나 시장 영
향력을 통해 시장에서 강력한 포지셔닝과 동시에
황금알을 창출하는 브랜드로서 충성도 있는 고객
확보, 이는 전략적 브랜드, 린치핀 브랜드, 실버 불
렛 브랜드에 투자할 여유자원의 역할. 예 제일제당(www.cj.co.kr)의 다시다.

(3) 제품-시장환경에서의 브랜드 역할

고객들은 기업이 시장에 론칭한 제품의 브랜드를 보고 그 브랜드를 식별하고 등급화
한다. 기업의 목표를 달성하는 가장 효과적인 브랜드 포트폴리오전략은 바로 기본적인
제품을 규정하는 역할이다. 즉, 보증 브랜드, 하위 브랜드, 편익 브랜드, 공동브랜드 그리
고 주도자 브랜드의 역할을 충분히 이해할 필요성을 갖는다.

① 보증(endorsed) 브랜드: 기업, 조직 차원의 브랜드로 제품에 대한 신용(credibility)과 자산을 향상시키기 위해 사용한다. 보증 브랜드는 제품보다 조직을 상징하므로 혁신, 리더십, 신뢰와 같은 조직차원의 연상이미지가 보증상황에서 더 적합하다.

② 하위 브랜드(sub brand): 마스터 브랜드나 모브랜드에 대한 연상이미지를 변화시키는 브랜드이다. 이는 마스터브랜드를 의미 있는 새로운 세분시장으로 확장시키는 역할을 한다.

보증브랜드와 하위브랜드에 대한 이해는 브랜드 포트폴리오를 구축할 때, 명확성, 시너지효과, 레버리지를 달성하는 핵심 열쇠이다.

③ 편익브랜드: 조직에서 브랜드의 특징, 구성요소나 성분 또는 서비스 등을 표현함으로써 해당 브랜드의 제품가치를 향상시키는 브랜드를 말한다. 소비자들이 특정한 브랜드 제품을 소비함으로써 얻는 주관적인 기대 또는 보상이 될 수 있다.

④ 공동브랜드(co brand): 전략적으로 서로 다른 조직 또는 동일한 조직 내에서 명백히 다른 사업분야의 브랜드들을 결합하여 제품을 만들고, 각 브랜드가 각기 주도자 역할을 담당하도록 하기 위해 적용하는 브랜드 방법을 말한다. 특히 카드업체의 제휴 브랜드들을 많이 찾아볼 수 있다.

⑤ 주도자 브랜드의 역할(drivers role): 특정 브랜드가 소비자의 구매의사결정과 사용경험을 주도하는 정도를 말한다. 이는 소비자가 특정한 브랜드에 대해 어느 정도의 충성도를 지니고 있음을 의미한다. 가령, 아모레 퍼시픽(amorepacific.com)의 설화수 브랜드는 K-beauty의 중심에 있다.

(4) 브랜드 포트폴리오의 구조

조직 또는 기업에서 브랜드 포트폴리오상의 각 브랜드들은 조직의 질서, 목적, 그리고 방향성에 관한 통찰력을 갖고 있으며, 브랜드 간의 관계성, 명확성 그리고 시너지 효과와 레버리지 증진을 지원하고 있다. 즉, 브랜드 포트폴리오의 구조는 브랜드 포트폴리오의 법칙을 명확하게 설명하는 데 효과적인 방법이다. 여기에서 브랜드 그룹핑, 브랜드 하이어라키, 브랜드 네트워크 모델 등을 다루어 브랜드 포트폴리오의 구조를 이해하도록 한다.

① 브랜드 그룹핑(brand grouping): 이는 유의미한 공통된 특성을 공유하고 있는 브랜드들을 논리적인 기준으로 그룹으로 묶는 방식이다. 가령 1989년 빈폴(Beanpole) 브랜드 포트폴리오의 구조는 시장세분화, 디자인, 품질, 제품이 적합할 수 있다.

- 시장세분화: Men's, Ladies, Kids, Golf, Jeans, Accessories, Outdoor
- 디자인: '격자무늬 명품추구', 정통 유러피안 트래디셔널 캐주얼을 지향하며, 고급스러운 소재와 편안한 디자인
- 품질: '그녀의 자전거가 내 가슴속에 들어왔다', 수선이 필요치 않은 품질중시경영
- 제품: Bean Pole Men, Bean Pole Ladies, Bean Pole Golf, Bean Pole Accessories, Bean Pole Kids

② 브랜드 하이어라키(hierarchy): 이는 일종의 '브랜드 가계도'로서 [그림 3-13] 조직 내에 있는 많은 브랜드 간의 구조와 논리를 파악하는 목적을 갖는다. 브랜드들의 하이어라키는 수평과 수직 항목의 차트로 구성된다. 수평적 항목은 엄브렐라(umbrella brand) 브랜드가 보호하고 있는 하위 브랜드 또는 보증된 브랜드에 대한 브랜드 적용범위를 반영한다. 수직적 항목은 개별제품과 시장 진입 시 필요한 브랜드와 하위 브랜드의 수를 형성한다. 브랜드 하이어라키의 유용성은 첫째, 조직이 보유한 브랜드가 일관성과 논리성을 갖추고 있는지 파악할 수 있다. 둘째, 조직이 보유한 브랜

드가 너무 많거나 적은지를 분간시켜 준다.

[그림 3-13] 브랜드 하이어라키

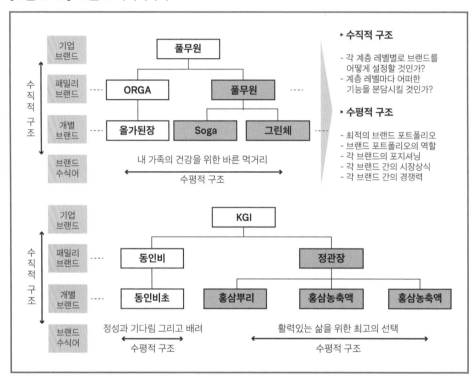

③ 브랜드 적용범위: 조직이 보유한 보증 및 주도자 브랜드들의 조직 내 생산되는 어느 제품에 적용시키고, 어떤 표적시장을 대상으로 할 것인지에 관한 범위를 전략적으로 결정해야 한다. 가령, [표 3-6]에서처럼 제일제당(cj.co.kr)의 브랜드 적용범위를 수평적/수직적 확장 여부, 브랜드 이미지 간의 충돌 여부를 사전에 관리해야 한다.

[표 3-6] 제일제당의 브랜드 적용범위

브랜드	CI	PB	CI & BP	제품범위	주요 이슈
주도적 역할을 하는 대표 브랜드: CJ제일제당	CJ CHEILJEDANG	백설	• 한국 전통식품 및 식문화의 글로벌화를 위한 기업 • 브랜드 개성: 1953년 부터 우리의 밥상에 가장 잘 어울리는 맛의 동반자 백설, '맛이 쌓인다'	• 설탕, 올리고당 • 소스양념장 • 식용유, 참기름 • 밀가루 홈베이킹 • 면류, 당면 • 백설햄	식품의 표준화, 전문화를 리드 하였으나, 프리미엄시장에 대한 전략은?
강력한 보증브랜드: CJ제일제당	CJ CHEILJEDANG	다시다 SINCE 1975	• 한국 전통식품 및 식문화의 글로벌화를 위한 기업 • 브랜드 개성: 1975년 부터 대한민국의 식탁을 지켜온 깊고 풍부한 국물맛, '고향의 맛 다시다'	• 쇠고기 • 멸치 • 조개 • 해물 • 다시다 요리수	보증브랜드로 사용되었을 때, 어떻게 다시다 의 브랜드를 레 버리지 해야 하 는가?
명목상 보증브랜드: CJ제일제당	CJ CHEILJEDANG	한식명가 하선정 SINCE 1962	• 한국전통식품 및 식문화의 글로벌화를 위한 기업 • 브랜드 개성: 한식의 예를 이어온 '하선정' 은 50년 전통의 노하 우와순수한자연의맛 을 최대한 살려 맛과 영양을 이어가는 전 통 발효 한식 브랜드	• 김치 • 액젓 • 단무지 • 오이지 • 장아찌	하선정의 보증 이 제품에 이익 과 손실 여부 는?

(5) 브랜드 포트폴리오의 그래픽

포트폴리오의 그래픽(portfolio graphics): 이는 여러 브랜드와 환경에서 특정한 브랜드를 상대적으로 부각시켜주는 시각적인 표현물을 말한다. 여기에는 로고(logo)와 그래픽으로 구성되며, 밀접한 관계를 갖는다.

① 로고(logo)는 시각적으로 가장 잘 띄는 핵심적인 브 랜드 구성요인으로 다양한 역할과 환경에서 브랜드 를 나타낸다. 기본적인 로고 속성, 컬러, 레이아웃, 그리고 서체는 브랜드, 브랜드환경 그리고 다른 브 랜드와의 관계에 따라 다양한 스펙트럼을 보여준다.

② 그래픽(graphics)은 포장, 심벌, 제품디자인, 인쇄광 고의 레이아웃, 태그(tag) 또는 심지어 브랜드가 표 현된 방식에 대한 인상과 느낌 같은 시각적인 표현

물이다. 포트폴리오 그래픽의 역할은 첫째, 여러 브랜드 속에서 브랜드의 상대적인 주도자 역할을 표시해 준다. 둘째, 두 개의 브랜드가 서로 다름과 차이를 표시해 준 다. 셋째, 브랜드 포트폴리오의 구조를 시각적으로 제시해준다.

(6) 브랜드 포트폴리오의 목표

브랜드 포트폴리오의 목표는 [그림 3-14]에서처럼 조직이 보유하고 있는 브랜드 간의

[그림 3-14] 브랜드 포트폴리오의 목표

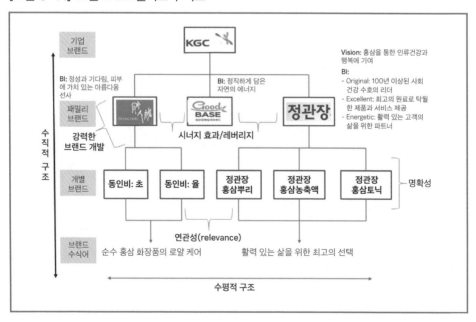

시너지 효과를 창출하고 브랜드 자산을 레버리지하며, 시장에서의 연관성을 유지하고, 강력한 브랜드를 개발하고 발전시켜야 하며, 제품 제시에 있어서 명확성을 획득해야 한다.

5.2. 브랜드 아키텍처

브랜드 아키텍처(brand architecture)는 기업에서 생산되는 특정 대상 제품에 어떤 식의 브랜드 하이어라키 믹스(hierarchy mix)를 적용할 것이냐에 대해 의사결정을 내리는 것을 말한다. 즉, 기업에서 개발된 신제품에 어떤 브랜드를 부착할 것인지를 결정하는 것이 일종의 '브랜드 아키텍처 디자인'이다.

사실 농산물 공동브랜드의 경우 생산되는 모든 농산물에 적용하는 단일브랜드이기 때문에 브랜드 아키텍처를 설명하기가 용이하지 않다. 다만, 충청남도 예산군의 농산물 공동브랜드인 예가정성은 지난 2016년에 개발되었다. 그 이전에 사용된 농산물 공동브랜드는 '의좋은 형제(GOOD BROTHERS), 황새의 비상, 미황, 애플리나(사과)' 등이었다. '의좋은 형제'는 2006년에 개발하여 특허청에 출원되었으며, 관내 농특산물, 농산물 가공품 관련 48개 단체 50개 품목에 적용되어 사용되었으나 ㈜농심에서 농축산식품, 신선식품, 가공식품류로 이미 '의좋은 형제' 브랜드를 특허청에 2005년에 출원 등록하여 문자 상표권을 사전에 권리화하였다. 이에 예산군은 농산물 공동브랜드의 적용 한계와 업체와의 계약을 통한 일부 품목의 한시적 적용에 따른 불편부당으로 인해 새로운 공동브랜드를 개발을 계획하게 된 배경이었다.

(1) 브랜드 아키텍처전략의 중요성

브랜드에서 아키텍처전략의 중요성은 마치 사람이 특정 목표를 달성하기 위해 계획을 수립하는 것과 다를 바 없다. 따라서 다음과 같이 그 중요성을 갖고 있다.

첫째, 브랜드 아키텍처전략은 기업들로 하여금 불확실한 시장환경과 제한된 자원으로 인하여 브랜드 체계를 보다 효율적으로 관리할 수 있게 한다. 브랜드 체계와 브랜드전략을 무시한 브랜드의 확장, 브랜드의 포지셔닝 등의 적절하지 않은 브랜드의 운영에 따른 문제를 사전에 예방할 수 있다.

둘째, 기업은 자사가 보유한 브랜드를 전략적 맥락에서 검토할 때, 브랜드 간의 체계, 시너지 맥락에서 신규 브랜드의 시장진입을 위한 별도의 틈새시장을 발견할 수 있게 한다.

셋째, 기업은 제한된 경영자원을 보유하고 있기 때문에 제한된 자원의 적절한 배분(포트폴리오)을 통해 브랜드 구축과 관리를 용이하게 해준다.

넷째, 기업이 보유한 각각의 브랜드들의 가치를 효율적으로 강화하여 강력한 브랜드로 육성시킬 수 있어서 브랜드의 자산적 가치를 제고시켜준다.

(2) 공동브랜드의 전략적 관리

오늘날 내수시장이 개방되면서 수입산 브랜드들을 쉽게 목격할 수 있다. 따라서 영세한 생산농가들의 시장보호와 안전적 소득 보장을 위해 농산물 공동브랜드의 기능과 역할이 확대되면서 그 중요성도 커지고 있다. 이에 따라 공동브랜드의 각 농업 경영체에서의 그 위상은 조직 전략상에서 가장 우선순위(priority)로 다루어지고 있다. 즉, 공동브랜드의 전략적 관리는 과거에 특정 부서에서 다루어지던 것이 조직의 구조 및 조직문화에 이르기까지 확장되고 있다. 더욱이 조직전략 수립 및 운영에 공동브랜드가 중요한 전략적 관심사로 등장하게 된다.

[표 3-7]에서처럼 농산물 공동브랜드는 조직 전반에 모든 이해관계자들과 관계되는 기업브랜드처럼 제품의 브랜드와 근본적으로 그 차이를 보여준다.

[표 3-7] 공동브랜드와 개별브랜드

구분	공동브랜드	개별브랜드
적용 대상 및 범위	지방자치단체, 특정 지역 소재 농업 경영체 이해관계자	단일제품 또는 서비스
브랜드 정체성	지역전통, 지역소재 농업 경영체의 공유가치와 신념	단일 제품이나 서비스의 스토리텔링 근간
브랜드의 편익대상	지역 농업 경영체, 최종 소비자	최종소비자
표적시장	지방자치단체, 다수의 이해관계자, 농업 경영체, 투자자 등	소비자(고객)
관리책임자	지방자치단체장, 주무부서	제품이나 서비스 관련 마케팅 부서
브랜드의 존재	지방자치단체의 존속 기간	제품수명주기

이슈 문제

1. 브랜드 자산이란 무엇이며, 그 구성요소 특징을 설명하시오.
2. 브랜드의 종류를 정의를 내리고 열거해 보시오.
3. 브랜드의 구성요소를 설명해 보시오.
4. 컬러마케팅의 정의를 내리고 오늘날 어느 분야에 활용되고 있는지 설명하시오.
5. 브랜드 포트폴리오 전략을 그림을 그리고 설명해 보시오.
6. 브랜드 아키텍처란 무엇인가? 설명해 보시오.
7. 농산물의 브랜드 제휴의 의미를 언급하고, 그 예를 들어보시오.

유익한 논문

농산물 브랜드자산, 브랜드신뢰 및 전환비용 간의 관계 연구: 보령머드고구마 사례를 중심으로
김신애, 권기대

농식품 공동브랜드의 자산이 소비자의 친숙성 및 브랜드 신뢰에 미치는 영향: 안동지역 농식품 브랜드를 중심으로
권기대

마케팅전략

1절 전략의 의의와 정의

2절 전략수립과정, 전략수준 및 전략유형

3절 마케팅전략에 유용한 모델

이슈 문제

유익한 논문

04

1절　전략의 의의와 정의 ○

기업마다 변화하는 시장에서 생존하기 위해 마케팅전략을 강조하고 있고, 경영학의 각 기능별 학문분야에 전략이라는 단어를 붙여 개별기능별 활동에 있어서 전략적 사고의 중요성을 강조하고 있다. 이러한 사실은 현대 기업경영에 있어서 전략적 사고가 얼마나 중요한 것인가를 말해주고 있으며, 더욱이 브랜드의 마케팅전략은 세방화(glocal)시대에 무한경쟁에 직면하고 있는 한국기업의 생존게임에 그 중요성은 커지고 있다. 따라서 본 절에서는 브랜드 마케팅전략의 의의와 정의에 대해 알아본다.

1.1. 전략의 중요성과 의의

(1) 전략의 중요성

정부주도의 산업화 드라이브정책의 초기에는 기업을 운영하는 경영자에게 유·무형의 정부 혜택을 제공함으로써 기업의 운영은 말 그대로 '땅 짚고 헤엄치기'에 불과하였다. 그때는 소비자의 수요가 넘쳤으나 생산되는 제품의 공급은 제한적임에 따라 기업은 마케팅전략을 생각할 겨를도 없이 제품을 만들기만 하면 '날개 돋치듯' 팔려나갔던 때였다. 그러나 에너지 파동, 경제활동규제의 해제, 기술변화, 무한경쟁의 증가라는 동태적인 시장환경의 변화는 과거의 단순한 주먹구구식의 기업운영형태를 내버려 두지 않았다. 이러한 거시환경과 기업 내부환경의 변화는 기업의 장기적 성장과 발전을 추구할 수 있도록 마케터들로 하여금 시장환경을 분석하고, 조직의 강·약점을 평가함은 물론 조직이 경쟁우위를 가질 수 있는 기회를 식별하는 체계적인 수단을 개발하도록 하였다.

오늘날 기업뿐만이 아니라 모든 조직에서는 과거의 안일한 사고에서의 조직 운영에서 탈피하여 조직의 성과와 목적달성을 위해 무엇보다 장기적 관점의 보다 치밀한 전략적 사고의 도입과 실행이 요구되고 있다. 따라서 조직에서 요구되는 마케팅전략의 중요성을 살펴보면 다음과 같다.

첫째, 마케팅전략은 해당 기업과 관련된 가장 본질적인 문제인 사업분야, 시장·주요 고객층, 주요 판매처, 주요 원자재 구매처 등 조직의 마케팅 성과달성과 밀접한 관계를 맺고 있다.

둘째, 마케팅전략은 일상적인 의사결정과 관련된 세부계획의 기본골격(basic frame-work)이 된다. 즉, 전략은 기업이 갖고 있는 모든 자원의 효율적 배분과정에서부터 하부경영계층의 각종 단기적 계획이나 작업계획, 일상적 마케팅활동에 이르기까지 다양한 부분을 포괄하고 있다.

셋째, 마케팅전략은 장기적이고 지속적 목표의 성격을 가짐에 따라 그 목표를 끊임없이 추진하고 평가 보완되어야 하며, 단기간에 추진되고 성과를 획득할 만한 성질의 것이 아니다.

넷째, 마케팅전략은 기업의 모든 에너지와 자원이 소요되는 최우선과제로서 자원의 합리적 배분이 되어야 한다.

다섯째, 마케팅전략은 내부자원의 전사적 지원이 요구되며, 특히 무엇보다도 최고경영자(CEO)의 전폭적인 지지와 관심, 그리고 참여가 수반되어야 한다.

(2) 전략의 의의

모든 조직에서 전략은 왜 필요하며 중요한가에 대해 살펴보았듯이, 전략이란 '조직과 변화하는 환경 간에 경쟁우위의 적합성(fitness)을 유지하기 위한 지속적인 과정'이다. 즉, 기업이 시장환경 변화에 적응하기 위해 장기목적과 목표를 설정하고 이를 달성하는 데 필요한 활동과정의 선택과 자원배분에 대한 능동적 결정이라고 할 수 있다.

이처럼 전략은 기업의 노선을 명확히 하고, 목표달성에 필요한 계획이나 활동을 공식화함으로써 조직의 성과를 제고시키는 데 기여한다. 특히 기업활동에 일반적 지침을 제공하고, 실수나 실행 불가능한 상황 발생을 사전에 예방할 수 있도록 하며, 변화하는 시장환경에 유연하게 대처할 수 있도록 해준다. 즉, 전략은 방향성을 제시하는 것으로서, 전략의 설정은 실행계획수립 이전에 이루어지도록 하여야 한다. 또한 급격하고 복합적인 시장환경 변화는 단순한 과거의 경험에 의한 지침 대신에 이에 대응할 장기적 안목과 새로운 의사결정의 틀을 요구하고 있다. 전략은 미래에 있을 특유한 문제나 상황에 걸맞은 새로운 전략을 개발케 한다. 전략은 관리자로 하여금 어떤 특정한 활동의 선택(a choice of particular actions or activities) ━ 조직의 제품이나 서비스에 관한 선택 및 자원배분 ━ 을 하도록 한다.

따라서 공식적이며 장기적인 계획체계를 선택한 기업이 비공식계획을 사용하는 기업
보다 성과가 양호한 것으로 나타나는 것으로 보아 전략의 유효성은 포괄적으로 입증되고
있다.

1.2. 전략의 정의와 전술

(1) 전략의 정의

전략의 용어는 병법 또는 군사학에 그 근원을 두고 있으며, 영어의 전략이라는 의미를
지닌 strategy는 그리스어 'strategos'에서 유래되었다. 이 말은 '군대'를 뜻하는 'stratos'와
'이끈다'라는 의미를 지닌 'ag'가 합쳐진 용어이다.

전략이란 '일반적으로 기업에게 경쟁우위를 제공 · 유지시켜 줄 수 있는 주요한 의사결
정'을 뜻한다. 따라서 전략은 그 연장선상에 '기업의 시장에 대한 미래방향을 결정하고 기
업의 중장기 목표를 달성하기 위해 내려진 의사결정들을 실천하는 것이다. 전략을 우리
인간에게 비유해 본다면 한 개인의 원대한 꿈을 결정하고 그 꿈을 달성하기 위해 내려지
는 주요한 의사결정들을 이행하는 것으로 해석할 수 있다.

그러나 학자에 따라 전략에 대해 여러 가지 의미로 정의, 사용되고 있으나 민츠버그
(Mintzberg)가 제시한 5p's의 의미를 살펴보면 [표 4-1]과 같다.

(2) 전략과 전술의 차이

전략과 전술은 군사학에 그 근원을 두고 있으며, 주요 특징은 다음과 같이 개념적 차이,
영향범위의 차이, 성과수준의 차이가 있다.

첫째, 개념적 차이에 관한 의사결정에 있어서 전략과 전술은 어디까지나 상대적인 개
념이다. 어떠한 의사결정이 비교적 더 중요한지 성과상의 중요성을 중심으로 의사결정의
우선순위를 인식하는 데에 있다. 가령, 기업의 마케팅 촉진활동은 그 중요성에 따라 어떤
때는 전략적 의사결정이 되고 또 어떤 때는 전술적 의사결정으로 간주할 수 있다는 점이

[표 4-1] 민츠버그가 주장한 전략의 5P's 함의와 사례

전략	의미	사례
계획 (plan)	한 기업의 특정한 상황에 대처하기 위한 의도적 행동방향과 지침	• (주)오뚜기: 최고경영자의 사시는 '인류식생활 향상에 이바지하는 것'이라고 설정 • 3M의 15/10원칙: 근무시간 15%는 창의 업무에 할당, 10%는 최근 1년간 개발한 제품으로 매출 달성
책략 (ploy)	특정한 경쟁상황에서 경쟁자의 의표를 찌르는 행위	• 제일기획의 해외 매각설: 제일기획 매각의 협상 우위를 위한 책략 • 롯데의 특정지역 진입을 위한 사전 정보 공개로 경쟁사의 진입 사전 차단 목적
행위유형 (pattern)	마케터의 사전적 의도와 무관하게 특정기업에게서 나타나는 일관성 있는 행동(consistency in behavior)의 흐름	• 풀무원: "내 가족의 건강과 행복을 위한 바른 먹거리의 시작" 풀무원이 함께 합니다(풀무원의 LOHAS: lifestyle of health and sustainability) • 남양유업: 인간존중을 바탕으로 인류의 건강증진에 기여하는 신뢰받는 기업이 되겠습니다(한우물 경영철학).
위치선정 (positioning)	외부환경 속에서 기업조직을 소비자들에게 적절히 위치시키는 수단, 즉 기업의 자원을 집중시킬 적절한 제품·시장영역을 결정	• 쿠쿠: 쿠쿠밥통(가마솥 밥맛 같은 맛의 비결) • 광동제약: 비타 500(무카페인, 마시는 비타민C) • 참존: 기초화장품(참존만의 3S: Sample, Seminar, Service)전략을 통한 독자영역 구축
관점 (perspective)	기업내부조직의 구성원들의 의도와 행위를 통해 서로 공유하고 있는 특정한 관점, 가장 추상적이고 개념적인 것으로서, 특정 사회집단이 가지고 있는 문화, 이데올로기, 세계관과 유사함	• 삼성의 기업문화: '제일주의'를 공유가치로 삼고 창조와 새로운 탐구전략, 완벽한 관리제도 그리고 깨끗하고 분명한 상인정신과 행동 • 대상(daesang)[1]의 기업문화: 건강한 식문화로 행복한 미래를 창조하는 기업

다. 따라서 전략과 전술은 상대적 개념으로서 의사결정상황에 따라 똑같은 의사결정이 전략적 성격을 띨 수도 있고 전술적 성격을 지닐 수도 있음을 뜻한다.

둘째, 영향범위의 차이에 있어서 전략은 기업 전체를 대상으로 장기간에 걸쳐 영향을 미치고 전술은 특정한 기능이나 부서 등 비교적 단기적이고 제한된 범위 내에서 영향을

---

1) power of diversity, always for health, expertise-based creativity, social good, agility in performance, nature-inspired, great experience

미친다. 이를테면, 기업체의 업종과 제품의 선정은 기업체 전체에 장기적인 영향을 주는 반면에, 기업의 촉진활동은 제품에 국한된 의사결정으로서 영향범위가 비교적 마케팅분야에 제한되어 있고 그 영향기간도 비교적 단기적이다. 따라서 전략적 의사결정은 그 영향이 일반적으로 조직 전체에 장기적으로 나타나면서 조직 전체의 효율성을 결정하는 요인으로 작용한다. 반면, 전술적 의사결정은 그 영향이 부분적 및 단기적으로 나타나면서 조직내부의 기능적 또는 일부 부서의 능률을 결정하는 요인으로 작용한다고 볼 수 있다.

셋째, 성과수준의 차이에 있어서 전략은 전술에 비해 상대적으로 보다 높은 차원에서 성과상의 효력을 발휘하고 있는 반면에, 전술은 전략에 종속된 개념으로서 성과상의 효력범위가 전략에 의해 지배되고 있다. 의사결정관점에서 볼 때, 전략은 일반적으로 기업 전체의 성과에 영향을 주는 요인으로 인식되고 있다. 따라서 전략 전체가 우수하다면 집행과정에서 아무리 전술상의 과오를 범하더라도 비교적 높은 수준의 성과를 달성할 수 있지만 전략 자체가 잘못되었다면 그 집행결과에서 아무리 우수한 전술을 사용하더라도 성과수준은 낮을 수밖에 없다. 예를 들면, 일진다이아몬드(iljindiamond.com)는 세계적으로 GE가 독점하고 있는 공업용 다이아몬드를 개발하여 비록 영업력이 활발하지 못하고 불황기임에도 불구하고 시장확대가 용이하였으나, 그 기업의 다른 품목들은 경쟁사들의 대체품 개발로 인해 좋은 품질의 제품을 생산하고 영업력을 보강하여도 성과가 낮았던 사례를 볼 수 있다.

전략과 전술을 요약 정리하면, 전략은 공간적으로 대국적이며, 시간적으로 장기적인 의사결정으로 군대의 전쟁에 해당되는 개념인 반면에, 전술은 공간적으로 국지적이며 시간적으로 단기적인 의사결정으로 군대의 전투에 해당되는 개념으로 이해하여도 좋을 듯하다.

2절 전략수립과정, 전략수준 및 전략유형

전략은 일반적으로 기업의 목표를 달성하기 위하여 고안된 계획들을 입안하고 실행하기 위한 의사결정과 행위들의 집합을 뜻하며, 마케팅전략은 기업의 외부환경과 내부자원을 분석하여 적절한 전략을 선택 및 수립(formulation)하고, 선택한 전략이 제대로 실천되도록 적절한 조직구조와 통제시스템을 설계하는 실행(implementation)의 과정을 거친다.

2.1. 전략수립의 프로세스

마케팅전략은 일반적으로 「기업 사명 및 비전 설정 → 기업 목표 설정 → 전략수립 → 전략실행 → 전략통제」의 구성과 프로세스를 통해 이루어진다. 특히 세 번째 단계인 전략 수립 단계와 네 번째의 전략을 실행하는 단계는 마케팅전략에 있어서 매우 중요하다.

마케팅전략의 구성과 과정을 시각적으로 도식화하면 [그림 4-1]과 같다.

[그림 4-1] 마케팅전략의 구성과 과정

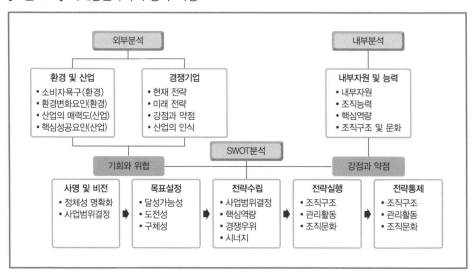

(1) 기업사명과 비전 설정

마케팅전략에서 기업사명(mission) 및 비전(vision)은 기업이 존재하는 이유를 밝혀주는 정체성(identity)을 확인시켜주고 사업의 범위를 결정하는 역할을 한다. 즉, ① 우리 회사는 어떤 사업을 하고 있는가?, ② 우리의 고객은 누구인가?, ③ 우리의 사업이 고객들에게 어떤 가치를 제공하는가?, ④ 우리의 사업이 앞으로 어떻게 되어야 할 것인가? 등 우리 회사는 왜 존재하는가에 대한 이유를 구체화하는 것이다.

기업의 사명정립은 [표 4-2]와 같이 시장환경의 중요한 변화 파악과 시장의 기본적 성격을 이해하며, 차별적인 능력의 확인 — 가능한 사업영역의 확인, 경영구조상의 차별적 능력의 확인, 경영기능상의 차별적 능력의 확인 ― 을 통해 수립되어야 한다. 특히, 기업사명의 전제조건은 ① 종업원들에게 명확한 가치를 제공하고, ② 기업사명 속에 자사가 진출할 산업들의 범위와 각 산업 내에서 자사의 사업이 공략해야 할 시장의 범위를 명확히 정의해야 하며, ③ 종업원들에게 동기유발과 장래 기업의 비전을 제시해야 하는 것이다. 가령, 화장품 메이커가 '여성의 미를 아름답게'라는 기업사명보다는 '인류의 미를 아름답게'라는 기업사명을 설정한다면 보다 종업원들에게 가치와 그 기업이 진출할 산업 그리고 시장의 범위를 명확하게 해주는 것이다. 또 다른 예로 풀무원(pulmuone.co.kr)은 국내에 웰빙 바람이 불기도 훨씬 전인 20년 전부터 먹거리 문화의 혁명을 가져온 기업이다. 이 회사의 비전은 'CS경영을 통한 LOHAS[2) 선도기업'이라는 기치 아래 고객기쁨경영(이웃사랑+생명존중)과 바른마음경영(TISO: Trust: 신뢰성, Integrity: 직업적 정직성, Solidarity: 연대의식, Openness: 개방성)으로 Fresh food사업(① 식품: 두부류, 나물류, 면류, 냉동식품류, 조미식품류, 김치류 ② 샘물 ③ 녹즙), Health food사업, food서비스 및 유통, 글로벌사업 등 고객의 풍요롭고 건강한 식생활 문화를 선도하고 있음을 상기해 볼 필요성이 있다.

[표 4-2] 기업사명의 사례

기업명(도메인)	마케팅 myopia	미션
CJ그룹(cj.net)	식품회사	onlyone제품과 서비스로 최고의 가치를 창출하여 국가에 기여하는 기업
대상주식회사(daesang.com)	식품회사	건강한 식문화로 행복한 미래를 창조하는 기업
풀무원 (pulmuone.co.kr)	먹거리사업	인간과 자연을 함께 사랑하는 LOHAS기업
LG생활건강(lghnh.com)	화장품사업	고객의 아름다움과 꿈을 실현하는 최고의 생활문화 기업
참존(charmzone.co.kr)	여성의 미를 아름답게	자연의 순수함(생명수, 평온함, 에너지, 조화로움, 복원력)을 피부 속으로

(2) 기업의 마케팅목표 설정

마케팅전략에서 기업의 전체목표를 설정하기 위해서는 목표의 달성가능성, 도전성, 구

---

2) Lifestyles of Healthy and Sustain ability

체성의 3가지 요건을 충족시켜야 한다.

첫째, 기업의 목표는 실현(achievable)해야 한다. 기업의 목표는 자신들이 가지고 있는 자원이 뒷받침될 수 있어야 하고, 또한 환경의 기회요인이 정확히 파악되어야 도달가능성이 있다.

둘째, 기업의 목표는 도전적(challenging)이어야 한다. 기업의 목표는 모든 종업원들이 동기부여를 받을 수 있고, 기업의 활동이 정체되지 않도록 도전적으로 설정되어야 한다. 목표는 내부적으로 도전적이어야 할 뿐만 아니라 외부적으로도 경쟁자의 목표와 비교하여 경쟁우위를 창출할 수 있도록 설정되어야 한다.

셋째, 기업의 마케팅목표는 구체적(specific)이어야 한다. 기업의 목표는 언제까지 달성할 것인가, 얼마만큼을 달성할 것인가, 또한 무엇을 달성할 것인가 등에 대하여 구체적으로 명시되어야 한다. 예를 들면, 열심히 일하자! 품질향상을 하자! 많이 팔자! 등과 같은 막연한 목표설정보다는 결근율을 1%대로 낮추자! 품질불량을 1,000PPM으로 내리자! 매출성장률을 200% 달성하자! 등과 같이 구체적이어야 한다.

(3) 전략의 수립

전략의 수립(strategy formulation)이란 기업의 목표가 설정된 후, 목표를 달성하기 위해서는 어떠한 행동을 취하여야 할 것인가를 계획하고 결정하는 것을 말한다. 전략을 수립하는 이유는 목표달성을 위해 최대한 신속하고 체계적으로 달성하는 방법을 모색하기 위한 것이다.

전략의 수립은 버스가 지나가고 난 후에 손을 흔들면 이미 늦다는 것을 의미한다. 쇠가 달아올랐을 때 망치로 두드려야 한다. 주어진 시간과 여건 내에 기업의 목표를 달성하기 위해서 전략을 수립하는 것이다. 전략수립의 핵심은 어떻게 하면 남들보다 빠르게, 정확하게, 적은 비용으로 목표에 도달할 수 있을 것인가에 있다.

이를 위해서 전략수립단계에서는 다음에서 언급할 외부환경에 대한 충분한 검토와 아울러 내부자원의 강점과 약점을 파악하여 SWOT분석을 한다. 전략수립단계에서는 매력적인 사업영역을 확보하고 지속적인 경쟁우위를 가지도록 다음과 같은 4가지 요소를 고려해야 한다.

첫째, 사업범위 혹은 행동영역(scope or domain of action)은 목표달성을 위한 사업활동의 영역을 의미한다. 사업범위는 기업의 사명이나 비전에 의해서 전체적인 범위가 결정된다. 기업사명과 비전은 기업의 활동영역에 대한 전체적인 윤곽을 제공한다. 이를 통해서 기업이 성장하고 다각화하는 데 안내자 역할을 수행한다.

둘째, 핵심역량(core competence)은 기업이 목표달성을 위해 사용하는 기술(skills)과 자원(resources)으로 경쟁자보다 잘할 수 있는 어떤 능력을 의미한다. 핵심역량은 다양한 제품이나 용역의 시장에 진출할 수 있는 역량과 최종 재화에 대한 가치평가의 핵심요소를 의미한다.

셋째, 경쟁우위(competitive advantage)는 기업이 가진 기능이나 자원의 활용을 통해 경쟁자들에 앞서 달성할 수 있는 우위를 의미한다. 기업이 내부적으로 강점을 가지고 있다고 하더라도 경쟁자들과 비교하여 상대적인 우위가 없으면, 경쟁에서 살아남을 수가 없다. 절대적인 의미의 내부강점은 외부경쟁자들과의 비교에서도 우위를 점할 수 있어야 한다. 기업의 핵심역량이 경쟁우위로 연결되기 위해서는 경쟁자와의 경쟁에서 실제적인 이익을 줄 수 있어야만 하는 것이다.

넷째, 시너지(synergy)개념은 이러한 비용절감 효과보다 훨씬 포괄적인 것으로 경영자의 경영능력, 조직구성원의 다양한 기술, 기능부서들 간의 협동 등 경영에 관련된 소프트웨어적인 측면들이 다수 포함된다. 기업이 시너지효과를 창출하기 위해서는 무엇보다도 부서 간, 팀 간, 계층 간의 협동이나 조정에 경영의 초점이 맞추어져야만 한다. 이러한 노력이 부족한 경우에는 시너지 효과를 기대하기가 어렵게 되고 오히려 여러 가지 제품이나 기능을 한 기업에서 관리함으로써 혼란과 관리비용만을 증가시키는 결과를 초래할 수도 있는 것이다.

1) 환경분석

환경분석은 기업의 거시 및 미시 환경에서 일어나고 있는 변화유형과 마케팅 의사결정 및 성과에 미칠 중요한 추세가 무엇인지를 정확히 인식하는 단계이다. 일반적으로 성공적 마케팅전략은 통제 가능 및 불가능 환경과 잘 조화된 전략을 뜻한다. 왜냐하면 기업은 개방시스템 특성을 갖고 있기 때문에 환경과의 상호작용을 통해서만 존재할 수 있기 때문이다. 따라서 마케팅 의사결정에 따라서 주요한 제약조건인 환경분석은 전략적 마케팅 수립과정의 결정적 구성요소이다.

특히 중요한 것은 시장환경이 기업에 미치는 변화의 내용을 다양한 예측기법을 사용하여 사전에 탐색해야 하는 것이다. 가령, 마케터는 자사의 제품이 시장에서 "어느 부문에서 경쟁우위에 있는지?" "입법 예고된 환경 관련 법률이 마케팅활동에 어떤 영향을 미칠 것 인지?" "주가지수선물시장 개설이 자금시장에 어떤 영향을 미치는지?" 등을 알기 위해 시 장환경을 분석할 필요가 있다. 따라서 마케터는 이 과정을 통해 환경변화를 사전에 포착 및 분석하여 대응전략을 수립할 수 있게 된다. 가령, 2019년부터 더욱 안전한 우리 먹거리 를 위한 농약허용기준강화제도(PLS, positive list system)가 농산업분야에 도입되었다. 이 는 국내사용등록 또는 잔류허용기준이 설정된 농약 이외에 등록되지 않은 농약은 원칙적 으로 사용을 금지하는 제도이다. 이의 시범보급사업을 따라서 농약허용기준강화제도는 관련 농약회사 및 농가들에게 적잖은 영향을 미칠 수 있는 변수가 되는 것이다.

2) 기회와 위협 분석

마케터는 기업이 직면하고 있는 환경적 위협과 이용할 수 있는 환경적 기회를 동시에 분석·평가할 필요가 있다. 특히 기업이 통제할 수 있는 자원을 바탕으로 경제변동, 기술 혁신, 경쟁자의 성장과 변동, 시장추세, 노동력 이용가능성, 인구통계학적 이동 등을 평가 하는 것이다. 이때 동일한 환경임에도 불구하고 각 기업이 보유하고 있는 상이한 자원 때 문에 어떤 기업에게는 위협이 되고, 다른 기업에게는 기회로 받아들여질 수 있다. 또한 위 협으로 인식한 환경변화가 기회로 전환되기도 하고, 부정적인 것이 긍정적인 것으로 바 뀌기도 하므로 환경의 위협과 기회는 신중하게 분류할 필요가 있다.

이처럼 기회와 위협은 동전의 앞뒷면과 같은 성격을 지니고 있기 때문에 기업들이 환 경변화를 정확하게 분석·평가한다면 성공적으로 기회와 위협에 대해 활용할 수 있을 것 이다. 사실 한국담배인삼공사(KT&G)(ktng.com)는 국민들에게 담배를 팔아서 수익을 창 출하는 한편, 한국인삼공사(kgc.co.kr)의 이름으로 정관장을 글로벌시장에서 마케팅하고 있다. 이는 한국담배인삼공사가 국민의 기업으로서 어떻게 보면 모순된 경제활동을 하고 있음을 보여주고 있다.

3) 조직내부의 가용자원과 역량 분석

모든 기업의 의사결정은 이용가능한 자원과 기능에 의해 제약을 받게 된다. 그러므로 "우리 회사 종업원은 어떤 기능과 능력을 갖고 있는가?", "조직이 현금을 동원할 수 있는 포지션 수준은 어느 정도인가?", "신제품을 개발하는 데 있어 성공한 경험이 있는가?", "소

비자들이 자사조직과 제품, 그리고 서비스 질(service quality)을 어떻게 평가인식하고 있
는가?" 등과 같이 조직내부를 분석하는 단계를 거친다.

이를 위해 기업의 가용자원 분석은 첫째, 기업의 주요 자원과 기술명세서 작성, 둘째,
경쟁시장에서의 주요 성공요인 결정, 셋째, 앞의 두 부문을 비교하여 유효한 전략추진을
위한 강점과 약점을 확인하고, 넷째, 자사의 강점·약점을 경쟁업체들의 그것과 비교하
여 경쟁우위를 확보하기 위한 주요 가용자원과 역량을 확인하는 단계로 이루어진다.

이와 같은 조직의 가용자원 분석은 조직의 강점과 약점을 명확하게 평가하도록 하여
조직의 독특한 능력 또는 역량 그리고 경쟁무기가 될 수 있는 기능과 자원을 확인하여 활
용할 수 있도록 한다. 예를 들면, 웅진식품(wjfood.co.kr)은 "우리 음료의 자존심, 세계 속
의 자부심을 지향하는 마실거리 문화기업"을 모토로 1995년 남자의 가슴을 적시는 '가을
대추'를 시제품으로 해서 '자연은', '아침햇살', '초록매실', '하늘보리', '초롱이', '다실로', '인
삼류' 등의 7가지 브랜드로 우리나라 음료수시장의 지축을 흔들어 놓았다. 이것은 이 기
업의 신제품개발 가용자원과 신제품개발 핵심능력을 보유 및 축적하고 있기 때문에 가능
하다.

4) 조직의 강점과 약점 분석

기업의 자원분석과정은 곧 조직이 이용할 수 있는 틈새시장(niche market)을 식별하기
위해, 강점·약점·기회·위협을 통해 조직의 기회를 평가하도록 하는 소위 SWOT분석
(an analysis of organizational strength, weakness, as well as environmental opportunities
and threats)이다. 이처럼 SWOT분석을 통해서 조직과 그 환경에 대한 현실적인 이해가 가
능해진다. 또한 SWOT분석은 조직의 약점과 환경의 위협요소를 최소화하면서 조직의 강
점과 환경의 기회를 극대화하는 전략형성에 도움이 되며, 앞에서 논술한 조직의 사명 및
목적의 분석결과와 조직의 가치체계의 분석결과도 여기에 추가되어 고려된다.

[그림 4-2]와 같이 청원생명쌀의 SWOT을 분석해보면, 조직의 내부적 평가인 조직의 강
점과 약점의 분석부터 시작한다. 이 분석은 전략(전사적 전략, 사업부전략 및 기능부서의
전략)의 현실적 기반을 제공한다. 그리고 이 분석에서는 많은 수의 요인들이 고려되어야
하는데, 그와 같은 요인에는 판매, 마케팅, 제조, 금융, 인적자원 등과 같은 조직의 기능적
측면의 능력(the functional capabilities of the organization)과 연구개발 활동 등이 포함된
다. 그리고 측정·평가는 [표 4-3]과 같이 조직의 자원과 운영을 대상으로 이루어진다.

[그림 4-2] SWOT분석

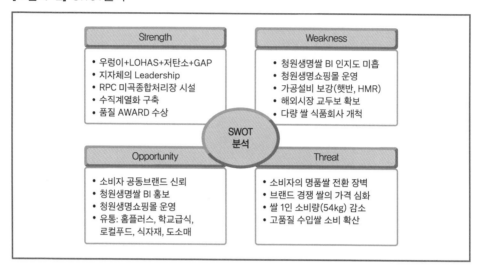

[표 4-3] 기업의 경영자원 활용가능성

경영자원	주요 특성의 활용가능성
물적자원	공장과 설비의 규모와 위치, 기술의 정밀성과 유연성, 건물과 토지의 용도전환과 위치의 중요성, 원자재의 획득가능성이 기업 생산가능성을 제한하며 비용 및 품질우위 결정
금융자원	기업의 자금차입능력과 내부자금의 운용가능성이 기업의 투자능력 결정
기술자원	특허권, 저작권, 기업비밀 등의 독점기술과 노하우 등 전문기술을 포괄하는 기술자원, 기술혁신자원, 연구설비, 기술인력
브랜드	소비자들에게 널리 알려진 브랜드를 기업이 보유함으로써 소비자들과 좋은 관계를 만들어 갈 수 있으며, 기업이 만드는 제품에 대하여 소비자들에게 신뢰감 제공
인적자원	• 종업원에 대한 훈련과 그들이 보유한 전문기술이 그 기업이 활용할 수 있는 기술수준 결정 • 종업원들의 유연성이 기업이 계획한 전략의 유연성을 결정 • 종업원들의 충성과 헌신이 경쟁우위를 유지할 수 있는 기업의 능력을 결정

마케팅전략수립과정의 이러한 단계에서의 주된 목적은 그 조직의 특유한 강점, 즉 경쟁업체에 대해 우위를 확보하게 하는 그 조직 특유의 핵심역량(distinctive competencies)을 확인하는 데 있다. [그림 4-2]에서처럼 그 조직 특유의 강점의 원천 중에는 다음과 같은 것들이 강조되고 있다. 즉, 활용가능한 기술 · 인적 자원의 유능성, 제조상의 능률, 관리능

력, 재무상의 강점 등이 그것이다. 그리고 그 조직 약점의 원천은 부적절한 기술, 유능한 인력의 결여, 불리한 시장지위, 연구ㆍ개발활동의 결여 및 그밖에 경영능력과 고도의 업적을 올릴 수 있는 능력을 약화시키는 요인들이다. 어떤 마케팅전략이든 간에 그 전략이 성공하려면 내부적으로 그 전략을 실천할 수 있는 능력을 갖추고 있어야 한다. 따라서 기업의 마케팅전략은 조직의 내부적 강점의 기반 위에 설정되어야 하고 조직의 약점을 최소화해야 할 것이다.

① SO전략: SO전략은 주요성공요인 중의 기회요인과 기업내부의 강점을 대칭시키는 전략으로 대부분 기업의 기본전략이라고 할 수 있다. 이러한 전략이 효과적으로 수립되었을 경우 그 수행도 비교적 용이하다. 또한 특별한 환경상황 변화가 수반되지 않는다면 기대하는 기업목표를 달성할 수 있는 가능성이 커지게 된다. 기회요인을 적절히 활용하고 기회를 효과적으로 붙잡을 수 있는 기업내부적인 능력이 뒷받침되므로 기업의 성과와 직접적인 연계성을 가지고 있다.

② WT전략: WT전략은 외부적 위협요인과 기업내부의 약점을 고려하여 위협요인을 회피하고 내부의 약점을 보완하는 전략이다. SO전략이 성과를 높이는 데 필요한 전략이라면 WT전략은 위험을 줄이는 데 관계된 전략이라고 할 수 있다.

③ WO전략: WO전략은 기회요인과 기업의 약점을 대칭시키는 전략이다. 이 전략은 전략수립의 기본개념인 적합성(fit)과는 다소 거리가 있는 전략수립의 방법이다. 이러한 방식의 전략수립은 근래에 와서 매우 각광을 받고 있다. 그 이유는 후발주자의 입장에서 선발주자를 따라잡고 추월하기 위해서는 어쩔 수 없이 미흡한 내부자원이라는 약점을 창조적으로 활용하여 외부적 기회요인에 도달하려는 노력이 필요하고 이를 위해서는 전통적인 SO전략으로는 불가능할 것이기 때문이다. 가령, 오뚜기는 라면시장에서 선발기업들인 농심과 삼양라면보다 열위에 있었음에도 그 시장을 기회로 삼아 최근 라면시장의 판도를 바꾸어 놓았다.

④ ST전략: ST전략은 기업의 강점을 십분 활용하여 외부로부터의 위협요인을 줄이거나 제거하려는 노력이다. WT전략과 마찬가지로 전략수행에 수반되는 위험을 줄이기 위해서는 매우 중요한 의미를 갖는 전략이다.

일단 외부의 위험요소가 줄어든 상황이 되면, 내부적 약점이 경쟁에 있어 결정적인 부담이 될 수 있는 가능성이 감소하고 전체적인 전략대안들을 안정적으로 전개할 수 있는 중요한 의미를 갖는 전략이다.

[그림 4-3] SWOT 분석의 전략유형과 기대효과

전략유형	전략단계 및 내용	기대효과
WO전략	후발주자로서 외부적 기회를 자신의 것으로 만들기 위해 부족한 자원을 창조적으로 활용하는 단계	선발자의 경쟁력 획득
⬇		
SO전략	확보된 경쟁력을 기반으로 강점과 기회를 매칭시켜 성과를 지속적으로 높이고 수성을 하는 단계	경쟁력 유지 성과 향상
⬇		
WT전략	ST전략에 의해 감소된 위험을 기반으로 자신의 약점이 경쟁우위의 유지에 장애가 되지 않도록 함	약점 감소
⬇		
ST전략	수성하기 위한 전략적 방편의 하나로 외부적 위협요인을 자신의 강점을 통해 줄이려는 노력	위협 감소

이상의 4가지 전략을 종합 정리해 보면, [그림 4-3]처럼 먼저 후발주자들은 WO전략을 통해 과감하게 기회에 도전하는 한편, 부족한 자원의 약점을 보완하는 노력을 통하여 선발주자와의 경쟁력을 확보한다. 다음 단계는 확보한 경쟁력을 강화시키기 위해 SO전략을 통해 성과향상에 노력하는 한편, ST전략을 통해 위협요인을 자신의 강점을 활용하여 완화 혹은 제거함으로써 위험을 줄이고, WT전략을 통해 자신의 약점에도 효과적으로 대처하게 된다.

5) 전략구성

기업은 의사결정 프로세스에 따라 기업전략, 사업부전략, 기능별 전략을 수립할 필요가 있다. 특히 마케터는 대체전략을 개발하고 평가할 필요가 있으며, 각 차원에서 양립할 수 있는 집합을 선택하고, 조직으로 하여금 자원은 물론 환경에서 이용 가능한 기회를 잘 활용할 수 있도록 해야 한다. 이 단계는 마케터가 기업의 경쟁우위를 확보하도록 하는 전략집합을 개발함으로써 완성된다. 즉, 마케터는 경쟁자에 대해 상대적 이점을 가질 수 있

도록 조직의 위치를 설정하려고 한다. 기존 마케팅전략의 변경이 필요할 때 이루어지는 전략적 의사결정 프로세스는 주어진 상황에서 마케팅목표와 예상되는 결과의 성과차이를 메울 수 있도록 신규시장 진출, 제품디자인 변경 또는 신규투자 시행과 같은 다양한 전략적 대안을 개발해야 한다.

한편, 전략적 대안의 평가는 마케팅목표와의 일관성, 자원과 노력의 효과적 사용, 그리고 의도된 결과 창출여부 등에 의해 이루어지는데, 기업의 역량에 비추어 최적으로 간주되는 대안을 선택하게 된다. 즉, 성공적 마케터는 가장 유리한 경쟁우위를 가져다주는 전략을 선택하고, 비록 기간이 경과한다 해도 이와 같은 경쟁우위를 유지하기 위해 지속적으로 노력하는 자세를 가져야 한다.

(4) 전략의 실행

전략의 실행은 전략수립에 비해 실행을 위한 방법모형을 상대적으로 미약하게 제시하고 있다. 그러나 기업실무에 있어서는 전략수립과 함께 전략실행의 문제가 더 중요하게 대두되기도 한다. 효과적 전략실행을 위해서는 기업내부적인 과정에 대해 폭넓은 지식을 지니고 있는 경영자들이 스스로의 특성에 적합하도록 관리메커니즘을 활용해야 한다.

첫째, 전략이 수립되고 나면 기업은 수립된 전략을 실행(implementation)한다. 전략수립에서 이루어진 계획을 구체적으로 실천하기 위해서는 기업내부적인 관리가 뒷받침되어야 한다. 기업 상부에서 수립된 전략은 하부구성원들에게 원활하게 전달되어야 함은 물론, 의도하는 전략을 수행하는 데 필요한 자원을 배분하여야 한다.

둘째, 종업원들이 수립된 전략에 적극 동참케 하기 위해서는 인사고과제도라든지, 보상제도, 승진제도 등의 기업내부적인 관리과정 활동들도 전략실행을 뒷받침할 수 있도록 구축되어야 한다. 이러한 과정에서 최고경영층의 기획능력과 함께 지휘능력이 중요하다. 이와 함께 전략이 제대로 실행될 수 있는 조직문화 형성도 매우 중요하다.

(5) 전략적 통제

전략적 통제(strategic control)는 기업이 전략적 경영을 위해 미션과 비전을 설정하고, 목표를 정하고, 전략을 수립하고, 이를 수행하는 단계와 아울러 관심을 가져야 할 사항은 전략적 경영이 제대로 이루어지고 있는가의 여부를 판단하고 평가하는 일이다. 여기에서는 전략적 성과와 재무적 성과를 같이 평가해야 한다. 전략적 통제를 위해서는 통제의 기준이 있어야 하며 그 기준은 일반적으로 기업의 목표에 의해서 결정된다. 성과가 목표와 차이를 보이는 경우 그 원인을 찾아내고 치유책을 모색하는 과정이 전략적 통제의 핵심이라고 할 수 있다.

전략적 통제에 있어 한 가지 유념할 점은 목표달성을 제대로 하지 못한 경우에만 통제가 국한되는 것이 아니라는 점이다. 대부분의 기업은 목표를 달성하지 못했을 때, 그 이유를 알아보려는 노력을 하지만, 목표를 초과달성하였을 경우에는 이에 만족하고 그 성공원인을 밝히려는 노력을 간과한다. 그러나 초과달성의 경우에는 이를 가능케 하였던 요인이 무엇인가를 밝혀냄으로써 지속적인 경쟁우위를 유지하기 위한 도구로 활용할 수 있어야만 한다.

2.2. 전략의 수준

전략개념은 조직의 여러 계층에 적용될 수 있어야 한다. [그림 4-4]는 전략개념을 적용한 세 계층, 기업의 목표와 사업부전략을 조정하는 기획조정실에 대해 글로벌화시대의 디지털 리더를 꿈꾸는 엘지전자를 예로 들었다. 여기에서, 기업전략 또는 전사적 전략, 사업부전략, 기능별 전략 그리고 스탭에 해당되는 기획조정실에 대해 알아본다.

(1) 기업전략 또는 전사적 전략

기업전략(corporate strategy) 또는 전사적 전략이란 기업 전체로서의 전사적 전략이다. 즉, 기업전략은 과연 그 기업이 어느 시장에서 경쟁을 해야 할 것인가를 결정한다. 기업이 앞으로 전망이 좋고 수익성이 높으리라고 예상되는 산업으로 신규진입을 하거나 사양산업으로부터 철수를 하는 것과 같은 의사결정은 기업전략의 중요한 요소이다. 이와 같이 기업전략은 한 기업이 여러 사업분야에 참여할 수 있다는 것을 의미한다. 기업전략의 목표는 역시 기업의 장기적인 이윤극대화이다. 또한 신규사업진출, 인수합병(M&A)이나 전략적 제휴(아웃소싱, 기능별 제휴), 그리고 해외시장진출 등의 기업전략을 수립할

[그림 4-4] 세 가지 수준의 전략분류

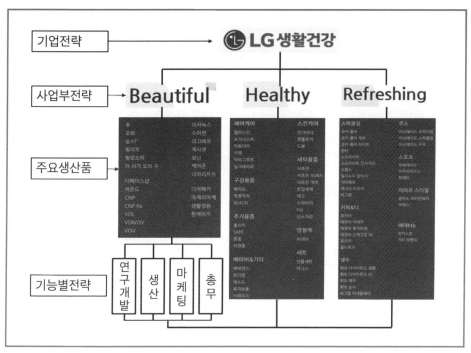

때에도 해당산업의 구조를 파악하는 것과 경영자원과 핵심역량으로 경쟁우위를 창출할
수 있는가의 여부가 성공을 가늠하는 주요 요인이다.

(2) 사업부전략

사업부전략(business strategy)이란 단일사업부, 즉 상대적으로 자율적인 운영권을 가
지고 경영하는 전략사업단위(SBU, strategic business unit)를 의미하며, 각각의 산업이나
시장에서 구체적으로 어떻게 경쟁을 해서 높은 수익을 얻을 것인가의 문제이다. 전략사
업단위는 GE(ge.com)가 McKinsey컨설팅회사의 자문을 얻어서 실시한 새로운 제도로서,
전략계획을 위한 일종의 사업부제 조직구조이다. 전략사업단위란 서로 다른 경쟁전략을
수립할 필요성이 있는 사업부로 정의된다. 전략사업단위는 독자적인 전략수립이 필요한
사업을 묶은 조직으로 동일한 전략산업단위에 포함된 제품들은 다른 전략사업단위와 비
용을 공유하여야 할 필요성이 없는 독자적인 사업단위이다. 전략사업단위는 자원배분의

효율성을 높일 수 있으며, 책임경영을 추구할 수 있는 장점이 있다.

(3) 기능별 전략

기능별 전략(functional strategy)은 사업운영상의 구체적인 기능영역 내에서 제 활동의 방향을 유도하기 위한 전략이다. 기능별 조직의 태동은 산업혁명 후 통신 및 운송수단의 발달과 증기기관의 발명에 의한 대량생산시스템이 발달하게 됨에 따라 기업들은 각 기능별로 분화하게 되었으며, 이에 따라서 그 각각의 기능을 책임지는 책임자들이 나타나게 되었다. 즉, 마케팅부, 구매부, 생산부, 금융관리부서와 같은 전문기능부서들이 나타나게 되었고, 이러한 기능부서들을 최고경영자가 총괄하는 체제로 바뀌었다.

이처럼 기업조직이 커짐에 따라 그 기업조직에서 일하는 사람들이 기능별로 전문화되는 현상이 일어난 것은 조직원들을 각각 기능별로 전문화시킴으로써 작업의 효율성을 높일 수 있으며, 이와 같은 조직구조는 전문화된 개인을 효율적으로 연결하고 조정할 수 있는 이점이 있기 때문이다.

(4) 기획조정실의 기능

사업부제 조직을 운영하는 기업에서 개별 사업부를 관장하는 CEO와 CEO를 보조하는 기획조정실(corporate planning office)이 구성되어 있다. 기획조정실의 기능은 다음과 같다.

첫째, 기업 전체의 사업포트폴리오를 관리한다. 즉, 신규사업의 진출, 기존사업으로부터의 퇴출, 각각의 사업부로의 자원배분을 결정한다.

둘째, 사업부 수준의 전략은 기업 전체의 기획조정실과 개별 사업부의 사업부장이 함께 협력하여 수립하고 실행한다. 그리고 사업부 간의 기술적인 관련성이 많아질수록 상호조정의 필요성이 높아지기 때문에 기획실에서는 훨씬 더 많은 개입을 하게 된다.

셋째, 개별 사업부의 경영목표의 조정과 경영성과에 대한 평가를 시행하여 성과목표를 달성하는 사람에게는 급여의 인상이나 보너스, 주식공여와 같은 금전적인 보상이나 승진과 같이 조직상의 지위향상을 제공한다.

2.3. 기업수준 전략의 유형

기업은 동태적인 시장환경의 변화에 따라 기업내부의 역량을 개발하고 조직의 경쟁우위를 확보하기 위해 지속적인 변화를 추구해야 한다. 즉, 미래의 환경변화를 예측하여 어떤 사업에 진입하고 어떤 사업을 주력사업으로 할 것이며, 어떤 부문을 축소 및 철수하고 더 나아가 어떤 부문을 통합할 것인가를 결정지어 전체 사업구조를 개혁해 나가는 전략적 행동이 요구된다. 따라서 기업은 시장환경에 따라 [그림 4-5]에서와 같이 기업의 성장전략 대안으로 집중적 성장전략과 통합적 성장전략, 그리고 경기의 후퇴로 기업생존전략차원에서 사업의 축소 또는 긴축재정운영을 추구한다. 여기에서는 기업의 성장전략유형과 사업의 축소전략에 대해 보다 상세히 공부해 보자.

[그림 4-5] 기업의 성장전략

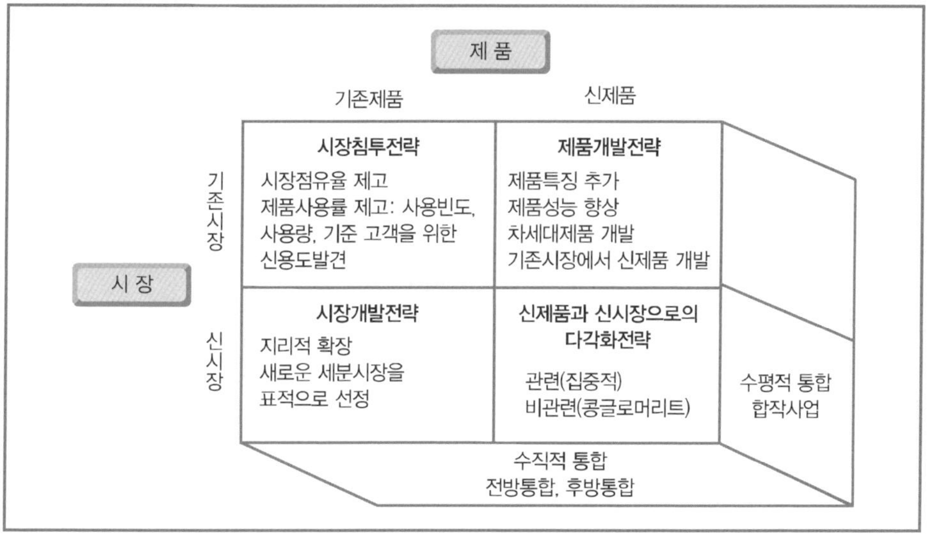

(1) 집중적 성장전략

집중적 성장전략은 [그림 4-5]에서와 같이 기존의 조직이나 기구를 가지고 시장이나 제품을 중심으로 성과를 향상시킬 수 있는 추가기회요소가 존재하는지를 파악하는 전략이다. 즉, 기업이 그들의 사업과 시장을 소수의 핵심사업에 집중함으로써 시장 내에서 확고

한 지위를 차지하고자 하는 전략이다.

1) 시장침투전략

시장침투전략(market penetration strategy)이란 기존시장에서 기존제품으로 시장점유율이나 제품 사용률을 증대시키는 전략이다. 시장침투전략은 다른 어떤 전략보다도 가장 적은 위험과 비용을 수반하는 전략이므로 충분한 경영자원이 없는 소규모기업이나 신생기업들이 주로 사용한다. 시장침투전략의 성과를 얻기 위한 방안으로는 자사브랜드를 구매하는 소비자에게는 더 많이 사용하도록 하며, 경쟁브랜드 소비자에게는 자사브랜드를 구매하도록 권유하고, 자사브랜드나 경쟁브랜드를 사용하지 않는 고객에게는 그 제품을 사용하도록 유도하는 것이다. 가령, TV에 어떤 어린이 모델이 아침에 주스를 듬뿍 마시는 광고를 보았을 것이다. 이는 제품사용량의 증대로 판매량 제고를 위한 광고이다.

2) 시장개발전략

시장개발전략(market development strategy)이란 현재의 제품이나 서비스로 새로운 시장을 개발하는 전략이다. 시장확장에 기존시장에서와 같은 전문력과 기술, 때로는 동일한 플랜트와 생산설비를 사용할 수 있으므로 시너지의 잠재력이 있어서 투자와 운영비가 절감된다. 가령, 한 지역에서 운영하던 사업을 전국적 확대, 타 지역으로의 진입, 다른 국가로의 확대를 포함하며, 해외기업인 KFC(kfckorea.com), 코카콜라(coca-cola.com), 제스프리(zespri.com) 등은 세계적으로 사업규모를 확대시킨 성공기업들이다. 또한 새로운 세분시장(사용여부, 유통경로, 나이, 선호속성)에 진출하여 성장할 수도 있다. 마찬가지로 국내 토종할인점인 농심(nongshim.com)의 신라면, 오리온(orionworld.com)의 초코파이, 이마트(emart.ssg.com), (주)제너시스 치킨사업부(genesiskorea.co.kr)의 중국 진출역시 시장개발전략으로 평가할 수 있다.

3) 제품개발전략

제품개발전략(product development strategy)이란 신제품을 개발하여 기존시장에서 판매를 증가시키려는 전략이다. 제품개발의 방식에는 제품특징의 추가, 차세대제품의 개발, 제품계열의 확장차원에서 기존에 없던 신제품의 개발 등이 포함된다. 가령, 식품시장에서 CJ는 한식의 세계화를 위해 브랜드 — 한식의 맛과 우수성을 세계에 알리는 글로벌 한식 브랜드 — '비비고(bibigo)'를 론칭(launching)하여 새로운 한식문화를 세계 각국에 확산시키는 기회로 활용한 것을 들 수 있다.

4) 다각화전략

다각화전략(diversification strategy)이란 현재의 사업과 관련 및 비관련 분야에서 새로운 성장기회를 발견하려는 전략이다. 여기에서 관련다각화란 여러 사업에 걸쳐 자산이나 역량을 공유케 하여 시너지가 나타날 가능성을 제공하는 것으로 풀무원(pulmuone. co.kr)을 예로 들 수 있다.

풀무원은 인간과 자연을 함께 사랑하는 LOHAS 기업의 미션 아래 다음의 그림에서처럼 국내에서 신선식품과 음료를 중심으로 건강기능식품, 급식과 컨세션[3], 친환경식품유통, 먹는 샘물, 발효유 등 다양한 영역에서 사업을 펼치고 있다.

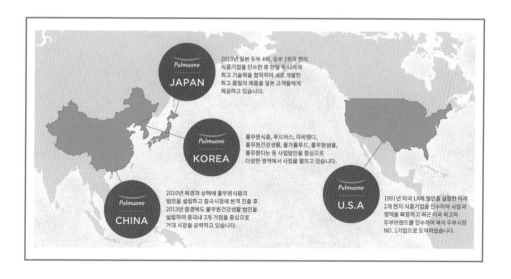

비관련다각화는 시장, 유통경로, 생산기술, 연구개발 등에서의 공통성이 부족한 분야로의 진출을 뜻한다. 가령, CJ그룹(cj.net)을 예로 들 수 있다.

CJ그룹은 onlyone 제품과 서비스로 최고의 가치를 창출하여 국가사회에 이바지한다는 미션을 기반으로 사업영역을 식품 및 식품서비스, 생명공학, 신유통, 엔터테인먼트 및 미

---

3) 컨세션 사업은 다목적 이용시설 안에서 식음료 서비스를 제공하는 영업형태를 의미하며, 풀무원은 대형병원, 학교 쇼핑몰, 리조트 등 최상의 식음시설을 운영하는 형태.

디어, 인프라 분야로 진출하고 있다. 식품 및 식품서비스는 CJ제일제당, CJ푸드빌, CJ프레시웨이, 생명공학은 CJ제일제당 BIO사업부문, 신유통은 CJ대한통운, CJ올리브네트웍스 올리브영부문, CJ ENM 오쇼핑부문, 엔터테인먼트&미디어는 CJ ENM E&M부문, CJ CGV, CJ파워캐스트, CJ Hello, 인프라는 CJ대한통운 건설부문, CJ올리브네트웍스 IT사업부문 등이다. 위와 같은 4가지 전략 가운데 집중전략, 시장개발전략 및 제품개발전략 등은 조직의 강점을 그대로 유지하면서 성장해 갈 수 있는 기회를 제공하며 기존의 경쟁우위를 보다 더 새롭고 생산적인 방법으로 활용한다. 그리고 이 세 가지 전략은 어떤 새로운 방향으로의 전환을 피하고 위험을 부담하지 않으려는 전략이다. 그러나 다각화전략은 상대적으로 위험부담이 많은 전략유형이다.

(2) 통합적 성장전략

통합적 성장전략은 기업에 유리한 시장환경에 따라 관련 및 비관련 사업의 사업확장을 추구하는 것을 말한다. 실제로 우리나라가 IMF에 직면하였을 때 급변하는 환경을 극복하고 도약한 기업이 있는 반면에, 어떤 기업은 쇠락의 길을 걸었던 것을 기억할 수 있을 것이다. 통합적 성장전략에는 [그림 4-5]에서와 같이 수평적 통합과, [그림 4-6]의 수직적 통합, 합작사업, 관련(집중적) 다각화전략, 비관련(콩글로머리트) 다각화전략으로 분류할 수 있다.

[그림 4-6] 수직적 통합전략의 예

CJ vs 대상 경쟁 구도		
	CJ	대상
조미료	다시다	미원
포장두부	행복한콩 두부(2005.6월 진출)	종가두부 인수(2006.10월 인수)
장류	해찬들(2005년말 인수합병)	청정원
포장김치	CJ 햇김치	종가집 김치 인수(2006.10월)
식초음료	CJ 미초	마시는 홍초
저나트륨소금	백설 팬솔트	청정원 나트륨 1/2솔트
건강식품	CJ 뉴트라	대상 웰라이프
2022년 매출	30조795억1000만원	4조854억3000만원

자료: 뉴스워치(https://www.newswatch.kr), 2023.02.15.

1) 수평적 통합전략

수평적 통합(horizontal integration)이란 기업이 원료나 제품의 흐름선상에서 자사와 동일수준에 있는 경쟁업체를 흡수·합병하는 전략을 말한다. 가령, 대상그룹은 2006년 자회사인 대상FNF를 통해 두산식품대상 종가집(jongga.co.kr) 김치, 두부, 콩나물을 포함하여 1,050억원에 인수합병, CJ그룹은 식품과 생명공학분야에서 2006년 9월 (주)해찬들, 2006년 11월 한일약품공업(주), 2007년 1월 (주)하선정종합식품 등을 인수합병했다.

2) 수직적 통합전략

수직적 통합(vertical integration)이란 원료를 공급하는 기업과 이를 이용하여 생산 또는 판매를 전문으로 하는 기업 간의 인수합병을 말하며, 수평적 통합과 대비된다. 원료공급기업이 이를 이용하여 생산판매를 하는 기업을 합병하거나 자사 계열하에 두는 일종의 유통단계를 통합하는 것을 전방통합이라고 하며, 반면에 어떤 기업이 원료공급기업을 합병하거나 자사 계열하에 두는 소위 생산요소를 통합하는 것이 후방통합인 것이다. 가령, 식자재 전문기업인 삼성웰스토리(samsungwelstory.com)는 푸드서비스사업, 식자재유통사업, 해외 글로벌 서비스사업에 진출하였다. 여기에서 푸드서비스사업에 도움이 되는 개별기업의 식품브랜드가 푸드서비스사업의 경쟁력 제고에 도움이 되면, 적정가격에 개별기업을 통합할 수 있는 경우 전통통합에 해당되며, 식자재유통사업에서 먹거리의 안정적인 공급을 받기 위해 목장이나 농장을 M&A할 수 있는 경우는 후방통합이라고 지칭할 수 있다.

〈푸드서비스사업〉

〈식자재유통사업〉

〈해외사업〉

3) 합작투자

합작투자(joint venturing)는 2개국 이상의 기업·개인·정부기관이 특정기업체 운영에 공동으로 참여하는 해외투자방식이다. 2개국 이상의 기업·개인·정부기관이 영구적인 기반 아래 특정기업체 운영에 공동으로 참여하는 국제경영방식으로 전체 참여자가 공동으로 소유권을 갖는다. 공동소유의 대상은 주식자본·채무·무형고정자산(특허권·의장권·상표권·영업권 등)·경영노하우·기술노하우·유형고정자산(기계·설비·투자 등) 등에 이르기까지 다양하다.

합작에 참가하는 기업들이 소유권과 기업의 경영을 분담하여 자본·기술 등 상대방 기업이 소유하고 있는 강점을 이용할 수 있고 위험을 분담한다는 점에서 상호이익적 해외투자방식이다. 회사명에서도 합작투자의 의미를 간파할 수 있는 기업은 동아오츠카(주)(donga-otsuka.co.kr)(1987년 07월 일본 오츠카제약과 자본 합작투자) — 오란씨, 포카리스웨트, 데미소다 등이 있다.

합작투자는 신설방식으로 이루어질 수도 있고, 기존 현지법인의 일부 소유권을 취득하는 방식으로 이루어질 수도 있다. 다국적기업이 현격한 기술격차를 이용하여 해외에 진출했던 1950~1960년대에는 합작투자보다 단독투자방식이 많이 이용되었지만, 경쟁이 격화되고 신기술이 지연되는 등 독점적 우위의 확보가 어려워짐에 따라 최근 들어 합작투자를 통한 해외진출을 많이 이용하고 있다.

합작투자방식이 선호되는 이유는 다음과 같다. 첫째, 현지 정부의 제한 때문에 단독투자방식을 이용할 수 없을 때, 둘째, 필요로 하는 원료 및 자원을 현지 파트너가 생산하고 있어 원료 및 자원의 입수가 현지진출을 위한 전제조건이 될 때, 셋째, 다각적인 제품을 취급하는 기업의 경우 현지 마케팅 노력이 요청될 때, 넷째, 해외사업운영에 필요한 자본 및 경영능력 부족을 해결하고자 할 때, 다섯째, 해외사업경험이나 협상력이 부족한 경우 등이다.

외국기업은 합자투자방식을 이용함으로써 위험부담의 축소, 규모의 경제 및 합리화 달성, 상호보완적인 기술 및 특허 활용, 경쟁 완화, 현지 정부가 요구하는 투자 또는 무역장벽 극복 등의 전략적 이점을 활용할 수 있다.

참고로, 농심(nongshim.com)은 최근 일본의 1위 가공식품 기업인 아지노모토와 평택 물류센터 부지에 공장을 세우는 합작법인(JV)을 설립했다. 농심이 투자하는 금액은 200억원으로, 지분율 49%로 회사는 공동 경영될 전망이다. 내년 이 공장에서 현재 농심이 수입 판매하는 아지노모토의 스프 제품이 생산될 예정이다. 농심은 장기적으로는 아지노모토가 강점을 가진 조미료 · 소스 · HMR(Home Meal Replacement) 등의 분야에서 새로운 제품 생산을 검토 중이다. 앞서 농심은 지난해 2월 브랜드명 '쿡탐'으로 찌개류 등을 선보이며 가정간편식 시장에 진출했다. 농심은 현재 주문자 상표 부착 생산(OEM) 방식이긴 하지만 특정 채널에서 공동개발 브랜드(NPB, national private brand) 방식으로 HMR 제품도 판매 중이다.

4) 관련다각화전략

우리 속담에 '우물을 파도 한 우물을 파라'(결과를 생각하지 않고 성급하여 이것저것 손을 대면 시간과 노력만 허비될 뿐 완성된 결실은 보지 못한다는 뜻)는 것처럼 기업의 현재 사업분야와 공통적인 활동요소(제조, 마케팅, 자재관리, 기술, 브랜드와 명성)를 공유하는 사업이나 유사한 사업에 참여함으로써 사업을 다각화하는 전략(related or concentric diversification)이다. 이 전략은 자사제품과 관련성이 있는 제품이나 서비스를 취급하고 있는 사업체를 취득하거나 그와 같은 제품이나 서비스를 생산 · 판매할 새로운 사업체를 창설하여 영업활동을 확장하려는 전략이다.

가령, 우리능금주스를 생산 · 판매하는 농협(nonghyub.com)의 경우 콜라회사를 취득하여 기업성장을 도모하려는 경우이다. 이와 같은 농협은 원래의 사업영역인 능금주스 제조 · 판매사업에 계속 남아 있으면서 콜라 제조 · 판매라는 새로운 제품계열을 추가하게 되는 것이다.

5) 비관련다각화전략

자사의 제품과 전혀 관련성이 없는 제품이나 서비스를 생산 · 판매하는 사업체를 취득하거나 그와 같은 제품이나 서비스를 생산 · 판매할 새로운 사업체를 창설하여 경영활동을 확장하려는 전략(unrelated or conglomerate diversification)이다. 우리나라의 재벌그룹들인 삼성, 현대, SK, LG 등은 전형적인 비관련다각화전략을 추구하고 있다. 이를 추진하는 이유는 여러 산업에 진출하여 경영위험을 분산하고 기업 전체적으로 안정적인 수익성을 유지하기 위함이다. 중견 관련다각화 기업으로서 관리기, 트랙터, 콤바인을 생산하는 아세아농업기계(asiakor.com)는 내부 인적자원들의 교육원을 짓기 위해 땅을 매입하는 등 비관련다각화로 매출확장과 공격적인 경영을 시도하였다. IMF가 닥치면서 고금리,

경영성과 저조로 부도직전까지 이르렀으나 CEO가 과감하게 구조조정을 단행하여 현재는 매출 대비 수익구조의 개선으로 더욱더 전문화된 관련다각화 경영에 심혈을 기울이고 있다.

(3) 축소전략

축소전략(strategy of retrenchment)은 전반적 경기침체, 이자율 증가, 시장수요의 급격한 감소, 정부규제 증가, 내부자금위기 발생과 같은 열악한 조건하에서 철수와 감량경영을 통해 실행되는 방어적 성격의 전략이다. 이 전략은 최근 미국과 같은 나라에서 흔히 나타나고 있지만 성장전략보다는 널리 채용되고 있지 못한 전략이다. 그러나 오늘날에 와서는 이 전략은 비즈니스 영역에서 새롭게 그 정당성을 인정받고 있다. 이러한 예는 한국야쿠르트(hyfresh.co.kr)가 팔도와 분사(分社)된 경우이다.

1) 방향전환전략

이는(turnaround strategy) 경영상의 문제점을 해결하고 운영상의 능률을 제고하기 위해 인건비와 그 밖의 경비를 절감한다든지, 조직을 재편성(restructuring)한다든지 또는 운영을 합리화(간소화)하려는 전략이다. 이러한 전략의 실행결과는 상당수의 인력감축으로 나타난다. 코오롱(kolon.com)은 전통적인 폴리에스테르[4]를 생산하는 섬유회사였으나 사업영역을 화학, 소재, 바이오, 건설, 레저, 서비스, 패션유통, 서비스로 IT, 제약분야로의 사업방향을 확장해 글로벌 비즈니스를 추구하고 있다.

2) 부분매각전략

이는(divestiture strategy) 비용절감이나 운영상의 능률을 개선하기 위해 조직의 일부를

---

4) 폴리에스테르섬유(polyester fiber)는 테레프탈산과 에틸렌글리콜의 축합중합체와 같은 폴리에스테르(polyester)를 방사(紡絲)하여 얻는 합성섬유이다. J. R. 윈필드(Whinfield, John Rex)와 J. T. 딕슨(Dickson, James Tennant)이 발명하였다. 그 후 영국 ICI가 특허를 얻었다. 내산성(耐酸性)·내알칼리성도 충분하고 기계적 강도가 크고 내구성도 뛰어나다. 전기공업에서 절연 재료를 비롯하여, 예선용(曳船用) 로프, 각종 차양, 돛, 그물, 컨베이어 벨트, 공업용 여포(濾布), 파라슈트용 섬유 등에 사용된다. 또한 ICI의 테릴렌(Terylene), 미국 뒤퐁의 데이크론(Dacron), 일본의 도레[東レ]와 데이진[帝人]의 테토론(Tetoron) 등도 같은 섬유이다.

매각하고 그 조직 특유의 강점을 살릴 수 있는 활동만을 집중적으로 시도하려는 전략이다. 이러한 예로 국내 포장김치 시장의 60%가량을 차지하는 두산BG의 김치 브랜드 종가집(jongga.co.kr)이 대상(daesang.com/kr)으로 넘어갔다. 두산그룹은 ㈜두산의 식품BG 김치사업부문 등 식품사업 전반을 대상그룹에 1,200억원에 매각하기로 했다. 종가집김치, 두부, 콩나물 등이 매각 대상이다. 배경은 두산그룹이 그동안 중공업 그룹으로 변신을 꾀하면서 성장이 답보상태를 보이고 있는 식품BG를 정리하기로 한 것으로 전해졌다.

두산그룹은 식품BG 매각을 위해 CJ㈜와 협상을 벌였지만 CJ가 하선정종합식품으로 방향을 틀면서 협상이 결렬됐다. 이후 두산은 대상을 상대로 물밑협상을 벌여왔다. 두산그룹이 이번에 대상에 넘기기로 한 식품BG 김치사업부문 연 매출액은 900억원 규모다. 장류와 두부 등은 200억원대다. 1,200억원 규모의 매출을 올리고 있는 백두사료는 매각대상에서 제외됐다. 두산그룹은 '식품BG 매각'을 통해 지주회사 전환을 위한 자금을 마련하고 두산중공업과 두산인프라코어 등 중공업부문을 강화할 방침이다. 또 현대건설 등 건설사 인수 등에 주력할 것으로 알려졌다. 한편 대상은 종가집 인수를 계기로 지난해 말 기준으로 매출이 1조 300억원에서 1조 1,400억여원으로 늘어나게 됐다. 포장김치 시장에서 일대 지각변동이 예상된다.

3) 청산전략

이는(liquidation strategy) 회사의 자산을 완전매각하거나 파산선언을 함으로써 경영활동을 중단하는 전략으로, 가장 최악의 전략이다. 이 경우 기존에 가지고 있는 각종 퍼밋에 대한 반납과 최종 세금보고서 작성 등 청산 절차를 잘 밟아서 정리해야 훗날 번거로운 일을 피할 수 있을 것이다.

개인 사업자부터 살펴보면, 우선 판매허가서(Seller's Permit)를 받은 경우에는 최종 판매세 세금보고서와 함께 판매허가서 원본을 반납해야 한다. 그리고 종업원이 있었을 경우는 최종 종업원 세금보고서를 제출하고 세금을 납부해야 하며, 지자체에 비즈니스 라이선스를 받았을 경우는 비즈니스 라이선스의 반납과 함께 간단한 메모를 통해 폐업의 사실을 알려야 한다. 주식회사는 두 가지 방법으로 회사를 정리할 수 있다.

첫째, 회사를 포기하는 경우인데 이는 간단히 말해서 회사를 버려두는 것이다. 이것은 최종 세금보고만 하고 어떠한 행동도 취하지 않는 것이다. 따라서 청산 비용 절약 등 편한 점도 있지만, 회사의 폐업을 모르는 주정부에서는 주식회사의 의무를 다할 것에 대한 통보를 계속해서 보내오게 된다. 뿐만 아니라 주식회사 의무 불이행에 대한 벌금이 부과되기도 한다. 물론, 이런 벌금이 주식회사 앞으로 되어있기 때문에 특별한 개인 부담은 없지만, 종업원 세금 등은 개인에게까지 책임을 물을 수 있으므로 유의해야겠다.

둘째, 회사를 청산절차(dissolution)를 통해 깨끗이 정리하는 것이다. 회사에서 청산을 결정했다면, 일단 주식회사를 설립한 주정부에 주식회사를 청산하기로 결정했음을 서면으로 통보하고, 최종 주식회사 법인소득세 신고서와 함께 결정된 세금을 완납해야 주정부에서 완전 청산되었음을 인정하게 된다. 이런 절차의 과정은 청산 내용의 규모에 따라 소요시간에 차이는 있을 수 있으나 일반적으로 3개월 정도 소요된다. 깔끔한 회사 정리를 원한다면, 청산절차를 밟아서 완전히 매듭을 짓는 것이 좋을 것이다.

청산전략에 관한 예로 소주는 1973년 내놓은 정부의 1도(道) 1사(社)의 원칙에 따라 250곳에 달했던 제조사가 10곳으로 통폐합됐으나, 1996년 법이 폐지되면서 2011년 롯데주류(company.lottechilsung.co.kr)가 충북소주를 인수했고, 2013년에는 하이트진로(hitejinro.com)가 보배를, 그리고 2017년에는 이마트가 제주소주(jejusuul.com)를 인수·합병했다.

(4) 안정 및 결합전략

앞에서 설명한 두 가지 유형의 전략 이외에 또 다른 두 가지 유형의 전략은 안정전략과 결합전략이다.

안정전략(stability strategy)은 현재의 경영활동을 그대로 유지하려는 전략이다. 이 전략은 조직이 현재의 경영환경 속에서 이미 성과를 올리고 있을 경우에 활용되는 전략이며, 또 의사결정자가 저위험을 중요시하거나 다른 전략의 실현 후 새로운 전략의 실현을 위한 적응을 위해 일정한 시간이 필요할 때도 안정전략이 활용된다. 그러나 안정의 추구는 '아무 일도 하지 않는 것'이 아니라 현재의 경영방식을 계속적으로 추구하려는 유용하고도 중요한 전략인 것이다. 대체적으로 시장점유율 1위인 기업들이 이러한 전략을 추구할 수 있을 것이다.

결합전략(combination strategy)은 하나 이상의 다른 전략을 동시에 채용하는 전략이다. 일반적으로 이 결합전략은 각 사업부가 각기 다른 전략을 채용하고 있는 경우이다. 어떤 사업부는 성장전략을, 다른 사업부는 안정전략을, 또 다른 사업부는 축소전략을 채용하고 있는 경우이다. 격변적이고 고도로 경쟁적인 경영환경 속에서 경영활동을 하고 있는 복잡한 조직에서 흔히 볼 수 있는 전략유형이다.

3절 마케팅전략에 유용한 모델

기업의 전략수립과정에서 활용가능한 전략계획모델은 다양하다. 본 절에서는, 전략수립에 여러 가지 유용한 전략계획모델의 이해로, 관리자들이나 전략계획 담당자들에게 전략계획에 대한 하나의 지침을 제공하므로 자주 활용되는 보스턴 컨설팅그룹(the Boston Consulting Group)의 성장-점유율 매트릭스와 포터(Porter)의 산업구조분석모델에 대해 이해하기로 한다.

3.1. BCG 매트릭스

BCG 매트릭스(BCG matrix)는 기업의 제품개발과 시장전략 수립을 위해 보스턴 컨설팅그룹에 의해 개발된 것으로, 사업활동이 다각화되어 있거나 제품계열이 다각화되어 있는 기업경영의 경우에 유용한 전략계획모형이다. [그림 4-7]에서와 같이 세로축에는 기업이 종사하는 각 사업의 성장률을, 가로축에는 각 사업에서 기업의 시장점유율을 표시한 도표를 만들어 4개의 분면으로 구성하고 모든 전략사업단위(strategic business unit)를 다음과 같이 4개의 그룹으로 구분하였다.

1) 스타(star)
제품의 고성장, 고시장점유율 사업군이다. 이들은 현금을 많이 소비할 뿐만 아니라 많이 창출하여서 대체로 자기유지적인 결과를 보인다. BCG 모델에서는 이들 사업들이 현재나 미래에 있어 모두 기업의 최선의 사업기회들이라는 것을 보여준다. 경우에 따라서는 사업단위들이 창출하는 현금보다 더 많은 현금을 소비한다고 할지라도 성장전략으로서 추가적인 투자를 권고하여 이들의 위상을 공고히 해야 할 것이다.

[그림 4-7] BCG 매트릭스

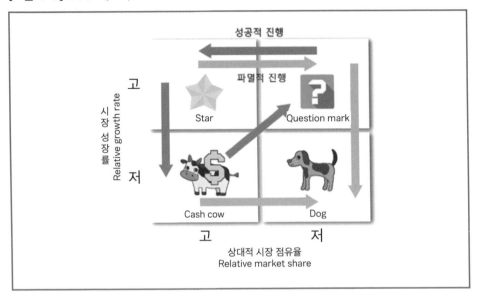

2) 현금젖소(cash cow)

제품의 저성장, 고시장점유율 사업군이다. 이 경우는 강한 시장기반을 바탕으로 안정적이고 완만하게 성장하고 있는 제품시장에서의 높은 시장점유율을 갖고 있기 때문에 수익성이 높을 뿐만 아니라, 강한 현금유동성(strong cash flow)을 확보하게 된다. 여기에서 선호되는 전략은 안정전략 또는 현금의 유동성을 다른 사업활동에 활용할 수 있는 완만한 성장전략이다.

3) 물음표(question marks)

제품의 고성장, 저시장점유율 사업군이다. 이 경우는 많은 수익은 창출되지 않고 급속하게 성장하고 있는 시장에서 경쟁을 하고 있는 경우이다. 여기에서 선호되는 전략은 성장전략이다. 그러나 추가적인 투자가 시장점유율의 개선을 가져오게 될지 어떨지 모르므로 위험이 뒤따른다. 대부분의 유망한 '미지수'들은 성장전략으로 대응하지만 어떤 '미지수'들은 축소 또는 철수전략으로 대응하기도 한다.

4) 개(dogs)

제품의 저성장, 저시장점유율 사업군이다. 그래서 이 경우는 많은 수익도 없고 미래에 개선의 가능성이 거의 없게 된다. 이 경우 선호될 수 있는 전략은 부분매각에 의한 축소전략이다.

BCG 모델이 복잡한 의사결정상황을 지나치게 시장성장율과 시장점유율로 단순화시키고는 있지만 유용한 전략계획모형임에는 틀림이 없다. 그럼에도 불구하고 BCG 모델의 몇 가지 비판사항은 다음과 같다.

첫째, 시장점유율의 개념을 어떻게 하느냐에 따라서 같은 사업단위가 개(dog) 혹은 현금젖소로 구분될 수 있다. 시장은 좁게(과일시장, 능금주스시장) 혹은 넓게(농산물시장, 음료수시장) 그 범위가 정의됨에 따라 점유율도 물량단위 혹은 금액의 변화를 초래할 개연성이 높으므로 CEO들에게 어떻게 객관성인 지표를 개발하여 설명할 것인가에 달려있다.

둘째, 시장점유율과 현금창출, 시장점유율과 기업의 핵심역량 간의 관계가 항상 기대된 대로 나타나지는 않는다. 즉, 어떤 사업의 경우 높은 시장점유율이 오히려 저비용으로 전환되지 않아 현금창출이 잘 안되고, 또한 시장점유율이 높은 사업단위와 기업이 보유한 핵심역량 간에 항상 일치하는 것은 아니다. 따라서 일종의 왜곡된 시장요인에 대한 기업역량의 보완이라든지, 다른 면밀한 주의와 대책을 강구해야 한다.

셋째, 기업분석에 있어서 현금흐름의 내부적인 균형은 비록 직관적으로 이해할 수 있지만 기업에게 가장 핵심적인 것은 아닐 수도 있다. 즉, 현재 많은 현금보유보다는 새로운 사업에의 투자를 통해 미래에 확실한 비전달성이 실현되는 사업이라면 현재 보유한 현금이 없더라도 오히려 그것이 더 기업발전에 공헌할 수 있는 사안이라는 것이다.

넷째, 포트폴리오모델은 사업단위들과의 상호의존성을 무시하고 있어 잠재적인 시너지에 대한 고려를 등한시하고 있다. 상호의존적인 사업들로부터 수반되는 시너지효과는 기업의 성공과 실패에 대한 설명요인으로 자주 등장한다.

다섯째, 포트폴리오모델에서 추천되는 전략들은 정부, 노조, 신용기관, 공급자 등에 의해 야기될 수 있는 제약요인들 때문에 항상 타당성을 지닌다고 보기 어렵다.

그러나 이 모형의 주된 유용성 여부는 'BCG 매트릭스'를 사용하는 관리자의 능력, 즉 다양한 사업이나 제품의 상대적 강점이나 약점의 명확한 파악을 위해 기업내부의 자원할당 결정의 사고구축에 유용하게 활용할 수 있는 관리자의 능력에 달려 있다.

3.2. 산업구조분석모델

산업구조분석은 기업의 행동방식과 경영성과에 영향을 주는 기업환경인 특정산업의 경쟁자, 공급자, 고객과의 관계, 경쟁기업들 간의 관계를 조직적으로 분석하는 것으로서 포터(Michael Porter)에 의해 개발되었다. 이 모델은 조직의 외부환경 내의 경쟁업체(현재의 경쟁업체 또는 미래의 잠재적인 경쟁업체)에 초점을 맞추고 있다. 이와 같은 경쟁적 환경 내의 기본요소는 [그림 4-8]에 잘 표시되어 있다.

[그림 4-8]에서 보는 바와 같이 산업구조분석모델에서 말하는 경쟁적 환경 내의 기본요소는 잠재적인 신규업체의 위협, 공급업체의 교섭력, 구매자의 교섭력, 대체재의 위협 그리고 동종업체 간의 유리한 경쟁적 위치 등이다.

[그림 4-8] 산업구조분석 모델

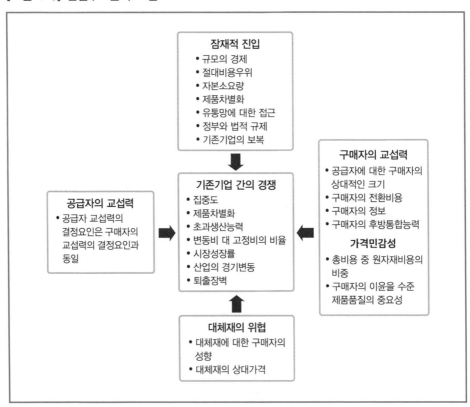

(1) 기존기업 간의 경쟁

산업 내 경쟁기업들 간의 경쟁관계가 산업 내 경쟁의 양상과 산업 전체의 수익률을 결정하는 가장 중요한 요인이다. 오늘날 기존기업 간의 광고, 신제품개발, 기술혁신과 같은 경쟁과 협력은 소비자들에게 그 시장의 신뢰성을 제공해 주지만, 한편으로 과당경쟁을 피하기 위해 은밀한 가격담합을 맺기도 한다.

1) 집중도

집중도(concentration)는 동일산업에 속하는 기업의 수와 그 개별기업의 규모를 뜻한다. 즉, 산업의 유형이 독점, 복점, 과점 그리고 완전경쟁이냐에 따라 생산자의 수, 진입 및 퇴출장벽, 제품의 차별화정도, 정보획득의 용이성 정도가 달라지는 것이다. 일반적으로 산업이 집중될수록 전반적인 수익률은 상대적으로 높으며, 그 산업이 경쟁적일수록 수익률은 낮다. 예를 들어, 농심(nongshim.com)은 라면분야에 대표적인 기업으로 존재하고 있으므로 가격을 마음대로 조정할 수 있을 것이지만 최근에 후발주자인 오뚜기(ottogi.co.kr)의 추격이 만만하지 않다. 한편, 내수시장에 독보적이었던 담배인삼공사(ktg.or.kr)는 얼마 전까지 시장의 집중도가 높았으나 인삼의 독점화가 풀리면서 여러 홍삼가공업체들의 시장진입으로 건강관련시장의 혼조세를 보여주고 있어서 그 집중도가 떨어지고 있다.

2) 경쟁기업의 동질성과 이질성

경쟁기업의 동질성이란 어떤 산업에서 기업들의 전략, 목적 등이 유사한 성질을 뜻하며, 이질성은 그 반대이다. 가령, 우리나라의 인공조미료시장은 청정원 브랜드와 다시다 브랜드가 대표되고 있으며, 소비자들의 차별적 욕구에도 불구하고 기존 시장구도를 그대로 유지하는 암묵적 담합 관계 구조로 볼 수 있다. 그런데 최근에 이질적인 목표나 전략을 가진 동원F&B(dongwonfnb.com), 샘표간장(sempio.com) 등이 이들 메이저에 도전장을 내밀고 있다. 따라서 새로운 환경에서 승자가 되려는 정유업계의 경쟁강도가 치열해짐에 따라 정유업계는 카드 마케팅과 대규모 사은행사를 앞세워 고객 잡기에 열을 올리고 있다.

3) 제품차별화

시장경쟁에서 광고 등 마케팅에 의해 브랜드 충성도를 높이는 방법으로, 자사제품의 우위성을 확보하여 경쟁사의 브랜드가 신규 시장으로의 진입장벽을 높이는 전략이다. 예를 들면, 농식품의 경우 Carmel(감자)/(이스라엘), Enza(사과, 배), Zespri(키위)/(이상 뉴질랜드), Delmonte(오렌지, 음료), Dole(바나나, 파인애플, 과즙음료), Sunkist(오렌지, 음료), Washington apple(사과, 배), Welch's(포도, 과즙음료)/(이상 미국), Greenery(토마토, 고추, 오이, 사과, 배, 버섯 등)/(네덜란드), 브레따뉴 왕자(Prince de bretagne)(채소)[5]/(프랑스), 오랑프리저(Oranfrizer)[6](이태리 시칠리아 붉은 오렌지)/(이태리), 티칸(TEE

---

5) 현재 브레따뉴는 프랑스 채소 브랜드 1위를 자부하고 있으며 세계 5대 농산물 브랜드로도 명성을 날리고 있다. 브레따뉴 브랜드 성공은 무엇보다 불가능을 극복한 사례여서 더욱 빛난다. 브르타뉴주는 프랑스 북서부 반도에 위치해 지리적·환경적으로 척박한 땅이지만 농가들의 단결력은 그 누구보다 끈끈했다. 과잉 생산 등으로 위기에 직면한 농가들은 자발적으로 조직을 결성하여 회비납부, 출하관리, 경작신고, 품질규범 준수 등 생산에서 출하까지 엄격한 관리체계를 구축했다. 또 채소경매를 시행해 거래투명성, 상품의 표준화와 품질관리도 이룩했다.

대표기관인 Cerafel Bretagne는 브랜드마케팅에 주력하는 조직체계와 시스템으로 구성되어 있으며 브랜드 관리에서 가장 중요한 역할을 담당하는 조직은 마케팅 관리 조직과 품목위원이다. Cerafel의 기술지원 파트는 육종연구소와 바이오기술 연구소로 이원화되어 있으며 여기서 개발된 신품종은 품질 테스트를 거쳐 Cerafel의 품목위원회를 통해 농가에 보급한다. Cerafel 회장은 조합 대의원회에서 선출되며, 이사회는 조합원 대표로 구성되어 있다.

브레따뉴는 이중삼중의 품질관리를 체계를 운영하고 있다. 농업인·APC·구매자의 3중 검사를 하고, 법인·Cerafel 간 품질관리사를 교환해 객관적인 품질관리를 추구하고 있다.

6) 오랑프리저는 직영농장(Carmito)과 생산자 조직체(Terree Sole di Sililia), 비회원농가로부터 원물을 안정적으로 확보하고 있다. 약 140ha 규모의 직영농장에서는 붉은 오렌지인 티로코 품종이 주로 재배되고 있으며, 10ha당 전문기술자 1인이 토양·작물관리를 담당하고 있다. 생산단계에서는 유기재배 및 종합방제 규정(최대 잔류허용 수준보다 30% 적게 요구) 등의 재배·품질관리 계약을 회원농가와 협의하에 체결하고 실천한다.

오랑프리저는 최고 수준의 품질 고급화와 안전성 확보를 위해 4단계에 걸친 철저한 선별과정과 자동화 설비를 갖춘 선과장을 구비했다. 선별은 특히 꼼꼼히 이뤄진다. 1단계로 육안으로 오렌지의 크기, 흠집 등을 선별하고 2단계에서는 자동화시설을 통해 세척, 건조, 왁스처리, 그리고 3단계에서는 결점과 부패과를 골라내며, 마지막 4단계에서는 색상, 크기(중량)를 선별하고 있다.

산지유통시설(APC)에서는 각종 품질테스트와 이력추적시스템을 구축하고 현장관리, 품질보증, 패킹보증을 담당하는 3명의 직원이 일하고 있다. 농가별로 광활한 농장을 구역별로 나눠 재배품종, 수령, 묘목을 들여온 지역, 나무그루 수, 살포농약, 수확·선별·포장자, 사용한 농기계 등 일목요연하게 지도와 도표로 작성해 관리하고 있다.

오랑프리저의 또 다른 장점은 끊임없는 연구를 한다는 점이다. 특히 대학 등과 산학협력사업을 통해 현장문제 해결 및 전문 인력 양성을 위한 교육 지원을 추구하고 있다. 예를 들면 아이슬란드 대학의 전문연구소와 공동연구를 통해 기생충을 제거하는 방법을 찾아냈고, 지역 대학의 오렌지전공 교수와 공동으로 지중해 파리 방제기술 등을 개발하여 회원농가의 현장애로 사항을 해결하고 있다. 또한 종사

KANNE)[7](차)/(독일), '교야사이(京野菜)[8]'(교토 채소)/(일본) 등을 눈여겨봐야 한다.

4) 초과설비

산업의 수익률은 초과설비와 경기순환에 따라 민감하게 변하기도 한다. PIMS(Profit Impact of Market Share)의 실증연구에 따르면 생산설비와 수요가 일치할수록 기업의 수익률은 높아진다고 한다. 가령, 우리나라 섬유산업의 경우 대량생산시스템을 갖추고 원가우위전략으로 시장을 공략하고 있으나, 불황기가 도래하면 유휴설비 때문에 많은 고민

자들의 전문성 향상을 위해 판매영업 부서 담당자들의 영어교육을 회사의 비용으로 지원하는 등 회사의 경쟁력을 높이고 있다.

이와 함께 시칠리아 붉은 오렌지 지리적 표시를 이용한 소비자의 이미지 구축과 APC를 이용한 시장차별화, 그리고 프리미엄 가공상품을 판매하여 부가가치를 높이고 있다. 특히 2등품과 등외품(전체 물량 30~35%) 감귤을 다른 원료와 섞지 않고 프리미엄 주스를 만들어 체인 호텔이나 학교 등 틈새시장에 납품하고 있다.

7) 독일의 차(tea) 중에서 1882년 설립돼 오랜 역사를 자랑하는 티칸(TEEKANNE)이 가장 유명한 브랜드이다. 티칸은 독일 제일의 허브차 및 과일차 제조회사로 전 세계 7개 국가에 판매기지 및 조직을 갖추고 있으며 50개국에서 유통되고 있다. 1년에 60억개 이상의 티백을 생산하며 3억 8500백만 유로의 매출을 올리며 세계 차 시장 점유율 6위, 유럽 허브차 및 과일차 시장점유율 1위의 세계적 브랜드이다. 티칸(TEEKANNE)은 독일어로 '찻주전자'를 의미하며 1882년 TEEKANNE 브랜드로 등록됐으며 독일에서 가장 오래된 브랜드 중 하나이다. 또 1928년 세계 최초로 티백 포장기계를 개발하면서 사업입지를 강화하였다.

8) '교야사이' 인증기준은 ① 교토의 전통채소 및 그에 준한 채소로 교토의 전통요리 등에 필수 또는 관계 있는 품목일 것 ② 출하단위가 어느 정도 통합되어 적정한 양을 확보할 수 있을 것 ③ 품질·규격을 통일하고 있을 것 ④ 타 산지에 비해 우위성·독자성이 있을 것 ⑤ 교토만의 재배방법에 따라 재배될 것 등이다. 또한 '교야사이'의 브랜드 파워를 유지하기 위해 규격 교육을 정기적으로 실시하고 재배방법을 통일시키기 위해 교토부 산하 연구소에서 생산방법을 지원하고 있다.

'교야사이'는 브랜드 관리를 위해 식(食)의 역사·전통측면과 안전·안심 측면을 차별화하고 이를 입증하기 위해 산지에서 소매점까지 일관된 관리 및 인증체계를 마련하였다. 엄격한 종자관리로 타 지역에 종자가 유출되지 않도록 재배면적 기준으로 종자 소요량 파악 등 감시체계를 강화하였고 브랜드 관리주체를 명확히 함으로써 품질관리 및 시장대응을 강화하고 있다. 또한, 정보관리 및 이력추적관리를 적극 도입하여 소비자가 안심하고 구매할 수 있도록 노력을 기울이고 있다.

현재 '교야사이' 브랜드화를 추진하면서 생산량은 지속적으로 증가하고 있다. 특히, 인증농가가 급증하여 인증마크를 부착한 채소의 연간 판매액은 2004년 기준 약 63억엔에 이르고 부착하지 않은 교토부 내 교야사이의 총 판매액은 240억엔 정도로 브랜드화에 따른 성과가 매우 우수하다.

FTA 등 대외환경의 변화에 따라 우리나라의 채소농가는 큰 어려움에 봉착해 있는 현실이다. 또한 도시화에 따른 도시 및 도시근교 채소시장의 위기는 이미 상당히 진행된 상황이라 볼 수 있다. 이러한 여건에서 브랜드화를 통한 경쟁력 확보는 향후 급변하는 농산물 시장에서 살아남기 위한 중요한 선택이다. 위 사례에서 살펴볼 수 있듯이 단지 브랜드 자체만을 만들어내는 것에 그치지 않고 그에 따른 생산관리 및 지원사업 등 사후 관리를 체계적으로 진행한다면 우리나라 채소, 특히 지역 도시의 채소시장의 활성화를 꾀할 수 있는 방안이 될 수 있다.

을 한다. 특히 자본집약도가 높은 산업일수록, 즉 거대한 생산설비가 필요할수록 불황기의 기업들은 고정비용을 줄이기 위해 가격을 인하해야 할 필요성을 느낀다. 이러한 불황기의 유휴설비로 인한 가격인하는 산업의 수익률을 급격하게 악화시킨다. 따라서 최근에는 기업들이 시장수요에 의한 생산설비의 유연화를 시도한다거나 기업 간 전략적 제휴로도 충분히 초과설비에 대한 고정관리비용의 절감방안들이 적절히 모색되고 있다.

5) 비용구조

고정비용과 가변비용의 비중을 의미한다. 예를 들어, 대한항공(koreanair.com)은 국내선의 경우 정부규제에 따라 가격을 변화시킬 수 없으나 국제선은 좌석이 어느 정도 남아 있느냐에 따라 티켓가격이 연동된다. 왜냐하면 여객기 운행비용은 좌석이 얼마만큼 채워졌는가에 상관없이 고정비가 지출되기 때문이다. 즉, 손님을 한 명 더 태우는 데 추가되는 가변비용은 거의 없으며, 일단 출발하면 비행기에는 새로운 손님을 태울 수 없기 때문에 이륙 시 비어 있는 좌석의 가치는 영(0)이 된다. 따라서 비행기의 출발시간이 가까워질수록 항공사는 비행기표 가격을 반 또는 그 이하로라도 인하하여 빈 좌석을 채우려고 할 것이다. 또한 오늘날 기업들의 제품원가 구조분석에 있어서 재료비 비율이 전체원가에 많은 부분을 차지하는 저부가가치 제품들은 가급적 글로벌 OEM 소싱으로 조달 또는 판매하는 형식을 많이 취하고 있음을 볼 수 있다.

(2) 잠재적 진입자와의 경쟁

잠재적 진입자(new entrants)란 어느 산업의 수익률이 상당히 높거나 그 산업이 유망한 산업일 때, 그 산업에 진입하고자 하는 기업을 말한다. 경제학에서 진입장벽(entry barrier) 또는 퇴출장벽(exit barrier)이 없을 때 준경쟁적 시장이라고 한다. 진입장벽은 신규진입기업들이 기존기업들에 대해 부담하는 상대적인 불리함이다. 진입장벽은 그 산업에서의 경쟁기업의 진입을 약화시키고 그 산업에서의 높은 수익률을 유지할 수 있게 한다. 신규진입자들은 기존기업들의 진입장벽을 극복하기 위해 신기술, 새로운 경영능력, 새로운 브랜드를 가지고서 효과적으로 진입에 성공한다. 대표적인 진입장벽은 자본소요량의 크기, 규모의 경제, 절대적인 비용우위, 제품차별화, 유통망, 정부규제 등이 있다.

(3) 대체재와의 경쟁

대체재(substitute products or services)란 서로 다른 재화에서 같은 효용을 얻을 수 있는 재화를 말한다. 반면 두 가지 이상의 재화가 사용됨으로써 한 효용을 얻을 수 있는 재화는 보완재에 해당된다. 즉, 지게와 경운기, 도시락과 보온밥통, 쌀과 빵, 타자기와 컴퓨터, 땔감 장작과 보일러, 가마솥과 전기밥통처럼 한쪽을 소비하면 다른 쪽은 그만큼 덜 소비되어, 어느 정도까지 서로 대체될 수 있는 재화, 또는 서로 경쟁적인 관계에 있는 재화를 대체재 또는 경쟁재라고 하는데, 이때 효용이 보다 큰 쪽을 상급재, 작은 쪽을 하급재라고 한다. 대체재는 배타적 · 선택적 수요를 나타낸다.

이와는 달리 커피와 설탕, 자동차와 휘발유처럼 한쪽을 소비하면 다른 쪽도 따라서 소비되는, 서로 보완하는 관계에 있는 재화를 보완재(complementary goods)라고 한다. 보완재는 한쪽의 수요가 늘면 이에 비례하여 다른 쪽의 수요도 증가하는 식으로 서로 결합된 수요를 보인다.

(4) 구매자의 교섭력

구매자의 교섭력(bargaining power of buyer)이란 구매기업이 어떤 목적을 달성하고자 할 때 중요한 대외업무에 관한 해결능력을 말한다. 구매자의 교섭력 결정요인은 구매자들의 가격에 대한 민감 정도와 공급자에 대한 구매자들의 상대적인 교섭능력이다. 그러나 구매자의 교섭능력에 더 큰 영향을 미치는 것은 판매기업과 구매기업 간 교섭력의 차이이다.

첫째, 구매자의 공급자에 대한 상대적 크기가 중요한 요소가 된다. 가령, (사)부여군친환경농업인연합회가 서울 어느 지역을 대상으로 공공급식을 공급한다고 하자. 그런데 어느 지역의 공급받는 공공급식처로부터 (사)부여군친환경농업인연합회에 공공급식 자재의 가격인하를 요청했을 때, 거래처를 잃지 않기 위해서 구매자의 요구를 수용해야 한다.

둘째, 구매자들이 공급자의 제품, 가격, 비용구조에 대해 자세한 정보를 가질수록 구매자의 교섭력은 커진다. 가령, 오뚜기 식품은 미역라면 신제품을 개발에 들어가는 밀가루, 미역, 수프 등을 직접 개발 및 분석한 후 외부의 능력 있는 공급자에게 동종의 원재료를 공급하도록 하고 있다. 이것은 오뚜기 식품연구소에서 미역라면 개발에 필요한 원재료를 이용하여 개발과정을 통해 제조원가 또는 품질 등을 분석하여 외부의 공급자에게 주문을 발주하므로 공급자가 가격을 올릴 수 없는 입장에 있게 된다.

셋째, 구매자들이 공급회사를 변경하는 데 많은 전환비용(switching cost)이 지출된다면 구매자의 교섭력은 떨어진다. 예를 들어, 어느 고객이 특정한 빵집에서의 맛을 알고 난 이후 비록 집 부근에 빵집이 오픈하더라도 이미 특정한 빵집에 오랫동안 맛 때문에 구매해온 경험으로 인하여 다른 곳으로의 전환비용이 높기 때문에 고객의 교섭력은 떨어진다. 이런 윈도우 베이커리로 군산의 이성당, 대전의 성심당, 안동의 맘모스 베이커리를 들 수 있다.

넷째, 수직적 통합을 할 수 있을 때 구매자의 교섭력은 강화된다. 예를 들면, 더본코리아의 빽다방(paikdabang.com)은 국내 커피의 높은 가격을 가성비 중심의 스마트하고, 합리적인 소비를 원하는 소비자들을 위해 빽다방의 탄생이 이루어졌다. 빽다방의 프랜차이즈 가맹점이 증가하면서 커피 재료를 저렴하게 조달하기 위해서 아예 현지의 커피농장을 수직적 통합맥락에서 매입할 수 있다.

(5) 공급자의 교섭력

공급기업이 어떤 목적을 달성하고자 할 때 중요한 대외업무에 관한 해결능력을 말한다. 앞의 구매자의 교섭력을 분석하는 데 사용된 똑같은 요인들이 공급자의 교섭력(bargaining power of suppliers)을 결정한다. 가령, 우리나라 휴대폰단말기에 들어가는 부품은 주로 일본에서 수입되는데, 만약 일본의 기업들이 일본 내 기업들에게 우선 공급하고 한국기업들에게 후순위로 공급할 때 한국기업의 생산라인운영에 여러 가지 문제점이 발생할 수 있다. 이러한 사정을 잘 알고 있는 한국기업들은 가격인상을 요청해 올 경우 회피하지 못하고 수용해야 거래라도 지탱할 수 있는 것이다. 따라서 우리나라 기업들은 앞으로 외형위주의 제품조립보다는 완제품에 들어가는 정밀부품의 개발 및 공급이 선결되어 공급자의 교섭력을 강화할 필요가 있다.

(6) 산업구조분석모델의 유용성과 비판

산업구조분석모델은 산업구조를 보다 잘 이해할 수 있게 하고, 산업 전체의 수익률이 왜 높고 낮은지를 효과적으로 설명해 주는 유용한 분석의 틀을 제공한다. 또한 각 개별산업의 추세를 봄으로써 그 산업의 미래의 수익성 여부를 예측할 수도 있다. 그리고 산업구조분석 틀을 이용하여 어떤 산업의 구조적인 특성을 이해할 수 있다면 그 산업의 구조적인 특성을 자사에 유리한 방향으로 바꾸는 것도 기업의 노력으로 가능해진다. 가령, 산업의 수익률을 높이는 방법으로 기업 간의 인수합병을 통한 공급과잉시장의 조정으로 시장에 대한 협상력 복원과 회복, 기존시장보호차원의 진입장벽 높이는 로비 등을 들 수 있다.

포터모델에 대한 비판은 첫째, 산업구조분석기법이 정태적인 모델이며, 이 모델에서는 경쟁과 산업구조가 동태적으로 변한다는 사실을 충분히 고려하고 있지 못하고 있다. 즉, 기업의 전략과 산업의 구조가 상호작용을 하면서 계속적으로 변화하고 있다는 명시적으로 고려하지 못한다는 점이다. 경쟁전략분석에서 가장 중요한 점은 기업의 전략에 따라서 경쟁은 끊임없이 계속되는 역동적인 과정이며 이 과정에서 산업구조는 계속적으로 변화하고 있다는 점이다. 둘째, 포터의 모델은 기업들 간의 구체적인 경쟁전략을 묘사하지 못한 맹점이 있다. 가령, 어느 산업에서 한 기업이 가격을 인하하여 자사의 시장점유율을 높이려고 할 때, 경쟁기업이 이에 대응하여 가격을 경쟁적으로 내린다면, 결국 이들 기업 간에는 가격차이가 없어지고 원래 계획한 대로 시장점유율을 높일 수 있는 방법이 소멸해 버리고 결국 이들 기업만이 손실을 당해야 한다는 점이다.

(7) 본원적 마케팅전략

포터는 전략의 우위를 확보하기 위해 경쟁적 환경 내에서 조직이 추구할 수 있는 3가지 포괄적인 마케팅전략을 제시하고 있는데, [그림 4-9]와 같이 ① 원가우위전략, ② 차별화전략, ③ 집중화전략이 그것이다.

1) 원가우위전략

이는(cost leadership strategy) 원가통제에 우선적인 관심을 가짐으로써 경쟁기업보다 저렴한 가격으로 경쟁우위를 확보하기 위한 전략이다. 이에 덧붙여 저렴한 가격으로 제공되는 제품과 서비스일지라도 경쟁자가 제공하는 것과 비교할 수 있거나 소비자가 납득될 수 있는 품질수준을 유지해야 한다. 이를 위해 경영자는 규모의 경제[9], 기술혁신, 원재

[그림 4-9] 본원적 마케팅전략

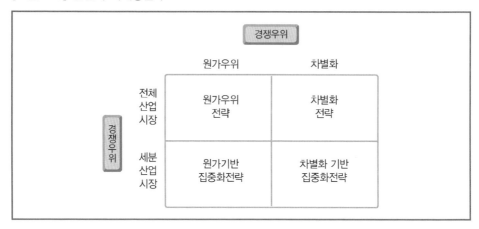

료의 원활한 구매확보, 저노무비, 그리고 원가절감과 같은 생산성 향상에 높은 우선순위
를 부여한다.

제조기업의 경우, 원가를 최소화시키려는 노력에 있어서 생산활동은 물론 구매, 간접
경비, R&D, 광고선전비 등 전 부문에 걸쳐 이루어진다. 특히 상대적으로 높은 시장점유율
은 높은 매출액과 낮은 이윤율전략을 필요로 한다. 대표적인 원가우위전략을 추구하는
기업으로는 월마트(walmart.com), 국민가게라 부르는 다이소(daiso.co.kr), 또는 1(one)
달러 가게(숍), 개인이 사회적 책무 맥락에서 착한 가격으로 손님을 맞이하는 맛집 등을
들 수 있다. 비록 장독보다 장맛이 좋다(장독의 외모보다 거기에 담긴 장의 맛이 좋으니
겉모양보다 내용이 충실하다는 말) 할지라도 우리 속담에 '싼 것이 비지떡'(물건값이 싸면
역시 품질이 나쁘다는 말)이라는 말처럼 소비자들의 심리에는 초기에 원가우위의 우수한
표준제품을 구입하는 데 기꺼이 동의하다가 소득의 증가와 생활의 여유로움이 발생하면
서부터 매슬로우(Maslow)의 욕구단계이론처럼 더 좋은 제품을 선호하는 경향으로 전이
되어 특정기업의 원가우위전략에 대한 부정적 이미지가 소비자에게 남아 있을 수 있다.

---

9) 투입량을 증가시킬 때 산출량이 투입증가비율 이상으로 증가하는 것을 말한다. 즉, 산출량이 증가할수
록 단위당 투입비용이 비례 이상 감소하는 것이다. 규모의 경제는 기술적 특성, 투입요소의 비분할성,
그리고 전문화의 이득 등에서 발생한다.

2) 차별화전략

이 전략(differentiation strategy)은 해당 산업분야에서 대부분의 소비자들에 의해 독특한 제품이나 서비스로 인정받으려는 전략이다. 차별화에 사용될 수 있는 수단들은 유형의 차별화에 해당되는 크기, 모양, 중량, 색상, 디자인, 기술적인 면에서 소비자의 선호에 따라서 우리가 눈으로 관찰할 수 있는 제품이나 서비스의 특성 그리고 무형의 차별화인 소비자가 제품이나 서비스에 대하여 느끼는 사회적이고 감정적이며, 심리적인 차이를 말한다. 이 경우 차별화 속성은 차별화에 소요되는 경비를 초과하는 가격 프리미엄을 정당화시킬 수 있어야 한다. 특히 브랜드 충성도를 갖는 고객들은 월등하다고 지각하는 제품에 대해 비싼 대가를 지불하는 경향이 있어 원가우위전략보다 더 큰 이윤을 확보할 수 있다. 그러나 차별화전략을 추구할 경우에도 원가절감을 무시해서는 곤란하다. 단지 원가절감에 높은 우선순위를 두지 않을 뿐이다.

한편, 차별화는 기업이 어떻게 경쟁할까 하는 방법에 의해서 결정된다면, 세분화는 기업이 어느 시장에서 경쟁해야 하는가에 관한 문제이다. 즉, 차별화는 기업들이 전략적으로 경쟁기업과 자신을 차별화하는 독특한 제품이나 서비스의 특징이고, 세분화는 시장이 어떻게 분할되어 있는가에 관한 시장의 특성을 의미한다. 결론적으로 차별화는 기업이 선택한 전략적 특성이고 세분화는 시장구조의 특성을 지칭한다.

최근 대표적인 농업 경영체의 [표 4-4]에서처럼 차별화 사례를 들면 다음과 같다.

3) 집중화전략

이 전략(focus strategy)은 틈새시장이나 세분시장과 같은 좁은 시장을 대상으로 경쟁우위를 확보하려는 전략으로, 원가집중전략과 차별화집중전략으로 나누어진다. 이때 세분시장은 제품의 다양성, 최종구매자 유형, 유통경로, 또는 구매자의 지리적 위치 등에 기초하여 구분된다. 원가집중전략은 정밀한 원가통제를 통해, 그리고 차별화집중전략은 한정된 고객들에게 우수한 제품과 서비스를 판매함으로써 경쟁우위를 확보하려는 전략이다.

이와 같은 집중화전략을 사용할 수 있는지의 여부는 세분시장의 규모와 집중화에 소요되는 추가비용을 감당할 수 있는지의 여부에 달려 있다. 집중화전략은 소기업에 가장 효과적인 경쟁우위전략일 수 있다. 왜냐하면, 소기업은 규모의 경제를 확보할 수 없을 뿐만 아니라 원가우위 또는 차별화전략을 성공적으로 추진할 수 있는 만큼의 자원을 갖고 있지 못하기 때문이다. 어정쩡한 상태(stuck in the middle)에 머물러 있는 조직은 장기적 성공을 이루어내기가 매우 어렵다. 이런 유형의 조직이 성공할 수 있는 것은 고도로 매력적인 산업에 속해 있거나, 아니면 모든 경쟁자들이 비슷하게 '어정쩡한 상태'에 있을 경우에만 가능하다.

한편, 최근의 연구 결과에 따르면 저렴한 원가우위와 차별화를 모두 강조하는 것이 높은 성과를 가져올 수 있음을 보여주고 있다.[10]

[표 4-4] 농업 경영체에서 생산하는 품목의 차별화 전략

구분	차별화 요인	브랜드	생산품목
농업회사법인 예당식품(주)	지역생산 품질 좋은 사과(배)의 조달 → HACCP 시설 → 선별 및 세척 → NFC방식 착즙 → 100% 사과(배)주스	mom's choice 맘스초이스	
부여농부 영농조합법인	• 친환경재배 • 무농약인증	무농약 (NON PESTICIDE) 농림축산식품부	
뉴질랜드 키위 후르츠 마케팅이사회 (NZKMB, New Zealand Kiwi fruit Marketing Board)	• 상품의 품질 균일화 • 순이익의 20% R&D기관 투자 → 골드 키위 개발 • 한국 제주 농가 OEM생산 • 마케팅 전문요원 채용	Zespri Kiwifruit Zespri SunGold Kiwifruit	
교토부, 시정촌, 농협이 자본을 출자하고 직원을 파견하고 있는 제3섹터「(사단법인) 교토산품유통협회」설치운영	• 교토의 전통채소 및 그에 준한 채소로 교토의 전통요리 등에 필수 또는 관계있는 22개 품목 • 출하단위 어느 정도 통합되어 적정한 양 확보가능 • 품질·규격을 통일 필요 • 타 산지에 비해 우위성·독자성 • 교토만의 재배방법에 따라 재배될 것 • '교야사이'의 브랜드 파워 유지 규격 교육 실시	京都 京のブランド産品	카모(加茂)가지

10) Peter Wright, Charles D. Pringle, and Mark J. Kroll(1994), Strategic Management, Boston: Allyn and Bacon, p.135.

　　그러나 조직이 성공하기 위해서는 제품과 서비스의 품질향상에 전심전력을 기울여야 하며, 소비자들이 그 노력을 평가해 주어야만 한다. 조직이 고도의 품질을 갖는 제품과 서비스를 제공하려는 행위 자체가 경쟁자와 차별화되는 길이기도 하다. 결국 제품의 품질을 인정한 소비자들은 구매량을 늘리게 되고, 이에 의한 수요증가는 규모의 경제와 단위당 원가인하를 달성시키게 될 것이다.

　　결론적으로 포터의 세 가지 전략이 장기적으로 성공하기 위해서는 경쟁우위가 지속되어야 한다. 즉, 경쟁자의 행동이나 산업의 혁명적 변화에 의해 나타날 수 있는 경쟁우위의 위협을 극복하여야 한다. 그러나 기술혁신이 지속적으로 나타나고 소비자의 기호도 변화함은 물론 경쟁상의 강점이 경쟁자에 의해 쉽게 모방될 수 있기 때문에 이를 지키기가 쉽지 않다. 따라서 경영자는 모방을 어렵게 하는 장벽을 창조하거나 경쟁기회를 감소시킬 필요가 있다. 가령, 특허권이나 저작권과 같은 독점적 사용권을 확보하여 모방기회를 감소시킨다든지, 규모의 경제가 존재할 경우 매출확대를 위한 가격인하 등이 기업이 사용할 수 있는 유용한 전술이다. 이외에도 경쟁자에 대한 공급을 제한하는 독점공급계약을 체결하거나 외국 경쟁자와의 경쟁을 제한할 관세정책을 정부에 요구할 수도 있다. 이와 같은 경쟁우위를 유지하기 위한 전략은 경영자가 경쟁에서 끊임없이 한 걸음 앞서 나아가기 위해 구사해야 할 경영활동이다.

이슈 문제

1. 브랜드 전략과 브랜드 전술의 차이점을 설명하시오.
2. 민츠버그가 주장한 전략의 5P's의 함의와 사례를 언급하시오.
3. 브랜드의 myopia가 무엇인가? 설명해 논하시오.
4. 기업 수준에서 브랜드 전략적 유형을 설명하시오.
5. 브랜드의 BCG 매트릭스를 설명해 보시오.
6. Porter의 산업구조분석을 특정한 브랜드를 활용하여 설명하시오.
8. 본원적 마케팅전략이란 무엇인가? 예를 들어 설명하시오.
9. 농산물 브랜드의 전략적 제휴의 유형과 실제적 사례를 언급해서 보시오.

유익한 논문

 우리나라 농산물 공동브랜드의 전략적 제휴 연구: 예산군 예가정성 미황(米皇)을 중심으로
김신애

 농산물 브랜드의 유형 및 공동브랜드의 브랜드마케팅전략: 부여 및 청양지역 간의 공동브랜드 비교분석
김신애, 권기대

브랜드의
소비자 구매행동

1절 소비재 브랜드의 구매행동

2절 산업재 브랜드의 구매행동

이슈 문제

유익한 논문

05

소비자가 필요로 하는 여러 물품의 가격과 자기의 소득을 여건으로 효용을 극대화하기 위한 소비계획을 결정한다는 이 기본적 가설이 경제학적으로는 충분할지라도 구체성이 부족하여 마케팅에 대한 응용가능성은 거의 없다. 그래서 행동과학·심리학·사회학 등의 연구성과를 원용하여 구체성이 높은 소비자행동을 탐구하게 된다.

그러한 예로 첫째, 소비자행동의 유형화이고, 둘째, 구매장소·구매대상 선정의 행동을 연구한다. 이 분야에서는 충성도(loyalty)의 개념을 사용하여 시간적 경과에 따른 동적인 과정을 연구한다. 셋째, 신제품 브랜드의 시장진입에 대한 소비자의 반응을 연구한다. 이 분야에서는 인지(認知)와 학습의 개념을 사용하여 행동과 환경의 전모를 정보처리시스템에 의해 파악할 수 있다. 따라서 이 장에서는 소비자행동이론을 기반으로 제품을 소비재 브랜드와 산업재 브랜드로 분류하고 구매행동에 영향을 미칠 수 있는 여러 변인들 — 개인적 요인, 환경적 요인 그리고 구매의사결정과정과 정보처리과정을 알아본다.

1절 소비재 브랜드의 구매행동

오늘날 고객이 시장에서 브랜드(제품)를 구매하는 데 있어서 적지 않은 고민을 할 것이다. 그러한 이유는 소비자의 취향이 달라지고 하루가 다르게 다양한 신규 브랜드들을 시장에서 찾아볼 수 있기 때문이다. 과거처럼 시장이 특정한 기업에 의해 독점적이거나 복점적 또는 과점적 시장이 아니라 완전경쟁 시장체제에서 교환과정이 일어나므로 시장공략을 위해 무엇보다도 시장에서 브랜드를 구매하는 고객들의 욕구파악이 선결되어야 한다. 다시 한번 고객을 위한 신규 브랜드를 개발하여 시장에 내놓을 때, '적을 알고 나를 알면 백번 싸워도 위태롭지 않다'(知彼知己 百戰不殆)라는 의미를 깊이 되새겨봐야 한다. 그렇지 않고는 기업이 시장에서 버틸 수 있는 여력은 전혀 존재하지 않을 수 있다. 그러므로 기업들은 소비자의 구매행동에 관해 철저하게 시장조사를 실행한 다음 마케팅전략을 수립하고 실행해야 한다. 주지하다시피 기업의 성공적인 브랜드마케팅전략의 출발점은 바로 소비자로부터 풀어나가야 한다는 점을 기억할 필요성이 있다.

[그림 5-1]에서와 같이 소비자가 구입·사용하고자 하는 제품인 소비재 브랜드에 관한 소비자 자신의 개인적 요인과 환경적 요인에 따라 구매의사결정의 과정이 달라진다.

즉, 어떤 소비자가 여자친구 또는 남자친구의 생일을 축하하기 위해 선물을 구매하고자 할 때 개인적 요인 — 관여도, 기존 태도, 개성, 라이프 스타일, 소득 및 재산, 인구통계학적 요인 — 과 환경적 요인 — 문화, 사회계층, 준거집단, 가족, 상황 — 에 따라 구매의사 과정(process)을 거치게 된다. 가령, 주식인 쌀을 구입하고자 할 때, 본인의 가정에서 직접 사용하고자 할 때와 친한 이웃에게 선물을 하고자 할 때, 관여도와 태도가 달라질 것이고, 선물하는 상대방의 라이프 스타일을 고려하여 가격은 어느 정도로 책정하여 구매할 것인 지, 또한 자신의 소득을 생각하여 구매를 고민할 것이다. 마찬가지로 나 자신의 환경적 요 인과 선물을 하고자 하는 상대방의 환경적 요인도 고려 대상에 들어가면서 구매의사결정 의 과정을 거치게 된다.

[그림 5-1] 소비자 구매의사결정 모델

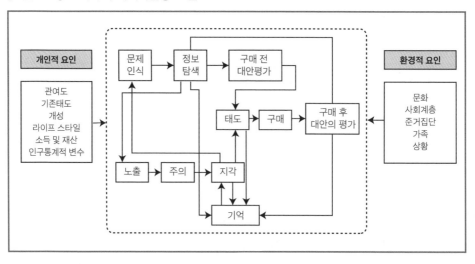

요컨대, 소비자는 어떤 본원적이거나 구체적인 욕구가 발생하면 이를 충족시켜 줄 수 있는 수단에 대한 정보를 탐색하게 되며, 이때 기억 속에 보유한 관련정보를 자연스럽게 회상하게 된다. 소비자가 자신의 기억으로부터 회상한 정보로써 충분히 의사결정을 할 수 있다면 선택 대안들 중에서 어느 한 대안을 구매할 것이다. 그러나 자신의 기억으로부 터 회상한 정보가 의사결정을 내릴 만큼 충분하지 못하다면 보다 더 많은 정보를 외부로 부터 찾게 된다. 정보탐색과 동시에 혹은 직후에 이를 바탕으로 선택대안들에 대한 비 교·평가과정을 거쳐 가장 마음에 드는 특정대안을 선택·구매하고 소비·사용 이후 만족 혹은 불만족을 경험하게 된다. [그림 5-1]은 브랜드에 대한 소비자의 구매행동 흐름을 개략적으로 정리한 것이다.

1.1. 구매의사결정과정

마케터는 [그림 5-1]의 여러 영향 요인들뿐만 아니라 실제로 소비자가 어떻게 구매의사결정을 하는지에 관해서도 이해해야 한다. 그래서 여기서는 [그림 5-1]에 있는 소비자의 구매의사과정의 각 단계별 개념에 관해 학습하고자 한다.

(1) 문제의 인식

문제의 인식(problem or needs recognition)이란 소비자가 특정 시점에서 자신이 처해 있는 실제상태(actual state)와 바람직한 상태(desired state) 간에 충족되지 않은 차이(gap)를 지각하게 되면서 이를 해결하려는 욕구가 발생한다. 즉, '소비자가 충족되지 않은 욕구를 해결하고자 하는 인식'을 말한다. 소비자는 [그림 5-1]에서와 같이 구매의사결정과정의 제1단계인 문제의 인식을 하더라도 반드시 의사결정을 거쳐 구매로 연결되지는 않는다.

욕구(needs)는 매슬로우(Maslow)의 욕구계층처럼 생리적 욕구(physiological needs), 안전의 욕구(safety needs), 사회적 욕구(social needs), 존경의 욕구(esteem needs), 그리고 자아실현의 욕구(self actualization needs)처럼 본원적이거나 그러한 본원적 욕구를 충족시킬 수 있는 구체적이고 현실적인 수단일 수 있다. 즉, 배고픔, 갈증 등의 내부적 자극에 의해서 발생할 수도 있으며, 우리는 TV 속의 맥도날드(mcdonalds.co.kr) 브랜드의 햄버거 광고나 도미노(cdn.dominos.co.kr) 브랜드 피자 광고를 통해 배고픔을 느낄 수 있다. 또한, 엄마는 오늘 집으로 외국 손님이 방문한다는 것을 생각해서 평소 손도 가지 않았던 비싼 수입 과일류 Dole(dolesunshine.com/kr) 브랜드의 망고, Zespri(zespri.com/ko) 브랜드의 키위, 스위스 설산에서 채취한 에비앙(eviankorea.com) 생수를 구입할 수도 있다. 이러한 내부적 또는 외부적 자극들은 소비자들로 하여금 자신의 욕구나 문제를 인식하게 하고, 이는 구매행동을 유발할 수 있기 때문에 마케터는 소비자들이 필요(needs)를 인식하게 하는 요인들과 상황들을 잘 이해하고 있어야 한다.

여기에서 주의해야 할 것은 문제 인식의 크기와 중요성이 아무리 크더라도 구매능력의 한계, 시간적인 제약 그리고 사회적 규범 등의 장애 요인들을 극복할 수 있어야 비로소 소비자는 욕구를 충족시키려는 특정 브랜드에 대한 동기(motive)가 발생된다.

(2) 정보의 탐색

정보의 탐색(information search)은 '금전적 및 비금전적 비용과 사회적 규범 등의 제약 요인을 극복하고 욕구를 충족시키기 위한 정보를 탐색'하는 단계이다. 이 단계는 내적 탐색(internal search) 및 외적 탐색(external research)으로 나눌 수 있다. 전자는 욕구(needs)를 인식한 소비자가 그 욕구를 채울 수 있을 만큼 만족스러운 브랜드가 머리에 떠올라서 직접 그 브랜드를 구매하는 경우를 말하며, 후자는 소비자 자신의 욕구를 만족시킬 해결책을 기억 속에서 충분히 갖고 있지 못한 경우에 해당된다.

만약 기존에 이용하던 친환경 먹거리가 계속 납기 지연(non delivery)을 일으켜서 새로운 대체 먹거리에 대한 필요성이 인식되면 그 소비자는 친환경 먹거리와 관련된 정보에 대하여 보다 많은 수용력을 나타내는데, TV나 잡지 등의 먹거리 광고에 대하여 높은 주의를 기울이며, 또한 주변사람들이 이용하는 먹거리에 깊은 관심을 갖게 된다. 뿐만 아니라, 주위 사람들과 먹거리와 관련된 주제를 가지고 많은 대화를 나누기도 한다. 어떤 경우에는 보다 적극적인 정보획득행동차원에서 먹거리 관련 자료를 읽거나 친구들에게 전화를 걸어 정보를 얻고 직접 숍에 들러 판촉물 등을 가져다 상세하게 읽어보고 판매원에게 질문을 하기도 한다.

소비자들은 다양한 정보의 원천으로부터 외부의 브랜드정보를 획득한다. 첫째는 개인적 정보로서 가족, 이웃, 친구들이고, 둘째는 상업적(commercial) 정보로 광고, 판매원, 딜러, 포장, 전시, 진열 등의 기업정보들이다. 셋째는 경험적(experiential) 정보로 시험구매, 제품의 직접사용 등이 있다. 넷째는 공공적(public) 정보로 중립적 원천으로서 신문기사나 방송의 뉴스, 소비자시대, 세미나, 잡지 등이 있으며, 상업정보에 비해 더 신뢰할만하다.

이러한 정보원천의 영향력은 제품브랜드와 소비자의 직업 등 개인적 특성에 따라 다르게 나타난다. 소비자들은 마케터들에 의해서 통제되는 상업적 원천으로부터 많은 정보를 얻지만 그러한 정보에 대해 그렇게 신뢰하지 않는다. 소비자들에게 무엇보다도 가장 효과적인 정보의 원천은 바로 개인적 정보원천이다. 이는 제품브랜드 구매에 가장 크게 영향을 미친다. 상업적 원천은 일반적으로 소비자들에게 단순한 정보나 통제가 개입된 정보를 전달하는 반면 개인적 원천은 정보전달뿐만 아니라 제품브랜드의 모든 부분에 관한 주·객관적인 평가를 함께 전달한다. 물론 여기에서도 제품브랜드의 관여도 정도에 따라 정보의 탐색이 달라질 수 있다. 많은 정보를 획득할수록 소비자들은 그들에게 유용한 브랜드나 제품에 대한 인지와 지식은 증가하게 되는데, 소비자에게 유용한 여러 가지 브랜드를 알게 되기도 하고, 경우에 따라서는 대안의 어떤 브랜드를 제거할 수 있는 지식을 얻기도 한다.

(3) 선택대안의 평가

선택대안의 평가(alternative evaluation)란 '소비자들이 기억으로부터 회상하거나 외부로부터 수집한 정보를 이용하여 브랜드의 선택대안을 평가하는 단계'를 말한다. 즉, 소비자가 브랜드 선택에 도달하기 위하여 대안들에 관한 정보를 처리하는 단계이다. 소비자들은 모든 구매상황에서 단순하고 동일한 평가과정을 사용하지 않고 다양한 평가과정을 거치지만, 일반적으로 소비자들은 평가기준 — 대안들을 비교·평가하는 데 사용하는 명세 — 을 설정하며, 그 대안의 평가단계에서 거치는 과정을 살펴보면 다음과 같다.

첫째, 우리는 소비자 자신의 어떤 필요를 만족시키기를 원하고, 그 필요한 제품브랜드의 획득을 통해서 만족시킬 수 있으며, 그들의 필요를 만족시켜 줄 수 있는 제품속성[1]들의 묶음(bundle of product attributes)으로 제품을 본다고 전제한다. 가령, 사과의 속성으로는 당도, 색도, 크기, 공동브랜드, 원산지, 생산자, 가격 등을 들 수 있다.

둘째, 소비자들은 각 속성(attributes)의 중요도를 고려한다. 여기서 속성의 중요도는 현저성(salience)과 확실히 구별해야 하는 개념이다. 현저한 속성들은 소비자에게 제품브랜드의 특성에 대하여 질문했을 때, 소비자의 마음속에 쉽게 떠오르는 속성들이다. 그러나 이러한 현저한 속성들은 반드시 소비자들에게 가장 중요한 속성은 아니다. 단지 현저한 속성은 잦은 광고의 결과로 소비자의 기억 속에 두드러지게 각인되었을 때 또는 소비자가 현재 그 속성에 대하여 문제점을 느끼고 있을 때 소비자의 의식 속에 떠오르기 쉬운 위치에 자리한 속성이다. 예를 들면, 어떤 농업 경영체가 홈쇼핑에서의 사과 판촉을 위해 '사

---

1) 속성이란 제품이나 서비스를 구매할 때 선택기준으로 이용하는 특성으로서 품질, 가격, 스타일, 부가
   서비스 등을 말한다.

과는 꼭 색도가 좋더라도 달지는 않습니다'라는 광고를 자주 하게 되면 소비자들은 사과 와 관련된 속성들 중에서 '사과는 꼭 색도가 좋지 않아도 된다'의 속성을 쉽게 머리에 떠올 리게 되지만, 그 속성이 소비자에게 반드시 중요한 속성은 아닐 수 있다. 따라서 마케터들 은 속성의 중요성을 속성의 현저성과 확실히 구별하여 소비자가 제품브랜드 구입 시 진정 으로 중요하게 고려하는 내용이 무엇인지를 파악하고 있어야 한다.

셋째, 소비자는 각각의 제품마다 각 속성상 어떤 위치를 차지하고 있는지에 대한 브랜 드 신념(brand beliefs) — 각 대안이 속성별로 어떠할 것이라는 소비자의 생각 — 을 갖게 된다. 소비자들은 일반적으로 각 속성에 대하여 효용함수를 갖고 있다고 가정할 수 있다. 이는 제품브랜드의 각 속성 수준의 조합에 대하여 소비자가 제품브랜드에 관하여 기대하 는 총효용을 결정한다. 예를 들면, 한 소비자가 중간 크기 정도의 사과를 구매하고자 고려 하고 있을 때, 그 소비자가 고려할 수 있는 속성 수준으로서 사과 브랜드를 안동사과, 의 성사과, 청송사과, 충주사과, 그리고 예산사과의 다섯 수준으로 나눌 수 있고, 각 지역별 로 현재 제공되고 있는 크기를 특, 상, 중, 하의 네 가지 수준으로, 그리고 당도 및 색도에 따라 나누어 볼 수 있다. 이때 소비자는 자신이 가장 큰 효용을 얻을 수 있는 속성 수준의 조합을 만들어 낼 수 있다. 가령, 소비자가 사과 생산지는 전통적으로 사과 주산지로서의 지역인 경상북도를, 크기는 중간 크기(size), 색도는 붉은 색깔이 가장 이상적으로 생각한 다면 그와 같은 사과 속성의 조합이 실재로 존재하고 경제적으로도 문제가 없을 경우 그 소비자는 그러한 조합의 사과를 선택할 것이다.

따라서 기업은 소비자의 안전적인 구매심리를 자극하기 위해 기업의 일부 속성에 의해 형성된 전체적인 인상이 직접적으로 관련이 없는 다른 자극의 해석에 영향을 미치는 후광 효과[2]라든지 [그림 5-2]와 같이 유인효과 그리고 유사성효과[3]를 활용하기도 한다.

---

2) 후광효과(halo effects)란 소비자들이 상품을 평가할 때, 브랜드 등 상품과 관련된 일부 속성에 의해 형 성된 전체적인 인상이 직접적으로 관련이 없는 다른 자극의 해석에 영향을 미치는 것을 뜻한다. 가령, 미국에서 수입되는 대두(콩)가 안전성은 높고 경제성은 낮다고 할지라도 모든 것이 장점으로 지각되 는 경우를 말한다. 우리나라 속담에 '가문 덕에 대접 받는다'(좋은 가문에 태어난 덕분에 변변하지 못 한 사람이 대우를 받는다는 말)와 '아내가 귀하고 예쁘면 처갓집 말뚝 보고 절을 한다'(아내를 지나치 게 사랑하면 아내와 관련되어 있는 모든 것을 사랑하게 된다는 말)와 같은 의미로 해석해 볼 수 있다.

3) 유인효과(attraction effect)는 기존 대안보다 열등한 대안이 새로이 도입됨으로써 기존대안의 선택확 률이 증가되는 현상을 말한다. 유사성효과(similarity effect)는 새로운 대안이 선택브랜드군 안에 나타 날 때, 기존 브랜드들이 신규 브랜드와 유사할수록 선택확률이 더 많이 감소하는 현상을 의미한다.

[그림 5-2] 유인효과 및 유사성효과

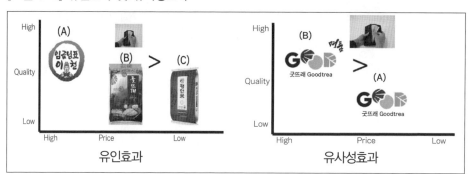

(4) 구매결정

　구매결정(purchase decision making)이란 평가단계에서 각 브랜드들에 대한 평가가 이루어진 후 소비자가 가장 선호하는 브랜드를 구매하는 것을 말한다. 즉, 소비자가 대체가능한 제품이나 브랜드에 대해 호감 순위를 매긴 다음, 선호한 제품브랜드를 구매하고자 하는 의도가 형성되며, 구매의도(buying intention)와 구매 간에 몇 가지 요소가 작용하여 구매의도대로 구매하지 않을 수도 있는 두 가지 요인들이 작용하고 있다.

　첫째, 주변사람들의 대안에 대한 태도(attitudes of others)이다. 구매의사결정단계에서 만약 어떤 신혼부부가 작은 수박을 구매하기를 원한다면 그 신혼부부는 큰 수박을 구매할 가능성이 낮아지게 된다. 왜냐하면 신혼부부들은 여러 경로를 통해 이미 결혼한 다른 신혼부부들이 큰 수박을 구입해서 먹고자 했는데, 식구가 단출하여 먹기가 불편하고, 상할 수 있기 때문에 작은 수박을 구매하는 것이 더 경제적이라는 충고를 들음으로써 영향을 받게 되기 때문이다.

　둘째, 예기치 않은 상황변수(unexpected situational factors)들에 의해서 영향을 받는다. 가령, 친환경으로 재배한 고가격의 쌀을 구매하기로 한 어떤 소비자가 갑자기 직장을 잃을 수도 있고, 집 장만 등 더 긴급한 다른 구매가 필요하게 될 수도 있다. 또한 자신이 구매하려고 마음먹은 쌀 브랜드에 대하여 주위 사람들로부터 비호의적인 평가를 듣고 구매를 보류할 수도 있다. 따라서 제품브랜드에 대한 선호와 구매의도가 언제나 실질적 구매행동으로 반드시 이어지지는 않는다.

　일반적으로 소비자가 구매하려는 브랜드의 변화, 구매시기의 지연, 또는 구매결정의

회피는 소비자가 구매와 관련하여 지각하는 위험성 정도에 따라 크게 영향을 받는다. 대부분의 구매는 어느 정도의 위험부담을 포함하고 있기 때문에 구매결과에 대하여 확신할 수 없다면 소비자는 구매를 주저하게 된다. 여기서 지각하는 위험의 정도는 가격, 구매결과에 대한 불확실성의 정도 그리고 소비자 자기 확신의 정도에 따라 다르게 나타난다. 소비자들은 이와 같은 지각된 위험수준을 감소시키기 위해 프리미엄 브랜드를 선택하거나 언제든지 보상을 기꺼이 해주는 브랜드를 선택하기도 한다. 기업의 마케터 입장에서는 소비자들의 지각된 위험수준을 높여주는 요인들을 알아내어 이를 제거하거나 감소시키기 위해 소비자에게 추가적 정보를 제공하거나 제품브랜드에 대한 보증을 실시하기도 한다.

한편, 소비자의 구매행동은 [그림 5-3]과 같이 관여 수준과 과거경험의 정도에 따라 복잡한 의사결정, 브랜드 충성도, 관성적 구매, 다양성 추구의 유형을 보인다. 따라서 고관여 소비자의 구매행동은 최초 구매인가 또는 반복 구매인가에 따라 복잡한 의사결정과 브랜드 충성도로 나누어진다.

첫째, 2/4분면의 복잡한 의사결정(complex decision making)은 관여 수준이 높고 새로운 브랜드 제품을 구매하는 소비자의 구매행동으로 포괄적 문제해결을 말한다. 대체적으로 주택구입이나 자동차 등이 해당된다.

둘째, 3/4분면의 브랜드 충성도(brand loyalty)는 고관여 소비자가 구매된 브랜드에 만족하면, 그 브랜드에 대해 호의적인 태도를 형성하여 동일한 브랜드를 반복 구매함을 의미한다. 브랜드 충성도에 의한 구매는 대안평가와 신념형성이라는 인지적 과정을 생략하고, 구매욕구가 발생되면 바로 자신이 선호하는 특정브랜드를 구매하는 것을 의미한다.

[그림 5-3] 소비자 구매행동의 4가지 유형

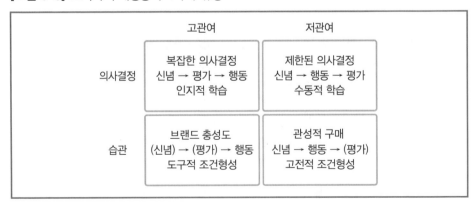

즉, 특정명품을 구매한 후 그 명품이 자신에게 유·무형적 만족을 제공함으로써 그 명품을 지속적으로 구매하는 성향을 말한다.

셋째, 1/4분면의 다양성 추구(variety seeking)는 저관여 구매상황의 소비자가 그동안 구매해 오던 브랜드에 싫증이 나서 또는 단지 새로운 것을 추구하려는 의도에서 다른 브랜드로 전환하는 구매행동을 말한다.

가령, 소비자가 지금까지 청도군에서 특산품인 청도반시를 ![청도반시](반복 구매하다 이에 싫증이 나거나 새로운 신제품 브랜드가 출시된 것을 알고 변화를 추구하기 위해 다른 브랜드인 상주에서 생산되는 천년고수 브랜드로 ![천년고수](전환구매(switching buying) 하는 행위를 말한다.

넷째, 4/4분면의 관성적 구매(inertia)는 가식적 충성도(spurious loyalty)라고도 하는데, 제품사용경험이 있는 저관여 소비자가 구매한 브랜드에 어느 정도 만족하여 복잡한 의사결정을 피하기 위해 동일한 브랜드를 반복 구매하게 되는 경우를 말한다. 브랜드 충성도는 소비자가 호의적 태도를 가진 특정 브랜드를 반복 구매하는 행동이지만, 관성적 구매는 그 브랜드에 대한 강한 호의적 태도에 의한 반복 구매라기보다 구매노력을 최소화하기 위해 친숙한 브랜드를 반복 구매하는 것에 지나지 않는다.

그 밖에 충동구매(impulse buying)는 사전계획 없이 순간적 충동으로 구매를 결정하는 행위이다. 미리 계획을 세워서 결정한 대로 물건을 구입하는 계획구매에 대립되는 개념이다. 소비자가 전시회에 진열된 상품이나 광고 등 여러 가지 자극에 의해 즉석에서 구매를 결정하는 비계획적인 행동이다. 유형으로는 순수한 충동구매, 회상적 충동구매, 제안형 충동구매, 계획적 충동구매 등이 있다. 순수한 충동구매는 가장 일반적인 방식의 충동구매로, 일상 습관이나 패턴을 벗어난 구매를 말한다. 회상적 충동구매는 계획에는 없지만 구매시점에서 필요한 물건을 생각해 내거나 과거에 본 광고를 떠올려 구매하는 형태이다. 제안형 충동구매는 사전지식이 없는 상품을 점포에서 수행하는 구매시점광고(POP, point of purchase) 등에 의해 필요성을 느끼고 구매하는 형태이며, 계획적 충동구매는 품목이나 브랜드를 결정하지 않고 점포를 방문하여 할인쿠폰을 이용하거나 세일을 하는 상품을 구매하는 형태가 있다.

충동구매의 특징은 상품에 대한 호의적 감정이 강하게 발생하고, 구매하고자 하는 심리적 충동이 강렬하여 저항하기 어려우며, 구매시점에서 즐거움, 긴장감 등의 흥분된 감정이 나타난다. 따라서 효용을 극대화하는 합리적 구매행위일 가능성이 낮고, 구매 당시 부정적인 결과에 대하여 신경 쓰지 않으므로 구매 후에는 후회하기도 한다.

(5) 구매 후 행동

구매 후 행동(postpurchase behavior)이란 '소비자가 일련의 구매의사결정과정을 거치면서 구매한 제품브랜드에 대해 소비자들이 만족 또는 불만족 등의 반응을 나타내는 행동'을 말한다. 소비자들의 구매에 대한 만족, 불만족은 소비자가 느끼는 불일치 정도에 의해 결정되는데, 불일치라 함은 제품에 대한 기대수준과 제품사용경험을 통해 소비자가 지각하게 되는 제품성과(perceived performance)의 차이를 뜻한다. 만약 브랜드의 성능이 브랜드를 구매하기 전에 가지고 있던 기대에 못 미치게 된다면 소비자는 실망하게 될 것이고, 브랜드의 성능이 기대에 부응하게 되면 소비자는 만족을 느끼게 되며, 더 나아가서 브랜드의 성능이 기대했던 것보다 뛰어나면 소비자는 매우 기뻐할 것이다.

소비자들은 그들의 제품브랜드에 대한 기대를 판매자, 친구 및 다른 정보원천으로부터 획득한 정보를 토대로 형성한다. 지나치게 높은 기대의 형성은 오히려 구매 후 불만족의 원인으로 작용할 수도 있는데, 만약 판매자가 제품브랜드의 성능을 과장하면 그에 따라 소비자는 기대를 높게 형성하고 제품브랜드를 구입하기 때문에 그 결과로 불만족이 발생한다. 기대와 성능 간의 차이가 크면 클수록 소비자들의 불만족은 높아지기 때문에 소비자의 만족을 높이기 위해서는 판매자들이 제품의 성능을 솔직하게 밝히는 것이 효과적이다. 어떤 판매자들은 소비자의 만족을 높이기 위해서 브랜드의 성능을 일부러 낮추어 전달하기도 한다. 그 이유는 소비자들은 기대보다 높은 성능을 얻게 되면 재구매가 쉽게 일어나고, 잠재적 소비자들에게 호의적인 구전(word of mouth)[4]을 전달하는 효과를 얻을

---

4) 버즈마케팅(buzz marketing)이란 인적인 네트워크를 통하여 소비자에게 상품 정보를 전달하는 마케팅기법으로, 소비자들이 자발적으로 메시지를 전달하게 하여 상품브랜드에 대한 긍정적인 입소문을 내게 하는 마케팅기법이다. 꿀벌이 윙윙거리는(buzz) 것처럼 소비자들이 상품브랜드에 대해 말하는 것을 마케팅으로 삼는 것으로, 입소문마케팅 또는 구전마케팅(word of mouth)이라고도 한다. 모양이나 기능이 뛰어나고 편리하게 사용할 수 있으며 효율성과 가격 면에서도 앞서는 상품, 사람들의 눈에 잘 띄는 상품이 주요 대상이 되는데, 예를 들면 스타벅스, 미샤, 하이트 맥주, 비아그라 등이 대표적인 성공적 사례이다. 매스 미디어를 통한 마케팅기법에 비해 비용이 저렴하며 기존의 채널로는 도달하기 어려운 소비자에게 접근할 수 있다. 그러나 여론 형성에 주도적인 역할을 하는 사람을 찾아내 적극적으로 활용해야 하며, 공급을 제한하고, 커뮤니티를 잘 활용해야 한다. 또한 일정한 궤도에 오르면 광고

수도 있기 때문이다.

브랜드(제품)의 구매 후, 특히 고가품 브랜드를 구매한 소비자의 대부분은 자기의 의사 결정이 옳았는지에 대한 확신의 부족으로 인지부조화(cognitive dissonance)[5] 또는 심리적인 불편(psychological discomfort)을 경험한다. 구매한 브랜드(제품)에 대하여 완전히 만족하는 소비자는 자신이 구매하지 않은 브랜드(제품)의 결점을 회피할 수 있었던 것에 대해 다행으로 생각하겠지만, 대부분의 브랜드가 결점과 장점을 동시에 가지고 있기 때문에 소비자들이 자신이 구매한 브랜드에 대해 완전히 만족하는 경우는 드물다. 따라서 소비자들은 거의 모든 구매에 있어서 어느 정도의 구매 후 부조화를 느끼게 된다. 그러므로 기업은 자사제품 구매자의 불만족을 극소화하기 위한 노력을 게을리해서는 안된다.

기업의 매출은 신규 구매와 반복 구매로부터 발생하는데, 반복 구매 여부를 결정하는 소비자의 만족 · 불만족은 기업에게 매우 중요하다. 일반적으로 기존의 고객들을 유지하는 것보다는 신규 고객을 유치하는 것이 훨씬 더 어렵다. 특히 성숙기에 접어든 상품 브랜드의 경우 기존 고객들을 유지하는 것은 신규 고객을 유인하는 것보다 더 중요하며, 이를 위해서는 기존 소비자들이 자사 상품 브랜드에 만족을 느끼게 하는 것이 가장 좋은 방법이다. 만족한 소비자는 재구매(rebuy)를 할 가능성이 높으며, 다른 사람들에게 호의적인 구전을 실행하고, 경쟁 브랜드의 광고에 관심을 덜 갖게 되며, 자사에서 나온 또 다른 제품브랜드도 구매하게 된다.

따라서 오늘날 기업은 신규 고객 한 사람을 확보하는 데 현재의 고객에게 서비스하는 비용의 5배가 더 들어가며, 만족을 얻지 못한 고객의 91%는 절대로 그 회사의 물건을 재구매하지 않으며, 최소한 9명에게 자신이 겪은 불쾌감을 토로한다고 볼 때, 기존 고객을 단골화시키는 방법을 찾아야 한다.

와 매스 미디어를 활용하고, 입소문은 부정적인 면도 갖추고 있으므로 만약의 사태에 항상 대비하는 자세가 필요하다. 우리 속담에 '여자 셋이면 나무접시가 들논다'(여자들이 많이 모이면 말이 많고 떠들 썩함), '발 없는 말이 천 리 간다'(말은 전파되기 쉬운 것이라 삽시간에 넓게 퍼진다는 말)와 비유할 수 있다.

5) 인지부조화이론에 의하면 두 인지 간의 관계는 조화적(consonant) 관계, 부조화적(dissonant) 관계, 혹은 무관한(irrelevant) 관계 중 하나에 해당된다. 이 중 조화적 관계는 "나는 건강의 상징 정관장을 구입하였다. 그 홍삼 브랜드는 최근 소비자시대에서 높게 평가되었다"와 같이 두 개의 인지가 잘 부합하는 관계를 가리킨다. 부조화적 관계는 "나는 정관장을 구입하였다. 그런데 그 홍삼 브랜드는 최근 소비자 시대에서 낮게 평가되었다"와 같이 두 가지 인지가 서로 충돌되는 상황을 말한다.

1.2. 정보처리과정

정보처리과정(information process)이란 [그림 5-4]와 같이 소비자가 마케팅 자극에 노출되어 주의를 기울이고 그 내용을 지각하여 이에 긍정적 혹은 부정적 반응을 보이게 되는 일련의 과정을 말한다. 다시 말해서 소비자는 자신이 원하는 것과 관계없이 거의 매일 수많은 제품 브랜드정보나 광고 혹은 제품브랜드 그 자체의 마케팅 자극(marketing stimuli)에 노출된다. 신문을 펴거나 TV를 켜거나 버스를 타고 창밖을 내다볼 때 수많은 광고에 저절로 노출된다. 자신이 원하지 않는데도 외판 사원으로부터 강제로 제품브랜드 얘기를 들어야 할 때도 있고 친구나 동료로부터 우연히 정보를 듣기도 한다.

[그림 5-4] 정보처리과정

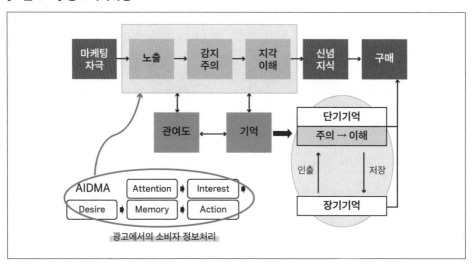

소비자는 노출된 마케팅자극에 흥미를 느끼면 주의를 기울이지만 그렇지 않으면 주의를 기울이지 않는다. 또한 소비자는 의사결정을 위한 정보탐색과정에서 더 많은 정보를 얻기 위하여 의도적으로 자신을 여러 가지 정보에 노출시킨다.

(1) 노출

국어사전에 의하면 노출(exposure)이란 '겉으로 드러남', 또는 '드러냄'을 뜻한다. 정보처리과정은 소비자가 마케팅 자극에 노출되는 것으로부터 시작된다. 노출은 우연적 노출 (accidental or random exposure)과 의도적 노출(purposive or intentional exposure)로 나눌 수 있다. 전자는 뉴스나 드라마를 보기 위하여 TV를 시청할 때나 기사를 읽기 위하여 신문이나 잡지를 읽는 경우에 여러 가지 광고에 노출되는 것과 같이 소비자가 의도하지 않은 상태에서 정보에 노출되는 경우를 말하며, 후자는 문제를 인식한 소비자가 자신의 문제해결과정, 즉 의사결정과정에서 기억 속에 내재된 정보가 의사결정을 위하여 충분치 않을 때 보다 많은 정보를 외부로부터 찾는 경우에 해당된다.

[그림 5-4]에서 정보탐색과 노출을 연결하는 화살표는 의도적 노출을 뜻한다. 소비자는 자신이 어느 정도 관여되어 있는 제품브랜드군과 관련된 마케팅 자극에는 자신을 노출시키지만, 그렇지 않은 자극은 회피하는 경향이 있는데, 이를 선택적 노출(selective exposure)이라고 한다.

(2) 주의

국어사전에 의하면 주의(attention)란 '마음에 새겨 조심함', 심리학에서는 외부 환경이나 개체 내부의 여러 자극 가운데서 특정한 것을 분명하게 인정하거나, 그것에만 반응하는 마음의 선택적이고 집중적인 작용이나 상태를 의미한다. 소비자행동에서 주의는 '마케팅 자극에 주목하는 과정'으로서 선택성의 특징이 있다.

소비자가 자신을 어떤 브랜드 자극에 의도적으로 노출시킨 경우 자연히 주의를 기울이게 된다. 그러나 자극에 우연적으로 노출되었을 때 그 자극이 자신이 관여되어 있는 제품브랜드군에 대한 정보를 담고 있으면 상당한 주의를 기울일 것이고, 그렇지 않으면 별로 주의를 기울이지 않게 된다. 이를 선택적 주의(selective attention)라고 하는데, 주의의 정도는 개인의 관여도(involvement)[6]뿐만 아니라 그 자극 자체의 강도나 현저성에도 영향을 받는다. 그리하여 소비자가 관여되어 있지 않은 제품브랜드군에 대한 광고에 노출되더라도 그 광고가 특히 잘 만들어져 관심을 끌 수 있다면 일시적으로 광고에 대한 관여도가 높아져 그 광고에 주의를 기울이게 되는 것이다. 가령, 대학 4학년에 재학 중인 학생들은 졸업을 앞두고 취업에 관심이 많을 수 있으므로, 취업과 관계되는 신문기사가 가판대

---

6) 관여도는 '주어진 상황에서 특정대상에 대한 개인의 중요성 지각 정도 혹은 관심도' 혹은 '주어진 상황에서 특정 대상에 대한 개인의 관련성 지각정도'를 뜻한다.

에 진열되어 있을 경우 선택적 주의를 나타낼 것이다.

(3) 이해

이해(comprehension)는 소비자가 주어진 브랜드정보의 내용을 조직화하고 나름대로의 의미를 해석하는 것을 말한다. 이해는 동일한 자극에 노출되더라도 소비자마다 다른 경우가 많다. 그 이유는 소비자의 지각적 과정의 지각적 조직화와 지각적 해석이 다르기 때문이다.

지각적 조직화(perceptual organization)는 자극을 구성하는 브랜드의 여러 요소들을 따로따로 지각하지 않고 전체적으로 통합하여 지각한다는 것이다. 가령, 산, 도로, 강 등으로 구성된 멋진 경치를 배경으로 들녘에서 농사짓는 농부가 보이고, 친환경재배 쌀의 모습과 함께 아름다운 배경음악이 들리는 TV 광고에 소비자가 노출되면, 소비자는 모든 자극적 요소들을 통합·조직화하여 나름대로 지각하는 것이다.

지각적 해석(perceptual interpretation)은 통합·조직화된 지각대상에 주관적으로 의미를 부여하는 것이다. 지각적 해석에는 지각적 범주화와 지각적 추론의 두 가지 기본원리가 적용된다. 지각적 범주화(perceptual categorization)는 소비자가 유입자극을 기억 속의 기존 스키마(schema)[7]에 있는 것들과 관련짓는 것으로서, 지각적 범주화에 의하여 소비자는 자극을 쉽게 이해한다. [그림 5-4]에서 기억으로부터 이해로의 화살표는 이를 나타낸다.

지각적 추론(perceptual inference)은 어떤 요소들로부터 다른 요소를 추론하는 것이다. 가령, 소비자는 종종 어떤 제품브랜드의 품질을 판단할 정보가 없으면 가격이 비쌀수록, 더욱이 프리미엄일수록, 품질이 더 우수할 것이라는 지각적 추론을 한다. 실제적으로 TV 뉴스에 중국에서 밀수하는 콩이나 참깨 등이 세관에 지속적으로 적발되는 현상은 바로 소비자들의 지각적 추론도 한몫한다고 볼 수 있다. 이와 같이 소비자는 지각적 조직화와 지각적 해석의 메커니즘에 의하여 마케팅 자극을 지각·해석하고, 이는 긍정적 혹은 부정적 태도를 유발할 수 있으며 나름대로 기억 속에 저장된다. 우리가 과거 언젠가 보았던 신문광고의 내용과 사진들을 기억하는 것은 우리가 그러한 식으로 지각하였기 때문이다.

소비자가 지각하는 것을 기억 속에서 저장하는 과정은 [그림 5-4]에서 이해에서 기억으

---

7) 스키마는 어떤 대상에 대한 지식 단위들 간의 네트워크(network)를 의미한다. 가령, 친환경 농산물은 '자연 그대로 재배하고, 미네랄 성분과 품질의 안전성이 높기 때문에 값이 비싸다'라는 스키마를 갖는다.

로 이어지는 화살표로 나타나 있다.

(4) 기억

기억(memory)이란 인간이 경험한 것을 어떤 형태로 간직되었다가 나중에 재생 또는 재인(再認)·재구성되어 나타나는 현상을 말하며, 소비자 정보처리과정의 마지막 단계에 해당된다. 정보처리과정을 거쳐서 형성된 신념 ─ 각 대안이 속성별로 어떠할 것이라는 소비자의 생각이나 태도 ─ 좋고 싫음에 대한 감정 ─ 는 당면한 의사결정에 이용되거나 기억 속에 저장되어 차후의 의사결정에 이용된다.

기억에는 단기기억과 장기기억이 있는데, 정보처리는 단기기억에서 이루어지며 처리 결과는 장기기억 속에 저장된다. 장기기억에는 기존의 여러 브랜드정보와 경험 그리고 환경적 영향요인과 새로운 마케팅 자극들로부터 제공된 여러 가지 정보들이 저장되어 있으며, 새롭게 처리된 정보는 기존의 브랜드정보와 통합되어 새로운 스키마(schema)를 형성한 후 기억 속에 저장된다. 장기기억 속에 저장된 브랜드정보는 내적 탐색과정을 거쳐서 차후의 구매의사결정 때 대안의 평가에 영향을 미친다. 물론 여기에는 인간의 기억능력의 한계로 인하여 소비자는 일상생활에서 제공되는 수많은 제품브랜드 정보들 중에서 극히 일부분만을 저장하게 된다. 즉, 소비자의 욕구와 부합되거나 특히 인상적이어서 주의가 유발된 제품브랜드 정보만이 감각기관을 통과한다.

감각기관을 거쳐 외부로부터 유입된 브랜드정보는 주로 단기기억에서 처리된다. 단기기억은 처리능력의 한계로 인하여 한 번에 제한된 양의 브랜드정보만을 처리한다. 유입된 제품브랜드의 정보는 장기기억으로부터 회상된 정보와 결합하여 단기기억에서 처리된다. [그림 5-4]에서 기억으로부터 지각으로의 화살표는 유입정보 처리 시 관련 브랜드정보가 장기기억으로부터 인출되는 것을 의미한다. 가령 어떤 소비자가 서울의 지하철을 이용하면서 부여군(buyeo.go.kr)의 굿뜨래 공동브랜드 광고를 보았다. 그 소비자는 농산물 광고의 정보처리 시 장기기억 속에 가지고 있던 부여군과 공동브랜드 굿뜨래 농산물에 관한 정보가 인출되어 유입정보와 연관 지어져서 유입정보를 해석한다. 처리된 굿뜨래 농산물 브랜드의 정보는 장기기억으로 이전되어 영구히 저장되는데, 이는 [그림 5-4]에서 지각에서 기억으로 가는 화살표로 나타나 있다. 앞에서 언급한 바와 같이 소비자는 어느 시점에서든지 문제인식을 하면 자연스럽게 내적탐색을 하게 되는데, 이때 정보는 장기기억으로부터 회상된다. [그림 5-1]에서 기억으로부터 정보탐색으로의 화살표는 정보의 회상을 의미한다.

1.3. 개인적 영향요인

(1) 관여도

관여도(involvement)란 '소비자가 어떤 상황에서 특정한 브랜드를 중요시 여기는 정도나 브랜드 대상에 대해 관심을 갖는 정도'를 말한다. [그림 5-1]과 같이 관여도는 연속적이고 상대적인 개념이지만 일반적으로 저관여(low involvement)와 고관여(high involvement)로 분류한다. 가령, 여러분이 절친한 친구의 생일을 위해 친구가 갖고 싶은 무언가를 선물하려고 할 때, 친구의 평소 이미지를 생각할 것이다. 선물을 받는 친구는 선물을 주는 자신의 이미지를 어떻게 볼 것인지에 대해 생각하면서 선물구입 대상에 관해 관심이 높아지는 그 현상이 '고관여'이다. 이러한 친구를 위한 자신의 선물구입에 관여도의 높고 낮음은 구매의사결정과정과 정보처리과정에 큰 영향을 미친다. 여기에서 주의할 것은 여러분의 성격에 따라 친구선물을 대수롭게 생각하지 않는 경우도 발생할 것이다. 또 다른 예로 소비자는 특별한 활동이나 특정한 행동에 관여도를 나타낸다. 정적인 활동에 관여되는 소비자는 바느질이나 그림 그리기, 텔레비전 시청, 독서 등을 바랄 것이며, 동적인 활동에 관여되는 소비자는 골프나 스키, 테니스, 축구, 조깅과 같은 활동적인 것에 관여되기를 바란다.

요컨대, 한 개인 소비자에게 있어서 관여의 정도는 대상에 따라 다르며, 한 대상에 대한 관여도 역시 개인에 따라 상이하며, 또한 어떤 제품브랜드에 대한 개인의 관여도 역시 상황(situation)에 따라 달라진다. 그러므로 관여도는 ① 개인 — 혈액형, 소득, 문화, 제품, 나이, ② 제품 — 지각적 위험(perceived risks) 정도에 따라 달라짐[8] — 신체적 위험, 성능

---

[8] 소비자들의 특정한 제품브랜드에 대한 지각된 위험을 감소시키는 방법은 ① 정보탐색을 확대시킨다, ② 기존에 만족했던 브랜드나 친구들이 추천한 브랜드 구매, ③ 유명한 브랜드 선택, ④ 자신이 신뢰하는 숍(shop) 이용, ⑤ 소량으로 구입 사용, ⑥ 보증의 내용이 많고 장기보증기간의 브랜드 선택, 반면에 마케터는 자사 브랜드를 구매하려는 소비자들의 지각된 위험을 감소시키기 위해서 농산물 수확체험, 주말농장 대여(귀농·귀촌), 시식(시식), 시음(음료), 무료 샘플(화장품), 환불 혹은 교환보증(가전 및

위험, 심리적 위험, 사회적 위험, 재무적 위험, 시간손실위험, ③ 상황의 함수로 생각해야
한다.

(2) 태도

태도(attitude)란 [그림 5-1]과 같이 특정 사물이나 아이디어에 대하여 지속적으로 가지
게 되는 호의적 및 비호의적인 평가, 느낌, 그리고 행동경향을 말한다. 그런데 태도는 좋
아함, 싫어함과 같은 감정적 요소로만 개념화하는 것이 보다 일반적이다.

소비자의 태도형성과 관련하여 여러 가지 이론 혹은 견해가 제시되었는데, 가장 전통
적인 견해는 인지적 학습이론(cognitive learning theory)이다. 이 이론에 의하면 소비자는
직접경험 혹은 외부정보에 기초하여 제품브랜드 속성들에 대한 신념을 형성하고 이를 바
탕으로 전반적인 태도가 결정된다. 인지적 학습이론에 근거하여 Fishbein 태도모델9)과
속성 만족도 – 중요도 모델들이 개발되었다.

한편, 소비심리학자들은 소비자가 광고에 노출되어 그 브랜드에 대한 태도를 형성하는
데 있어서 그 브랜드에 대한 속성신념(attribute beliefs)뿐만 아니라 광고에 대한 태도
(attitude toward the ad)에 의해 많은 영향을 받는다는 사실을 발견하였다. 즉, 소비자는
광고를 즐기고 호감을 갖게 되면 그 특징이 어떻든 그 브랜드에 호의적 태도를 형성할 수
있다는 것이다. 이러한 광고태도의 영향력은 특히 저관여 소비자에게서 강하게 나타날
수 있다. 이 견해와 유사한 것으로 정교화가능성모델(ELM; elaboration likelihood model)
은, 고관여 소비자는 광고의 요소들 중 주로 메시지 주장내용에 의해 영향을 받고 저관여
소비자는 주로 광고 분위기, 음악, 모델 등에 의해 영향을 받는다고 한다. 실제적으로 고
관여 소비자들은 고학력수준의 고소득층, 그리고 전문 직업을 가진 소비자들이므로 기업
은 합리적이고 이성적인 광고 메시지로 어필하는 것이 바람직하다. 반면 저관여 소비자

생필품), 수리보증(시계업계), 할인쿠폰(사우나, 헬스클럽), 신차시승(자동차업계) 등 다양한 체험 방
법을 강구한다.
9) 제품브랜드에 대한 태도가 제품브랜드의 중요한 속성들에 대한 개인의 신념들(salient beliefs)과 이들
신념에 대한 평가에 의해 결정되는 것으로 간주한다. 가령, 어떤 소비자가 커피 구매 시 커피의 맛과
향을 중요한 제품속성으로 생각한다면, 그 소비자의 특정 브랜드 커피에 대한 태도는 그 커피의 맛과
향에 대한 신념과 이들에 대한 평가에 의해 결정된다. 즉, 대상에 대한 태도는 어떤 제품브랜드의 속성
에 대한 소비자의 신념의 강도와 어떤 속성에 대한 소비자의 평가이다.

들은 본인들이 좋아하는 광고모델이 나왔을 때, 비록 그 제품이 마음에 들지 않더라도 그 모델을 보고 구입하는 경향을 찾을 수 있다.

소비자는 광고에 노출되어 정보처리를 하는 동안에 자연스럽게 여러 가지 생각이나 느낌을 가질 수 있다. 이러한 생각과 느낌은 인지적 및 정서적 반응으로 표현되는데, 제품태도형성에 상당한 영향을 미치는 것으로 받아들여진다. 즉, 긍정적 생각·느낌이 많을수록 긍정적 제품태도가, 부정적 생각·느낌이 많을수록 부정적 제품태도가 형성될 수 있다.

[그림 5-1]에서 태도는 의사결정과정에서 구매전 대안평가의 결과, 그리고 정보처리과정에서 지각에 따라 생성되는 것으로 나타나 있다. 즉, 태도는 대안평가 혹은 정보처리결과가 집약된 것을 말한다. 태도는 소비자행동연구에 있어서 구매결정에 가장 큰 영향을 미치는 변수로 받아들여지고 있으며, [그림 5-1]에서 대안의 평가 그리고 태도 다음의 단계가 구매로 나타나 있다. 또한 태도는 기억 속에 저장됨으로써 차기 구매시 소비자는 효율적으로 대처할 수 있게 된다. 이는 [그림 5-1]에서 태도로부터 기억으로의 화살표로 표시되어 있다.

(3) 개성

개성(personality)은 개인을 특징짓는 지속적이며 일관된 행동양식(behavioral style)을 말한다. 따라서 사람들의 각기 상이한 개성은 구매행동에 영향을 미친다. 개성을 설명하는 이론으로는 심리분석이론, 사회심리이론, 특성이론, 자아개념이론 등이 있다.

여기에서는 심리분석이론(psychoanalysis theory)과 사회심리이론만을 다루기로 한다. 심리분석이론의 초점은 식욕, 성욕과 같은 원초적이고 충동적 욕구인 id, id의 본능적 충동과 superego의 윤리적 금지 사이를 중재하는 ego, 도덕적·윤리적 행위규범의 내적 표현으로 개념화되는 superego 간의 상호작용이 무의식적인 동기를 유발하며, 무의식적인 동기는 인간행동으로 구체화된다는 것이다. 그리하여 이 이론은 과거의 동기 연구에 상당한 영향을 미쳤다. 사회심리이론은 심리분석이론과는 달리 개성 형성의 중요한 변수로 사회적 변수를 고려하며 의식적 동기를 중요시 여긴다. 이 분야의 한 연구자는 개성을 순응형, 공격형, 그리고 고립형으로 구분하였다. 또한 이러한 구분을 브랜드마케팅에 적용시킨 결과 개성유형에 따라 특정 제품브랜드를 소비하는 양이 차이가 나는 것으로 나타났다. 구체적인 예로 순응형의 사람들은 구취제거제, 비누, 아스피린을 많이 소비하는 것으로 나타났는데, 아스피린은 일반적으로 다른 사람들에 의하여 널리 소비되는 유명 브랜드이기 때문인 것으로 추정된다. 공격형의 사람들은 aftershave lotion을 많이 소비하고, 고립형의 사람들은 비교적 차를 마시고 맥주를 적게 마시는 것으로 나타났다.

(4) 라이프 스타일

라이프 스타일(lifestyle)은 개인의 동기, 사전학습(prior learning), 사회계층, 인구통계적 특성 등 여러 가지의 함수이며 개성과 가치를 반영하는 것으로, 살아가는 방식을 말한다. 라이프 스타일은 개인마다 독특한 생활패턴(a unique pattern of living)이며 소비행동에 영향을 미친다. 그러므로 오늘날의 많은 제품은 라이프 스타일 제품브랜드라 할 수 있다. 라이프 스타일의 조작적 측정도구로서 사이코 그래픽스(psychographics)가 있는데, 이는 보통 행동, 관심, 의견(AIO, activity, interest, opinion)을 측정하는 항목들을 말한다. 그리하여 소비자의 라이프 스타일은 AIO 항목들을 수십 혹은 수백 개의 진술로 표현하여 응답자에게 제시하고 응답자로 하여금 그 진술에 대한 동의 정도를 나타내게 함으로써 측정된다. AIO 진술은 일반적인 것과 구체적인 것으로 나눌 수 있는데, 전자는 일반적 행위, 관심, 의견에 관한 것이고 후자는 특정제품 혹은 서비스와 관련된 것이다.

라이프 스타일은 마케팅에서 특히 시장세분화 변수로서 점차 많이 활용되고 있다. 실제적인 예로 어린이 세대들은 캐릭터 용기의 탄산음료 등을 주로 찾고, 젊은 대학생 세대들은 이온음료(포카리스웨트, 게토레이, 파워에이드)를 선호하며, 건강을 생각하는 50대 이상의 중후반 세대들은 기능성 음료들(내몸에 발효 뽕잎차, 홍삼원, 인삼한뿌리, 헛개차)에 호감을 둔다. 또한 사회생활을 하면서 술자리를 피할 수 없을 때, 선호하는 숙취해소의 속풀어유(푸르밀), 모닝케어(동아제약), 컨디션(CJ), 레디큐(한독) 등 기능성 음료를 선호하는 것도 일종의 라이프 스타일의 한 형태로 볼 수 있다.

(5) 학습

학습(learning)이란 '연습이나 경험의 결과로 생기는 비교적 지속적인 유기체의 행동변화'를 말한다. 즉, 어떤 대상에 대한 소비자의 신념이나 태도가 처음으로 형성되거나 기존의 신념이나 태도가 변화되어 행동에 영향을 미치는 것을 의미한다. 학습은 사고과정에 의하여 이루어진다는 인지적 학습이론(cognitive learning theory)과 자극과 반응의 연결에 의하여 이루어진다는 행동주의 이론(behavioral learning theory)이 있다.

인지적 학습이론은 소비자가 어떤 제품군에 대한 관여도가 높을 때 의사결정을 위한 정보탐색 및 처리과정에서 상당한 인지적 노력을 기울여야 비로소 대상에 대한 신념이나 태도가 형성 · 변화될 수 있는 과정을 말한다. 따라서 인지적 학습이론은 소비자의 상당한 사고과정을 통하여 학습이 이루어짐을 알 수 있다. 즉, 소비자는 어떤 제품이나 브랜드를 평가하려고 할 때, 그 제품이나 브랜드와 관련된 과거의 경험이나 평가 당시 제공되는 외부정보를 토대로 하여 제시된 여러 대안에 대한 신념을 형성하거나 태도를 형성하고 그것이 구매행동에 영향을 미친다는 것이다.

반면, 학습에 대한 행동주의적 접근에는 초기의 고전적 조건화와 후기의 수단적 조건화가 있다. 고전적 조건화(classical conditioning)이론은 파블로프(Pavlov)의 조건반사에 그 토대를 둔다. 가령, 각 지방자치단체마다의 친환경 농산물 공동브랜드에 대한 광고 · 홍보들이 소비자들로 하여금 좋은 느낌을 가질 수 있도록 유명한 탤런트를 등장시키거나 친환경적 메시지 등의 광고에 반복적으로 노출한다면, 특정한 지역의 농산물 공동브랜드 자체에 좋은 태도를 가질 수 있다. 이것이 바로 고전적 조건화이론에 의해 설명될 수 있다. 수단적 조건화(instrumental conditioning)이론은 스키너(Skinner)의 실험에 기초한 것이다. 가령, 소비자는 생산농가의 직거래 장터를 통해 유통가격을 흡수한 가격의 제시, 시음, 시식 등의 유인을 제공하면 그 자리에서 농산물을 시용(trial)할 수 있는데, 시용 결과가 만족스러우면 재구매가 유발될 수 있다. 이러한 소비자의 행동은 수단적 조건화로써 설명이 가능하다. 고전적 조건화와 수단적 조건화이론은 고관여 소비자보다 저관여 소비자의 행동을 설명하는 데 비교적 적절하다고 할 수 있다.

(6) 인구통계학적 특성

인구통계학적 특성은 연령, 성별, 직업, 교육, 소득수준, 가족 수, 주거형태, 혼인여부, 혈액형, 거주지역 등으로 소비자 행동 및 마케팅전략 수립에 중요한 요인으로 작용한다. 특히 인구통계학적 특성 가운데 소비자의 연령은 시장세분화에 가장 널리 활용되며, 연령별로 소비자를 세분화하여 표적시장선정과 포지셔닝전략을 강화하는 데 유용하다. 이러한 예로, 신세대는 기성세대와 달리 시대에 따라 세태에 따라 달리 불리는 젊은 세대의 명칭들로서, X[10], Y[11], N[12]이라고도 부른다. 또한 연령별로 시장세분화와 표적시장선정을 통해 마케팅전략을 실행하는 여러 화장품 회사들을 쉽게 찾아볼 수 있다.

최근 '혼족'의 등장으로 많은 관심을 받고 있다. 혼족은 '혼자'라는 글자와 공통된 생활양식을 지닌 사람들이라는 뜻의 '족'을 합쳐서 만든 신조어이다. 1인가구의 증가로 2010년대부터 시작된 신조어로 새로운 생활양식의 사람들을 말한다. 혼족은 혼밥, 혼술, 혼놀 등으로 세부적으로 나누어진다. 일종의 새로운 신규시장에 해당된다.

1.4. 환경적 영향요인

(1) 문화와 사회계층

소비자의 구매행동은 [그림 5-1]과 같이 심리적 요인뿐만 아니라 문화와 사회계층 등의 거시적 사회요인들에 의해서도 강하게 영향을 받는다. 문화(culture)란 '한 사회가 직면하

---

10) 뜻대로 행동, 그래서 어디로 튈지 모르는 럭비공 같은 세대, 90년대 중반에 가장 많이 쓰였던 명칭이다. 65~76년에 태어난 세대로 여러 면에서 N세대와 비슷한 속성을 지니고 있다. 물질적인 풍요 속에서 자기중심적인 가치관을 형성했고 처음 TV의 영향을 받다가 점차 컴퓨터에 심취하기 시작했다. X세대라는 말은 캐나다 작가 더글러스 커플랜드의 소설 「제너레이션 X」에서 유래됐다. 기성세대인 베이비붐세대(1945~1964년 출생)와 상당히 이질적인 형태를 보이고 있지만 "마땅하게 정의할 용어가 없다"는 뜻에서 X라는 글자가 붙여졌다.

11) 튀는 패션에 쇼핑을 즐기는 새 천년시대의 주역이 될 세대, Y세대는 지난 97년 미국에서 2000년, 즉 Y2000에 주역이 될 세대를 이렇게 부르면서 생겨난 용어다. 보험회사 프루덴셜사가 미국 청소년들을 대상으로 실시한 지역사회봉사활동 실태조사보고서에서 처음으로 사용했다. 밀레니엄세대라고도 불리며 베이비붐세대가 낳았다고 해서 에코세대(메아리세대)라고도 한다. 나이로는 13~18세 정도여서 "1318세대"라고 부르기도 한다. Y세대는 X세대의 특성을 거의 그대로 수용하고 있지만 생활양식 면에서 차이를 보이고 있다. X세대는 패션이 튀고 대중문화에 열광하면서 자기주장이 강하며, 다소 충격적인 모습을 보여주는 세대이다. 그에 비해 Y세대는 조금 다른 특징을 갖고 있다. 대부분 컴퓨터를 보유하고 서구식 사고나 생활방식에 거부감이 없으며 쇼핑을 즐기는 세대다. 유행에 민감하고 소비일변도의 세대여서 기업의 마케팅 전략차원에서 X세대라는 말을 버리고 Y세대라는 새로운 이름이 붙여졌다고 보는 이도 있다.

12) 가상공간을 무대로 자유분방하게 살아가는 인터넷 세대, 바로 요즘 세대를 지칭한다. 인터넷 제너레이션(internet generation)을 줄인 말로 미국의 사회학자 돈 탭스콧이 97년에 쓴 그의 저서 「디지털의 성장: 넷세대의 등장」이라는 책에서 처음 사용했다. 돈 탭스콧은 N세대를 "디지털기술, 특히 인터넷을 아무런 불편 없이 자유자재로 활용하면서 인터넷이 구성하는 가상공간을 생활의 중요한 무대로 자연스럽게 인식하고 있는 디지털적인 삶을 영위하는 세대"로 규정했다.

였던 환경에 적응하며 생활하였던 방식'을 말한다. 즉, 소비자가 속한 사회구성원들이 공유하는 관습, 가치관, 라이프 스타일, 도덕 등의 복합체로서 소비자가 어떤 상황에서 취하게 될 적절한 생각이나 행동이 무엇인지를 알려주는 지침을 제공해 준다.

문화의 구성요소들 중 특히 개인적 가치는 개인의 태도와 행동에 강한 영향을 미치며, 개인적 가치 중 사회구성원들이 공통적으로 보유하고 있는 가치를 문화적 가치라고 한다. 가령, 최근 사람들은 건강에 대해 관심이 커짐에 따라 친환경적 먹거리와 여가활동에 더 많은 가치를 부여함에 따라 주말농장, 여행이나 스포츠, 농촌체험, 관광레저에 대한 수요가 증대될 뿐만 아니라 여가시간을 늘리기 위하여 시간을 절약하여 주는 제품들, 즉 전자레인지, 자동세탁기, 즉석음식 등에 대한 수요가 증대되고 있다.

사회계층(social class)은 '한 사회 내에서 유사한 가치(values), 관심(interests) 및 행동 패턴(behaviors)을 공유하는 사람들로 구성된 집단'을 말한다. 사회계층은 직업, 학력, 재산, 소득, 가문, 사회적 유대관계 등에 의하여 결정되며, 높은 지위로부터 낮은 지위까지 수직적인 계층구조를 가진다. 사람들은 사회계층에 따라 보다 높거나 낮은 지위를 차지하지만 사회계층 간의 이동이 고정되어 있는 것은 아니다.

사회구성원들은 보다 높은 사회계층으로 올라가거나 낮은 사회계층으로 전락할 수도 있다. 사회계층 간에는 제품을 구매할 때 제품과 브랜드 선택에 차이를 보이는 반면, 같은 사회계층 내의 사람들은 일반적으로 유사한 구매행동을 보인다. 가령, 상류층들은 주로 고가의 명품을 구매하는가 하면, 서민층들은 주로 실용적이고 가격이 저렴한 제품을 구매하는 경향을 엿볼 수 있다. 특히 사회계층은 친환경 먹거리, 화장품, 향수, 의류, 가정용 가구, 레저활동, 그리고 자동차 등을 구매할 때 뚜렷한 제품 선호도와 브랜드 선호도를 찾을 수 있다.

(2) 준거집단과 가족

준거집단(reference group)[13]은 [그림 5-1]과 같이 '한 개인이 자신의 신념 · 태도 · 가치

---

13) 사회심리학에서의 '태도' 연구에 의하면, 개인은 스스로가 동일화하고 있는 특정한 집단규범에 따라 행동하고 판단하는 것이라고 하는데, 그때 그 집단을 개인의 준거집단이라고 한다. 준거집단이라는 말은 1942년 미국의 사회심리학자 허버트 하이먼(Hyman, H. Herbert)의 논문 「지위의 심리학」에서 처음 사용되었다. 하이먼에 따르면, 지위와 태도 · 행동 · 사회적 전망 등과의 사이에는 여러 가지 관련성이 있는 것이며, 이 논문에서 다룬 '주관적 지위'는 어떤 사람이 다른 여러 개인과의 관계에서 파

및 행동방향을 결정하는 데 준거기준으로 삼고 있는 사회집단'을 말한다. 구체적으로 가족, 친구, 이웃, 직장동료 등과 같이 일상적으로 만나서 직접적인 영향을 미치는 집단을 1차 준거집단(primary group)이라고 하며, 동창회·협회·학회 등과 같이 비정기적으로 만나면서 간접적인 영향을 미치는 집단을 2차 준거집단(secondary group)이라고 한다. 또한 사람들은 자신이 속해 있지 않지만 속하기를 바라고 있는 집단에 의해서도 영향을 받고 있는데, 이러한 집단을 선망집단(aspiration group)이라고 한다. 가령, 청년농부들은 성공한 기업농 CEO 집단을, 일반밤 유통업체 사장은 전문적 밤가공 식품회사를 경영하는 CEO를 동경하는 경우이다. 개인이 탤런트를 꿈꾼다고 할 때 탤런트 선망집단 구성원들의 행동을 모방하는 경향을 찾아볼 수 있다.

가족(family)은 소비자의 구매행동에 가장 큰 영향을 미치는 사람은 바로 가족구성원들이다. 가족이란 '부부를 중핵으로 그 근친인 혈연자가 주거를 같이하는 생활공동체'를 말하며, 한 가족의 구성원으로서 제품 구매 시 다른 가족구성원의 영향을 받는 경우가 많다. 가족구성원들은 가족 전체가 소비·사용하는 제품뿐만 아니라 개인이 소비·사용하는 브랜드제품의 구매에도 서로 영향을 미친다.

가족의사결정에 있어서 구성원들은 역할구매에도 서로 영향을 미친다. 가족의사결정에 있어서 구성원들은 역할에 따라 정보수집자, 영향력 행사자, 의사결정자, 결제자, 구매담당자, 그리고 사용자로 나눌 수 있다. 가족의사결정연구에서 특히 중요시되는 것은 의사결정에 대한 남편과 아내의 상대적 영향력이다. 남편과 아내의 상대적 영향력은 제품유형, 의사결정단계, 결정유형, 그리고 가족의 특징에 따라 다르다. 남편이 아내보다 교육수준, 소득, 신분이 높을 때 남편지배적인 경향이 있는 것으로 알려져 있지만, 최근에는 부부간에도 남편보다 아내의 영향력이 커지고 있고, 부모보다 자녀의 영향력이 증대하고 있다. 가령, 자동차를 구입하고자 할 때, 과거에는 가정에서 남편의 의도대로 좌지우지되었지만, 지금은 정보수집자(남편, 아내, 자녀로 영향력 분산), 영향력 행사자(아내, 자녀), 의사결정자(아내), 구매 및 결제담당자(아내), 사용자(남편)로 가정의 영향력 구조가 집

악한 자기 자신의 위치에 대한 견해를 가리키는 것이었다. 준거집단은 소속집단과 중복되는 경우도 있으나 반드시 그 집단의 성원은 아닐 수도 있으며 또 그렇게 되기를 원하지 않을 수도 있다. 적극적 준거집단은 준거집단과 같은 의미이며 소극적 준거집단은 거부나 반대의 준거기준으로 삼는 집단을 말한다. 미국의 사회학자 R.K. 머턴은 준거집단은 개인에 대하여 두 가지 기능을 한다고 한다. 하나는 개인에 대하여 행위의 기준을 설정하는 기능이고, 또 하나는 개인이 자기 및 다른 사람을 평가할 때에 그 평가의 기준을 제공하는 기능이다.

권화에서 분권화로 변화하고 있다. 요약하면, 가족구매의사결정이 누구에 의해 주도적으로 이루어지고 있는가에 따라 기업의 브랜드마케팅전략이 달라질 수 있으므로 마케터에게 중요한 시사점을 제공해 준다.

(3) 구매상황

상황(situation)은 [그림 5-1]과 같이 '개인이 각기 이해관계를 가지고 밀접하게 관련되어 있는 현실'을 말한다. 그것은 단순히 자연법칙적인 세계가 아니라 생산적 의미를 가지며, 물리적임과 동시에 심리적이기도 한 구체적·역사적인 현실이다. 상황은 개인의 존재를 제한함과 아울러, 한편으로는 그 활동공간을 이루고, 우연적인 소여(所與)임과 동시에 다른 한편으로는 행위에 따라 바꿀 수 있는 면도 가진다.

최근 상황적 요인은 구매의사결정과정에서 의외의 변수로 작용하고 있다. 소비자가 특정한 제품브랜드에 대한 욕구가 발생하더라도 구매자의 재정적 능력부족, 사회적 규범, 시간적 제약, 기후 등으로 인하여 구매를 주저하는 상황도 발생하는 것이다. 가령, 어느 성공한 농부가 빨간색 양복이 마음에 들었더라도 특별히 외출할 때 정서상 착용하기는 곤란할 것이며, 술은 떠먹는 요거트 형태의 술보다 액체로 담겨 있는 술을 선호하는 이유도 짐작해 볼 수 있을 것이다.

(4) 커뮤니케이션

커뮤니케이션(communication)이란 언어·몸짓이나 화상(畵像) 등의 물질적 기호를 매개수단으로 하는 정신적·심리적인 전달·교류를 뜻한다. 소비자들은 마케터로부터 영향을 받을 뿐만 아니라 상호 간의 구전에 의하여 많은 영향을 받는다. 집단 내 구성원들 간의 구전 커뮤니케이션(word of mouth communication) 과정에서 특히 의견 선도자(opinion leader)의 역할은 매우 크다. 의견 선도자는 다른 사람들보다 매체 노출빈도가 높으며, 해당 제품브랜드 영역에 대한 관심과 지식이 비교적 많다. 또한 사교적이며 혁신적인 성향이 강하다. 따라서 마케터는 긍정적인 구전을 의도적으로 전파하기 위해 의견 선도자를 집중적으로 관리할 필요성을 갖는다.

한편, 기업은 계속적인 존속 발전을 위하여 신제품 브랜드를 지속적으로 개발하여야 하는데, 소비자들이 신제품 브랜드를 수용하는 과정을 이해하는 데 이론적 토대가 되는 것이 혁신의 확산(diffusion of innovation)이다. 신제품 브랜드는 특히 기존 제품브랜드에 비하여 상대적 이점이 클수록, 단순할수록, 잠재 소비자에게 용이하게 전달될수록, 잠재 소비자의 기존 신념과 관습에 잘 부합될수록, 그리고 소비자의 시용가능성이 클수록 비교적 용이하게 수용되는 경향을 볼 수 있다.

　[그림 5-5]에서와 같이 신제품 브랜드 수용자의 유형을 사용시점을 기준으로 혁신 소비자, 조기 수용자, 조기 다수자, 후기 다수자, 그리고 지각자로 구분할 수 있다(신제품전략에서 다시 다룸). 여기서 혁신소비자들은 모험적(venturesome)이기 때문에 신제품 브랜드 수용에 수반되는 위험을 기꺼이 감수하려는 경향을 가지고 있다. 조기 수용자는 소속 집단의 존경을 받는 자들로서 그들은 사회에서 의견 선도자 역할을 한다. 조기 다수자는 신중한(deliberate) 반면, 후기 다수자는 신제품수용에 의심이 많은 자(skeptical)들로서,

[그림 5-5] 신제품 브랜드 수용자의 유형과 특징

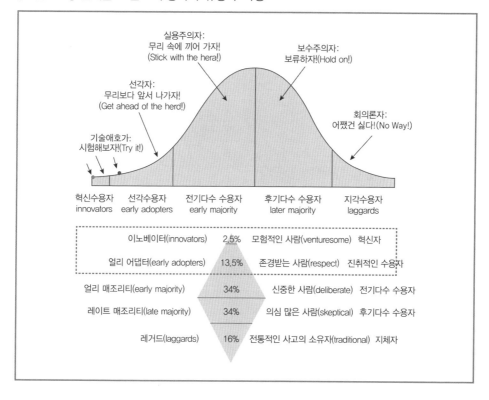

많은 사람들이 신제품을 수용한 후에야 구입하는 경향이 있다. 지각자는 전통에 얽매인 소비자들로서 변화를 거부하며 전통에 집착하므로 신제품이 완전히 소비자에 의해 수용 되어야만 그 제품을 구매하게 된다. 따라서 마케터는 신제품브랜드를 가장 먼저 수용하 는 소비자들을 대상으로 마케팅전략을 치밀하게 수립하여 효과적으로 공략할 필요성이 있다.

2절 산업재 브랜드의 구매행동

오늘날까지 개인 소비자의 욕구와 필요를 충족시키기 위한 소비 그 자체를 목적으로 제품이나 서비스를 구매하는 최종 소비자의 행동에 관한 연구는 다양하게 이루어지고 있 다. 그런데 소비를 목적으로 하지 않고 생산을 하거나 다시 판매할 목적으로 제품이나 서 비스를 구매하는 조직구매자에 관한 관심은 의외로 부족한 실정이다. 산업재 브랜드마케 팅의 기본성격은 기업 또는 조직이 다른 기업이나 조직을 상대로 하는 마케팅을 말한다. 따라서 본 절에서는 소비재 브랜드보다 훨씬 비중이 큰 산업재 브랜드에 관한 특징과 구 매의사결정과정을 이해해 보기로 하자.

2.1. 산업재 브랜드마케팅의 정의

산업재 브랜드마케팅(marketing of industrial products brand)은 소비재 브랜드보다는 구매과정에 초점을 맞추어야 한다는 점이 결정적인 차이이다. 쉽게 앞의 정의에 적합한 예를 들면 식자재 농업 경영체는 재생산 목적을 가지므로 산업재 브랜드로 간주할 수 있 으며, 이를 산업재를 생산하는 기업들에게 공급하거나, 자신들의 식자재 제품 또는 서비 스 생산에의 이용을 목적으로 기업체, 정부, 그리고 비영리기관에 서비스와 제품브랜드 를 판매하는 구매과정을 말한다.

앞의 정의(definition)를 구체적으로 정리해 보면, 첫째, 산업재 브랜드의 구매자는 다 양하다. 식자재라는 산업재 브랜드는 대기업만 구매하는 것이 아니라 정부기관, 학교기관, 비영리단체까지 구매하는 제품을 말한다. 둘째, 산업재 브랜드는 다양하게 사용된다. 가령, 삼성웰스토리(samsungwelstory.com)는 먹거리를 생산농가 또는 농업 경영체에서 조달하여 식자재를 엄격한 품질 기준에 따라 구매업체 특성(병원, 기업, 학교, 골프장, 프랜차이즈)에 따라 재포장하여 단체급식용으로 공급하기도 하고, 또는 푸드서비스로 병원, 기업, 학교, 골프장 등에 메뉴화하여 공급하는 경우도 있다. 또 다른 방법은 자체 푸드 브랜드(봄이 온 소반, 도담찌개, 우리 味각면, 고슬고슬 비빈)를 개발하여 직영점을 운영할 수도 있다. 이러한 차이가 있을 경우 각 구매자에게 강조해야 할 사항이 다를 수밖에 없다. 셋째, 본 정의의 초점은 구매과정이므로 소비재 브랜드로 흔히 인식되는 제품조차도 산업재 브랜드로 간주될 수 있다. 예를 들면, 라면도 정부가 군사용으로 조달할 때 소비재 브랜드보다는 산업재 브랜드의 성격을 띠게 된다. 이상과 같이 산업재 브랜드와 소비재 브랜드마케팅의 차이점을 정리하면 [표 5-1]과 같다.

[표 5-1] 산업재 및 소비재 브랜드마케팅의 차이

	소비재브랜드마케팅 (Consumer Marketing)	산업재브랜드마케팅 (Business Marketing)
고객	분산된 다수 → 시장점유율 (단순 판매 → 단기적 거래)	집중적 소수 → 고객점유율 (고객 유지 → 장기적 관계)
구매	개인/가족	조직(구매센터)
제품	표준화(제품 특징)	기술적 복잡성(제품 효익)
가격	정찰제	협상/입찰
유통	유통상(도소매상)	직접 유통(주문 생산), 파생수요
촉진	대중매체 광고(브랜드)	인적판매(시장 명성)

2.2. 산업재 브랜드 구매의사결정

(1) 구매상황

기업의 생존과 유지 차원에서 재생산목적으로 구매하고자 하는 부품, 소모품, 그리고 턴키베이스에 관한 산업재 브랜드 시장의 구매상황은 일상적인 의사결정에 해당되는 단순재구매(straight rebuy), 철저한 시장조사가 선결되어야 하는 신규구매(new task), 그리고 약간의 시장조사가 필요한 수정 재구매(modified rebuy)로 나눌 수 있다.

첫째, 단순재구매는 [그림 5-6]의 3/4분면에 해당되며 종전의 구매방식을 답습하여 반복 주문하게 되는 단순한 구매로, 구매담당자 선에서 업무가 이루어진다. 가령, 공장 내에 필요한 소모품(식자재, 음료, 생수, 다과)이 이에 해당되며, 기존에 연구소나 기술부서에서 승인된 고정밀 제품도 하자가 없을 때는 기존 관행대로 구매 담당자가 그 업무를 처리한다.

둘째, 신규구매는 [그림 5-6]의 4/4분면에 해당되며 기업이 신규 사업 또는 신제품 브랜드 개발을 추진하기 위해 처음으로 제품이나 서비스를 구매하는 상황을 말한다. 신규구매 상황에서는 비용이나 위험이 크면 클수록 의사결정 참여자의 수도 많아질 뿐만 아니라 정보수집도 광범위하게 이루어진다. 통상적으로 조직구조상에는 나타나지 않지만 제품 구매에 영향력을 가진 각 부서의 구성원들이 참여하는 구매센터(buying center)라는 비공식조직이 가동된다. 신규구매 상황에서 구매센터는 공급자의 명성, 공장위치, 제품 규격, 가격 한도, 지불 조건, 주문량, 인도시기 그리고 서비스 조건에 대해 평가하여 공급자를 선정한다.

셋째, 수정 재구매는 구매자가 제품의 규격, 가격, 인도조건 혹은 공급업자를 변경하고자 하는 구매상황을 말한다. 수정 재구매는 단순 재구매에 비하여 의사결정에 참여하는 사람의 수가 많으나 신규 재구매의 경우보다는 적을 수 있다. 그런데 수정 재구매가 발생하는 원인은 구매자가 기존 거래처의 품질이나 서비스 및 기타 거래상에 불편이 발생할

[그림 5-6] 산업재 브랜드 고객의 유형

		참여자의 수	
		개인	집단
조직유형	가족	개인구매	가족단위구매
	조직	조직구매자 (대리인)	구매센터

때 또는 구매자가 원가절감이나 제품개선을 위해 더 좋은 식자재를 조달하고자 할 때, 이제까지 수입 농산물을 조달하다가 국산화로 인하여 거래처를 변경하고자 할 때 발생한다. [그림 5-6]의 고객유형에서 보면 신규구매와 수정 재구매는 4/4분면에 해당된다.

(2) 구매의사결정과정의 참여자

[그림 5-6]에서처럼 소비재 브랜드를 구매할 때 그 제품의 관여 정도에 따라 가족 중의 한 사람 또는 가족이 공동으로 구매의사결정을 한다. 가족구매단위에서는 의사결정과정의 각 단계에서 가족구성원 상호 간에 서로 다른 영향을 미칠 수 있다. 더욱이 가족의 구성원들은 서로 상이한 구매역할을 하기도 한다. 즉, 어떤 구성원은 소비의 필요성(욕구발생, 문제인식)을 제기하며(발안자, initiator), 또 다른 구성원은 정보의 형태를 결정함으로써 정보통제자가 되거나 의사결정에 영향력을 행사하고(영향자, influencer), 다른 가족구성원들은 어떤 제품이 가장 적합한가를 결정하거나(결정자, decider), 구매자금을 대거나(지출자, financier), 제품브랜드를 구매하거나(구매자, purchaser), 혹은 사용할 수 있다(사용자, user). 그러므로 가족의 구성원들은 구매과정에서 전체의 욕구와 개개의 욕구가 상충되는 경우가 있어 갈등이 일어나기도 한다. 마찬가지로 산업재도 그 제품의 중요성과 구매습관에 따라 단순 재구매, 신규 구매, 수정 재구매의 취사선택을 결정한다. 단순 재구매는 구매센터의 역할이 필요 없으나 신규구매와 수정 재구매는 구매센터의 역할이 매우 중요하다. 실제적으로 대량 포장에서 소량포장의 개선을 위해 재료와 포장 자본설비의 구매에 있어 구매센터의 구성원들은 구매부서, 설계실, 경리부, 그리고 품질관리부서의 구성원들이 해당될 수 있다. 이러한 구매센터에는 구매의사결정과정에서 다섯 가지 역할을 담당하는 조직구성원들로 구성되어 있다.

첫째, 사용자(user)는 구입된 산업재 브랜드를 현장에서 직접 사용하게 될 조직의 구성원들로서, 이들은 많은 경우에 구매 제안을 주도하고 제품규격을 정하는 일을 담당한다. 주로 생산현장 및 연구소의 구성원들이다. 가령, 식품회사의 연구소가 여기에 해당된다.

둘째, 영향자(influencer)는 구매조직의 내부나 외부에서 직·간접적으로 구매결정에 영향을 미치는 구성원들이다. 이들은 제품규격을 선정하는 데 관여하거나 대체적 안을 평가하는 데 필요한 정보를 제공하기도 한다. R&D부서나 기술부서에 근무하는 사람들이 이러한 역할을 주로 수행한다. 따라서 산업재 브랜드를 영업하는 마케터는 신제품 브랜드를 판매하기 위해 그 조직의 어떤 부서가 영향력이 있으며, 어떤 사람을 만나야 하는지를 파악한 후 핵심인물을 접촉하여 거래의 물꼬를 트는 노력이 필요하다.

셋째, 의사결정자(decider)는 구매할 제품브랜드나 공급업자를 선택 혹은 승인할 수 있는 공식적 혹은 비공식적 권한을 가지고 있는 구매센터 구성원들을 말한다. 여기에서는 제품에 대한 기술적 특성들을 평가하고 거래처의 평판 등도 평가의 중요한 잣대로 작용한다. 그런데 일상적인 구매는 구매부서에서 결정하지만 고도의 정책적 판단이 요구될 때는 최고경영자(CEO)에게 그 권한이 위양된다.

넷째, 구매자(buyer)는 구매센터에서 승인된 제품에 대하여 구매조직 내에서 실제로 공급업자를 선택하고 구매조건에 대하여 협상 및 결정할 수 있는 공식적 권한을 가지고 있는 사람을 말한다. 이들은 제품규격을 결정하는 데 도움을 줄 수 있으나 그들의 주된 역할은 공급업자를 선정하고 이들과 거래와 관련하여 협상한다. 그런데 구매센터에서 구매의 원활한 조달을 위해 복수의 공급자를 선택했을 때 주문량의 결정에 관해서는 결정적으로 구매자의 영향력 안에 있다. 따라서 산업재를 영업하는 마케터는 R&D부서의 엔지니어 못지않게 구매자와도 원만한 관계를 형성해 두는 것이 바람직하다.

다섯째, 정보통제자(gatekeeper)는 구매와 관련된 정보의 흐름을 관리하는 사람들을 말한다. 가령, 구매담당자는 산업재 브랜드를 판매하는 회사의 마케터들이 자사 내의 산업재 사용자나 의사결정자와 직접 접촉하는 것을 막을 수 있는 권한을 갖고 있다. 정보통제자의 역할은 기술부문의 직원이나 개인비서들이 담당하고 있으나 사실 산업현장에서는 현실성이 없는 경우가 많다.

(3) 산업재 구매의사결정과정

산업재 구매의사결정과정은 [그림 5-7]에서와 같이 일반 소비재 구매보다 공식적이며 구매과정 단계가 추가되어 복잡하다. 첫째 단계인 문제인식은 소비재 구매와 같지만 산업재 구매의 2단계와 3단계를 볼 때, 산업재 구매에 대한 분석이 얼마만큼 체계화되었는지를 말해주고 있다. 산업재 구매자들은 소비재와 달리 특정제품에 대한 전문적 식견을 갖고 있고 직업적으로 구매를 하기 때문에 각별한 관여와 관심을 가지고 이를 수행한다. 값비싼 내구재를 구매할 때 많은 정보와 대안을 고려한 다음에 구매를 하게 된다. 단계 7과 8은 구매 후 기업과 고객 간의 관계가 지속적으로 유지될 수 있다는 것을 시사한다. 이러한 체계는 기업지향마케팅의 절차와 전략을 말해준다. 즉, 기업고객에 대한 접근방법은 각 단계별로 차별화되어야 하며 각 단계마다 강조사항과 대상이 달라지게 된다.

의사결정의 또 다른 의미는 구매의 유동성이다. 구매단계가 진전될수록 구매의 성격은 고착된다. 즉, 구매에 영향을 미칠 수 있는 기회가 점점 적어지므로 마케팅하고자 하는 기업은 시도를 서둘러야 한다. [그림 5-7]에서 보듯이 기회의 범위는 단계 1이 제일 넓은 반면 단계 8이 제일 좁다. 마찬가지로 [그림 5-8]에서처럼 반복구매상황에서 조직의 구매자는 거래처와의 신뢰에 기반한 협력의 구축으로 새로운 정보의 탐색활동이 둔화되고, 가급적이면 기존 거래처와의 밀월관계를 유지시키려는 관성에 젖어들게 됨에 따라 신규업체가 거래의 물꼬를 튼다는 것은 현실적으로 매우 불가능하다. 반면에 문제인식단계에서 문제를 인지시키는 제조업체는 상당히 유리한 고지에 설 수 있다. 다시 말해서 구매의 사양서를 제조기업 쪽으로 유도하여 선택의 가능성을 높일 수 있는 것이다.

[그림 5-7]의 산업재 구매의사결정과정의 단계별 특징은 다음과 같다.

[그림 5-7] 산업재 브랜드 구매의사 결정과정 및 기회의 범위

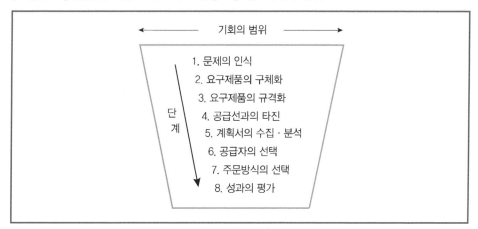

1) 문제의 인식

[그림 5-8]에서처럼 조직의 구성원으로부터 제품 및 서비스의 필요성과 문제를 제기하는 데서부터 시작된다. 문제의 인식은 기업내부 및 외부의 자극으로부터도 발생한다. 구체적인 예로 기업내부에서 신제품개발을 계획할 때 기업은 신제품을 생산하기 위해 제조설비나 원자재 등을 구입해야 할 인식이 제기되며, 기존설비의 노후화로 대체의 필요성

[그림 5-8] 고객행동의 동태적 모델

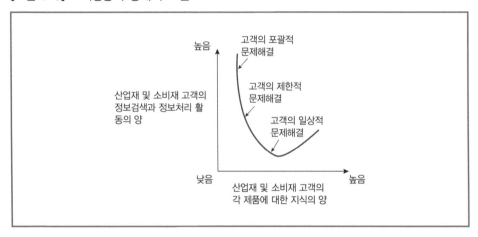

이 제기되는 경우 또는 기존거래처의 제품품질에 하자가 발생되었을 때를 고려해 볼 수 있다. 외부의 자극으로는 기존의 수입거래처에서 조달하던 물품이 국산화로 수입대체 및 원가절감효과를 동반할 때 또는 전문잡지의 신제품광고를 접하고 기업내부의 경제적 도움이 될 경우를 상정할 수 있다. 실제적으로 개성공단 가동이 정지되었을 때, 그곳에 입주해 있던 식품기업들은 국내의 신규업체들을 수배하는 등 큰 혼란을 낳은 경우를 들 수 있다.

2) 요구제품의 구체화

조직구성원이 생산 및 신제품개발을 위해 특정제품의 필요성이 제기된 이후 구매담당자는 필요로 하는 제품의 특성이나 수량을 구체화하는 작업을 거친다. 이 단계에서 표준화된 제품은 별문제가 되지 않으나 복잡한 제품사양(specification)일 때는 구매센터의 연구부서, 기술부서, 품질부서, 사용자 등과 공동작업으로 요구제품을 구체화하여야 한다. 또한 제품에 요구되는 신뢰성, 내구성, 가격 및 기타 바람직한 특성들에 대한 속성의 중요도 순위를 결정한다. 이 단계에서 산업재 브랜드 마케터는 구매자들이 필요로 하는 요구제품의 구체화를 위해 다양한 정보와 기술적 컨설턴트를 해줌으로써 산업재구매자와의 호의적 관계를 설정할 필요가 있다. 이러한 예로는 브랜드를 가진 식품기업이 전문협력기업들에게 다양한 제품사양을 통해 제조된 맞춤사양이 적격으로 판정될 때, 향후 OEM 생산체제를 가질 수 있다.

3) 요구제품의 규격화

산업재 구매조직은 필요한 품목들의 기술적 특징과 수량에 대한 대체적인 윤곽이 결정되면 해당 품목들에 대한 구체적이고 기술적인 규격화를 정하여야 한다. 이 단계에서는 가치분석 엔지니어링팀의 도움이 필요하다. 가치분석은 구매기업의 신제품개발이나 기존제품의 개선을 위해 부품을 재설계, 표준화하여 원가를 절감할 수 있는 방법을 찾아내는 기법으로서, 공급자의 도움이 절대적이다.

4) 공급처와의 타진

구매센터에서 요구제품의 규격화가 결정되면 그 제품을 공급할 수 있는 여러 공급자를 탐색한다. 공급업자를 선정하는 방법으로는 기존거래처, 공급 가능한 업체들에 대한 산업계의 평판, 정부기관이나 협회 등을 통해서 자료를 수집할 수 있다. 보통 특정품목을 공급할 수 있는 공급자는 많으나 특히 구매자에게 장ㆍ단기적으로 협력이 가능한 공급처를 물색해야 한다. 공급자의 마케터는 구매자가 어떤 구매정보를 필요로 하는가를 파악하고 자사제품의 공급을 위해 자사의 능력을 설득력 있게 어필할 필요가 있다.

5) 계획서의 수집 및 분석

구매자는 일단 잠재공급처 목록에 들어가 있는 유자격 공급자들에게 견적을 제출토록 요구한다. 공급자 사정에 따라 카탈로그를 보내거나 마케터를 직접 방문토록 할 수 있지만 품목이 복잡하고 고가일 때는 서면견적이나 제안서(presentation)를 설명토록 요청한다. 이때 마케터는 구매자들의 제안서 요청에 대해 효과적으로 대응할 수 있도록 조사, 제안서 작성, 발표기술을 갖추고 있어야 한다. 여기서 제안서는 기술적인 내용뿐만 아니라 자사제품이 채택될 수 있도록 마케팅적 내용을 담은 문서가 되어야 한다. 제안서의 발표는 구매자들에게 파트너로서의 확신을 심어줄 필요가 있으며, 경쟁자들로부터 자사의 역량이 뛰어남을 어필하여야 한다.

6) 공급자의 선택

구매센터의 구성원들은 제안서를 검토한 후 공급자를 선택한다. 공급자를 선택할 때 구매센터는 바람직한 공급자 특성들을 열거하고 그들의 상대적인 중요도를 기입한 목록을 작성한다. 일반적으로 구매담당자들이 공급업자와 고객 간의 관계에서 가장 중요하게 생각하는 항목들은 제품이나 서비스의 품질, 가격, 연구개발능력, 생산시설 등이다. 그 외에 중요한 항목들로는 협조와 조언, 관리시스템, 입찰, 고장수리능력, 공급사의 위치, 회사의 경력, 명성, 도덕 및 법률적 문제 등이 있다. 구매센터의 구성원들은 각 공급업자들을 각 항목들에 대하여 평가하여 가장 우수한 업체를 선택한다.

7) 주문방식의 선택

공급자 선정이 마무리되면 주문명세서(order routine specification)를 작성하여야 한다. 여기에는 기술명세서, 필요한 수량, 원하는 배달시기, 반품정책 그리고 품질보증 등의 내용이 포함되어야 한다. 보전, 수선 및 운영용 품목은 주기적인 주문보다는 일괄계약 (blanket contracts)을 하는 경향이 있다. 일괄계약은 정해진 기간 내에 정해진 가격으로 구매자가 요구할 때마다 계약품목을 공급해 주는 장기적인 관계를 말한다. 이러한 일괄계약은 재고가 필요할 때마다 구매협상을 다시 하여야 하는 번거로움을 제거할 수 있으며, 소규모로 구매할 수 있기 때문에 재고수준을 낮추고 운송비용을 절감할 수 있는 이점을 얻을 수 있다. 구매기업은 공급업자와 강력한 협력관계를 맺으며, 공급업자가 가격과 서비스에 대해 불만을 갖지 않는 한 신규공급업자가 참여할 수 있는 기회가 줄어들게 된다.

8) 성과의 평가

구매자가 특정 공급업자와의 거래실적을 평가하는 단계이다. 성과검토를 통하여 기존의 공급자들과 지속적으로 계약을 하거나 조정을 하거나 재계약을 하지 않는 등의 선택을 하게 된다. 공급자들은 구매자들이 구매 후 만족을 하고 있는지에 대한 지속적인 검토가 요구되고 구매자 자신의 구매에 대한 확신을 심어줄 수 있는 마케팅노력을 기울여야 한다.

이상에서 설명한 구매단계는 신규구매상황에서 전형적으로 발생하는 구매과정이다. 그러나 수정 재구매와 단순 재구매는 이와 같이 구매단계를 축소하거나 몇 단계를 생략할 수가 있다. 어떤 경우에는 몇 단계가 더 추가되는 수도 있다. 그러나 상술한 여덟 단계의 산업재 구매과정은 산업재를 구매하는 데 필요불가결한 단계를 일반적으로 설명해 주고 있다. 산업재 마케팅은 매력적인 분야이며, 가장 핵심단계는 고객의 욕구와 구매절차를 파악하는 일이다. 이러한 지식을 가질 때 산업재 마케터는 효과적인 마케팅계획을 수립할 수가 있을 것이다.

■ 소비자 구매심리를 자극하는 전략

□ 편승효과(bandwagon effect)

현실세계에서는 단순히 다른 소비자들이 어떤 상품을 많이 소비하고 있다는 이유만으로 그 상품을 덩달아 소비할 때가 많다. 이와 같이 한 소비자의 수요가 다른 소비자들의 소비에 편승하여 이루어질 때 편승효과(bandwagon effect)라 한다. 우리 속담에 '친구 따라 강남 간다'와 일맥상통한다고 볼 수 있다.

이에 대한 한 가지 좋은 예는 우리 가정의 어린 자식들을 위한 우유의 수요이다. 어떤 저온상균의 우유가 유행하게 되면 우리 어머니들은 유행에 뒤질세라 그 저온살균 우유를 구입하는 것을 흔히 볼 수 있다. 그 밖에 '허니버터칩', '꼬꼬면'도 이와 유사한 현상들의 본보기이기도 하다.

□ 백로효과

백로효과(snob effect)는 특정 상품 브랜드에 대한 소비가 증가하면, 그에 대한 수요가 줄어드는 소비현상을 말한다. 편승효과와는 정반대의 개념이다. 다른 사람들이 어떤 상품을 많이 소비하고 있기 때문에 자기는 그 재화의 소비를 중단하거나 줄인다. 백로효과는 자기가 다른 사람들과는 격(格)이 다르다는 것을 과시(誇示)하고자 할 때 나타난다. 즉, 남들이 구매하기 어려운 값비싼 브랜드를 보면 오히려 사고 싶어 하는 속물근성에서 유래한 경제용어이다.

과거 정부는 농가의 생산소득을 위해 통일벼 생산을 장려하였던 시절이 있었다. 농가의 소득은 증가되는 한편에는 통일벼로 정미한 쌀이 품격이 낮은 쌀이라고 생각하고, 일부 소비자들은 식미(食味)가 좋은 추청, 삼광, 운광, 일품이라든지, 고시히카리, 히토메보레, 아끼바레 쌀로 전환 구입하는 사례들이 늘어났다. 따라서 백로효과가 있으면, 그것이 없을 때보다 개별수요는 작아지고, 시장수요 또한 작아진다.

백로효과도 편승효과와 마찬가지로 개별 소비자가 시장수요를 예측하고, 예측된 시장수요에 근거하여 개별수요를 결정한다고 상정할 수 있다. 백로효과는 명품을 소비할 때 흔히 나타나는 현상이며, 자신은 남과 다른 백로라고 생각한다고 하여 속물효과, 통뼈효과, 청개구리효과라고도 한다. 백로효과는 우리 속담에 '까마귀 노는 곳에 백로야 가지 마라'의 의미로도 비유할 수 있다.

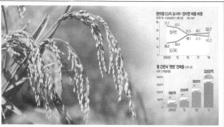

□ 언더독 효과(Underdog Effect)

언더독은 '약자'를 뜻하며, 언더독 효과는 사람들이 약자라고 믿는 주체를 응원하게 되는 현상이다. 또는 약자로 연출된 주체에게 부여하는 심리적 애착을 뜻한다. 이길 확률이 적은 구단이나 선수를 앞세워 응원하게 만드는 '약자 효과(←언더독 효과)'는 스포츠물 영화에서 감동을 견인하는 주된 흥행 공식이다.

영화를 보더라도, 책을 읽더라도, 약자가 서서히 힘을 모아 강자를 거꾸러트리는 장면을 사람들은 좋아한다. 강자가 지배하는 세상 속에서 약자에게 많은 연민을 느낀다. 그리고 약자가 그 강자를 이기기를 바란다. 이런 연민, 동정, 지지에 힘입어 별로 주목받지 못하던 약자가 갑자기 치고 올라오는 현상을 말한다.

□ 베블렌효과

베블렌효과(veblen effect)는 소비자들이 돋보이고 싶어서 소비할 때 나타난다. 일본 홋카이도 유바리 멜론은 300,000엔으로 최고 경매가를 보였다. 물론 상징적인 부분이 있지만, 특정한 시기에 1~2만원에 팔릴 법한 멜론이 최고 가격으로 팔리는 현장을 볼 수 있다. 이것이 베블렌 효과의 한 예이다. 외제자동차, 다이아몬드반지, 외제가구 등 값비싼 상품을 구입할 수 있는 능력을 과시하기 위해 소비할 때 베블렌효과에 속한다.

남을 지나치게 의식하거나 허영심이 많은 소비자일수록 베블렌효과를 크게 받게 된다. 베블렌효과가 있으면 그것이 없을 때보다 가격이 높은 재화일수록 개별수요도 커지고 시장수요도 커진다.

이상에서 살펴본 편승효과 백로효과, 베블렌효과 이외에도 전통적인 소비자선택이론에서 다루는 소비자선택원리를 벗어나는 비이성적인 수요(irrational demand)도 있다. 비이성적 수요란 갑작스러운 변덕이나 충동에 따라 발생하는 수요를 말한다.

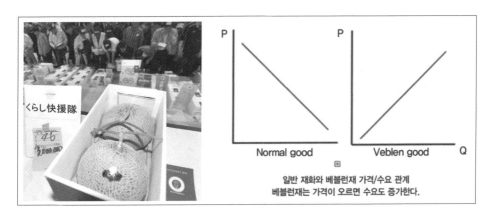

일반 재화와 베블런재 가격/수요 관계
베블런재는 가격이 오르면 수요도 증가한다.

□ 넛지효과

넛지(nudge)는 '옆구리를 슬쩍 찌른다'는 뜻으로 강요에 의하지 않고 유연하게 개입함으로써 선택을 유도하는 방법을 말한다. 부드러운 개입을 통해 타인의 선택을 유도하는 것을 뜻하는 넛지라는 단어는 행동경제학자인 리처드 탈러 시카고대 교수와 카스 선스타인 하버드대 로스쿨 교수의 공저인『넛지』에 소개되어 유명해진 말이다.

이들에 의하면 '타인의 선택을 유도하는 부드러운 힘'은 생각보다 큰 효과가 있다. 예를 들어 의사가 수술해서 살아날 확률이 90%라고 말했을 경우와 수술을 해서 죽을 확률이

10%라고 말했을 경우 중 죽을 확률을 말했을 때, 대다수의 환자가 수술을 거부한다고 했다. 또한 네덜란드 암스테르담의 스키폴 공항에 남자 소변기 중앙에 파리 그림을 그려놓았더니 변기 밖으로 튀는 소변의 양이 80%나 줄었다고 한다. '사과를 별로 좋아하지 않는 소비자들에게 매일 사과 반쪽을 습관처럼 먹으면 암을 예방할 수 있다'라고 한다면, 역시 타인의 선택을 유도하는 부드러운 힘으로 작용할 수 있다.

자료: 김대식 · 노영기 · 안국신(1998), 『최신경제학원론』, 박영사: 서울, pp. 195-200.
자료: Richard H. Thaler & Cass R. Sunstein(2008), "NUDGE: Improving Decision about Health, Wealth and Happiness", New Haven & London, Yale University Press.

이슈 문제

1. 브랜드의 구매의사결정과정의 흐름을 도식하고 각 개념을 설명하시오.
2. 브랜드의 포괄적 문제해결을 위한 소비자 의사결정과정과 정보처리과정에 대해 논하시오.
3. 브랜드에 대한 구매자(고객)의 유형에 대해 논하시오.
4. 브랜드 구매자의 동태적 모델에 대해 구체적인 예를 활용하여 설명하시오.
5. 산업재 브랜드의 구매의사결정과정에 대해 논하시오.
6. 후광효과, 유인효과 그리고 유사성효과를 설명하시오.
7. 편승효과, 백로효과, 언더독 효과, 베블렌효과 그리고 넛지효과를 비교 설명하시오.
8. 뉴(new brand) 브랜드의 수용자 유형과 그 특징을 설명하시오.

유익한 논문

농산물 공동브랜드의 이미지 및 구매의사결정요인 분석: '예가정성' 공동브랜드를
중심으로   김신애, 권기대

브랜드 실패에서 소비자 후회의 선행요인과 결과 간의 관계분석: 농산물 브랜드를
중심으로   권기대, 김신애

브랜드의
환경분석

1절 환경변화분석과 평가

2절 시장세분화

3절 표적시장 선정

4절 포지셔닝

이슈 문제

유익한 논문

06

1절 환경변화분석과 평가

　　[그림 6-1]에서와 같이 시장에 대한 효과적인 브랜드마케팅전략의 실행을 위한 첫 단계
는 시장환경의 변화를 분석하고, 기존 브랜드나 신규 브랜드에 미칠 수 있는 영향을 평가
하여 전략수립의 밑그림을 구상해야 한다. 마케터는 거시환경과 과업환경의 변화, 그리
고 조직 내부 경영자원의 역량 평가를 통해 시장에서의 기회와 위협을 발견할 수 있으며,
또한 외부환경의 변화를 정확하게 인식함으로써 새로운 기회와 위협에 대한 보다 신속한
조치를 이행할 수 있다. 본 장은 환경변화의 파악과 환경변화로 인한 고객욕구에 대응한
브랜드마케팅전략에 미치는 영향을 다루고자 한다.

[그림 6-1] 브랜드마케팅의 E-S-T-P 수립과정

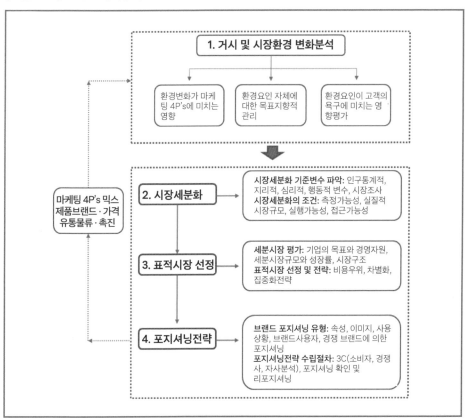

1.1. 환경변화의 분석

거시적 환경변화의 요인은 소비자의 브랜드 구매 형태에 직·간접적으로 영향을 미친다. 즉, 어떤 환경의 변화는 파문효과(ripple effect)[1]를 통해 연쇄적으로 다른 환경변화를 유발할 뿐만 아니라, 고객의 호감이나 선호도를 변화시킬 수 있다. 가령, 여성들의 적극적인 사회참여활동은 금여의 분야로 다소 진출을 주저해왔던 사회의 여러 분야(무농약 쌀 재배 농가의 영농조합법인 달하산 여성 CEO, 무농약 표고버섯 재배농가의 여성 CEO, 대중교통 버스 기사)에 진출할 수 있는 계기였다. 이는 남성중심의 가정에서 벗어나 대등한 남편과의 관계로 변화하였으며, 또한 여러 분야의 능력 있는 우먼파워(woman power)로서의 반열에 올라섬과 동시에 가정의 생활패턴도 변화시킨다. 또한 여성들의 직장생활 원활화를 도모하고, 가정 내 시간관리차원에서 전기밥솥, 전자레인지, 식기세척기, 세탁기 등과 같은 시간절약형 주방제품에 대한 수요의 증가를 가져왔다. 여기에 연쇄적으로 주방전자제품에 적합한 용기나 식품의 수요도 증가하는 현상을 찾을 수 있다. 더욱이 식생활 패턴도 전통 한정식 위주에서 우유와 베이커리 문화(bakery culture)의 서구화로 변화된 모습을 볼 수 있다.

소비자들은 과거 물건을 구입하고 결제할 때, 현금거래방식에서 플라스틱 카드(plastic card)를 활용하는 방향으로 변화를 낳았고, 구매패턴도 24시간 이용할 수 있는 할인점이나 홈쇼핑을 통해 구매의 기회가 확대되었으며, 매일 소량 구매에서 일주일 단위의 묶음 구매(bundle buying)로 전환되는 등 오늘 현재 소비자의 라이프 스타일을 발견할 수 있다.

시장환경의 변화는 소비자의 구매패턴의 변화를 가져옴에 따라 소비자들이 자주 이용할 수 있게끔 공급자인 기업이나 유통업체에서 거래장애 요인들의 문턱을 제거하는 데 많은 노력을 해야 한다. 특히 취약한 농업 경영체는 소비자들에게 거래상 불편함과 걸림돌로 작용할 수 있는 요인들 — 장소(농산물 브랜드의 근접성), 시간(농산물 브랜드의 구입가능성), 소유(농산물 브랜드의 이용가능성), 지각(농산물 브랜드의 확인성), 가치(농산물 브랜드의 차별적 혜택)[2] — 의 5가지 장애요인 제거활동에 박차를 가해야 한다.

---

1) 호수에 큰 돌을 던지면 한 차례 큰 파동과 함께 시간이 흐르면서 호수 가장자리에까지 이어지는 작은 파동을 말한다. 농산물시장에서 경기둔화의 시그널(signal)을 체감하게 되면, 관련 분야의 외식시장에 이르기까지 잇달아 하향 조정되는 것도 이와 같은 맥락에서 설명할 수 있다.

2) 고객 자신이 구매하려고 하는 제품의 혜택과 그 제품에 대해 지불해야 하는 가격 간의 차이에 근거해서 좋고 혹은 나쁜 것을 판단하는 것으로서 기업은 상품이 값에 비해 더 많은 혜택이 돌아간다는 느낌

가령, 대도시 중심에 패스트푸드점인 맥도날드의 마케팅활동이나 자동차극장을 주시할 필요성이 있다. 맥도날드(mcdonalds.co.kr)는 불특정다수의 소비자가 배가 고프면, 언제 어디서나 편리하게 접근하여 패스트푸드를 구입할 수 있도록 쾌적한 분위기와 신속한 서비스를 준비하고 있다. 거기에다가 바쁜 고객들을 위해 drive thru까지 설치해 두고 있다. 매장(in shop)에서 음식을 먹지 않는 고객들의 편리를 배려하고, 또한 고객을 유치하기 위해 직접 걸어서 점포에 들어오지 않고 승차한 상태에서 구매할 수 있도록 설계하였다. 이는 장소접근의 장벽 제거를 통한 고객확보전략이라고 볼 수 있다. 은행도 인터넷 뱅킹시스템의 도입으로 편리성이 높아졌으나, 부득불 은행을 출입하더라도 은행점포에 들어가지 않고 차에서 은행업무를 바로 처리할 수 있다. 또 다른 예로 야간 은행업무의 개설은 낮시간에 바빠서 은행을 찾기 힘든 고객들을 대상으로 예금 및 대출상담, 수표·통장, 신용카드 등 각종 분실신고 및 재발급 업무를 수행함으로써 맞벌이 부부들의 시간과 소유, 가치에 대한 장애를 제거시켜 더 많은 고객을 확보할 수 있는 전략이라고 평가할 수 있다.

지각 장애(perceptual disturbance)란 '고객들이 관련 제품을 필요로 할 때, 그 이름을 기억하기 어려울 때 혹은 많은 경쟁 브랜드들 사이에서 해당 브랜드를 인지하지만 정확성이 떨어질 때' 발생한다. 이에 비즈니스를 실행하는 조직들은 제품 설계, 포장용기, 광고, 그리고 판매원활동 등 다양한 마케팅활동들을 통해 '지각상의 장애'를 완화시켜줘야 한다. 기업들은 이러한 지각적 장애해소 차원의 컬러마케팅(color marketing)을 적극 활용하고 있다. 실제적인 예로 녹색 먹거리와 안전성을 상징하는 친환경먹거리 농산물 포장(organic Farmers korea), 동아오츠카 포카리스웨트의 블루 컬러 용기, 롯데칠성 게토레이 그린 컬러[3], 롯데마트(빨간색), 홈플러스(빨간색), 이마트(노란색) 등을 생각해 볼 수 있다.

을 받도록 고객에게 다양한 마케팅믹스전략을 개발할 필요가 있다. 즉, 일회성 거래로 소비자를 속였다는 것에 만족한다면 문제가 되지 않지만 계속기업(going concerns)의 기업가 정신을 갖고 있다면 장기적인 관점에서 소비자와 관계를 소원해 할 필요성이 없다. 가령, 대학가의 식당이 장사가 잘되고 못되는 것은 음식 맛의 여부, 친절한 서비스 제공의 여부 등 여러 가지 요인이 있을 것이다.

3) 불경기가 장기화되면서 승산이 없는 사업은 일찌감치 털어내 조직 슬림화와 경영 효율성을 동시에 꾀하기 위한 것이다. 매일유업은 97년부터 미국 나비스코 과자 판매를 대행했으나 2003년 4월 말로 계약을 끝냈다. 오레오, 리츠 등 나비스코 비스킷류를 판매했으나 매출 실적이 50억원에 불과해 수익성이 없다고 판단해 판매권을 연장하지 않았다. 대상은 아스파탐(대체감미료), 제약, 미니스톱 편의점 사업 부문을 매각하기로 하고 현재 인수업체를 물색하고 있다. CJ는 2001년 스포츠음료 게토레이 사업을 2003년에 롯데칠성음료에 넘긴 데 이어 지난해 7월에는 화장품 브랜드 '식물나라'를 한국주철관에 매각했다. 포카리스웨트사업은 CJ로서는 시장 규모가 작아 매력이 없는 반면 음료시장을 장악하고 있는

1.2. 환경변화분석의 평가

시장환경의 변화는 모든 기업에게 동일한 마케팅기회를 제공해 주는 것은 아니다. 새로운 마케팅기회는 특정 환경의 변화, 기업의 사명(mission), 그리고 주요 사업분야에서의 기업의 강·약점 간의 상호관계 여하에 따라 결정된다. 즉, 거시환경에 유연한 대응을 위해 기업의 이해관계자들인 고객, 주주, 공급업자, 유통업자로 구성되어 있는 파트너들도 새로운 시장의 마케팅 기회에 기꺼이 협력하여 대처할 수 있어야 한다. 그리고 조직내부 환경의 각 부서들도 새로운 마케팅기회에 부합하고 상호 보완되어 시너지를 낳을 수 있어야 한다.

사실 최근의 시장환경은 국내시장의 개방, 환경오염의 규제, 친환경적 제품의 생산 장려, 소득의 증가, 레저와 다이어트 문화, 사회복지 확대 등의 시장변화가 형성함에 따라 종전의 '태평양 화장품'은 '아모레퍼시픽'(amorepacific.com)으로 상호를 변경하였다. 즉, 이 기업은 글로벌 시장에 대응하고, 부드럽고 세련된 아름다움의 이미지를 통해 독특한 화장품 문화(cosmetic culture)를 구축하는 것으로 기업의 미션을 설정했다. 이러한 기업의 이미지를 달성하기 위해 기술연구원(화장품, 피부과학, 의약)을 두었으며, 기업의 사명을 실현하는 차원에서 화장품(라네즈, 아이오페, 마몽드), 생활용품(샴푸와 치약), 건강(오설록, 비비 프로그램, 케토톱) 사업에 집중하고 있다. 다시 말해서 기업은 동태적인 시장환경을 항상 예의주시 및 예측하며 그러한 방향으로 기업의 내부역량을 결집하는 동시에 관련 파트너들과의 협력을 통해 새로운 시장환경에 도전하는 유연한 자세가 요구된다.

2절 시장세분화

2.1. 시장세분화의 태동배경

한 기업이 보유한 제한된 경영자원[4])으로 모든 소비자들이 만족할 수 있는 제품(브랜

롯데칠성음료는 유일하게 스포츠음료가 취약해 양사 이해관계가 맞아떨어져 성사됐다.
4) 기업경영의 토대를 총력적(總力的)으로 굳히기 위한 자원의 집합. 경영자원은 자본·생산설비 등의

드)이나 서비스를 제공한다는 것은 사실 불가능하다. 우리 속담에 '굴속에 든 뱀이 몇 자가 되는지 어떻게 아느냐'(도무지 측량하기 어렵고 알지 못하는 일에 비유함)처럼 환경의 변화와 함께 소비자들의 욕구나 구매행동은 매우 다양해졌으며, 또한 현재 수많은 소비자들을 대상으로 하나의 기업이 모든 소비자들을 관리하기에는 역부족일 뿐만 아니라 지역적으로도 넓게 분포되어 있다.

[표 6-1] 세분시장의 변화

구분	내용
대량마케팅 (mass marketing)	• 대량생산, 대량유통, 대량촉진으로 하나의 상품을 모든 구매자에게 판매(소품종 대량생산)가 필요한 시대 • 규모의 경제효과는 최저비용 달성이 가능하므로 매우 효율적임
제품다양화마케팅 (product variety marketing)	• 제품의 특성, 형태, 품질 크기 등을 고려한 복수의 제품 생산(다품종 소량생산)이 필요한 시대 • 소비자의 취향이 계속해서 변하므로 싫증을 느끼지 않도록 다양성 추구가 중요
표적시장마케팅 (target marketing)	• 특정 취향의 소비자집단만을 위한 제품 생산이 필요한 시대 • 특정 집단의 욕구를 파악하기 위한 노력이 요구됨

마찬가지로 동일한 브랜드를 구매하는 상황에서도 소비자들은 각 개인의 선호, 자신이 처한 사회적 위치, 구매 상황 등에 따라서 서로 다른 브랜드를 구매하는 양상을 보이기 때문에 기업들은 전체시장을 모두 공략하기보다는 경쟁사보다 가장 성공적일 수 있는 유리

재물(財物)이나 인적 자원 등 유형자원(有形資源)만을 가리키는 것은 아니다. 이 밖에도 기업이 가진 고유의 기술과 경영능력 및 신용, 그리고 기업이 갖는 품격 등 의무형의 자원도 중요한 경영자원이다. 예를 들면, 연구개발력 · 생산기술력 · 마케팅력 · 특허 · 상표의 권위, 그리고 경영관리능력과 유통지배력 등을 들 수 있다. 또한 기업경영상 주목해야 할 자원으로서 슬랙 자원(slack resources)이 있다. 이것은 기업이 환경의 혜택을 받아 고수익과 고성장을 이루고 있을 때, 기업 내부에 축적되는 미이용(未利用)의 잉여자원이며, 중간관리직이나 스태프의 자기 증식(增殖), 과잉재고, 방만(放漫)한 광고비 지출, 과대한 연구개발투자와 고율의 주식배당금의 지불 등의 형태로 퇴적된다. 기업환경이 악화되거나 불황에 당면하게 되면 기업은 이 슬랙 자원을 줄여 기업의 유지를 도모하게 된다. 또한 슬랙 자원을 이용하여 다각화를 도모함으로써 그렇게 하지 않을 경우와 비교하여 자본수익성을 높일 수 있게 된다. 이것을 '성장의 경제(economy of growth)'라고 한다. 또한 슬랙 자원인 연구개발비, 광고비나 전문 스태프에의 투자가 기업의 혁신성을 낳는 경우도 있다. 이것을 슬랙 혁신(slack innovation)이라고 한다. 출처: 매일경제(www.mk.co.kr).

한 세분시장을 선택하는 방식으로 변화하고 있다. 이러한 기업의 효율적 세분시장의 태동에는 역사적으로 [표 6-1]에서처럼 대량마케팅, 제품다양화마케팅, 그리고 표적시장마케팅의 단계를 거쳐 그 토대가 이루어졌다.

(1) 대량마케팅

대량마케팅(mass marketing)은 '기업이 한 종류의 제품을 대량생산, 대량유통, 대량촉진을 통해서 모든 소비자들에게 판매하는 방식'을 뜻한다. 가령, 라면의 원조인 삼양식품(samyangfood.co.kr)의 삼양라면[5]은 1961년 처음으로 '라면' 하나만을 생산하여 전체시장에 접근하였다. 마찬가지로 농산물 시장에서도 특정 농업 경영체가 다른 농산물은 생산하지 않고 오로지 쌀만 생산하고 유통시키는 농가들이 이에 해당된다. 대량마케팅은 동일한 제품을 생산하기 때문에 생산원가 및 마케팅비용의 절감효과를 얻을 수 있고, 그 결과로 낮은 가격을 실현시키면서 큰 잠재시장을 공략하는 것을 가능케 해준다. 이는 경쟁자들이 소수이고, 생산만 하면 판매할 수 있기 때문에 마케팅사고를 생각할 수 없는 생산적 사고를 가지고 시장에 접근하는 기업들에서 볼 수 있는 마케팅이다. 요컨대, 규모의 경제[6], 경험효과(experience effect)[7]를 충분히 활용하는 비용우위전략, 무차별화(無差別化)전략을 뜻한다.

---

5) 현재 국내의 라면류를 생산하는 기업은 농심, 팔도, 빙그레, 오뚜기 등이 있으며, 라면의 대체품으로는 풀무원 등이 생산하는 손칼국수, 각 지역의 옛날국수를 들 수 있다.
6) 규모의 경제(economies of scale)는 각종 생산요소의 투입량을 증가시킴으로써 이익이 증가되는 현상을 말한다. 대량생산에 의하여 1단위당 비용을 줄이고 이익을 늘리는 방법이 일반적인데, 최근에 특히 설비의 증강으로써 생산비를 낮추는 데 주안점을 두고 있다. 이 경우는 기술혁신을 수반하는 것이 보통이며 이를 '모의이익'이라고 한다. 반면, 범위의 경제(economies of scope)는 공정상 필요한 투입요소를 여러 분야에서 공동으로 활용함으로써 얻게 되는 경제적 효과를 말한다(Jones & Hill, 1988). 범위의 경제성은 한 제품의 생산공정 중 다른 제품의 생산 시 추가적용 없이 전용가능한 공통생산요소가 존재하기 때문에 발생한다. 이는 인적자원, 물적자원, 재무자원, 정보자원 중 공통적으로 사용할 수 있도록 최적조합을 기하는 경제성이라는 측면에서 조합의 경제성(economy of combination)이라 불리기도 한다. 공통생산요소로 설비, 기술, 정보와 노하우를 들 수 있다.
7) 경험효과는 생산공정에 있는 작업자들이 생산과정을 반복하면서 작업효율성을 높이는 방법을 고안하고, 낭비와 비효율을 없앰으로써 생산성을 높이 때문에 발생한다. 또한 축적된 경험은 공정을 개선하거나 제품설계를 통하여 생산비용을 절감할 수 있게 해준다. 경험효과는 생산공정 및 제품의 개선에서 발생하므로 경험곡선의 기울기는 생산공정이 복잡할수록, 또는 부품수가 많을수록 큰 경향이 있다.

(2) 제품다양화마케팅

제품다양화마케팅(product variety marketing)은 '생산업체가 제품의 형태·품질·크기 등에서 차이를 보이는 두 개 또는 그 이상의 제품브랜드를 생산하여 소비자에게 접근하는 방식'을 말한다. 가령, 새우깡(saewookkang.com)은, '손이 가요 손이 가~'라는 CM송을 갖고 있으며, 새우깡(90g, 1,500원), 매운 새우깡(90g, 1,500원), 쌀 새우깡(40g, 1,000원), 노래방 새우깡(400g, 4,000원) 등을 생산하여 포장을 달리하는 등 가격에도 차별화를 시도하였다. 이때 다양한 제품들은 서로 다른 세분시장을 소구하기 위함이 아니라 단지 소비자들에게 새우깡 선택에 있어 다양성을 제공하기 위한 의도(intention)이다. 이러한 제품다양화마케팅을 활용하는 배경은 개별 소비자의 여러 가지 취향에 맞추기 위함이다. 즉, 소비자들은 항상 다양성과 변화를 추구한다는 논리에 근거한 마케팅전략으로서 '차별화전략'이라고 간주할 수 있다.

(3) 표적시장마케팅

표적시장마케팅(target marketing)이란 '생산자가 세분시장을 고려해서 그 세분시장들 중 하나 또는 복수의 시장을 선택한 뒤 각각의 시장에 적합한 제품 및 마케팅 믹스를 개발하는 방법'을 말한다. 가령, [그림 6-2]에서처럼 천호엔케어(chunhomall.com)는 '남자한테 참 좋은데?' 2탄인 '산수유 남자한테 딱이다' 카피에 이어 이번엔 '산수유의 밤은 길다'로 상품 콘셉트 광고 카피로 소비자의 인지도를 확산시킨 농생명 바이오기업이다. 이 기업은 '하늘 아래(天) 가장 좋은(好) 것만을 담아 고객의 삶을 케어합니다.'라는 미션을 통해 하늘 아래 가장 좋은 원료를 담은 자연 기업, 하늘 아래 가장 좋은 영양을 드리는 건강 기업, 하늘 아래 가장 좋은 미래를 드리는 라이프 케어 기업으로 분류하고 각 시장에 적합한 차별적인 제품과 차별적인 마케팅전략으로 각 세분시장을 공략하고 있다.

시장세분화는 제한된 자원을 소유한 기업이 보다 광범위한 시장에 대해 무차별적 공략보다는 소비자 집단의 제품욕구와 구매행동이 유사하고 집단 간에는 상이하도록 몇 개의 소비자 집단으로 군집화(cluster)하여 차별적 마케팅전략을 활용함으로써 비용의 최적성과 위험의 최소화를 통한 시장접근의 한 방법이다.

[그림 6-2] 천호엔케어의 표적시장마케팅

하늘(天) 아래
가장 좋은(好) 것만을 담아,
고객의 삶을 케어합니다.
Nature
Nutrition
Next
하늘 아래 가장 좋은 원료를 담는
자연 기업
하늘 아래 가장 좋은 영양을 드리는
건강 기업
하늘 아래 가장 좋은 내일을 드리는
라이프 케어 기업
천호마늘농장(남해)
지리산흑염소농장
진도군 울금농장
강원도 인삼농장
강화도 사자발쑥농장
뉴질랜드 녹용농장
산수유, 흑염소,
도라지, 양배추
흑마늘/통마늘P
달팽이, 블루베리, 3년사자발쑥,
도라지배즙,
통마늘양파
천심본황실비책
천심본 천옥고
천심본 천진당
천심본 녹용홍삼
황금빛내청춘
우먼솔루션스틱
데일리 락토

2.2. 시장세분화의 요건과 기준

(1) 시장세분화의 개념과 요건

시장세분화(market segmentation)란 '비슷한 선호와 취향을 가진 소비자를 묶어서 몇 개의 고객집단으로 나누고, 이 중에 특정 집단을 골라 기업의 마케팅 자원과 노력을 집중하는 것'을 말한다. 기업의 한정된 자원을 효율적으로 집행하는데 필요한 전략이다. 시장세분화를 위해서는 다수의 소비자를 소수 그룹으로 분류할 수 있는 기준이 필요하다. 소비자 나이, 소득수준, 교육수준 등의 인구통계학적 특성, 라이프 스타일, 성격 등의 심리적 특성, 이외에도 소비패턴, 주거지역, 문화 등 다양한 소비자 특성 변수를 활용해 시장세분화를 할 수 있다.

제품브랜드 차별화는 대량생산이나 대량판매라는 '생산자 논리'에 지배되고 있다면, 시장세분화는 고객의 필요나 욕구를 우선적으로 생각하는 '고객지향적'이라는 점이 차이

(difference)이다. 시장세분화는 먼저 다양한 욕구를 가진 고객층을 어느 정도 유사한 욕구를 가진 고객층으로 분류하는 방법을 취한다. 특정의 제품브랜드에 대한 시장을 구성하는 고객을 어떤 기준에 의해 유형별로 나눈다. 시장의 세분화를 통하여 고객의 욕구를 보다 정확하게 만족시키는 제품과 브랜드를 개발하고, 세분화된 고객의 욕구를 보다 정확하게 충족시키는 광고, 그 밖의 마케팅전략 전개에 있어서 경쟁상의 우위에 서려는 것이 시장세분화의 기본 접근법이다.

시장세분화전략에는 다음과 같이 서로 다른 마케팅전략이 있다.

① **시장집중전략**: 시장세분화에 의한 각 세분시장의 수요의 크기, 성장성 · 수익성을 예측하고, 그중에서 가장 유리한 세분시장을 선택하여 시장표적(市場標的)으로 삼고, 그것에 대해 제품전략에서 촉진적 전략에 이르는 마케팅전략을 집중해 나간다. 이 전략은 다소의 자원이 한정되어 있는 중소기업에서 채택되는 경우가 많다.

② **종합주의전략**: 대기업에서 채택되는 일이 많으며, 각 세분시장을 각각의 시장표적으로 하여 각 시장표적의 고객이 정확하게 만족할 제품브랜드를 설계 · 개발하고, 다시 각 시장표적을 향한 촉진적 전략을 전개해 나간다.

[그림 6-3] 시장세분화의 기준

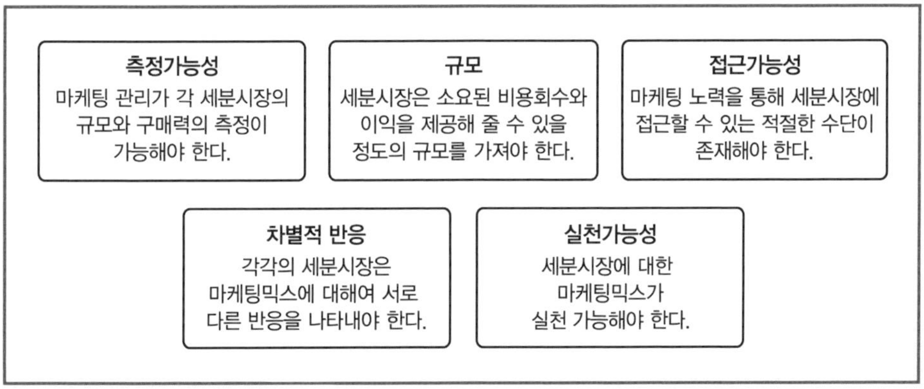

측정가능성	규모	접근가능성
마케팅 관리가 각 세분시장의 규모와 구매력의 측정이 가능해야 한다.	세분시장은 소요된 비용회수와 이익을 제공해 줄 수 있을 정도의 규모를 가져야 한다.	마케팅 노력을 통해 세분시장에 접근할 수 있는 적절한 수단이 존재해야 한다.

차별적 반응	실천가능성
각각의 세분시장은 마케팅믹스에 대하여 서로 다른 반응을 나타내야 한다.	세분시장에 대한 마케팅믹스가 실천 가능해야 한다.

또한 시장을 세분화할 수 있는 방법은 다양하다. 그러나 모든 세분화 방법이 효과적인 것이라고 단언하기는 힘들다. 가령, 채소류시장을 신장(身長)이 큰 소비자들과 신장이 작은 소비자 집단으로 세분화할 수 있지만, 신장이 크고 작은 것은 채소류의 구매에 아무런 영향을 미치지 않는다. 더 나아가서 만약 모든 채소류 소비자들이 매주 비슷한 양의 채소

를 소비하고 또한 모든 채소류는 서로 다를 것이 없다고 생각하여 브랜드에 관계없이 동일한 가격에 채소류를 구입하기를 원한다면 농업 경영체는 이런 시장을 세분화하여 얻을 수 있는 효과가 전혀 없다.

시장세분화가 유용하게 사용되기 위해서는 갖추어야 할 몇 가지 조건이 있다. [그림 6-3]에서와 같이 효과적인 시장세분화의 조건을 요약하면 다음과 같다.

1) 측정가능성

측정가능성(measurability)은 '마케터가 특정시장에 관해 소비자의 특성을 알고 이를 입수할 수 있는 정도'를 뜻한다. 즉, 세분시장의 규모, 세분시장에 속한 소비자들의 구매력과 같은 세분시장의 특성들이 측정 가능해야 한다. 가령, 민속주를 생산하는 술 회사가 '장식용으로 민속주를 구매하기 원하는 소비자들'이라는 세분시장을 표적시장으로 간주하면 효과적인 마케팅을 수행할 수 있을 것으로 생각할 수 있지만, 사실 그들의 수나 그들의 구매력 등을 측정하기는 거의 불가능하기 때문에 효과적인 세분시장이라고 보기는 곤란하다. 기업에 있어서 세분시장 규모나 소비자들의 구매력 측정의 중요성은 바로 표적시장을 선택하는 데 있어 기초적인 자료로 활용되기 때문에 '장님 코끼리 만지듯'(장님이 코끼리를 더듬어보고 말하니 전부를 알지 못하고 일부만 안 것을 전체인 줄 오인하거나 추리하여 말하는 것을 비유)해서는 난감(難堪)하다.

2) 실질적 규모

실질적 규모(substantiality)는 '충분한 세분시장의 규모를 갖고 있으며, 이익을 얻을 수 있을 정도로 개척할 가치가 있는 시장'을 의미한다. 기업이 어떤 세분시장에 진입하여 특정한 마케팅노력을 기울일 만한 가치가 있기 위해서 그 세분시장이 충분히 큰 동질적인 소비자들의 집단이 존재해야 한다. 그래야만 기업은 규모의 경제나 경험효과를 충분히 활용할 수 있다. 가령, 소비자의 개별 피부와 기호에 맞춘 '화장품'은 소비자의 만족을 제고시킬 수 있을지언정, 그 기업은 생산비용의 과다 지출로 인한 이익창출의 한계에 직면할 수 있다.

3) 접근가능성

접근가능성(accessibility)이란 '마케터가 기업이 세분시장으로 선정한 시장에 대해 마

케팅활동을 효과적으로 집중할 수 있는 정도'를 말한다. 예를 들면, 어떤 새싹 농업 경영
체의 시장마케팅조사 결과에 따르면, 새싹 제품의 다량 소비자(heavy user)가 사회생활을
적극적으로 수행하는 30대의 골든 여성(power golden ladies)임을 알았을 때, 이러한 특징
을 가진 여성들이 특정한 곳에 많이 거주하고, 특정지역의 직장을 다니고 있는 사례가 많
음에도 불구하고 특정한 매체에 자주 노출되지 않는 한, 그 농업 경영체는 이 세분시장의
골든 여성들에게 접근하기가 그렇게 쉬운 일은 아니다.

4) 차별적 반응

차별적 반응(different response)이란 기업에서 특정시장을 나눈 각각의 세분화된 시장
이 존재한다고 하자. 그 기업이 특정 세분시장에 대해 마케팅믹스전략을 실행한 이후에
서로 다른 세분화 시장 반응을 보여줘야 한다. 그렇지 않는다면, 세분화 시장은 사실 존재
하지 않는 허수로밖에 볼 수 없다.

5) 실천가능성

실천가능성(actionability)이란 '세분시장을 공략하는 데 효과적인 마케팅 프로그램을
개발할 수 있는 능력'을 말한다. 실제로 어느 지방의 ○○테크노파크에 입주해 있던 용기
개발 특허권 보유의 벤처기업 사장은 충분히 시장성 있는 특정 세분시장을 발견하였음에
도 그 회사의 열악한 경영자원으로 인하여 그 특정한 시장에 적합한 마케팅 프로그램을
개발하지 못해 결국 벤처 시장에서 퇴출당한 기업으로 낙인 받았다.

(2) 소비재 브랜드의 시장세분화 기준

시장세분화(market segmentation)는 모든 상황에 효과적인 하나의 방법만 있는 것은
아니다. 어떤 제품에 대하여는 가장 효과적인 세분화 기준이 되는 것이 다른 제품에 대하
여는 그다지 효과적이지 못한 기준이 되기도 한다. 자동차는 소득이 중요한 시장세분화
변수가 될 수 있지만, 식자재 먹거리 시장에 있어서는 나이와 건강이 세분시장을 명확하
게 구분할 수 있는 변수가 될 수 있다.

기업들은 시장세분화할 수 있는 다양한 변수를 기준으로 세분화를 실시하여 시장구조
를 가장 잘 나타내는 세분화 변수를 채택하게 된다. [표 6-2]와 같이 시장세분화의 변수들

은 ① 지리적 변수(국내 각 지역, 도시와 지방, 해외의 각 시장지역), ② 인구통계적 또는 사회경제적 변수(연령 · 성별 · 소득별 · 가족수별 · 가족의 라이프 사이클별 · 직업별 · 사회계층별 등), ③ 심리적 욕구변수(자기현시욕 · 기호), ④ 행동적 변수 또는 구매동기

[표 6-2] 소비재 브랜드시장의 시장세분화 변수

변수	구분형태
지리적 변수	
지역단위	• 서울 및 경인지역, 충청지역, 영남지역, 호남지역
군단위규모	• 지방자치행정 단위로의 분류(부여, 의성, 산청, 고창, 해남, 안동, 전주)
도시규모	• 인구 10만 명 이하, 10~20만 명, 20~50만 명, 50~100만 명, 100만 명 이상
인구밀도	• 도심, 도시 교외, 농어촌, 산촌
인구통계적 변수	
연령	• 취학 전, 초등학생, 중학생, 고등학생, 대학생, 직장인
성별	• 남, 여
가족수	• 1~2명, 3~4명, 5명 이상
가족생활주기	• 가족 라이프 스타일
소득	• 100만 원 미만/월, 100~300만 원/월, 300만 원 이상/월
직업	• 전문직, 기술직, 관리직, 공무원, 주부, 사무직, 학생
종교	• 불교, 기독교, 천주교, 유교
학력	• 초졸, 중졸, 고졸, 대졸, 대학원졸 이상
심리적 변수	
사회계층	• 하류층, 중산층, 상류층
라이프 스타일	• 편의주의형, 성취동기형, 보수지향형, 패션추구형
개성	• 야심적, 공격적, 봉사적, 즉흥적, 권위주의적
행동적 변수	
구매동기	• 정기적인 구매, 할인기간 구매
추구편익	• 품질, 서비스, 위신(체면)
사용여부	• 사용무경험자, 사용경험자, 사용가능성 있는 자, 정규직 이용자
사용량	• 소량 사용자, 보통 사용자, 다량 사용자
충성도	• 없음, 보통, 사용자, 다량 사용자
구매준비단계	• 인식, 관심, 평가, 시험, 수용
제품브랜드에 대한 태도	• 열광적, 적극적, 무관심, 부정적, 적대적
구매요인 감수성	• 품질, 가격, 서비스, 광고, 판매촉진

(경제성·품질·안전성·편리성) 등을 들 수 있는데, 문제는 시장세분화의 기준에 대해 혁신적 아이디어를 적용하여 잠재적으로 큰 세분시장을 탐구·발견하는 데 있다. 각종 세분화 기준 중에서 풍요한 사회일수록 포착하기 힘든 심리적 욕구변수가 중요하다. [그림 6-4]에서처럼 시장세분화의 네 가지 변수(지리적 변수, 인구통계학적 변수, 심리적 변수, 행동적 변수)에 따른 사용자 정보의 길이 및 몰입의 정도에 대한 행위를 보여주고 있다.

[그림 6-4] 시장세분화에 따른 사용자 정보의 길이 및 몰입의 정도

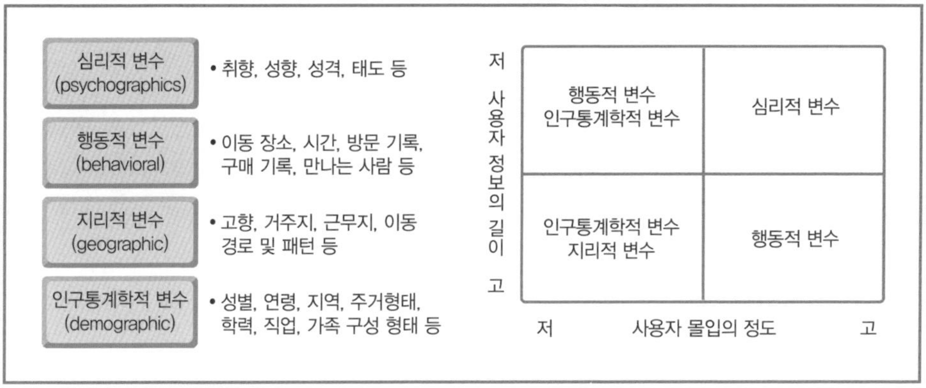

1) 지리적 변수

소비자의 욕구가 지리적으로 상이하다는 전제하에 국가, 지방, 도시 등의 지역에 따라 소비자를 세분화하는 방법이다. 어떤 기업은 자사 제품의 판매가 유리한 하나 또는 몇 개의 지역에 대해서만 마케팅활동을 할 수도 있다. 또 다른 기업은 전 지역을 자사 제품에 대한 시장으로 고려하고, 각 지역마다 다른 소비자의 욕구를 파악하여 각 지역의 소비자 욕구에 적합한 마케팅전략을 구사하기도 한다.

지리적 변수(geographic variables)는 시장을 세분화하는 방법에 있어서 다른 변수들보다 효과적이고 용이하나, 지역마다 기후환경이나 생활, 문화 등이 뚜렷한 차이가 존재하지 않을 경우 매우 큰 위험을 수반하게 된다. 가령, 식자재시장의 구매 및 소비 형태는 수도권, 호서권, 호남권, 영남권 간에 큰 차이가 존재하지 않고 있다.

2) 인구통계학적 변수

인구통계학적 변수(demographic variables)에 의한 시장세분화는 시장을 일반적인 인

적 특성은 나이(age), 소득(income), 성별(sex), 가족생활주기(family life cycle) 및 기후(climates)의 변수를 이용하여 세분화한 방법이다.

　가령, 나이(age)에 의해 세분된 시장에 적합한 상품 브랜드를 생각해 보면, 음료(이온음료↔건강음료), 식품(햄버거↔한정식, 패스트푸드↔슬로우 푸드), 의류(청바지↔정장), 신발(운동화↔구두) 등을 들 수 있다. 구체적으로 어린이들이 선호하는 운동화는 활동적인 부분이 강조되고, 20대는 멋을 추구하며, 노년층은 주로 편안함에 우선권을 줄 것이다. 소득 수준은 먹거리 식자재, 가전제품, 자동차, 가구 및 정장의류 등과 같은 제품 브랜드시장을 세분하는 데 사용되는 특성을 갖는다. 반면, 방취제(deodorant), 의복, 청량음료, 담배와 같은 생필품은 성별(sex)을 특성으로 하여 세분화된다. 최근에 폭발성을 갖는 잠재시장으로 분류하는 것은 나이(sex) 기준에 의한 세분화로 키즈(kids)와 실버(silver) 시장을 들 수 있다.

　최근 어느 ○○경제신문사 보도자료에 의하면, [그림 6-5]에서처럼 펫케어 시장은 국내 반려동물 수가 1,000만 마리를 넘어섰고, 어느 가정은 반려견에 월 30만원의 관리비용을 쓴다고 한다.

[그림 6-5] 세분화된 반려동물시장의 시장 잠재력

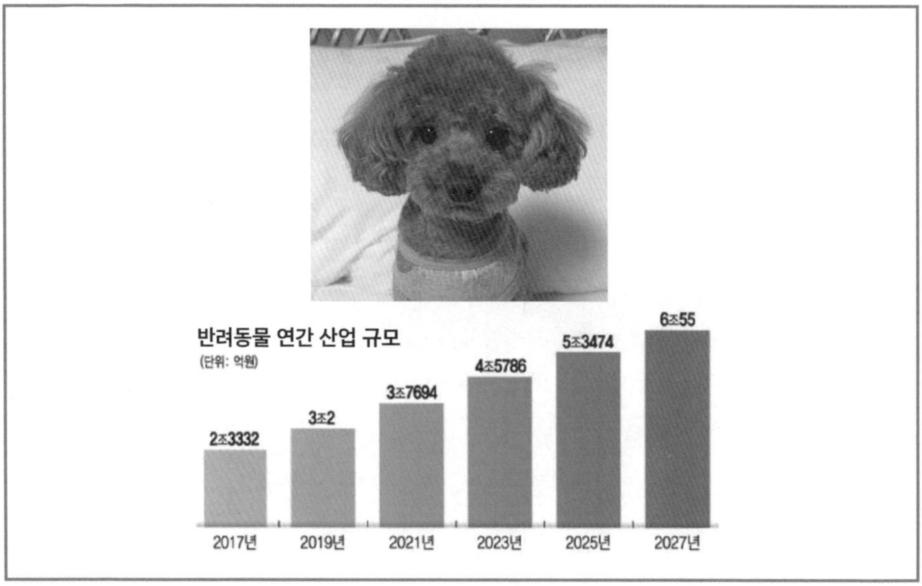

자료: 한국농촌경제연구원(2017).

대한상공회의소(2018)가 최근 발간한 '인구변화에 따른 소비시장 신(新) 풍경과 대응 방안 연구' 보고서에서 급격한 저출산·고령화로 인해 국내 소비시장이 빠른 속도로 재편되고 있다고 진단한 뒤 이같이 지적했다.

대한상의가 꼽은 첫 번째 변화는 어르신 시장의 확대다. 2017년 60대 이상 은퇴 연령 인구가 처음으로 1,000만명을 넘어 2000년의 2배 수준으로 늘어나면서 이들이 새로운 소비 주역으로 부상했다는 것이다. 특히 소비 여력이 크지 않았던 옛날 어르신과는 달리 이들은 구매력과 지출의향이 높은 것은 물론 온라인 쇼핑에도 능하다고 강조했다. 보고서는 "일본의 경우 고령자들이 의료·간병 산업 등 전통적 '어르신 소비'뿐 아니라 은퇴 전 현역 시절과 비슷한 소비 행태를 보이며 시장에 변화를 가져오고 있다"면서 "70세 이상 고령층이 가계 금융자산의 60% 이상을 보유하고 있다는 조사 결과도 있다"고 말했다.

두 번째는 소비의 단위가 과거 가족 위주에서 이제는 '나홀로'로 바뀌고 있다는 것이다. 지난 2000년 15.5%에 불과했던 1인 가구 비중이 2017년 28.6%로 확대되면서 외식과 조리식품, 편의점 간편식 등의 선호도가 높아졌으며, 특히 젊은 세대를 중심으로 가격이 중요한 선택 기준이 되고 있다는 설명이다.

지난 2000년 이미 1인 가구 비중이 27.6%에 달하고 최근에는 34.5%까지 높아진 일본에서도 가족 소비가 주로 이뤄지는 백화점, 슈퍼마켓 등의 매출을 줄어든 반면 편의점 매출은 급증한 것으로 나타났다.

마지막으로 이른바 '소확행(작지만 확실한 행복 추구)', '가심비(가격 대비 마음의 만족 추구)' 등의 신조어에서 확인할 수 있는 가치소비의 확산이다. 남들 하는 대로 따라 하는 '인기 소비'를 거부하고 나만의 만족을 추구하는 트렌드가 형성되고 있다는 것으로, '작은 사치' 관련 시장이 확대되고 물건을 소유하기보다는 경험을 중시하는 소비가 늘어날 것이라는 전망이다.

보고서는 일본의 경우 최근 '작은 사치'가 젊은 세대에서 고령 세대까지 확산하면서 친구나 지인과 함께 즐기는 트렌드로 분화하고 있다고 전했다. 대한상의는 이런 소비시장의 변화에 대응한 전략으로 어르신 친화적 환경 조성, 개인 맞춤형 전략, 가치와 감성 자극 등을 제시했다. 먼저 어르신 시장은 편리함의 정도가 중요한 선택 기준이기 때문에 일본 세븐일레븐의 이동판매서비스와 세이코마트의 만물상 매장 등과 같이 찾아가는 서비스, 쉬운 온라인 환경 등으로 대응해야 한다고 밝혔다. 또 1인분 시장 공략의 좋은 사례로는 소포장 상품을 늘린 일본 편의점 로손의 사례, 가치소비에 대응하는 전략으로는 고전

명작영화나 CD를 진열하고 커피를 마실 수 있는 공간을 마련한 쓰타야 서점 등을 꼽았다.

3) 심리적 변수

소비자를 차별적인 시장으로 세분화할 수 있는 심리적 변수(psychographic variables)는 눈에 보이지 않은 사회계층, 라이프 스타일(lifestyle) 또는 개성의 특징에 기초하여 소비자들을 상이한 집단으로 분류할 수 있다. 심리적 변수에 의한 세분화가 중요한 것은 동일한 인구통계학적 집단에 속한 사람들이 서로 다른 심리적 집단을 형성할 수도 있기 때문이다.

첫째, 사회계층이란 소득, 직업, 재산, 교육수준 등이 반영된 복합적 개념으로서 어떤 하나의 변수에 의하여 형성된 것이 아니므로 상류층, 중산층, 서민층으로 구분되기도 한다. 그러나 사회계층이 시장세분화의 기준으로 활용될 수 있는 것은 친환경농산물 먹거리, 자동차, 골프 그리고 의류와 같이 비교적 가시적인 제품브랜드의 경우 소비자들이 자신과 동일한 사회계층에 속한 사람들의 구매패턴으로 영향을 받기 때문이다.

둘째, 라이프 스타일은 '사람들이 살아가는 방식(a way of living)'으로 마케터에 의해 많이 활용되는 시장세분화 변수이다. 특히 오래된 기업들은 제품의 정체성과 오래된 이미지를 탈피하기 위한 방법으로 라이프 스타일의 분석을 통하여 기업의 제품브랜드를 성공적으로 재포지셔닝(repositioning)하려고 노력한다. 라이프 스타일을 통한 세분화는 일반적으로 광고를 통하여 특정 라이프 스타일 집단에 속한 사람의 생활을 묘사하여 같은 라이프 스타일에 속하고 싶어 하는 소비자들로 하여금 동질성을 느끼게 하여 제품 구매를 유도하는 방식을 사용한다. 어느 식자재 기업은 특정지역의 주부들을 표적고객으로 삼고, 친환경 식자재 먹거리를 묶음(bundling) 꾸러미 형식을 빌려서 요일별로 다양하게 공급하는 맞춤식 건강 식단 마케팅을 개발하는 사례를 볼 수 있다. 설날이나 추석 명절 때도 고객마다 사전주문에 따라 차례상, 제사상 등의 제사음식 또는 특별메뉴까지도 주문받아 공급하는 원스톱 서비스 체계를 이젠 쉽게 찾아볼 수 있다.

셋째, 소비자의 개성이다. 이는 '다른 사람이나 개체와 구별되는 고유의 특성'을 말한다. 오늘날 기업들은 소비자 개성(personality)의 차이를 존중하고 인식하며, 그 차이에 따라 시장을 세분화하는 것으로 역시 다양한 분야(농산물 먹거리, 화장품, 언더웨어, 보험, 주류제품)의 상품에 많이 활용되고 있다.

4) 행동적 변수

행동적 변수에 의한 시장세분화는 특정제품에 대한 지식, 태도, 사용정도(usage rate) 그리고 반응정도 등을 기준으로 소비자를 분류하는 방법을 말한다. 앞의 지리적 변수, 인구통계학적 변수, 행동적 변수가 주로 소비자들의 특성에 따라 시장을 세분화한 것이라면, 상품과 관련된 소비자행동의 변수들이라고 볼 수 있다. 최근 행동적 변수(behavioral variables)를 기준으로 하여 시장을 세분화한 다음 소비자들의 프로파일을 나타내는 변수로 소비자들의 특성변수를 사용하는 것이 일반적이다. 행동적 변수에 의한 시장세분화의 방법에 대해 설명하면 다음과 같다.

첫째, 소비자의 상품브랜드에 대한 구매, 사용상황과 그 편익(benefit segmentation)에 따라 시장세분화할 수 있다. 즉, 편익은 '소비자들이 제품을 소비하여 얻으려는 만족', '소비자가 특정제품으로부터 기대하는 효용가치'를 뜻하는 것으로서 기능적(functional) 및 심리적 편익(psychological benefits)이 있다. 전자는 제품의 속성이나 기능을 통하여 얻어지는 편익으로 경제성, 사용의 편리성이 중요하다. 후자는 제품의 브랜드 이미지, 자기만족, 신분의 표시 등을 통해 획득되는 편익으로 야성적 이미지, 건강한 이미지, 그리고 세련미 등이 해당된다.

[표 6-3] 페리오치약 브랜드의 편익추구 세분화

구분	페리오치약 브랜드				
	브레쓰 케어	검케어	캐비티 케어	센서티브	토탈케어화이트닝
편익	구취제거	잇몸질환예방	충치예방	시린이 예방	치아미백
성인	성인	성인	성인	성인	성인
특징	녹차추출물	레몬함유	민트향	로즈마리와 클로브로 함유	레몬라임 민트향

가령, [표 6-3]에서와 같이 LG생활건강의 페리오(perioe.co.kr)치약은 다양한 편익을 지향하고 있으며, 소비자들이 후라보노 껌은 입냄새 제거에, 자일리톨은 입냄새 제거는 물론 충치 예방기능에 좋다는 편익지향의 생각을 갖고 있다. 한국언론인 포럼이 매년 발표하는 '살기 좋은 도시', 즉 전국 226개(2019년 기준) 기초단체에 대한 거주만족도와 거주희망지역을 조사한 후 상위 20%에 포함된 단체 중 선정한 것이 일종의 심리적 편익으로 간

주할 수 있다. 그러나 편익추구에 따른 시장세분화에 있어서 문제점은 ① 모든 소비자들 중에서 상이한 편익을 추구하는 집단을 측정하기가 용이하지 않다. 즉, 세분화하기 위해서 소비자들이 한 제품브랜드에서 가장 중요한 편익을 주장할 수 있어야 한다. ② 소비자가 주장하는 편익은 보다 깊은 의미를 포함하고 있기 때문에 구체화에 어려움이 있다. ③ 소비자들 중에 한 가지 편익보다는 복합적인 편익을 추구하기 때문에 여러 가지의 편익을 결합하여 시장세분화하는 것은 더욱 쉽지 않다.

둘째, 제품사용경험(user status) 여부에 의한 세분화는 시장을 미사용 소비자, 이전사용 소비자, 이전 사용 후 현재 미사용 소비자, 신규 소비자, 잠재적 사용가능성이 있는 소비자 등의 집단으로 세분화하는 것이다. 가령 '자연에서 온 고품격 아이스크림'을 추구하는 나뚜루(natuur.co.kr)는 기존의 아이스크림시장을 공략하기 위해 '우리는 아이스크림을 파는 것이 아니라 행복을 판다(we make people happy)'라고 하는 경쟁 아이스크림 회사인 배스킨라빈스(baskinrobbins.co.kr), '하겐다즈는 최상의 맛과 품질을 가진 최고의 아이스크림을 의미합니다'의 하겐다즈(haagendazs-store.co.kr)와 양분되어 있는 고객들을 자사로 전환 또는 유입하도록 마케팅전략을 수립해야 한다.

셋째, 기업은 소비자들의 제품사용 정도에 따라서 소량, 중량, 다량 사용자 등으로 세분화하는 방법으로 표적마케팅을 수립할 수 있다. 실제적으로 다량의 사용자(heavy user)들은 시장의 작은 부분을 차지하고 있지만, 전체 매출에 있어서 매우 높은 비율을 차지하고 있으므로 기업은 이들 소비자들을 많이 확보하는 것이 무엇보다도 중요하다. 가령, 요리에 꼭 들어가는 마늘의 산지로 유명한 의성군(usc.go.kr)의 농가에서는 불특정 소비자들을 대상으로 한 마케팅보다 소수의 대량 구입자인 [그림 6-6]에서처럼 식자재 기업들을 많

[그림 6-6] 식자재를 취급하는 브랜드

이 확보하는 것이 마케팅비용의 절감과 더불어 집중적인 마케팅활동을 전개할 수 있다. 실제적으로 미국은 한국 소고기시장의 개방 압력과 담배시장의 광고금지 해제, 자동차시장의 관세인하 등을 줄기차게 관철코자 하는 배경은 우리 소비자들의 외제 선호도에 대한 심리적 쏠림현상을 이미 읽고 있다는 점이다.

넷째, 제품에 대한 태도(attitude), 즉 특정한 기업의 제품에 대해 소비자들의 호의적 · 적대적 · 무관심 여부에 따라 시장을 세분화시킬 수 있으므로 기업은 어떤 마케팅력을 기획해야 하는지 분명하다. 가령, 호의적인 태도를 보이는 소비자에게는 자사제품의 우수성을 확인시킬 수 있을 정도의 판촉활동으로 충분한 효과를 얻을 수 있지만, 부정적 반응을 나타내는 소비자들에게는 상당한 시간을 들여 다양한 매체를 통한 공격적인 촉진활동으로 소비자의 태도를 전환시키도록 해야 한다.

다섯째, 기업은 소비자들이 자사 제품브랜드에 대한 인지여부, 지식이나 관심의 정도, 구매의사의 정도 등에 따라 분류하여 각각의 단계에 따라 적합한 마케팅노력을 실행할 수 있다. 예를 들면, [그림 6-7]에서처럼 팔도(paldofood.co.kr)에 대해 어떤 소비자들은 아직 어떤 제품브랜드의 존재를 인식하지 못하고 있는 경우도 있고, 어떤 경우는 그런 제품브

[그림 6-7] 팔도 제품브랜드의 인지도 제고전략

랜드가 있다는 정도만 인식하고 있는 경우, 제품브랜드의 내용을 알고 있는 경우, 제품브랜드의 구매의사가 있는 경우 등 여러 가지 구매자의 상태를 생각해 볼 수 있다. 구체적으로 어느 소비자도 팔도 비락식혜의 존재여부를 모른다면 그 기업은 소비자들에게 높은 인지도를 구축하기 위해 간단한 메시지를 활용하는 빈번한 광고를 통하여 제품의 존재를 알리려는 노력이 필요하며, 또한 어느 정도 소비자들의 인지가 확보되면 팔도비락식혜의 장점을 강조하여 소비자들의 흥미를 유발할 수 있는 마케팅노력이 뒤따라야 한다.

여섯째, 충성도(loyalty)란 '특정제품에 대하여 소비자가 지속적으로 선호 및 구매하는 정도'이다. 기업은 이러한 충성도의 기준에 따라 시장을 세분화할 수 있다. 여기에는 특정 브랜드, 점포(store), 기업을 선호할 수 있으며, [그림 6-8]에서처럼 X-Y축의 수익성과 충성도 정도에 준거하여 다음과 같이 4가지 고객유형으로 분류할 수가 있다. ① 언제나 한 가지 브랜드를 구매하는 소비자(1/4분면, 친구형 고객), ② 두 개 혹은 그 이상의 브랜드에 대하여 충성도를 가진 소비자(2/4분면, 나비형 고객), ③ 한 브랜드에서 다른 브랜드로 전환행동(switching behavior)하는 소비자(3/4분면, 이방인형 고객) ④ 한 브랜드에 충성을 보이지 않으면서 여러 브랜드를 구매하는 비충성도 소비자(4/4분면, 따개비형 고객) 등으로 구분할 수 있다.

[그림 6-8] 충성도와 수익성에 따른 고객 분류

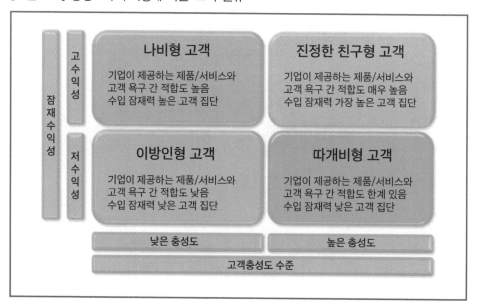

(3) 산업재 브랜드시장의 세분화 기준

산업재 브랜드시장[8]은 [표 6-4]에서 소비재 브랜드시장의 세분화 기본변수를 활용하여
시장을 세분화할 수 있다. 그러나 산업재 브랜드시장은 이러한 기존의 소비재 브랜드 시
장의 변수 이외에 [표 6-4]와 같이 새로운 변수들을 추가하여 세분화되어야 한다.

[표 6-4] 산업재 브랜드시장의 세분화 변수

변수	내용
인구통계학적 변수	
산업	우리가 중점을 둬야 할 이 제품브랜드의 구매자는 어떤 산업에 속해 있는가?
기업규모	우리가 중점을 둬야 할 회사의 규모는 어느 정도인가?
입지	우리가 중점을 둬야 할 지역은 어디인가?
운영변수	
기술	우리가 중점을 둬야 할 고객의 기술은 어느 정도인가?
사용자/비사용자	우리가 중점을 둬야 할 다량, 보통, 소량, 비사용자는 누구인가?
고객능력	우리가 중점을 둬야 할 고객의 서비스 요구량은 어느 정도인가?
구매접근방법	
구매조직	중점을 둬야 할 기업의 구매조직의 집권화 또는 분권화?
권력구조	중점을 둬야 할 부분이 기술중심, 재무중심, 마케팅중심인가?
구매정책	리스, 서비스계약, 시스템구매, 경쟁입찰 중 어디에 중점을 둬야 하나?
구매고려속성	품질, 서비스, 가격 중 어디에 중점을 둬야 하나?
상황요인	
긴급성	우리가 중점을 둬야 할 기업이 신속한 인도 또는 서비스인가?
특별한 용도	우리가 중점을 둬야 할 특별한 용도의 사양은 무엇인가?
주문규모	우리가 중점을 둬야 할 주문은 대량 또는 소량인가?
개인적 특성	
구매자-판매자 유사성	우리가 중점을 둬야 하는 기업이 가치나 사람인가?
위험에 대한 태도	우리가 중점을 둬야 하는 고객은 위험감수고객 또는 위험회피고객?
충성도	우리가 중점을 둬야 하는 기업은 공급자에 대한 충성도가 높은가?

---

8) 가령, 쌀은 재생산 목적의 조직이 구매할 때, 소비재 브랜드가 아니라 산업재 브랜드로 분류한다.

2.3. 시장세분화에 대한 비판

　동태적인 시장 환경에서 부존자원이 부족하고 막대한 신제품 개발비의 조달장애, 시장 성숙기(market maturity)에 따른 마케팅관리비용의 증가에 직면한 우리나라 기업들이 세분화된 시장에서 자사의 소비자를 지속적으로 묶어 두면서 경제적 성과를 도출하는 방안은 바로 시장세분화를 통한 지속적인 고객과의 관계마케팅의 강화일 것이다. 그런데 과연 시장세분화를 통한 시장접근이 기업에게 어떤 순기능과 역기능을 가져다줄 것인지 논의해 볼 사안이다.

　세분화에 따른 순기능은 다음과 같다. 첫째, 기업은 시장세분화를 통해 마케팅기회와 위협을 파악하고 비교 대응할 수 있으므로 자사에게 유리한 마케팅전략을 실행할 수 있다. 즉, 기업은 특정 세분시장에서 경쟁사의 제품브랜드와 비교하여 자사 제품브랜드에 대한 소비자의 만족여부의 정보를 얻어냄으로써 다양한 전략수립과 대응방안을 강구할 수 있다.

　둘째, 기업은 시장에서 자사의 제품브랜드에 대한 시장의 소구를 보다 유연하게 조절 가능할 수 있다. 잠재고객을 유치하기 위한 단일 프로그램을 실시하지 않고 소구가 다른 구매자들의 취향에 적합한 프로그램을 제공할 수 있다. 셋째, 기업은 특정 세분시장의 차별적 대응이라는 현저한 아이디어를 토대로 실질적인 마케팅 프로그램 수립과 필요한 예산확보가 용이하다.

　그러나 역기능으로 첫째, 시장세분화를 통한 시장공략에 나서는 기업들은 시장세분화에 의한 소비자 집단을 공략하고 반대급부로 자사의 경제적 수익을 충분히 창출할 수 있느냐에 있다. 둘째, 세분화전략에 따른 예산의 투입이 소비자들에게 지속적으로 그 기업을 포지셔닝할 수 있을 정도로 충분한 예산을 확보하고 있느냐에 있다. 셋째, 시장세분화전략은 충분히 기업의 세분시장 추구에 따라 여러 종류의 비용이 증가하는데 그 비용 — 제품수정비용, 생산비용, 관리비용, 재고비용, 촉진비용을 상쇄할 수 있는지도 매우 중요하다.

3절 표적시장 선정

　표적시장이라 함은 '세분화된 시장 중에 기업의 경영자원와 외부환경을 감안하여 그 시장에서 경쟁사보다 우위를 확보할 수 있는 목표시장'을 말한다. 다시 말해서 ① 기업이 전체의 시장을 자사의 관점에서 몇 개의 시장으로 세분화한 다음, ② 각각의 세분시장에 대해 자사가 보유한 경영자원을 감안하고, ③ 시장구조 그리고 세분시장 규모와 성장률을 검토·평가하고, ④ 그 가운데 몇 개의 세분시장을 공략할 것인지 또는 어떠한 세분시장을 표적시장으로 선택할 것인지를 결정해야 하는 문제에 이르게 된다. 다음은 이와 같은 내용을 주로 다룬다.

3.1. 세분시장의 평가

(1) 기업의 목표와 경영자원

　세분시장이 구조적 매력성과 실질적인 규모 그리고 성장 잠재력이 있더라도 기업은 세분시장과 관련된 자사의 목표와 경영자원을 고려하여 시장의 매력도를 보수적으로 평가해야 한다. 세분시장이 아무리 매력적이더라도 기업의 주요 목표와 부합되지 않는 시장이라면 기업은 그 시장을 선택하는 데 신중해야 하며, 상황에 따라서는 환경적·정치적·사회적 책임이라는 시각에서 볼 때 세분시장이 그다지 바람직하지 못하다면 기업은 그 세분시장에의 진입을 과감히 포기해야 한다. 가령, 대기업들이 중소기업 고유 품목에 대해 시장진입을 자제하는 것은 여론의 비난과 불매운동뿐만 아니라 기업에게 부정적 이미지를 낳기 때문이다.

　세분시장이 기업의 목표와 부합된다면 기업은 그 세분시장에서 성공할 수 있을 것인지에 대해 자사의 경영자원을 평가해 보아야 한다. 기업이 세분시장에서 성공적으로 경쟁할 수 없다고 판단된다면 그 시장에 참여하는 것을 자제해야 한다. 또한 기업이 세분시장에서 요구하는 만큼의 자원을 가지고 있을지라도 세분시장에서 경쟁적 우위를 확보할 수 있을 만큼 경쟁자들보다 기술이나 자원이 풍부하지 않을 경우에도 기업은 그 세분시장에

의 진입을 신중히 고려해야 한다.

　따라서 기업은 그 세분시장에서 경쟁자들보다 우위를 얻을 수 있고 시장에 참여했을 때 잃는 것보다 얻는 것이 더 많다고 판단할 때 비로소 그 세분시장에 진입하여야 성공할 수 있다. 실제적으로 과거 우리나라 식품업계는 CJ그룹(53년 설립)(cj.net)과 대상(주)(56년 설립)(daesang.com)이 대표적인 기업이었으나 '더 좋은 상품과 서비스로 보다 나은 삶을 위해 공헌한다'의 농심(65년 설립)(nongshim.com), 라면의 원조 삼양식품(samyang foods.com), '(주)오뚜기 임직원은 식품을 통해 인류의 건강과 행복을 추구하고 있습니다'의 오뚜기(69년 설립)(ottogi.co.kr), 오늘날 '친환경 바른 먹거리와 로하스'로 틈새시장을 공략한 풀무원(84년 설립)(pulmuone.co.kr), '신선한 가치, 건강한 습관'의 가치를 선언한 한국야구르트(69년 설립)(hyfresh.co.kr)로 후발 식품기업들이 세분화된 시장을 집중적으로 자신의 기업목표와 경영자원으로 공략하여 선발기업들과 공존하고 있다.

(2) 세분시장 규모와 성장률

　기업은 제일 먼저 세분시장에 대한 현재 판매량, 예상 성장률 그리고 예상 수익률에 대한 자료를 수집하고 분석하여야 한다. 즉, 기업이 선택할 수 있는 세분시장은 충분한 규모와 높은 성장률을 보이는 시장이어야 이상적 시장이라고 할 수 있다. 일반적으로 기업들은 큰 규모의 시장에 진입하기를 원할 것이다. 그러나 어느 기업에게나 큰 규모와 높은 성장률을 보이는 세분시장이 매력적인 것은 아니다. 소규모의 기업은 큰 규모의 세분시장을 감당하기에는 기술이나 경영자원이 부족하며, 또한 규모가 큰 세분시장은 기업 간 경쟁이 치열하기 때문에 소규모의 기업이 성공할 가능성이 낮을 수 있기 때문이다.

　따라서 기업들은 잠재적으로 높은 수익률을 얻을 수 있는 보다 작고 완만하게 성장하는 시장을 선택하기도 한다. 가령, 식료품시장에서 제일제당(cj.net)과 대상(daesang.com)이 우리나라의 대표적인 종합식품기업으로 군림하는 가운데 동원F&B(69년 설립)(dongwonfnb.com)는 '醫食同源, 좋은 음식이 곧 보약입니다'의 기업철학을 250여 종의 먹거리에 담고 동원F&B가 고객의 식탁을 더 건강하게, 생활을 한층 맛있게 만들고 있음을 소비자에게 어필하고 있다. 또한 콜드체인시스템(cold chain system)과 동원식품과학연구원을 통해 제품의 신선도와 품질을 완벽하게 유지하여 동원F&B라는 이름을 믿을 수 있는 식품의 대명사로 만들고 있음을 선언하였다.

(3) 시장구조

세분시장이 충분한 규모와 성장률을 가지고 있더라도 수익성 측면에서 덜 매력적인 시장일 수 있기 때문에 기업은 장기적인 세분시장 매력도에 영향을 주는 구조적 요인들을 고려해 보아야 한다. 일반적으로 그러한 구조적 요인 중에 가장 영향을 많이 주는 요인들은 시장에 있어서의 경쟁상황이다. 따라서 [표 6-5]에서와 같이 기업은 현재와 잠재적인 경쟁자들에 대한 분석을 실시해야 하며, 그 결과 해당 세분시장에 강하고 공격적인 경쟁자들이 많다고 판단되면 그 세분시장은 그다지 매력적이지 못하다고 판단하게 된다.

[표 6-5] 시장구조의 특징

경쟁형태 / 속성	독점	과점	독점적 경쟁	순수경쟁
경쟁자의 수	하나	소수	여러 개	아주 많음
시장점유율	한 기업이 100%	소수가 높은 점유율 획득	각각의 기업이 낮은 점유율 획득	각각의 기업이 매우 낮은 점유율 획득
시장진입 용이성	어려움	어려움	쉬움	쉬움
차별적 우위	제품/서비스의 유일한 제공자	비가격적 마케팅 요인들	모든 마케팅 요인들	없음
주요 마케팅 과업	독점적 위치 고수	비가격적 요인 들의 차별화	모든 요인들의 차별화	가능한 한 넓은 유통망, 저가 공급에 대한 보장
CI	한국전력공사	KGC인삼공사	β빙그레	KYOCHON 1991
대표 기업	한국전력공사 KEPCO	한국인삼공사 정관장	빙그레 바나나맛우유	프랜차이즈 교촌치킨

마케터들은 또한 대체 상품 브랜드나 보완재의 위협을 항상 고려해야 한다. 실질적인 대체재가 있거나 잠재적 대체상품이 있다면 그 세분시장은 덜 매력적이다. 대체상품들은 세분시장에서 얻을 수 있는 수익과 기업이 소비자들에게 제시할 수 있는 가격에 제한을

가하게 된다. 가령, 삐삐와 시티폰이라는 이동전화서비스는 휴대폰과 PCS가 시장에 출현하면서 자취를 감추었으며, 타자기는 컴퓨터로, 호롱불은 전기로, 인력거는 택시로, 시골의 쟁기는 트랙터로 대체된 사실을 기억할 필요가 있다. 삐삐에 대한 강력하고 혁명적인 대체상품이 출시될 것으로 보이는 시장은 매력적인 시장이라고 보기 어렵다.

구매자의 힘 또한 세분시장의 매력도에 영향을 미친다. 만약 세분시장에서의 구매자들이 판매자들에 비하여 높은 구매자 교섭력을 가진다면 가격할인에 대한 압력을 줄 수 있고, 기업에 대하여 보다 좋은 제품이 질이나 서비스 제시를 요구할 수도 있다. 구매자인 대형할인점들은 대량구매에 대량판매의 매력을 갖고 있으므로 공급자들에게 적지 않은 가격인하를 종용할 수 있다.

마지막으로 세분시장의 매력도는 공급자의 상대적인 힘에 의해 좌우된다. 세분시장에서 원자재, 노동력 그리고 서비스 등의 가격을 공급자가 마음대로 올리거나 제품의 질 또는 수량을 낮출 수 있을 정도로 공급자 교섭력을 갖고 있다면 그 세분시장은 덜 매력적이다. 공급자들은 그 규모가 매우 크고 독점적일 때, 대체상품이 거의 없을 때 또는 공급하고 있는 제품이 매우 중요한 원료일 때 강력한 힘을 갖게 된다. 우리나라 대표적 기업이 한국전력(kepco.co.kr)이다.

3.2. 표적시장의 선택

기업은 각 세분시장들에 대한 평가 후에 어떤 시장을 자사가 집중적으로 마케팅해야 될 것인지 또는 몇 개의 세분시장을 공략할 것인지의 문제를 해결해야 한다. 따라서 기업이 선택할 수 있는 마케팅전략은 [그림 6-9]에서처럼 비용우위 마케팅전략, 차별적 마케팅전략, 집중마케팅전략의 세 가지가 있다.

(1) 비용우위 마케팅전략

비용우위 마케팅전략(cost leadership marketing strategy) 또는 무차별(undifferentiated) 마케팅전략이란 '세분시장 간의 차이를 무시하고 하나의 제품으로 전체시장을 공략하는 전략이다. 이 전략을 구사하는 기업은 고객들 욕구의 차이점에는 무관심하고 오히려 공

통점에 착안하여 전략을 수립하게 된다. 즉, 다수의 구매자에게 소구하기 위해서 기업은
하나의 상품과 하나의 마케팅 프로그램으로 시장을 공략한다. 이는 소비자들의 마음속
에 우수한 자사 제품브랜드의 이미지를 심어주기 위해서 기업은 대량유통, 대량매체, 대

[그림 6-9] 표적시장 결정의 전략적 대안

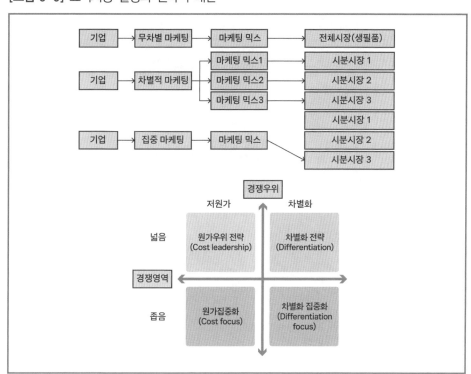

량광고방식을 채택하기 때문이다. 예를 들면, 농심 새우깡(saewookkang.com) — 손이
가요 손이 가~이나 해태(m.ht.co.kr) 맛동산 — 맛동산 먹고 즐거운 파티!, 브라보콘 — 12
시에 만나요 브라보콘, 둘이서 만나요 브라보콘, 오리온(orionworld.com) 초코파이 — 대
한민국 대표과자 오리온 초코파이 정(情)을 세분화하지 않고 모든 소비자들을 대상으로
판매하고 있다. 이러한 비용우위 마케팅전략은 비용절감이라는 효과가 동반되어야 한다.
  이에 기업의 비용을 결정하는 중요한 요소인 규모의 경제, 경험효과, 생산프로세스의
혁신, 제품설계의 개선 등의 기반이 공고화되어 있어야 한다. 구체적인 예로 기업의 단순
한 생산라인으로 인하여 재고관리, 유통 등의 비용 절감과 단일광고프로그램의 광고비용

을 절감, 세분시장에 대한 조사와 기획의 필요성이 없기 때문에 마케팅조사비용과 제품
관리비용, 물류비용의 절약을 가져올 수 있는 이점이 있다.

    그러나 비용우위 마케팅전략이 새우깡이나 맛동산 그리고 초코파이의 경우처럼 대단
히 성공적일 수 있지만, 대부분의 현대 마케터들은 모든 소비자들을 만족시킬 수 있는 하

[그림 6-10] 원가우위 전략의 브랜드

나의 제품이나 브랜드의 개발에 따르는 어려움이 대두되기 때문에 비용우위전략이 효과
적인 경우는 매우 제한적이다. 비용우위 마케팅전략을 구사하는 기업들은 일반적으로 시
장에서 가장 큰 세분시장을 공략한다. 그러나 여러 기업들이 같은 시장에서 동일한 전략
을 구사한다면 격심한 경쟁을 불러일으켜 오히려 수익이 감소하는 경우도 발생할 수 있
다. 이러한 문제에 대한 인식은 기업들로부터 보다 작은 세분시장에 대하여 관심을 갖게
한다.

(2) 차별적 마케팅전략

    차별적 마케팅전략(differentiated marketing strategy)이란 두 개 혹은 그 이상의 세분시
장을 표적시장으로 선정하고 각각의 세분시장에 적합한 제품과 마케팅 프로그램을 개발

하여 공략하는 전략을 말한다. 따라서 이 전략을 채택한 기업은 각 세분시장에서 더 많은 판매량을 올리면서 당해 제품브랜드와 회사의 이미지를 강화하려고 노력한다. 가령, [그림 6-11]에서처럼 과일(사과, 배, 키위, 단감, 토마토, 참외, 파프리카) 생산농가는 세분화된 시장을 대상으로 품질의 기준[크기, 색택, 당도/(몇 브릭스(Brix) 이상인 과일은 프리미엄으로 판정하는 규정], 외관, 중량에 따라 선별과정을 거치고 등급 판정을 내리며, 그 품질의 등급을 과일 포장에 프리미엄급/Gold로 표시하여 소비자에게 공급하는 경우를 들 수 있다. 농업 경영체들이 소비자의 욕구에 잘 부합된 농산물을 제공한다면, 높은 재구매 효과(rebuy effects)를 기대할 수도 있다.

　다수의 기업들이 차별적 마케팅을 채택하는 이유는 비용우위 마케팅전략에 비해 보다 많은 총매출액과 이익을 올릴 수 있다는 장점이 있기 때문이다. 그러나 차별적 마케팅은 각각의 세분시장에 적합한 차별적인 마케팅전략을 구사하기 위해서 조사와 개발, 기술 등에 적지 않은 비용을 사용하기 때문에 일반적으로 많은 비용의 증가를 초래한다. 구체적으로 추가적인 연구개발과 엔지니어링 또는 특수 장비비용을 포함하는 제품수정비용, 생산준비비용, 수요예측, 매출분석, 유통관리 등과 같은 관리비용, 재고비용, 촉진비용 등이 있다. 따라서 차별적 마케팅전략을 실행하기 위해서는 여러 가지 비용을 상쇄하고 이익을 창출할 수 있도록 선결되어야 한다.

[그림 6-11] 과일의 차별화 전략

(3) 집중마케팅전략

집중마케팅전략(focus marketing strategy)은 '특정 시장, 특정 소비자 집단, 일부 제품 종류, 특정 지역 등을 집중적으로 공략하는 것'을 의미한다. 원가우위 전략과 차별화 전략이 전체 시장을 대상으로 한 전략임에 반해 집중화 전략은 특정 시장에만 집중하는 전략이다. 일반적으로 기업의 자원이 제한되어 있기 때문에 기업들은 특화된 영역 안에서 원가우위나 차별화 전략을 추구하게 된다. 이 경우 원가우위에 의한 집중화로써 원가 측면에서 우위를 점하는 것이 가능하며, 차별화에 의한 집중화 전략은 작은 범위의 제품에 집중함으로써 오히려 대규모의 차별화를 추구하는 기업보다 더 빠른 혁신이 가능하다.

집중마케팅전략을 실행하는 기업은 자사가 공략하고 있는 특정한 시장에 속한 소비자의 욕구를 매우 잘 알고 있기 때문에 그 시장 안에서 강력한 위치를 얻을 수 있다. 그 외에도 기업은 생산, 유통 그리고 촉진의 특화를 통하여 운영의 경제성을 누릴 수도 있다. 가령, 집중마케팅의 대표적 성공기업은 [그림 6-12]에서처럼 전국적으로 이름난 5대 베이커리(군산→이성당, 대전→성심당, 서울→오월의 종, 안동→맘모스 베이커리, 천안→뚜쥬루 과자점)를 들 수 있다.

[그림 6-12] 집중화로 승부건 유명 베이커리 브랜드

그러나 집중마케팅전략도 몇 가지 단점을 지니고 있다. 정상적인 경우보다 기업은 보다 높은 위험을 감수하여야 한다. 일반적으로 집중마케팅전략을 구사하는 기업들은 매우

작은 규모의 시장을 공략하기 때문에 그 시장에 속한 소비자들의 구매행동이 변화하게 되면 더 이상 그 시장은 존재할 수 없다. 또한 경우에 따라서는 보다 큰 경쟁자가 동일한 시장에 진입할 수도 있다. 이러한 위험의 회피를 위해 다수의 기업들은 하나의 시장을 선택하여 집중마케팅전략을 구사하기보다는 복수의 세분시장에 접근하는 것을 보다 선호하게 된다.

3.3. 표적시장전략의 선정

기업에서 특정시장을 공략하기 위해서는 [그림 6-13]에서처럼 기업의 내부자원과 외부환경요인들의 검토에 따라 어떤 전략이 가장 적절한가를 검토해야 한다.

첫째, 기업의 자원이다. 기업의 자원이 제한되어 전체시장을 공략하지 못할 때는 현실적으로 집중마케팅전략을 선택하는 것이다.

둘째, 제품의 동질성 정도가 매우 중요하다. 쌀이나 과일 등과 같이 제품의 품질이 어느 정도 동질적인 경우에는 비용우위 마케팅이 보다 적합하며, 건강, 웰빙 등과 같이 홍삼, 구기자 등과 같이 제품구색이 복잡한 경우에는 차별적 마케팅이나 집중마케팅전략이 이

[그림 6-13] 표적시장의 선정

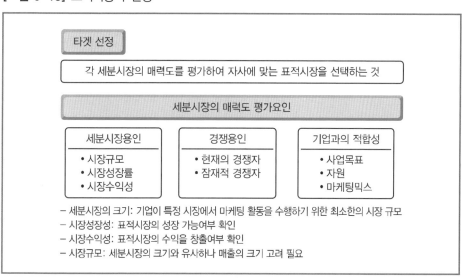

상적이다.

셋째, 기업의 시장공략전략을 선택하는 데 있어서 제품의 수명주기(product life cycle)의 위치가 중요한 고려변수가 된다. 즉, 기업이 처음으로 신제품을 시장에 도입할 때에는 한 가지 버전만 시장에 도입하기 때문에 비용우위 마케팅이나 집중마케팅이 적합하고, 성숙단계에서는 경쟁이 치열하므로 다양한 제품을 도입하여 차별적 마케팅을 실행하는 것이 유리할 것이다.

넷째, 시장의 동질성을 고려해야 한다. 만약 모든 구매자가 같은 취향을 지니고 있고, 같은 양을 구매하고, 기업의 마케팅노력에 대하여 같은 반응을 나타낸다면 비용우위 마케팅전략이 적합하다.

다섯째, 경쟁자의 마케팅전략도 고려해 볼 필요가 있다. 즉, 경쟁자가 비용우위 마케팅전략을 구사하고 있다면 기업은 차별적 또는 집중마케팅전략을 사용하여 이익을 획득할 수도 있다.

4절 포지셔닝

4.1. 포지셔닝의 의의

브랜드(제품)의 포지션(position)이란 브랜드(제품)가 소비자들에 의해 지각되고 있는 모습을 말하며, 포지셔닝(positioning)은 '소비자의 마음속에 자사제품이나 기업을 표적시장·경쟁·기업능력과 관련하여 가장 유리한 포지션에 있도록 노력하는 과정 또는 소비자들의 인식 속에 자사의 제품이 경쟁제품과 대비하여 차지하고 있는 상대적 위치'를 말한다. 달리 말하면 기업이 의도하는 제품개념과 포지션을 고객의 마음속에 위치시키는 것을 뜻한다. 1972년 광고회사 간부인 앨 리스(Al Ries)와 잭 트로우트(Jack Trout)가 도입한 용어로, '정위화'(定位化)라고도 한다. 가령, [그림 6-14]에서처럼 우리 인간이 살아가는 데 생수를 생각하지 않을 수 없는 마당에, 여러 소비자들이 마음속으로 생수 브랜드를 연상해보면 떠오르는 것이 아마도 삼다수, 백산수, 아이스, 풀무원 등일 것이다. 여기에서도 프리미엄 이미지, 대중적인 이미지도 다를 수 있다. 이것이 바로 포지셔닝을 뜻한다.

[그림 6-14] 한국 · 중국 · 일본 3국의 생수시장의 규모

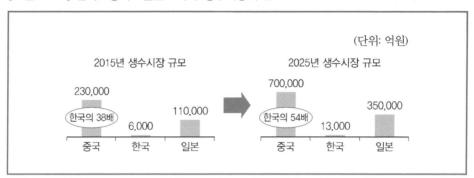

[그림 6-15] 생수 브랜드의 포지셔닝

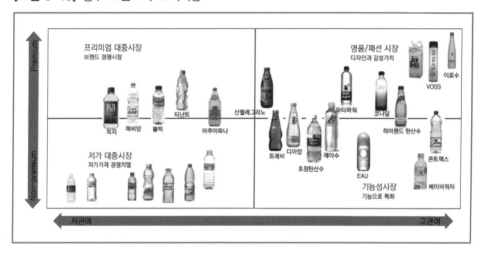

[그림 6-15]는 우리 인간의 생존과 관련된 생수 브랜드이다. 프리미엄시장과 대중적인 저가시장, 명품감성시장과 기능성시장으로 X-Y축으로 분류한 지각도(perceptual mapping)이다.

포지셔닝전략은 소비자가 원하는 바를 준거점으로 하여 자사제품의 포지션을 개발하려는 '소비자 포지셔닝전략'과, 경쟁자의 포지션을 준거점으로 하여 자사제품의 포지션을 개발하려는 '경쟁적 포지셔닝전략'으로 구분된다. 또한 소비자들이 원하는 바나 경쟁자의 포지션이 변화함에 따라 기존제품의 포지션을 바람직한 포지션으로 새롭게 전환시키는 전략을 리포지셔닝(repositioning)이라고 한다.

4.2. 포지셔닝전략의 유형

소비자의 포지셔닝전략은 자사제품의 편익을 결정하고 커뮤니케이션하는 활동으로, 커뮤니케이션 방법에 따라 [그림 6-16]에서처럼 포지셔닝 유형을 다음과 같이 분류할 수 있다.

[그림 6-16] 브랜드의 포지셔닝 유형

포지셔닝 유형	사례
제품의 속성을 이용한 포지셔닝	청양구기자차, 문경오미자차, 영암결명자차(동원F&B) 음료, 천호엔케어 산수유, CJ뽕잎수, 롯데의성마늘햄
구매상황에 의한 포지셔닝	일요일은 오뚜기 카레, 내 몸에 가까운 물 포카리 스웨트, 갈증해소음료 게토레이
브랜드 편익에 의한 포지셔닝	삶의 향기-맥심커피, 다이어트 콜라, 입 냄새 제거 후라보노, 얘야, 껍 씹고 자는 거 잊지 마라-자일리톨
고객층에 의한 포지셔닝	민속주-안동소주, 젊음의 맛 CASS, 정통의 깊은 맛 OB 골든라거, 서민의 술-막걸리
경쟁적 브랜드에 의한 포지셔닝	삼양라면-농심라면, 청정원-다시다, 롯데제과-해태제과, 파리바게트-뚜레쥬르, 칠성사이다-Sprite

첫째, 제품속성(기능성 속성)에 의한 포지셔닝이다. 이것은 표적소비자들이 중요하게 생각하는 제품속성에서 자사의 제품이 타사보다 차별적 우위를 갖고 있음을 직접적으로 강조한다. 가령, 청양에서 생산되는 구기자(하수오, 인삼과 함께 3대 명약, 콜린대사물질의 하나인 베타인이 풍부해 간에 지방이 축적되는 것을 억제)는 남녀노소를 막론하고 건강에 도움이 되는 한약재이다. 천호엔케어에서 '남자한테 참 좋은데~'하는 산수유(간과 신장을 보호해주고 회춘 효과)는 나이 드신 어르신네들을 대상으로 기능성 속성을 내세워 마케팅하고 있다.

둘째, 구매상황에 의한 포지셔닝으로, 이는 제품이 사용될 수 있는 적절한 상황과 용도를 자사제품과 연계시키고자 하는 전략유형이다. 타이어회사의 겨울용 타이어, 스포츠용 타이어, 스포츠 음료수, 집들이용 휴지, 코란도와 무쏘는 겨울이나 험한 산길 주행에 가장 적합한 차로 포지션하고 있다.

셋째, 심상(imagery)이나 상징성(symbolism)을 통해 간접적으로 접근하는 이미지 포지셔닝으로, 상징적·감각적 편익에 의한 포지셔닝이라고 볼 수 있다. 이러한 예로는 동서식품(dongsuh.co.kr)의 '가슴이 따뜻한 사람과 만나고 싶다', '커피의 명작, 맥심'과 같은 광고문구로서 '맥심'을 정서적·사색적이면서 고급이미지로 포지션하였다. 반면, 감각적 포지셔닝은 제품의 감각적인 만족이나 자극에서의 차별성을 강조하는 것으로, 동서식품의 '맥심 모카골드'는 개성이 강한 연극인 윤석화를 내세워 '저도 알고 보면 부드러운 여자예요'라는 광고카피로써 부드러운 맛의 커피로 포지셔닝하는 데 성공한 바 있다.

넷째, 제품 사용자에 의한 포지셔닝으로, 이는 제품의 사용자 집단이나 계층에 의하여 포지셔닝하는 것을 말한다. 즉, 밀러(Miller)는 주로 상류층이나 여자들의 맥주로 포지션되었으나, 이를 대량 음주자들인 노동자계층에 적절한 맥주로 재포지셔닝하여 크게 성공하였다. 또한, 필립모리스(pmi.com)의 말보로 담배는 남성미에 소구하고 있고, 버지니아슬림은 여성을 모델로 제시하여 여성용 담배로 포지셔닝하고 있다.

다섯째, 경쟁적 제품에 의한 포지셔닝전략은 경쟁자를 지명하는 비교광고를 통해 수행되는데, 시장선도자를 준거점으로 하고 직접적인 도전을 통해 자신의 상표를 포지셔닝하려는 수단으로 이용된다. 이러한 예로는 게토레이(mygatorade.co.kr)와 포카리스웨트(donga-otsuka.co.kr), 오비맥주(ob.co.kr)와 하이트맥주(hite.com), 다시다(cj.co.kr)와 맛나(daesang.com)를 들 수 있다.

4.3. 포지셔닝전략의 수립과정

어떤 포지셔닝전략을 사용하든 제품을 포지셔닝하기 위해서는 제품의 특징·제품효익·사용계기·사용자 범주 등이 근거로 이용되며, 다음과 같이 5단계의 과정을 거쳐 개발된다.

① 소비자 분석으로, 소비자 욕구와 기존제품에 대한 불만족 원인을 파악한다. ② 경쟁자 확인으로, 제품의 경쟁상대를 파악한다. 이때 표적시장을 어떻게 설정하느냐에 따라 경쟁자가 달라진다. ③ 경쟁제품의 포지션 분석으로, 경쟁제품이 소비자들에게 어떻게 인식되고 평가받는지 파악한다. ④ 자사제품의 포지션 개발로, 경쟁제품에 비해 소비자

욕구를 더 잘 충족시킬 수 있는 자사제품의 포지션을 결정한다. ⑤ 포지셔닝의 확인 및 리
포지셔닝으로, 포지셔닝전략이 실행된 후 자사제품이 목표한 위치에 포지셔닝되었는지
확인한다. 이때 매출성과로도 전략효과를 알 수 있으나 전문적인 조사를 통해 소비자와
시장에 관한 분석을 해야 한다. 또한 시간이 경과함에 따라 경쟁환경과 소비자 욕구가 변
화하였을 경우에는 목표 포지션을 재설정하여 리포지셔닝을 한다.

(1) 소비자 및 경쟁자 분석

포지셔닝전략이란 경쟁제품에 비하여 소비자의 욕구를 보다 잘 충족시켜 줄 수 있다는
인식에 목적이 있기 때문에 소비자들의 명확한 욕구의 이해와 소비자들이 여러 브랜드를
비교·평가하기 위하여 이용하고 있는 평가기준 혹은 중요한 속성들을 잘 파악해야 한다.
뿐만 아니라 소비자들은 일반적으로 그들에게 가장 높은 가치를 가져다줄 수 있는 제품이
나 서비스를 선택하게 된다. 따라서 소비자들이 자사의 제품을 구매하도록 유도하고 지
속적인 자사제품 고객으로 유지시키기 위해서 기업은 소비자들의 욕구와 구매과정에 대
하여 경쟁사들보다 잘 이해하고 있어야 하며, 그 결과로 경쟁사들보다 높은 가치를 소비
자들에게 제공할 수 있어야 한다.

기업은 제품, 서비스, 인적자원 또는 이미지 등으로 경쟁사에 대비하여 차별적인 우위
를 누릴 수 있다.

첫째, 성능, 디자인 등과 같이 제품의 물리적 특성을 가지고 차별화하는 것을 제품차별
화(product differentiation)라고 하며, 구체적인 예로 쌀의 품종은 추청, 아끼바레, 히토메
보레 등이 있으나 안동농협(eandong.com)의 백진주라는 품목의 쌀은 무농약 우렁이농법
으로 재배 수확하고, 고객이 주문할 때 저온보관된 백진주벼를 당일 도정하여 납기를 준
수하는 과정을 거친다. 즉, 이 농협은 백진주의 종자, 생산, 수확, 수매 및 건조, 저장관리,
가공, 유통단계까지 철저한 품질관리의 차별화를 강조하고 있다.

둘째, 기업들은 제품의 물리적 특성 이외에 제품의 서비스에 대해서도 차별화(service
differentiation)를 시도하여 경쟁적 우위를 유지하고 있다. 그 같은 예로, 삼성웰스토리
(samsungwelstory.com)는 식자재시장의 후발주자였으나 '한국의 맛을 세계의 맛으로 만
들어 갑니다'의 비전을 내세우고, 엄격한 품질시스템과 첨단의 콜드시스템을 이용하여 푸
드서비스(델라코트, 웰스토리)와 식자재유통사업을 글로벌 기업으로 도약하는 단계에

이르렀다.

셋째, 인적자원의 차별화(personnel differentiation)는 직원의 선발과 훈련을 통하여 경쟁적 강점을 확보하는 전략이다. 역시 삼성웰스토리(samsungwelstory.com)는 홈페이지에 각 직무별로 우수한 인재를 선발하는 제도를 찾아볼 수 있다. 가령, 식자재 구매는 건강한 식자재를 합리적으로 구매하는 영역으로 농산/수산/축산/가공식품 등 다양한 품목의 식자재 구매를 담당할 수 있는 인재를 선발하고 있다.

넷째, 이미지차별화란 기업이 소비자들에게 편안하고 좋은 기업이미지, 브랜드 이미지를 심어주기 위한 전략을 말한다. 남양유업(company.namyangi.com)은 1964년에 설립된 회사로 '조직적인 품질경영 체제로 고객만족을 실현으로 세계제일의 식품회사로 도약하는 것! 남양유업의 비전'이라고는 하나 최근 품질상 하자가 발생된 곰팡이 주스 문제, 본사와 대리점 간의 갑질 등의 문제로 전통의 남양유업 이미지를 추락하게 하였다.

(2) 경쟁제품 브랜드의 포지션 분석

소비자들은 구매하고자 하는 제품브랜드를 확인하면 대안 평가 시 중요하게 생각하는 속성에 따라서 경쟁 제품브랜드가 어떻게 포지션되어 있는지 그리고 전반적인 이미지는 어떠한지를 조사한다. 전업주부들은 가족의 건강을 위해 도정된 쌀 구입을 결정할 때, 그 쌀의 품종(추청 > 신동진 > 고시히카리 > 오대 > 삼광 > 골든퀸 3호), 친환경재배 여부, 등급 표시(특, 상, 보통, 등외), 원산지, 생산년도, 도정일자, 가격(1kg, 2kg, 3kg, 5kg, 10kg, 20kg 등), 포장, 그리고 생산농가의 수상이력까지를 확인한다. 만약 전업주부들이 중요시하는 쌀의 속성에서 현재 우수하게 평가받고 있는 쌀 브랜드가 없거나 긍정적 이미지를 갖는 쌀 브랜드가 존재하지 않을 때에는 다른 브랜드의 포지션 대안을 찾는다.

[그림 6-17]에서처럼 경상북도(gb.go.kr)는 상주 '풍년쌀 골드', '명실 상주쌀', '아자개쌀', 의성 '의성眞쌀', '안계농협쌀', 예천 '새움일품쌀'을 2018년 '경북 6대 우수 브랜드 쌀'로 선정했다고 밝혔다. 이번 '우수 브랜드 쌀' 선정은 도내에서 생산되는 200여 종의 브랜드 쌀 중에서 브랜드 쌀 매출액이 20억원 이상 되는 경영체를 대상으로 시 · 군의 추천을 받은 10개 업체를 전문기관의 평가를 통해 선정했다. 농산물품질관리원 경북지원에서 완전립 비율, 투명도 등 외관상 품위평가를 실시하였으며, 도 농업기술원에서는 식미치, 단백질 검사 등을 평가하여 경북 6대 우수브랜드 쌀 선정에 있어서 공정성을 기했다. 선정

된 6대 브랜드 쌀은 앞으로 1년간 공식적인 경상북도 대표 쌀 브랜드로 사용되는 한편 상품 포장재 등에 선정내역 표기, 각종 매체와 대도시 직판행사 등을 통해 홍보와 판촉지원을 받게 된다. 또한, 경북은 도내 쌀 브랜드의 대외경쟁력을 한층 더 높이기 위해 이번에 선정된 브랜드 쌀 경영체에 홍보비, 마케팅 및 포장재 구입비 등으로 사용할 수 있는 사업비를 각 2,000만원씩, 총 1억 2,000만원을 지원할 계획인 것으로 확인되었다.

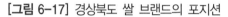
[그림 6-17] 경상북도 쌀 브랜드의 포지션

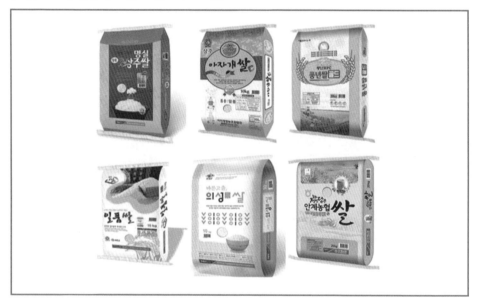

(3) 자사제품의 포지셔닝 개발

기업의 마케터들은 포지셔닝전략을 수립하기 위하여 자사제품과 관련하여 구매자들이 어떤 지각 혹은 연상을 할 것인가를 결정해야 한다. 이와 같이 포지셔닝개념은 마케팅 관리자가 구매자의 마음속에 자사제품이 차지하기를 원하는 위치를 말한다. 따라서 가능한 경쟁적 강점파악이 끝난 다음 기업은 그다음 단계로 과연 어떠한 경쟁우위요소를 선택할 것인지, 몇 개의 우위요소를 가지고 차별적 포지셔닝을 시도할 것인지를 결정해야 한다.

먼저 [표 6-6]과 같이 다수의 마케터들은 표적시장에 오직 하나의 편익을 집중적으로 포지셔닝에 사용할 차별화 요소의 수를 찾아야 한다. 또한 소비자들은 많은 정보들 속에서 '1등'을 보다 잘 기억해내는 경향이 있기 때문에 많은 기업들은 각 브랜드마다 그 자체로서 '1등'이 될 수 있는 제품속성을 찾아내야 한다. 기업들이 하나의 편익을 사용하여 효과적으로 포지셔닝하기 위해서 사용되는 편익은 소비자들이 그 제품을 구입할 때 매우 중요하게 고려하는 내용이어야 하며, 확실히 타 경쟁사 대비 우위요소가 있어야 한다.

[표 6-6] 성공적 차별화를 위한 고려요소

1. 중요성	차별요소를 표적시장의 소비자들에게 확실히 가치 있는 편익을 제공해야 한다.
2. 차별성	경쟁자들이 모방할 수 없는 보다 확실히 차별요소를 제공할 수 있어야 한다.
3. 우수성	소비자들이 동일한 편익을 얻을 수 있는 다른 방법들보다 차별요소가 뛰어나야 한다.
4. 전달성	차별요소는 소비자들에게 전달할 수 있어야 하고 보여줄 수 있어야 한다.
5. 선점성	차별요소는 경쟁자들이 쉽게 모방할 수 없어야 한다.
6. 가격의 적절성	차별요소는 구매자들이 납득할 정도의 가격이어야 한다.
7. 수익성	차별요소는 기업에게 이익을 제공할 수 있어야 한다.

(4) 포지셔닝의 실행

포지셔닝 개념에 따라 제품(브랜드)을 개발하고 제품믹스를 결정한다. 자사제품이 경쟁제품(경쟁 브랜드)에 비하여 차별적 특성을 갖는다 하더라도 문제는 소비자에 의해 그렇게 받아들여져야 한다. 따라서 마케터는 기업이 원하는 위치에 포지셔닝되도록 커뮤니케이션 노력에 집중해야 한다.

(5) 포지션의 확인 및 재포지셔닝의 실행

자사제품의 포지셔닝이 실행된 이후에는 자사제품이 목표로 하는 위치에 포지션되었는지를 확인해야 한다. 표적시장 내의 소비자욕구와 경쟁을 포함한 여러 가지 환경은 시간의 경과에 따라 변화되기 때문에 마케터는 조사를 통하여 자사의 제품이 적절하게 포지셔닝이 되었는지를 계속적으로 확인해야 한다. 초기에는 적절하게 포지셔닝되었더라도 시장환경변화 때문에 자사제품의 위치가 경쟁제품에 비하여 불리한 위치로 변화될 수도 있다. 이와 같은 현상이 발생하면, 자사제품의 목표 포지션을 다시 설정하고 그 위치로 이동시키는 재포지셔닝이 필요하다.

리포지셔닝(repositioning)의 예로서 동아제약의 박카스(rwdb.kr/bacchusd/)를 들 수 있다. 이는 1963년, 드링크제 형태의 '박카스 D'를 출시하면서부터 드링크시장의 역사가 시작되었다. 박카스 홈페이지는 2017년 기준으로 누적 판매량 200억 병 돌파하였고, 지금까지 팔린 병이 지구를 돈다면 60바퀴 이상을 돌 수 있는 양이라고 큼직하게 광고하고 있다. 그런데 박카스의 위기와 위협은 광동제약(ekdp.com)에서 2001년에 마시는 비타민 비타 500의 신제품이 출시되면서부터 경쟁 관계에 놓이게 되었다. 비타500은 급격히 시장 진입을 통한 고속성장을 이루는 듯 보였으나 2004년에 1,000억원의 매출을 기록하면서부터 큰 성장을 찾을 수 없게 되었다.

반면에 박카스는 브랜드 이미지를 위해 제품 이야기는 하지 않고, 젊음과 관련된 주제를 집중적으로 어필하면서 '젊은이가 마시는 드링크'라는 이미지로 커뮤니케이션하였다. 이는 1998년부터 시작된 광고는 20대의 젊은이에 관한 소재를 가지고 이야기하되, 40~50대도 공감할 수 있는 박카스의 가치를 함께 전달하는 광고 콘셉트를 시도하였다. 1998년 주

[그림 6-18] 박카스의 리포지셔닝의 결과

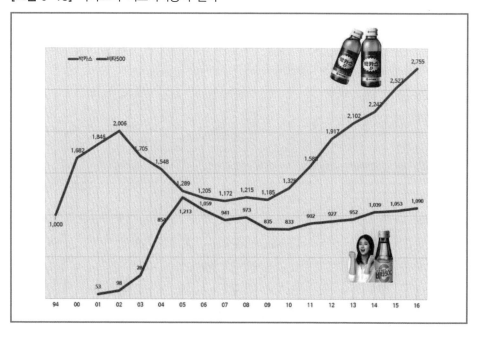

진모가 출연한 '젊음은 나약하지 않다'라는 광고에서부터 박카스는 젊은이가 마시는 드링크라는 이미지 포지셔닝을 시도하고, 그 이후 '대학생 국토대장정'을 기획하고, '건강한 젊음과 박카스가 함께합니다' 등 일련의 시리즈 광고 캠페인을 통해서 박카스는 이제 더 이상 '피로회복'이나 '활력'이 아닌 '젊음'의 이미지를 심기 시작했고, 이러한 전략이 어느 정도 성공하면서 박카스가 롱런할 수 있는 계기였다. 거기에 약국유통은 박카스 D(이는 박카스의 주성분인 타우린이 더블로 들어 있다는 의미로 D(Double)를 붙임)로, 일반 유통은 박카스 D 이전 Original 박카스인 박카스 F를 공급함으로써 유통 특성에 맞춘 제품을 공급해 갈등을 최소화하고 유통 간 시너지를 낼 수 있었다.

광동제약은 2001년 광동 비타500을 출시하면서 빠른 속도로 선두주자인 박카스를 위협하였다. 그 배경은 첫째 '카페인이 없는 비타민 음료'라는 이미지가 소비자들에게 잘 어필되었고, 둘째, 제품 특성은 약국용이 아닌 일반 유통에서 판매 가능하다는 점이었으며, 셋째, 스타마케팅의 적절한 활용이었다. 즉, 이때, 이효리, 문근영, 원더걸스, 소녀시대, 수지의 후광효과를 극대화시킨 덕택이었다고 볼 수 있다.

그러나 소비자들의 머릿속에 각인된 제품의 이미지를 바꾸는 것은 매우 어려운 일로서, 재포지셔닝은 신제품 포지셔닝에 비해 성공하기가 훨씬 어렵다. 재포지셔닝의 성공 사례를 주위에서 쉽게 찾아볼 수 없는 것은 이와 같은 까닭이며, 국내기업들이 재포지셔닝하기보다는 새로운 제품을 출시하는 것을 선호하는 것도 비용에 비해 효과가 미미할 확률이 높기 때문이다.

리포지셔닝은 아니지만 이미 시장에서 잊혀가는 제품을 손봐서 다시 선보이는 리뉴얼(renewal)도 있다. 아모레퍼시픽(amorepacific.com)의 마몽드는 이미 처음 출시된 지 8년이 넘은 라인으로 광고도 중단된 상품이었지만, IMF시대를 맞아 150ml에서 200ml로 용량을 늘린 대중적 상품으로 새로 선보였다. 이런 사례는 화장품업계에서 시행되고 있는 오픈 프라이스제도에 힘입어 타사에서도 이미 알려진 과거의 간판제품을 부활시키는 등의 흐름으로 이어지고 있고, 덕분에 신상품을 알리는 데 쓰는 비용을 줄이고 과거의 충성고객도 다시 끌어들이는 일석다조의 효과를 거두었다.

이슈 문제

1. 브랜드 세분화의 요건과 기준에 대해 정리하시오.
2. 브랜드의 환경분석, 시장세분화, 표적시장 선정 및 포지셔닝의 수립과정에 대해 논하시오.
3. 어떤 제품브랜드를 활용하여 시장세분화, 표적시장 선정 그리고 포지셔닝을 직접 수립하시오.
4. 브랜드의 차별적 마케팅전략과 원가우위 마케팅전략을 비교하여 논하시오.
5. 브랜드의 포지셔닝과 그 유형을 설명해 보시오.
6. 시장구조의 특징을 비교 및 설명하시오.
7. 시장세분화의 태동배경을 설명하시오.
8. 브랜드만족과 브랜드 충성도 고객의 차이를 설명하시오.

유익한 논문

농산물 공동브랜드에서 시장세분화 및 표적시장 기반의 브랜드 포지셔닝전략: 청양군 '칠갑마루'를 중심으로
김신애, 권기대

식자재유통시장의 구매자-판매자 관계이탈촉진요인이 관계신뢰 및 관계학습에 미치는 영향: 의사교환의 조절효과를 중심으로
강장석, 김신애, 권기대

신제품 브랜드 개발과 브랜드수명주기

1절 신제품 브랜드의 개발

2절 브랜드수명주기전략

이슈 문제

유익한 논문

07

1절 신제품 브랜드의 개발

1.1. 신제품 브랜드의 정의

　신제품 브랜드(brand of new product)란 '기업이 막대한 예산을 투자하여 개발한 새로운 제품에 부착된 브랜드'를 뜻하며, 기업 자체의 연구개발을 통하여 얻어지는 독창적인 제품브랜드, 개량된 제품브랜드, 개선된 제품브랜드 그리고 개발된 새로운(new) 브랜드를 말한다. 신제품 브랜드는 기업 스스로 연구개발을 통해 개발하거나 신제품을 개발한 기업을 매수하거나 특허권(patent) 또는 면허권을 매수(acquisition)하는 방법도 있다.

　소비자가 어떤 제품브랜드의 유형과 성능, 특성이 또 다른 대체가능한 상품 브랜드와 큰 차이가 있다고 지각된다면 그 상품 브랜드는 신제품 브랜드로 평가할 수 있다. 이러한 관점에서 신제품 브랜드의 유형은 [그림 7-1]에서와 같이 크게 세 가지로 분류할 수 있다.

[그림 7-1] 신제품 브랜드의 유형

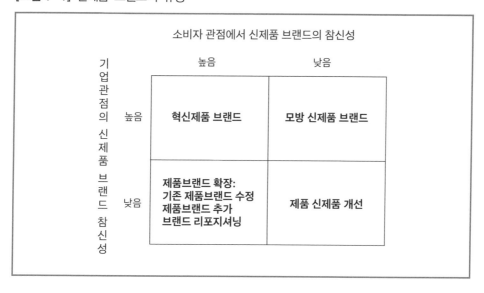

첫째, 모방 신제품 브랜드는 1/4분면에 해당된다. 소비자관점에서는 신제품 브랜드의 참신성이 낮고, 기업관점에서는 신제품 브랜드의 참신성이 높다. 즉, 자사에서는 신제품 브랜드이나 시장에서는 이미 판매되는 모방제품 브랜드(metooism)로, 어떤 특정한 기업에서 특정한 제품브랜드에 대해 신제품개발과정을 거친 제품브랜드를 뜻한다. 기업에서 모방제품 브랜드가 개발되는 배경은 다음과 같다. ① 경쟁사에 적절히 맞대응하기 위함, ② 자사의 기존 제품브랜드 계열을 보완하는 차원, ③ 더 낮은 원가로 기존 제품브랜드와 동일하거나 유사한 성능을 낼 수 있을 때, ④ 신제품 브랜드가 자사의 유통망과 기존 고객을 흡수할 수 있다는 경제적 논리에 근거해서이다. 사실, 코카콜라(coca-cola.com)는 자사에서 생산하는 콜라가 그 기업의 현금창출의 핵심 기반을 이루고 있으나, 경쟁사인 펩시콜라(pepsicola.co.kr)가 게토레이(gatorade) 스포츠 음료를 개발함에 따라 코카콜라 자사의 시장보호 및 맞대응, 그리고 기존유통경로의 경제성 차원에서 파워에이드(powerade) 스포츠 음료를 개발하였다. 그밖에 롯데칠성음료(lottechilsung.co.kr)에서는 기존 시장에서 여러 건강지향의 녹차 시장규모가 증가함에 따라 '오늘부터 0칼로리 나를 가꾸는 습관 — 오늘의 차'를 감성마케팅을 통해 시장 진입한 것은 신제품 브랜드로 볼 수 있다.

둘째, 혁신적인 신제품 브랜드는 2/4분면에 해당된다. 이는 소비자관점의 신제품 브랜드에 관한 참신성의 정도가 높고, 역시 기업관점에서도 신제품 브랜드의 참신성이 동시에 높다. 에디슨이 세상에 없던 전구를 처음으로 발명·개발한 것은 전혀 새로운 시장을 창출한다. 가령, 중국을 비롯한 동남아지역에 사스(SARS, severe acute respiratory syndrome)로 많은 환자가 발생하였는데, 이를 예방하기 위해 개발된 의약품은 혁신적인 동시에 특이한 신제품 브랜드로 간주할 수 있다.[1] 또한 김치장독이 김치 냉장고로, 나일론(nylon)섬유가 라이크라(lycra), 고어텍스(gore-tex)로 대체된 것들은 혁신적인 신제품 브랜드에 해당된다.

셋째, 3/4분면은 소비자관점에서의 참신성 정도는 높지만, 기업입장에서의 참신성은 낮은 일종의 '제품브랜드 확장'으로 볼 수 있다. 제품브랜드 수정 — 기존 제품브랜드의 수정 및 보완, 제품브랜드 추가 — 기존 제품브랜드 계열 내에 신제품 브랜드 도입, 제품브랜드의 리포지셔닝 — 소비자에게 자사의 기존 제품브랜드를 리-디자인(re-design)하거

---

[1] 매일경제신문(2003.09.27.)에 따르면, 아벤티스(Aventis)는 중증급성호흡기증후군(사스·SARS)에 대응하기 위한 비활성 바이러스 백신의 연구개발을 위해 미국 국립보건원(NHI) 산하 기관인 국립알레르기 및 전염병연구소(NIAID)와 계약을 체결했다.

나 다른 용도로 접근, 즉 중요한 속성이 차별화된 대체품 브랜드로, 기존 제품브랜드를 대폭 개선시킨 제품브랜드를 말한다. 추잉껌도 과거에는 표준품이었으나 소비자의 다양한 욕구와 취향에 따라 기능성 껌으로 개발되었다. 가령, 롯데제과(lotteconf.co.kr)는 기존의 추잉껌에서 자가 운전자들이 늘어나면서 안전운전을 위한 확! 깨는 졸음번쩍껌, 입냄새 제거의 후라보노(flavono)[2], 대한민국 치아건강 대표 브랜드, 소중한 치아를 위한 똑똑한 습관 이른바 '잠잘 때 씹는다는' 자일리톨(xylitol), 담배를 필 때 담배에 함유되어 있는 유해성 발암물질인 니코틴을 체내에서 소변으로 배출시켜 주는 니코틴 제거 전문 기능성 껌을 개발한 오리온제과(orionworld.com)의 NICO-X 등은 다양한 속성의 개발로 소비자의 인기를 얻고 있다.

넷째, 4/4분면은 소비자관점에서의 참신성 정도가 낮고 기업입장에서 신제품의 참신성 역시 낮기 때문에 신제품 브랜드로 간주하지 않는다. 이는 기존 제품브랜드에 기능을 보완한다든지, 디자인을 조금 변경하는 정도의 제품개선에 해당된다.

요약하면, 앞에서 설명한 3가지 유형 중 일반적으로 신제품 브랜드의 범주 속에 해당된다고 보는 것은 첫 번째의 모방 제품브랜드와 두 번째의 중요한 속성이 차별화된 혁신적인 신제품이다.

1.2. 신제품 브랜드 개발과정

신제품 브랜드 개발과정은 [그림 7-2]에서처럼 학자에 따라 6단계 혹은 7단계와 순환과정을 밟으며, 사전적으로 기업의 신제품 브랜드 개발전략이 수립된 후에 시작(kick off)된다. 신제품 브랜드 개발전략은 기업의 목표(goal)와 마케팅 목표를 달성하는 데 신제품 브랜드가 수행해야 할 전략적 역할을 도출해내는 것이다. 즉, 기업의 목표가 시장점유율을 유지해야 하는 것이라든지 시장에서 선도기업으로서의 명성을 유지하기 위해서라면 신제품 브랜드 개발도 기업의 목표를 정점으로 제품브랜드의 일관성과 보완성 맥락에서 검토되는 것이다.

---

2) '후라보노'는 롯데제과가 1990년대부터 만든 껌이다. 녹차추출물과 데오탁이 함유되어 있으며, 입냄새 제거에 효과가 있다. 해당 껌은 2010년 현재 페퍼민트 맛, 복숭아 맛 총 두 가지 종류로 판매되고 있다.

[그림 7-2] 신제품브랜드 개발과정

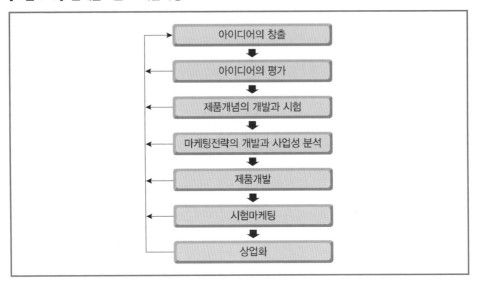

아이디어의 창출

아이디어의 평가

제품개념의 개발과 시험

마케팅전략의 개발과 사업성 분석

제품개발

시험마케팅

상업화

(1) 아이디어 창출

아이디어 창출(idea generation)은 신제품 브랜드 개발의 첫 단계이다. 기업의 마케팅 목표에 적합한 신제품 브랜드의 아이디어를 창출하고 수집하는 과정이다. 기업은 신제품 브랜드 아이디어를 찾아내기 위하여 조직적이고, 체계적인 방법으로 아이디어를 수집해야 한다. 이를 위해 기업의 CEO는 사전에 신제품 브랜드 개발전략에 관해 조직구성원 및 기업 외부의 고객들이 창의적인 아이디어를 제출 및 채택될 수 있도록 일정한 보상을 지불하는 동기부여시스템을 널리 공지하여 기업문화(corporate culture)로 정착시켜야 한다.

기업에서 신제품 브랜드에 대한 아이디어의 원천은 조직내부 구성원들인 기술개발의 R&D부서, 영업부서, 기업 외부의 고객, 유통업자와 공급자 그리고 경쟁자를 통해 수집할 수 있다. 먼저 조직내부(intra organization)의 아이디어 창출로 신제품 브랜드에 성공한 기업들을 살펴보면, 자사제품의 생산, 품질향상 등에 필요한 아이디어를 조직내부 구성원들이 적극적인 아이디어를 제안할 수 있도록 기업문화를 조성하였으며, 기업 내에서 사용되고 있는 '제안함(suggestion-box)'을 통해 아이디어를 제출하도록 활성화되어 있다.

다음으로 기업외부의 고객들로부터 아이디어 창출의 획득은 자사의 제품을 구매해 가는 유통업자, 최종 소비자들의 불만사례(complain case)와 그들의 근원적 욕구에서 찾을 수 있다. 가령, 청양구기자는 주로 생구기자 또는 건구기자로 판매되었으나, 소비자들이 생산농가들에게 저장성 등을 고려해 가공된 환형태라든지 쉽게 응용할 수 있는 신상품의 개발을 요구하면서 최근 구기자가공상품의 개발에 관심을 크게 두고 있다.

마지막으로 경쟁사의 제품을 통해 시장에서 유행하는 신제품의 기술적 트렌드를 분석하고 아이디어를 얻는 것으로, 비록 모방전략에 해당되나 신제품 아이디어의 약 30%가 이 방법에서 활용되고 있다. 그밖에 신제품 아이디어를 수집할 수 있는 기타의 정보원천은 정부기관, 신제품 컨설턴트, 대학의 연구기관, 제품설명회, 박람회 등이다. 이러한 예로 킨텍스(kintex.com)의 한식세계 박람회와 도쿄 식품박람회(Foodex Japan)에서 한식과 세계 식품의 동향 정보를 얻게 된다.

(2) 아이디어 평가

아이디어 평가(idea screen)는 신제품 브랜드 개발과정의 두 번째 단계이다. 여러 신제품 브랜드의 아이디어가 창출되면, 전문가들로 하여금 신속하게 좋은 아이디어와 평범한 아이디어를 선별하는 작업을 말한다. 여기에서 주의사항은 기업 및 마케팅목표와의 일관성과 보완성 차원에서 검토가 이루어져야 하며, 아이디어 평가과정에서 좋은 아이디어가 폐기되지 않도록 [표 7-1]과 같이 아이디어 평가리스트를 활용할 필요가 있다. 평가리스트의 활용은 아이디어의 객관적 가치 부여로 아이디어를 제출한 사람의 깨끗한 승복과 지속적 아이디어를 제출할 수 있도록 제도화한다는 의미 그리고 좋은 아이디어의 폐기를 예방한다는 이점을 갖는다.

[표 7-1]에서처럼 아이디어 평가는 CEO와 기업의 목표, 신제품 브랜드의 일반적 특성, 신제품 브랜드의 마케팅적 특성 그리고 신제품 브랜드의 제품 특성으로 나누고, 각 기준별로 세부적인 항목들을 기술하고 있다. 사실 신제품 브랜드의 아이디어 평가를 위해 CEO가 직접 참여하여 신제품 브랜드 아이디어를 선별한다면, 기업의 조직구성원들에게 아이디어 창출에 대한 남다른 흥미와 관심을 낳을 수 있다. 또한 CEO는 신제품 아이디어의 평가에서 기업의 목표 달성을 위해 전략적 의사결정을 내리는데 실무자들과 달리 사업가적 식견과 글로벌시장의 흐름을 간파할 수 있으므로 종국적으로 신제품 아이디어 채택에 결정적인 역할을 한다. 실제적으로 [표 7-1]의 아이디어 평가리스트에 비아그라(viagra.or.kr)와 아이오페(iope.co.kr)를 대입하여 평가해 보도록 제안한다.

[표 7-1] 신제품 브랜드 아이디어 평가리스트

구분	신제품 성능요인	가중치	만족도	평가(A×B)
CEO와 기업의 목표	신제품 아이디어 개발의 의지기업 및 마케팅목표와의 일관성			
신제품의 일반적 특성	이익잠재력 분석 현재 경쟁자 분석 잠재적 경쟁자 및 대체재 분석 시장의 크기 투자의 크기 특허여부 위험의 수준			
신제품의 마케팅적 특성	시장능력과의 적합성 계절적 요소의 정도 차별화 이점의 존재여부 제품라이프사이클의 잠재적 길이 현재 소비자들의 소구점 제품의 이미지 가격경쟁력 기존유통경로의 활용성			
신제품의 제품 특성	생산능력의 적합성 상업화 기간 생산의 용이성 전문인력의 가용성 원자재의 가용성 기술력의 확보성			
합계				

(3) 제품개념의 개발과 시험

제품개념의 개발과 시험(concept developing & testing)은 신제품 아이디어의 평가를 통해 선정된 아이디어를 보다 구체화시키고 표적고객들이 그 신제품 브랜드를 수용하는지의 적합성을 시험하는 단계이다.

먼저 제품개념의 개발은 제품 아이디어를 정교화(refine)시켜 소비자 욕구에 부합하는 제품으로 바꾸는 작업이다. 가령, [그림 7-3]에서처럼 오늘날 미세먼지로 바깥 활동을 자유롭게 할 수 없는 환경이다. 특정 화장품 메이커가 미세먼지로부터 소비자가 보호받을수 있는 마스크 신제품개발을 위해 시장조사한 결과, 소비자들은 ① 가정과 바깥에서 동시에 미세먼지로부터 보호되고, ② 피부미용 및 보호도 가능한 멀티기능(multi function)의 마스크, ③ 마스크에 경량의 필터(filter)를 끼워 넣었다 제거하여 손쉽게 세탁해서 쓸수 있는 기능성 마스크 개발을 원한다고 가정하자. 이에 화장품 기업은 소비자들이 바라는 다용도 마스크를 다각도로 조사 검토한 여러 가지 제품개념들을 개발하고, 이들 중에서 가장 매력적인 대안을 발견해 나가야 한다.

[그림 7-3] 소비자의 미세먼지 마스크 선택

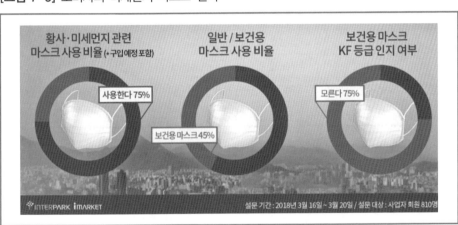

이에 화장품 기업은 멀티형 마스크 개발에 대해 다음과 같이 제품개념을 생각할 수 있다.
• 제품개념 1: 미세먼지 예방의 단순 기능의 마스크 개발
• 제품개념 2: 미세먼지 예방과 더불어 피부보호 위한 필터 반영 마스크 개발
• 제품개념 3: 합리적 가격의 미세먼지 예방과 기능성(피부보호, 청결유지) 마스크 개발

이상에서처럼 특정 화장품 기업은 개발된 제품개념들이 소비자 지각도(perception map)를 통해 자사의 신제품과 기존 제품 간의 객관적 평가를 통해 마케팅전략 수립에 도움이 될 수 있다.
다음으로 제품개념의 시험은 제품개념이 적합한가를 알기 위해 표적고객을 대상으로

시험(test)하는 것을 말한다. 이 단계에서는 실제 소비자들에게 [표 7-2]와 같이 제품개념을 보다 구체적으로 제시해 주고 제품의 사용상황도 함께 설명해 주면서 고객들이 신제품에 대해 어떻게 평가하고 있는지를 분석·보완한다.

[표 7-2] 제품개념 테스트를 위한 질문지

1.	제시된 미세먼지 예방과 피부보호 필터반영 마스크개발의 개념을 이해하는가?
2.	제시된 미세먼지 예방과 피부 보호 필터반영 마스크개발의 성능을 신뢰하는가?
3.	일반 마스크와 비교하여 어떤 장단점이 있는가?
4.	제시된 미세먼지 예방과 피부보호 필터반영 마스크는 무엇이 개선되어야 하는가?
5.	제시된 미세먼지 예방과 피부보호 필터반영 마스크는 기존 제품보다 어떤 용도에 적합한가?
6.	제시된 미세먼지 예방과 피부보호 필터반영 마스크의 적절한 가격은?
7.	제시된 미세먼지 예방과 피부보호 필터반영 마스크는 누가 구매결정하는가?
8.	제시된 미세먼지 예방과 피부보호 필터반영 마스크를 기꺼이 구매할 의사가 있나?
9.	제시된 미세먼지 예방과 피부보호 필터반영 마스크의 디자인은 어떤가?
10.	기존의 마스크는 주로 어디에서 구입하였는가?

(4) 마케팅전략의 개발과 사업성 분석

마케팅전략의 개발과 사업성 분석(marketing strategy development & business analysis)은 신제품의 개념과 테스트를 거친 후 표적시장을 대상으로 실행 가능한 마케팅전략의 개발과 함께 사업성을 분석·평가한다.

먼저 마케팅전략의 개발은 기업의 목표와 일관성의 전제하에 세분화를 통한 표적시장 선정과 포지셔닝을 구상한다. [그림 7-4]에서 예를 든 '미세먼지 예방과 피부보호 필터반영 마스크'에 대해 다음과 같이 마케팅전략을 수립할 수 있다.

첫째, 세분화를 통한 표적시장의 선정을 위해, heavy user층(외출 잦은 세일즈맨, 기관지 보호 필요 소비자/광부, 환경미화원, 의사 및 간호사, 지하철 운전자), 여성 및 남성(10대, 20대, 30대, 40대, 50대 이상)들을 대상으로 한다. 또한 이들을 대상으로 멀티기능 마스크를 기꺼이 구입할 수 있는 가격선(price line)을 알아본다(시중에는 개당 1,000원 감안). 몇 개 이상 팔아야 손익분기점(break even point)[3]이 되는지도 파악하는 동시에 내부

[그림 7-4] 미세먼지 예방의 다기능 마스크

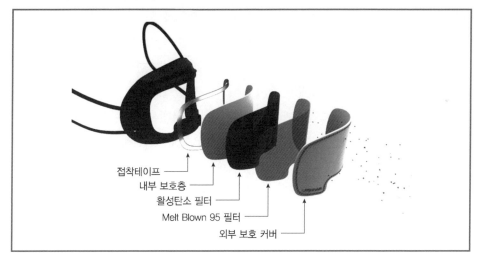

접착테이프
내부 보호층
활성탄소 필터
Melt Blown 95 필터
외부 보호 커버

원가 및 이익목표도 분석한다.

　둘째, '미세먼지 예방과 피부보호 필터반영 마스크'의 포지셔닝전략은 기존의 마스크와 달리 멀티기능과 청결성을 어필한다. 물론 단기적 마케팅믹스전략에는 단일 컬러, 단일 디자인으로 시장에 출시하고, 향후 디자인 및 컬러의 다양화와 수요(1주일용, 2주일용, 3주용, 1개월용)로의 제품믹스를 강화한다. 월 생산능력은 1,000만 개 수준으로 생산설비를 갖추고, 생산원가는 200원/개당, 판매가는 700원/개당 정도로 책정하며, 유통경로(약국, 편의점, 대형마트)에 공급하여 1,000원에 소비자에게 판매토록(300원/30%의 유통마진) 하고, 한 달에 100,000개 이상 매출이 발생할 경우에는 마케팅촉진 장려금으로 물품대금을 한 달 연장하여 결제 받는 조건을 담보한다. 또한 대량물량이 필요한 산업재 기업들에게 공급될 수 있는 방안을 강구하는 동시에 해외유통으로 1차적으로 중국지역 소비자

---

3) 일정 기간의 매출액과 매출로 인하여 발생한 총비용이 일치되는 지점으로, 소비된 총비용을 회수할 수 있는 매출액을 나타낸다. 매출액이 손익분기점을 초과할 경우에는 이익이 발생하고 손익분기점에 미달할 경우에는 손실이 발생한다. 따라서 기업은 어떠한 경영환경 변화에도 손익분기점 이상의 매출액을 달성하여야 장기적으로 유지될 수 있다. 여기서 고정비는 임대료 · 감가상각비 · 채권이자 등 매출액 변동과 관계없이 고정된 비용을 말하고, 변동비는 원자재 값 및 기타 생산에 소요되는 비용으로 매출액 변동에 관계되어 비용이 증감되는 것을 말한다.

$$손익분기점 = \frac{고정비}{1 - \dfrac{변동비}{매출액}}$$

를 대상으로 마케팅하기 위해 해외지사나 해외대리점을 지정하는 것도 고려한다.

광고는 전국 방송국을 대상으로 3년까지 월 1억원의 예산을 책정한다. 단기적으로 판매량을 제고시키기 위해 기존 고객들 중에 마스크를 구입했던 고객의 정보를 이용하여 멀티기능 마스크 신제품 정보를 전단지를 이용하여 집으로 발송한다. 전단지를 보고 마스크를 구입하려고 유통경로를 방문할 때, 10%의 쿠폰을 발행하여 할인가격으로 구입토록 한다. 장기적 마케팅전략은 5년 내 멀티 마스크 시장의 국내시장 점유율 35%의 1위 목표로 하고 감각상각비는 5년 이내 평등 회수하는 조건으로 한다. 신제품을 론칭(launching) 한 다음 2년 후부터는 멀티 마스크 신제품의 매출액이 마스크를 포함한 전체 매출액에서 35%를 목표로 하고 15% 정도의 투자이익률을 창출토록 한다.

다음으로 제품의 개념과 마케팅전략이 결정되면 마케터는 신제품의 사업성 분석을 평가한다. 사업성 분석은 신제품의 매출액, 비용, 이익 등에 대한 추정치를 토대로 이 사업이 기업목적과 현금흐름에 기여하는지를 판단한다. 사업성 분석은 수요예측, 제품원가분석, 총이익 추정 등으로 구성하며 매출액을 추정하기 위해 유사한 제품의 과거 판매실적을 검토하거나 시장의 의견을 청취한다. 위험의 범위를 평가하기 위해 최대 매출액과 최소 매출액을 모두 추정하는 것이 바람직하다. 기업이 이미 진출한 제품시장 내에서 신제품을 개발할 때는 과거실적이 있기 때문에 매출액 추정이 용이하지만, 신규시장에 진입하는 기업은 매출액 추정이 상당히 어렵다. 마케터는 예상 매출액을 추정한 후에는 마케팅비용, 연구개발비용, 제조비용, 회계비용 등과 같은 모든 원가비용을 포함한 예상 제품원가를 추정하고 추정된 매출액과 비용을 토대로 예상이익을 계산하여 사업의 진출여부를 결정한다.

(5) 제품개발

제품개발(product development)은 사업성 분석에서 신제품에 대한 수요전망이 좋은 것으로 평가되면, 지금까지 그림이나 글, 간단한 모형으로 제시된 제품개념을 연구개발부서로 넘겨 시제품(trial manufactured goods)을 개발하는 단계로 들어간다. 신제품의 개발에는 소비자의 욕구와 취향을 반영하고 제품의 기능적 및 심리적 특성까지도 반영하도록 한다. 가령, '미세먼지 예방과 피부보호 필터반영 마스크'가 한 개인의 건강한 삶과 미래를 보장한다는 가치를 어필하는 동시에 장소, 시간, 소유, 지각, 가치 등의 거래장애 요소를 제거하며, 경제적 가치, 외관 디자인까지 경쟁사의 마스크와의 차별화로 어필하여 마스크의 새로운 강자이며, 대표적 브랜드로 포지셔닝되도록 개발해야 한다.

성공적으로 제품개념의 시제품이 만들어지면 기능 테스트와 소비자 테스트를 거치는 것이 바람직하다. 기능 테스트는 인구밀집 지역에서 바로 잠재 고객들을 대상으로 로드 쇼로 실험하고 그 기능의 체험을 통해 착용과 미착용에 따른 실질적 효과 등을 확인토록 한다. 오늘날 대형마트에서 신제품이 론칭되었을 때, 시음 및 시식코너의 이점을 널리 활용할 필요성이 있다. 마스크 신제품을 개발하여 일정기간 소비자 테스트를 위해 선발된 신제품 모니터요원들에게 불특정 다수의 소비자들로 하여금 마스크의 사용을 통해 이들의 선호 정도를 측정하는 방법을 적극 활용해야 한다.

(6) 시험마케팅

시험마케팅(test marketing)은 신제품 및 마케팅 프로그램을 실제로 시장에 도입하여 소비자반응을 시험하는 단계이다. 시험마케팅의 목적은 시장진입 초기에 잠재적으로 나타날 수 있는 많은 문제점들을 큰 비용 없이 사전에 해결하기 위한 것이다. 따라서 시험마케팅은 시장세분화, 표적시장 선정, 포지셔닝전략, 제품 · 가격 · 촉진 · 유통전략 등과 같은 마케팅 프로그램에 대한 시험이 이루어져야 한다. 시험마케팅을 통해 마케터는 소비자나 유통업자들의 태도와 구매여부 등을 파악할 수 있고 향후 마케팅전략을 수정할 수 있다.

시험마케팅에는 많은 비용과 시간이 소요되므로 단순한 제품계열의 확장이거나 성공적인 경쟁제품의 단순모방일 때는 시험마케팅을 하지 않는 것이 좋다. 다만 신제품개발에 막대한 투자비용이 소요되거나 제품의 성공여부가 불확실할 때, 경쟁사의 제품개발에 상당한 기간이 소요될 때는 시험마케팅을 실시하여야 한다. 왜냐하면 '돌다리도 두들겨 보고 건너라'는 우리의 속담에서처럼 신제품에 대해 시험마케팅을 실시하지 않고 시장에 출시하여 실패할 때 발생할 수 있는 막대한 손실을 감안할 때 반드시 거치는 것이 바람직하다.

기업이 시험마케팅을 실시할 때 널리 이용되고 있는 방법은 표준시험 시장법(특정도시를 선정하고 전국시장에 출시할 때 실행될 마케팅 프로그램을 그대로 적용한 다음 소비자반응을 조사하는 방법), 통제시험시장법(소매점들로 구성된 패널들을 이용한 시장반응조사방법), 그리고 모의시험시장법(실험실 내에 가상점포를 설치하고 그 점포 내에 신제품 및 경쟁제품을 진열한 다음 신제품에 대한 소비자들의 반응을 조사하는 방법) 등이 있다.

(7) 상업화

상업화(commercialization)는 기업이 시험마케팅의 결과를 토대로 전국시장에 신제품을 도입할 것을 결정하는 마지막 단계이다. 그러므로 기업은 신제품을 생산하기 위한 제조설비의 도입과 레이아웃, 마케팅 측면에서의 광고, 유통, 판촉 등을 위해 이전단계보다 훨씬 많은 투자비용을 지출해야 한다. 따라서 기업은 신제품의 상업화를 위해 다음과 같은 의사결정을 내려야 한다.

첫째, 신제품의 시장진입시기 결정이다. 즉, 신제품이 기존 제품을 대체하는 것이라면 기존 제품의 시장선호도 및 매출액 추이를 보고 시장진입시기를 결정해야 한다. 또한 신제품의 품질을 개선할 필요성이 있거나 불경기에 직면했을 때도 신제품의 시장진입 시기는 가급적 뒤로 연기하는 것이 바람직하다. 또한 소비자들이 받아들일 만큼 시장이 형성되지 않았는데 신제품을 출시하면 비록 선도기업으로서 선점효과를 노렸을지라도 상당기간 고전을 면치 못한다.

실제적으로 부광약품(bukwang.co.kr)의 브렌닥스 치약은 우리나라 최초의 잇몸질환, 충치예방에 효과적인 기능성 치약의 개발로 시장에 출시하였으나, 당시 '치약은 하얗다'라는 소비자의 고정관념 속에 치약의 내용물이 파란색인 까닭에 연고로 오인하여 초기시장진입 후 소비자의 지각 및 소유 장벽을 무너뜨리는 데 상당하게 고전한 경험이 있다.

그런데 신제품이 기존 제품과의 차별성이 크고 자체 시장규모가 형성될 것으로 판단되면 과감히 시장진입 시기를 앞당길 수 있다. 이러한 예로 해태제과(ht.co.kr)의 '자연愛'는 호주산 100%의 유기농 밀과 생우유를 주원료로 건강에 초점을 맞춘 프리미엄급 제품으로 일반제품보다 두 배나 비싼 고가전략으로 시장에 출시하여 성공하였다. 또한 잘 팔리지 않은 흰 우유를 대체할만한 신병기인 '검은콩 우유'의 출시는 블랙음식(black food)의 돌풍을 일으키는 계기로 작용하기도 했다. 요컨대, 기업들은 시장의 수요욕구를 예측하면서 신제품을 출시하는 것이 가장 이상적이다.

둘째, 기업은 신제품을 어느 지역에 먼저 출시할 것인지를 결정하여야 한다. 왜냐하면 기업의 제한된 경영자원으로 효과적인 성과의 도출을 위해 특정 도시지역, 또는 전국시장을 상대로 판매할 것인지를 선택하는 동시에 집중하여야 한다. 일반적으로 대기업은 전국을 대상으로, 중소기업은 특정지역을 중심으로 점차 그 시장을 확대해 가는 전략을 실행하고 있다.

1.3. 신제품 브랜드 개발의 성공요인 및 실패요인

기업의 신제품 브랜드 개발활동은 소비자의 욕구가 정교화 및 개별화되고, 기술의 변화가 빠른 속도로 변화해가고 있다. 이는 기업환경에서 예전의 비일상적인 활동이었으나, 현재는 일상적인 활동으로 바뀌게 되었고, 시장에서 기업이 경쟁력을 확보하는 데 필요한 경쟁요건(order winning criteria) 중 신제품 관련 경쟁요건이 큰 비중을 차지하게 되었다. 또한 기업의 R&D 투자금액 중 상당 액수가 신제품개발에 초점을 두고 있다. 이러한 추세에 발맞추어 효과적인 신제품개발관리에 관한 연구분야는 그 중요성이 점점 커지고 있다.

기업의 신제품개발의 성공요인은 [표 7-3]에서 보는 바와 같이 기업의 규모에 따라 효과적인 전략이 달라진다고 볼 때 신제품 브랜드 개발 성공에 영향을 끼치는 요인들을 정리하면 [표 7-4]와 같다.

신제품개발의 성공요인은 우리 속담에 '굴러 들어온 돌이 박힌 돌 빼낸다'로 비유할 수 있다. 시장에서 이미 소비자의 사랑을 받고 있지만 현재의 관심과 사랑이 식어간다면, 결국 새로운 신제품이 굴러 들어와서 소비자의 관심과 수요촉진을 일으킨다면 기존 제품은 소멸해 버리는 격이다. 실제적으로 미샤(michaa.com)와 더페이스샵(thefaceshop.com), 박카스(rwdb.kr/bacchusd)와 비타500(ekdp.com/brand) 등의 시장구조를 생각해보면 쉽게 이해가 될 것이다. 구체적으로 [표 7-4]의 신제품개발의 성공요인에 대해 언급하면 다음과 같다.

첫째, 소비자 요인이다. 근본적인 소비자의 욕구와 취향, 소비자의 라이프 스타일, 가격에 비해 구매효용의 극대화를 충분히 반영한 신제품 브랜드이어야 한다. 즉, 시장에 기반 신제품개발과정을 충실하게 실행하는 것이 무엇보다도 중요하다.

둘째, 시장환경적 요인이다. 시장이 기술혁신을 수용할 만큼 성숙해 있고, 기존 기술을 뛰어넘을 수 있는 혁신성(innovation), 성장기에 있는 충분한 시장수요와 불확실성의 정도, 시장의 경쟁 정도가 낮은 것이 이상적일 수 있다.

셋째, 기술전략요인이다. 기술의 도입 시기가 다른 기업들보다 앞서 있고, 기술획득 원천이 자사의 연구 인적자원으로 가능해야 한다. 핵심기술의 보유 여부는 시장에서의 성패를 결정짓는 중요한 요건들 중의 하나이다.

넷째, 신제품 특성 요인이다. 신제품의 혁신성과 독특성이 기존 경쟁제품보다 우월적이어야 한다.

[표 7-3] 벤처기업 및 중소기업과 대기업의 강점과 약점

차원	벤처 및 중소기업	대기업
강점	• 틈새시장의 욕구충족 • 신속성 • 유연성 • 단순한 조직구조 • 모험지향성 • 은밀성 • 창조성	• 높은 시장점유율과 인지도 • 연구·개발상에 규모의 경제성 • 공급업자와 고객에 대한 교섭력 • 경쟁을 리드하는 제도적 합법성 • 생산에서 규모의 경제성 • 풍부한 유휴자원과 재무자원 • 풍부한 암묵적 지식(tacit knowledge) • 뛰어난 조직지능
약점	• 빈약한 자원 • 마케팅 및 생산능력의 취약 • 빈약한 시장지배력	• 위험회피 • 복잡한 구조와 관료주의 • 자만과 무기력 • 정부규제 및 감시의 대상

[표 7-4] 기업차원의 신제품개발의 상업적 성공요인

차원	요인
소비자 요인	• 인구통계적 특성 • 라이프 스타일 • 가격에 비해 높은 효용의 제공
시장환경적 요인	• 기술혁신 여건 • 기술혁신성 • 시장수요 • 시장의 불확실성 • 시장경쟁정도
기술전략 요인	• 기술의 도입시기 • 기술획득원천 • 핵심기술
신제품 특성 요인	• 혁신성 • 독특성
개발프로세스 요인	• 최고경영자(CEO)의 지원 • 프로젝트 관리의 효율성 • R&D, 생산, 마케팅부서 간 협력

다섯째, 개발 프로세스 요인이다. 신제품을 개발하는 데 있어서 최고경영자의 지원과 프로젝트 관리의 효율성, R&D, 생산 및 마케팅부서 간의 원활한 협력이 전제되어야 한다.

한편, 신제품개발의 실패요인으로는 ① 소비자욕구 파악의 실패, ② 시장환경(거시환경, 과업환경)에 대한 내부 인적자원들 간의 충분한 의사소통의 한계에 따른 협력 실패, ③ 경쟁사에 비해 차별적 성능소구의 한계, ④ 브랜드인지도 확산에 다른 소비자설득의 문제를 들 수 있다.

1.4. 신제품 브랜드의 수용 및 확산

소비자는 기업에서 신제품개발의 복잡한 과정을 거치면서 개발된 신제품 브랜드를 바로 구입한다고 보는가? 여러분 본인 스스로 소비자 입장에서 생각해보면 바로 이해할 수 있다. 소비자는 신제품이나 이노베이션에 노출되는 순간부터 최종구매에 이르기까지 여러 단계의 심리적 과정인 일종의 '낯가림 현상'을 경험하게 된다. 이러한 심리적 과정을 '신제품수용과정'이라고 부른다. 여기에서 '혁신(innovation)⁴⁾'이란 제품 또는 관념과 같이 인간이 새로운 것으로 지각하는 모든 것을 뜻한다. 수용과정(adoption process)이란 이노베이션을 받아들이는 것과 관련된 개인의 의사결정과정을 뜻한다. 반면, 신제품확산(new product diffusion)은 일정기간에 걸쳐 신제품이나 혁신이 표적시장 소비자들에게 전달되는 과정을 말한다.

(1) 수용과정모델

전통적인 수용모델은 소비자가 신제품이나 혁신을 수용하기까지 [표 7-5]에서와 같이

---

4) 혁신(innovation)이란 경제에 새로운 방법이 도입되어 획기적인 새로운 국면이 나타나는 일. 혁신(革新) 또는 신기축(新機軸)이라고도 한다. J. A.슘페터의 경제발전론의 중심 개념으로, 생산을 확대하기 위하여 노동·토지 등의 생산요소의 편성을 변화시키거나 새로운 생산요소를 도입하는 기업가의 행위를 말한다. 기술혁신의 의미로 사용되기도 하나 이노베이션은 생산기술의 변화만이 아니라 신시장이나 신제품의 개발, 신자원의 획득, 생산조직의 개선 또는 신제도의 도입 등도 포함하는 보다 넓은 개념이다. 슘페터는 이노베이션에 의하여 투자수요나 소비수요가 자극되어 경제에 새로운 호황국면(好況局面)이 형성되는 것이며, 이노베이션이야말로 경제발전의 가장 주도적인 요인이라고 주장하였다.

인지 → 관심 → 평가 → 사용구매 → 수용 → 수용 후 평가의 과정을 밟는다. 마케터는 기업이 막대한 예산을 투입하여 개발한 신제품을 시장에 내놓을 때, 수용과정별 적절한 전략을 실행할 필요성이 있다.

첫째, 신제품 도입 초기단계에는 신제품 브랜드의 인지도를 제고시킬 수 있는 방법을 강구하고, 후속 단계로 제품브랜드에 대한 보다 상세한 정보를 알리는 일이 필요하다. 가령, 소비자에게 신제품을 널리 알리기 위해 TV매체를 활용하고, 그다음으로 구체적인 정보는 인쇄매체, DM을 적극적으로 활용하는 방법일 것이다.

둘째, 소비자에 따라서 신제품 수용과정의 완급이 적용된다고 보고 소비자를 그룹별로 분류한 다음 그 그룹에 적절한 마케팅 프로그램을 적용하는 것이 효과적일 것이다. 요컨대, 시장전체관점에서는 신제품브랜드가 시장에 론칭(launching)할 때부터 각 시점별로 수용자의 수가 일정한 분포를 보이게 되는데 이를 신제품 브랜드의 확산과정으로 본다.

[표 7-5] 신제품 수용과정모델

수용모델 단계별 특징	내용
인지 (awareness)	• 광고 또는 구전에 의해 신제품 브랜드 정보 노출 • 신제품 브랜드 정보탐색관심 없음
관심 (interest)	• 신제품 브랜드 광고/구전에 반복 노출 관심 • 신제품 브랜드 혜택제공에 관한 추가정보 탐색
평가 (evaluation)	• 신제품 혜택평가로 태도형성 및 사용구매 여부 결정 • 사용구매가치부재 시 신제품 포기
사용구매 (trial)	• 제한적 범위 내에 신제품 브랜드 채택 • 신제품 성능확신차원의 견본품 소량구매
수용 (adoption)	• 사용구매 신제품 브랜드에 대한 긍정 여부 평가 • 신제품 브랜드 수용 여부 결정
수용 후 평가 (post adoption evaluation)	• 신제품 브랜드 수용 후 지속적 재평가 • 신제품 브랜드 신뢰 형성 시 충성도 형성/구전효과

(2) 신제품 브랜드 수용자 모델

기업이 시장에 신제품 브랜드를 출시하였을 때, 소비자들마다 그 신제품 브랜드에 대한 다양한 반응을 볼 수 있다. 신제품 브랜드가 시장에 나올 것이라는 뉴스에 벌써 기업에게 사전 예약을 결정하는 극성 소수의 소비자가 있는가 하면, 신제품 브랜드가 시장에 나왔다는 소식에 약간 관심을 갖는 부류도 있을 것이고, 그야말로 전혀 채택 또는 수용하지 않는 소비자들도 있을 것이다. 그렇다면 여러분들은 신제품 브랜드가 시장에 출시되었을 때 어떤 부류에 속하는가를 곰곰이 생각해 보라.

로저스(Rogers)에 의하면 소비자들은 신제품 브랜드의 수용시간에 따라 [그림 7-5]에서처럼 5개의 수용자 범주로 나누고, 각 범주에 해당되는 수용자들의 수를 정규분포의 표준편차 비율에 따라 할당하였다. [그림 7-5]에서 보는 바와 같이 신제품 브랜드의 도입 초기에는 소수의 소비자만이 구매하며, 점차 수용자의 수가 증가하다가 어느 시점에 가서 다시 감소하는 현상을 볼 수 있다. [그림 7-5]에 근거해 구체적으로 설명하면 다음과 같다.

[그림 7-5] 신제품 수용자 모델

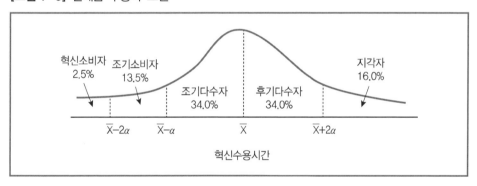

첫째, 혁신 소비자(innovators)는 신제품 브랜드 도입 초기에 제품을 수용하는 약 2.5%의 소비자를 말한다. 이들의 특징은 대체로 젊고 높은 사회적 신분을 가지고 있으며, 소득이 높고 광범위한 대인관계를 지니고 있을 뿐만 아니라 성격이 외향적이고 모험적(venturesome)이다. 이들은 신제품 브랜드에 관한 정보를 수집할 때, 인적판매원이나 구전광고보다는 비인적 정보원에 의존하는 경향이 높다. 가령, 주부들은 가족을 위해 먹거리에 상당한 관심을 두게 된다. 매년 특정 어느 친환경 생산농가에서 재배한 벼(신동진, 히토메보레, 고시히카리, 삼광, 호평, 추청, 새일미, 영호진미, 일품)를 수확하는 소식을 접하면, 가장 빨리 햅쌀을 구입 결정한다.

둘째, 조기 수용층(early adopters)은 존경심에 지배적인 가치관을 갖고 있으며, 그 사회에서 의견 선도자(opinion leader)의 역할을 담당한다. 전체시장의 13.5%를 차지한다. 마케팅관점에서 이들에게는 신뢰할 수 있는 인적판매원과의 지속적인 관계강화가 요구된다.

셋째, 조기 다수자(early majority)는 조기 수용층 다음의 대부분의 일반소비자들이며, 전체시장의 34%를 차지한다. 이들은 신제품 수용에 있어 신중한(deliberate) 태도를 보이며, 정보는 주로 광고를 통해 접하며, 인적판매원이나 조기 수용층과 관계교류를 통해 영향을 받는다.

넷째, 후기 다수층(late majority)은 많은 사람들이 신제품을 수용한 후에 비로소 구입하는 경향을 보인다. 신제품 수용에 비교적 회의적인(skeptical) 집단이며, 전체시장의 34%이다. 경제적 필요성이나 주변 동료들 간에 느끼는 사회적 압력에 의해서만 비로소 신제품을 수용하는 계층이다. 이들은 주변의 조기 다수층이나 후기 다수층 등의 인적정보원으로부터 정보를 수집하며, 광고나 인적판매 등에는 신뢰를 보이지 않는다.

다섯째, 지각자(laggard)는 전체시장의 16%에 해당되는 전통지향적의 소비자집단이다. 이들은 신제품이 대다수의 소비자들에 의해 수용되어야만 비로소 그 제품을 구매하는 집단이며, 사실 기존의 신제품은 유행이 지나 또 다른 신제품이 시장에 출시되는 상황에서 구입한다고 보면 된다. 대부분이 노인층과 사회·경제적 취약계층, 소외계층들이 여기에 해당된다.

그러나 신제품 브랜드 수용모델의 한계점은 소비자들의 혁신 정도에 따라 그 수용 정도가 달라질 수 있으나 모든 제품(소비재 브랜드, 서비스재 브랜드, 산업재 브랜드)에 대해 일관적으로 혁신 수용자로 적용할 수 없다는 점이다. 즉, 앞에서 언급한 것처럼 어느 가정의 전업주부가 햅쌀이 출하될 때, 신제품 햅쌀이 나오자마자 바로 구입하여 '혁신 소비자'에 분류가 될지라도 첨단시장을 선도하는 새로운 모델의 신제품 자동차가 출시되었을 때, 지각자로 분류될 수도 있다.

(3) 신제품 수용과 확산

신제품 브랜드가 출시된 후 [그림 7-6]에서처럼 소수의 혁신 소비자들에 의해 느린 속도로 수용되다가 점차 조기 수용자가 제품을 구매선택함에 따라 급속한 시장확산이 이루어지는 이른바 S자형을 취한다.

[그림 7-6] S자형의 확산곡선

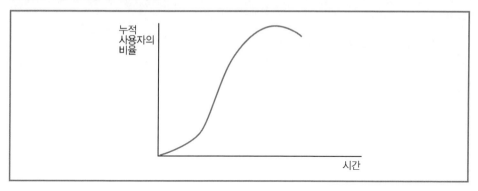

2절 브랜드수명주기전략

　우리 속담에 '달도 차면 기운다'(모든 것이 한 번 번성하고 가득 차면 다시 쇠퇴한다는 말), '산이 높으면 골이 깊다'라는 의미처럼 모든 제품브랜드는 브랜드수명의 주기를 가지고 있다. 브랜드수명주기(BLC, brand life cycle)란 제품수명주기(PLC, product life cycle)와 마찬가지로 하나의 브랜드가 시장에 진입한 후 시장에서 소멸(extinction)될 때까지 브랜드의 판매량과 이익의 변화 상태를 브랜드 주기별로 구분해 놓은 것을 말한다. 이처럼 브랜드수명주기는 보통 S자형을 가지며 소비자의 구매 경험 확산과 함께 도입기(introduction stage), 성장기(growth stage), 성숙기(maturity stage), 쇠퇴기(decline stage) 등이 그것이다. 그리고 이와 같은 브랜드수명은 브랜드 단계마다 특징이 각각 다르다.

　예를 들어, 어떤 브랜드는 일 년이 채 못 되어 위와 같은 주기를 모두 거치는가 하면, 어떤 브랜드는 수년이 경과하는 성숙기를 갖기도 한다. 그렇다면 이와 같은 브랜드수명주기의 길고 짧음에 영향을 미치는 요인은 무엇인가? 그것은 소비자 기호의 변화(changes in consumer preference), 기업의 마케팅노력(marketing effort), 경쟁사의 활동, 기술적인 변화(technological changes), 새로운 아이디어에 대한 소비자의 수용 등이다.

2.1. 브랜드수명주기의 형태

브랜드수명주기의 형태는 매우 다양해서 일반적으로 단정 짓기는 어려우나 전형적인 브랜드수명주기는[그림 7-7]과 같이 S자형을 가진다. 전형적인 브랜드수명주기는 신제품 브랜드를 시장에 소개함으로써 매출이 서서히 증가하는 도입기, 급속한 시장수용단계로 지속적인 매출액과 이익이 상승하는 성장기, 브랜드가 대부분의 잠재 고객에게 수용됨으로써 매출성장률이 둔화되는 성숙기, 매출액이 급격히 하락하고 이익이 감소하는 쇠퇴기의 4단계로 나누어진다.

브랜드수명주기는 S자형 이외에도[그림 7-8]과 같이 다양한 형태를 가질 수 있다. 첫째, [그림 7-9]에서처럼 일시적 유행상품은 짧은 시간 내에 소비자들에 의해 급속하게 수용되었다가 매우 빨리 쇠퇴하는 형태의 브랜드수명주기를 가진다. 가령, 어느 TV의 정보 프로그램에서 특정지역의 어느 짬뽕식당(브랜드)이 유명하다고 알려지면, 그 식당은 급속도로 소비자를 끌어들일(誘引) 수 있다.

[그림 7-7] 브랜드의 수명주기

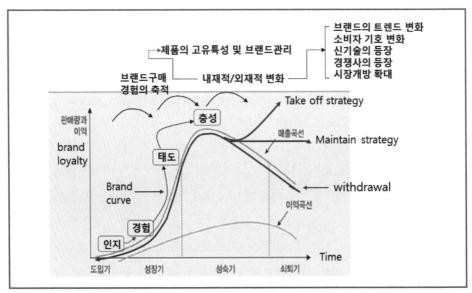

[그림 7-8] 브랜드수명주기의 다양한 유형

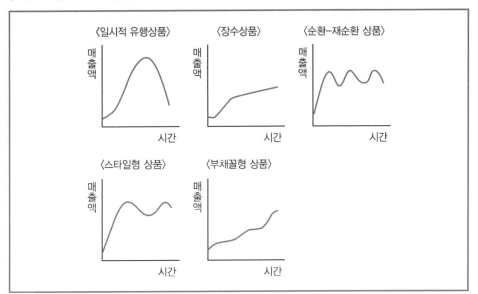

둘째, 브랜드수명주기는 이른바 수명이 차면 사라지는 주기를 전제로 하나 장수브랜드의 경우는 예외일 수 있다. 우리나라의 대표 장수브랜드는 [그림 7-9]에서 보듯이 1880년

[그림 7-9] 장수브랜드 이명래고약과 까스활명수

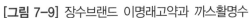

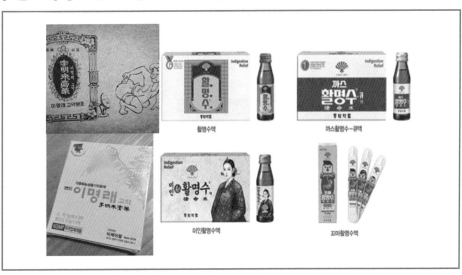

조선 최초 천일약방 개업의 도표 됴고약(이명래고약)으로 지금은 천우신약(주)(cwp harm.co.kr)에서 판매하고 있으며, 또한, 1897년 설립된 동화(同和)약품(dongwha.co.kr)의 부채표 까스활명수(活命水) ― 목숨을 살리는 물 ― 로부터 시작했던 브랜드는 출시된 후 오랜 기간 동안 많은 소비자들에 의해 꾸준히 사랑받아 구매되는 브랜드수명주기의 특징을 가진다.

셋째, 순환-재순환 형태는 브랜드가 쇠퇴기에 접어들었다가 촉진활동의 강화나 리포지셔닝(repositioning)에 의해 재차 성장기를 맞는 브랜드수명주기의 유형이다. 재순환과정은 최초순환과정보다 크기가 작고 기간도 짧은 것이 특징이다. 이와 유사한 순환적 브랜드는 계절에 따라 매출의 증감이 반복적으로 이루어지는 수명주기 형태를 취한다. 가령, 아이스크림(여름), 합격 엿(수능 시험), 떡국(명절), 양초와 향(석가탄신일) 등이 여기에 해당된다.

넷째, 스타일형 브랜드수명주기는 인간이 노력을 기울이는 여러 활동분야에서 나타나는 기본적이고, 특징적인 표현양식(distinctive mode of expression)을 뜻한다. 가령, [그림 7-10]에서처럼 오늘날 우리 인간들이 복잡한 도시에서 삶을 사는 것보다 건강유지를 위해 귀촌(歸村)하여 자연과 함께 살면서 먹거리는 주로 친환경 웰빙 스타일을 선호하고, 운동은 대나무 숲길을 거닐며, 사색은 한방 구기자차를 마시면서 남은 여생을 보내려는 분들도 있다. 스타일은 한번 형성되면 여러 세대를 거쳐 나타났다가 사라지기도 하면서 지속되는 일종의 복고마케팅이다. 이는 일정기간 반복적으로 새로운 관심을 가지게 되면 여러 번 되풀이되기도 한다. 스타일이 출현하면, 한때 유행하였다가 일정기간이 지나 다시

[그림 7-10] 스타일형 브랜드수명주기

〈주말농장〉　　　　〈담양 죽녹원〉　　　　〈구기자 음용〉

유행하는 형태로 오랜 기간 지속되는 모양을 나타낸다.

다섯째, 부채꼴형 또는 연속성장형 라이프 스타일 유형은 새로운 제품 특성이나 용도, 사용자 등을 발견함으로써 매출성장이 연속적으로 이어진다. 예를 들면 베이킹 소다 (baking soda)는 빵 굽는 데 사용되었지만 방향제(deodorizer), 체취제거제, 치약, 자동차 배터리 침식방지제 등으로도 판매되고 있으며, 최근에는 피부를 부드럽게 하기 위한 목욕물 첨가제로도 사용되고 있다. 그밖에 나일론의 경우 시간이 경과하면서 새로운 용도, 즉 낙하산, 양말, 셔츠나 블라우스, 카펫 등의 용도를 개발했기 때문에 그 판매액은 부채꼴 형태로 나타낸다.

2.2. 브랜드수명주기별 특징과 마케팅전략

(1) 도입기

도입기는 신제품 브랜드를 시장에 소개하는 단계로서, 신제품이 시장에 진입(launching)될 때, 소비자들은 제품브랜드에 대한 지식, 개념, 그리고 얻을 수 있는 유용성에 대하여 거의 알지 못한다. 도입단계에서의 수요는 일반적으로 매우 낮으며, 제품브랜드를 구매하는 소비자는 모험심이 강한 전체시장의 약 2.5%에 해당되는 혁신자(innovator)들이다. 이들은 대체로 젊고 높은 사회적 신분을 가지며, 비인적 정보원에 의존한다. 비록 신제품 브랜드가 기존 제품브랜드와 경쟁 관계에 있을지라도 경쟁사가 그와 똑같은 신제품 브랜드를 갖고 있지 않은 단계이다.

이 단계에서는 제품브랜드의 가격결정은 특히 어렵다. 기업들은 일반적으로 높은 개발비 때문에 투자비용을 회수하는 데 필요한 고가격전략(skimming price strategy)을 쓰려고 한다. 그러나 고가격은 때때로 잠재 경쟁자로 하여금 시장진입의 빌미를 제공하며, 소비자의 수요를 감소시킬 수도 있다. 그러므로 경쟁에 대한 압력은 될 수 있는 대로 지연시키고 동시에 소비자 수요증대를 가속화시키기 위해서는 경쟁이 없을 때, 제품브랜드 개발비를 회수하기 위한 고가격보다는 조금 낮은 선에서 가격을 결정하는 것이 바람직하다.

도입기 단계는 기업들의 유통경로결정도 쉽지 않다. 기업은 기존의 유통경로를 사용하는 것이 이상적이라고 생각할 것이다. 그러나 유통업체들은 때때로 신제품 브랜드의 도입 및 취급을 주저한다. 이는 소비자의 신제품 브랜드 수용에 대한 높은 불확실성 때문이다. 또한 기업은 이 단계에서 소비자들에게 신제품 브랜드 개념의 정보를 알리기 위해 막대한 촉진활동을 수행해야 하며, 촉진노력은 초기구매의 가능성이 높은 혁신자 집단에 집중해야 한다.

(2) 성장기

성장기는 소비자의 신제품 브랜드에 대한 수요가 급격히 증가함에 따라 판매곡선과 이익곡선이 빠른 속도로 상승하게 되며, 성장기 말기에 최대의 이익을 실현할 수 있다. 신제품 브랜드의 개념과 이익에 관한 소비자의 이해 및 수용이 널리 확산되기 시작한다. 이 단계에서 신제품 브랜드 구매자는 조기 채택자(early adopter)라고 부르며, 전체 시장의 13.5%로 사회적 존경심을 받는 의견 선도자(opinion leader)의 위치에 있다. 잠재 경쟁자가 이 단계에서 아직 진입을 계획하지 않았다면, 진입을 시작해야 한다. 신제품 브랜드는 변화하는 소비자의 욕구를 충족시키거나, 경쟁자의 신제품 브랜드와의 차별화를 위하여 수정 및 보완되어야 한다. 가격은 비교적 안정되어 있다. 그러나 이미 경쟁자가 그 시장에 진입했다면, 가격은 도입기보다 떨어지겠지만 이익률보다 낮을 필요는 없다. 왜냐하면, 생산과 마케팅활동이 보다 효율적인 단계이므로 경험곡선의 효과로 비용을 낮출 수 있기 때문이다. 유통업체들도 이 단계에서 보다 쉽게 제품을 수용할 것이고, 유통경로도 점차 확대된다. 더불어 촉진활동도 급속히 증가된다.

또한 성장기 단계의 기업은 성장기의 기간을 연장하기 위해서 제품브랜드의 품질개선과 새로운 특성을 부가한 신제품 브랜드 모델을 제공하여야 하며, 새로운 세분시장의 개발 및 유동경로를 설정한다. 제품브랜드의 인지를 위한 광고보다 제품브랜드에 대한 확신과 구매를 위한 광고를 해야 하며, 가격에 민감한 소비자에게 소구하기 위해 적시에 가격을 인하하는 전략도 검토되어야 한다.

(3) 성숙기

성숙기(maturity)는 제품브랜드의 판매 성장률이 둔화되고, 총소비 수요가 감소하여, 성장기에 확대된 과잉생산능력으로 인하여 치열한 경쟁이 시작되는 단계이다. 경쟁의 심화는 모든 브랜드마케팅믹스에 영향을 준다. 제품브랜드 유형은 지속적으로 수정되며, 차별화를 지향한다. 기업은 간혹 판매를 극대화하기 위하여 다양한 브랜드의 제품을 제공하며, 여러 가지 수정된 제품브랜드로 고객의 수요를 자극한다. 성숙기에는 가격 경쟁이 심화되고, 유통업체들은 서로 경쟁하는 제조업자들 중에서 공급처를 선택할 수 있기 때문에 제조업체는 기존의 유통경로를 유지 및 확장하는 것이 힘들게 된다.

촉진마케팅활동은 근본적으로 고객의 제품브랜드 개념을 강화하는 데 초점을 두게 되며, 재구매(rebuy)를 유도하는 유인정책이 광범위하게 사용된다. 이 단계는 조기 성숙기와 후기 성숙기로 나눌 때, 전자의 시기와 성장기 후기를 포함하여 조기 다수자(early majority)들이 주로 제품브랜드를 구매하게 된다. 이들은 전체시장의 34%를 차지하는 소비자들로서, 신제품 브랜드 수용에 신중하고 주로 광고를 통해 정보를 입수한다. 즉, 인적 판매원이나 조기 채택자와 접촉을 통해서 영향을 받는 일반 소비자들이다. 성숙기 후기에는 후기 다수자들이 전체시장의 34%를 차지하는 회의적 집단(skeptical group)들이다. 이들은 경제적 필요성이나 동료들 간에 느끼는 사회적 압력(social pressure)에 의해서 신제품 브랜드를 구매하는 습성을 가진 집단이며, 주로 인적 정보원을 이용한다.

(4) 쇠퇴기

쇠퇴기(decline stage)는 브랜드 제품의 매출이 감소한다. 품질이 우수한 대체품의 등장과 소비자 선호도(preference) 변화, 여러 가지의 환경적 요인들은 고객의 수요를 감퇴시킨다. 쇠퇴기 단계의 지각자/느림보(latecomer, laggard)는 전체시장의 16%에 해당되는 전통지향적 소비자집단으로 볼 수 있다. 이들은 주로 경제력이 없는 노인층이나 소외계층들이 많다. 이 단계에서 효율적이지 못한 기업의 경쟁자는 시장으로부터 철수를 당하거나 자진 철수해야 하며, 감소하는 수요와 과잉생산능력은 브랜드마케팅믹스에 적지 않은 영향을 미친다. 제품브랜드의 수정 및 개선은 더 이상 이루어지지 않으며, 가격은 최소한의 이익을 얻는 수준으로까지 하락한다. 또한 기업을 긴축 경영관리하는 동시에 마케팅비용도 가능하다면 절감해야 한다. 가령, 촉진비용은 상당히 감소되고, 유통경로도 축소되어 제한된 수의 도ㆍ소매상만이 제품의 유통에 참여한다. 선호도가 높은 소수의 세분화시장 고객들만이 브랜드 제품을 필요로 하므로 매우 선택적인 마케팅활동을 하게 된다. 하지만 더 이상 이러한 노력이 필요하지 않은 경우에는 시장으로부터 철수해야만 한다.

쇠퇴기에 이르러 판매실적이 감소할 때, 마케터가 점검·확인해야 할 사항은 다음과 같다. ① 새로운 용도의 개발 가능성, ② 제품브랜드에 대한 광고비의 적정성, ③ 신시장의 존재가치 여부, ④ 제품브랜드의 약점을 강점으로의 보완 필요성 여부, ⑤ 부산물(副産物)의 활용성 여부, ⑥ 제품브랜드의 소구점 변경에 따른 소비자 선호도 가능성, ⑦ 신규 판매경로의 가능성 등이다.

제품폐기전략으로는 수확전략(harvesting strategy), 제거전략(elimination strategy)을 들 수 있는데, 전자의 예로 ○○제과는 ○○껌을 생산중단 가능한 한 모든 재고와 주문을 충족시킴으로써 ○○껌에 대한 투자회수를 최대한 수확하는 전략을 추진시킬 수 있다. 후자의 경우 ○○는 인공조미료에 천연조미료가 후속 신상품으로 개발됨에 따라 인공조미료 생산설비를 인도네시아로 판매하여 해외 합작투자나 기술판매의 형태로 인공조미료에 대한 과거 투자비를 회수하였다. 이러한 전략을 매각 또는 투자회수(divestment)전략이라고도 한다. 이상에서 언급한 브랜드수명주기에 대한 각 단계별 관리를 정리하면 [표 7-6]과 같다.

[표 7-6] 브랜드수명주기 단계별 특징과 마케팅전략

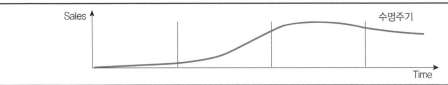

특징		도입기	성장기	성숙기	쇠퇴기
매출규모		저매출	매출급성장	매출극대화	매출감소
비용(단위고객당)		고비용	평균비용	저비용	저비용
이윤		비발생	이윤증가	고이율	이윤감소
고객		혁신적 고객	선구자적 고객	일반 고객	후발 고객
경쟁지수		극소수	증대	안정세	감소
마케팅	제품	하나	다수	전 상품 균일화, 브랜드경쟁	
	가격	시장침투가격정책	초기고가가격정책	경쟁가격 또는 가격절하	
	유통	선택적 (유통망 서서히 구축)	전속적 (판매점들의 거래열 망에 따라 일부 할인)	전속적 (진열장 공간확보 위한 대규모 거래 보상)	선택적 (비이익적 판매점포 서서히 제거)

광고	초기채택자의 요구에 맞춤	브랜드 편익을 대규모시장 창출에 맞춤	타 유사제품과의 차별화 수단으로 이용	재고제거 수단
판촉	(중요성 고)제품사용을 유발하는 샘플, 쿠폰 등	(중요성 중)브랜드 위주 판촉	(중요성 중)기존고객들을 충성고객으로 전환	(중요성 최소)최소화
브랜드	• 명확한 브랜드 아이덴티티 보유 • 브랜드 인지도 향상	• 이미지 투자 • 차별적 강점 부각 • 선택하고 싶도록 제작 • 브랜드 희소성향상	• 항상 새로움 제공 • 철저하게 통제 • 고객자료 DB화 • 브랜드 자산 일관성 유지	• 충분한 시장정보 확보 • 고객층의 정확한 파악 • 한 가지 방법에 집착하지 말 것

2.3. 브랜드 성숙기의 마케팅전략

[그림 7-11]에서처럼 우리나라에서 성숙기의 제품브랜드 관리가 중요한 이유는 첫째, 기업에서 생산·수출되는 상품의 대부분이 글로벌시장의 브랜드수명주기관점에서 도입기나 성장기 단계보다는 성숙기 브랜드에 해당되고, 개별기업의 경우에서도 성숙기 브랜드들이 전체 매출의 큰 비중을 차지하고 있다. 둘째, 성숙기의 브랜드는 쇠퇴기로 접어들게 되므로 매출 및 이익성장이 지속될 수 있도록 경영자의 특별히 관리가 필요하다. 셋째, 성숙기 브랜드를 잘 관리함으로써 제한된 자원의 효율적 관리와 동시에 브랜드의 수명을 연장시켜 기업에 이윤 극대화를 가져오게 한다.

[그림 7-11] 성숙기의 브랜드 관리

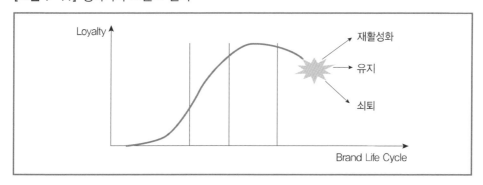

(1) 성숙기 제품브랜드의 마케팅 현상

성숙기 제품브랜드를 세계시장에 마케팅하는 데 있어서 일반적으로 나타나는 애로현상은 다음과 같다.

① 시장침투의 여지가 없다. 제품브랜드 취급 점포와 시장점유율의 증가가 어려우며, 광고비 지출 등의 촉진활동이 증가되어서 매출증가 효과가 미흡하다.
② 제품차별화가 용이하지 않다.
③ 도소매상은 제품의 마진이 적어서 외면하고 관심도 낮다. 즉, 도소매상은 소비자들이 많이 찾는 상품브랜드를 취급하여 매출액 및 이익의 증가를 도모한다. 만약 중간상에서 취급하기 싫어하는 제품브랜드라면 소비자들이 선호하고 있는 제품브랜드라고 생각하기 어렵다.
④ 경쟁이 심화된다. 성숙기에는 경쟁 브랜드의 수가 증가하고, 경쟁사는 대형 거래처에게 거래처의 브랜드를 붙여 저가격으로 판매한다.
⑤ 시장구조가 변화한다. 성장기의 제품브랜드 고객이 매출 증가를 선도하던 집단이라면 성숙기나 쇠퇴기의 제품브랜드 고객은 가격이 저렴하고, 덤핑이 횡횡할 수 있는 시장환경 속에서 가장 뒤늦게 구매하는 집단(late majority & laggard)일 수 있다.

(2) 성숙기 제품브랜드 관리

신제품 브랜드의 매출성장이 둔화되기 시작하면 경쟁상품 브랜드와 경쟁에서 승리할수 있도록 제품브랜드를 수정해야 한다. 제품의 수정이 필요한 이유는 여러 가지가 있겠지만 신기술 개발을 응용하기 위한 경우 또는 매년 포장 디자인 개선과 같이 경쟁상의 필요에 의한 경우를 들 수 있다. 제품수정전략은 품질개선, 특성개선, 스타일 개선 등이 있다.

첫째, 품질개선(quality improvement)은 원재료나 생산방법을 개선하여 제품의 성능, 내구성, 신뢰도를 증가하려는 전략이다. 이는 제품브랜드의 품질을 현저하게 변화시킬 수 있고, 품질개선에 따라 소비자의 수요증대 효과를 동반할 때 사용된다. 기업은 품질개선을 통해서 경쟁우위를 획득하고, 명성을 얻을 수 있으며, 매출액도 증가시킬 수 있다. 그러나 품질개선에는 많은 시험연구비의 투자가 요구되며, 원가상승에 따른 가격인상이 발생한다.

고가격에 대한 양질의 제품브랜드를 선호하는 소비자들의 수가 많지 않을 때, 경쟁기업의 제품이 약간 조악하더라도 강한 판매촉진전략으로 공격해 오게 되면 품질을 개선한 기업이 더 이상 마케팅지출을 출혈로써 감당할 수 없게 되어 경쟁에서 몰락하게 되는 위험이 있다.

둘째, 특성개선(feature improvement)은 제품의 디자인을 개선함으로써 제품의 신규 용도, 효율성, 안정성, 편의성 등을 제공하여 실질적 효율은 물론 환상적 효용을 증대하고 자 하는 전략이다. 제품의 기능적 개선은 비교적 적은 비용으로 투입하여 실현할 수 있으 므로 경쟁기업에서도 쉽게 모방할 수 있는 단점이 있다. 그러나 경쟁기업보다 먼저 기능 적 개선을 함으로써 신문, 라디오 등으로부터 홍보효과도 얻을 수 있으며, 소비자들에게 는 진취적 기업으로의 이미지를 부각시킴으로써 제품 선호를 얻게 되며 인적판매나 중간 상인들의 협조를 얻을 수 있는 장점이 있다.

셋째, 스타일 개선(style improvement)은 제품의 기능적 소구보다 미적 소구를 증가시 키려는 전략이다. 라면 기업들은 원재료 등의 인상으로 라면의 생산원가 압박을 받을 때, 스프나 무게의 변화를 주면서 가격인상도 하고 신제품 브랜드의 심리적 차별 인식을 제공 하여 독점적 경쟁의 이점을 얻으려고 한다. 스타일 개선은 경쟁수단으로서 효과적으로 이용될 수 있는 장점이 있으나, 과연 소비자가 새로운 스타일을 선호할 것인가를 예측하 기가 곤란하며, 시간의 경과에 따라서 소비자의 기호도 변화하고 유행도 변화하므로 스 타일 개선에는 많은 위험이 수반되는 단점이 있다.

실제적으로 국내장류시장은 대상(daesang.co.kr)의 청정원 순창고추장과 CJ 그룹 (cj.net) 해찬들의 태양초 고추장이 전체시장의 80% 정도를 장악하고 있다. 그래서 시장점 유율을 높이기 위해 대상은 기존 레귤러급인 '청정원 순창고추장'에 물엿 대신 기능성 당 류와 인삼성분을 추가한 기능성 고추장 '청정원 순창 인삼고추장'을 개발하였다. 마찬가 지로 CJ의 해찬들은 기존의 '태양초 고추장'에 칼슘과 6년근 홍삼을 넣어 '정월청장 홍삼고 추장'으로 고급화전략을 펼치고 있다. 여기에서 품질개선, 특성개선 그리고 스타일 개선 의 특징을 찾아볼 수 있다.

(3) 성숙기 제품브랜드의 마케팅전략

1) 도약전략

도약전략(take off strategy)은 성숙기 제품브랜드의 포장이나 성능을 변경하여 새로운 용도나 시장을 목표로 하는 새로운 브랜드수명주기를 만들어 보려는 전략이다. 원래의 브랜드수명주기가 하향하는 시점에서 새로운 성장곡선을 향해 도약 또는 이륙하는 전략을 구사한다. [그림 7-12]에서처럼 1963년 피로회복제 박카스는 2001년도를 맞아 광동제약 비타500에 성장이 주춤하였으나 젊은이들에게 어필하고, 박카스 D(약국 취급)에서 박카스 F(편의점, 할인점, 마트, 슈퍼)의 유통경로 확장으로 jump up을 이루었다. 이처럼 기존 소비자들 중에서 사용계층의 사용률을 증가시키거나 신시장에 침투, 그리고 산업용 원자재로 제품을 개발하는 방법으로서의 제품의 성장커브를 새로 창조할 수 있을 것이다.

[그림 7-12] 박카스의 도약전략

〈박카스 D〉	〈박카스 F〉	〈박카스 디카페-A〉

타우린 2,000mg 함유 대한민국 대표 피로회복제	타우린 1,000mg과 DL-카르니틴 성분함유는 물론, 120mg 대용량으로 더 크게!	카페인에 민감한 당신을 위한 피로회복제!
제품분류 의약외품〉 자양강장변질제	제품분류 의약외품〉자양강장변질제	제품분류 의약외품〉자양강장변질제
효과-효능 육체피로, 병후의 체력저하, 식욕부진, 영양장애, 발열성, 소모성 질환 등의 경우 영양보급, 자양강장, 허약체질	효과-효능 자양강장, 허약체질, 육체피로, 병후의 체력저하, 식욕부진, 영양장애	효과-효능 자양강장, 허약체질, 육체피로, 병중병후, 발열성 소모성 질환의 영양보급
판매처 약국	판매처 편의점, 할인점, 마트, 슈퍼 등	판매처  약국, 편의점, 할인점, 마트, 슈퍼 등

2) 시장여건에 대한 적응전략

이는 매출액이나 시장점유율을 확대시킬 것이 아니라 경쟁상품 브랜드의 도전에 효율적으로 적응하려는 전략으로서, 취급이 용이한 형태로의 포장변경, 기업이미지 회상을 위한 광고스케줄로 매출유지, 거래처 재고정리, 덤핑방지 등을 위한 촉진적 거래를 추진하고 시장거래질서 확립차원에서의 거래처 촉진강화, 경쟁사의 전략예측에 사전대비 등을 들 수 있다. 이러한 사례는 빙그레(bing.co.kr)의 바나나맛우유, 오리온 초코파이(orionworld.com), 롯데제과(lotteconf.co.kr)의 자일리톨(xylitol) 등에서 찾을 수 있다.

3) 재순환전략

유행은 돌고 돈다고 한다. 이 말은 패션계에서 불변의 진리다. 10년 전의 유행이 일정한 기간의 유행주기를 지나면서 다시 되돌아올 수도 있다. 마치 봄이 지나면 영원히 봄은 가버리는 것이 아니라 1년 후에 또는 몇 년 후에 주기적으로 찾아온다고 예측할 수 있다. 특히 농산물보다 패션분야에서 재순환의 사례를 찾을 수 있다. 최근 패션계에는 90년대 유행아이템이 대거 돌아왔다. 빅 로고(big logo), 힙색(말 그대로 엉덩이 위나 허리에 걸쳐 메는 가방), 사이파이 선글라스(폭이 좁고 길쭉한 모양의 선글라스), 곱창밴드(곱창처럼 둥글고 긴 모양의 천 안에 고무줄을 넣어 만든 헤어 액세서리) 등이 대표적이다. 이 같은 '레트로(Retro style)' 아이템이 젊은 세대에게는 신선함을, 기성세대에게는 친밀감을 주고 있다.

4) 제품브랜드 수명의 연장과 수확전략

건강하고 성숙한 젖소가 우유를 많이 생산하듯이 성숙한 제품브랜드는 기업에게 현금창출을 낳게 한다. 설비투자에 대한 감가상각비의 부담도 적어질 뿐 아니라 마케팅경비를 절약하더라도 매출액을 유지할 수 있기 때문이다. 그래서 성숙기 제품브랜드의 수명을 가능한 한 연장(stretch)시키면서 현금창출이라는 수확(harvest)을 증가시키려는 전략이 널리 이용된다. 농업회사법인(주)농산(paprika.kr/oaaro)은 1999년 설립하여 스마트팜농장을 통해 지속적으로 파프리카만 생산하여 국내외에 마케팅하고 있다. 한국을 대표하는 농산물 브랜드 오아로(OaarO) 파프리카의 시설재배를 통한 온실의 준공은 막대한 투자의 결정이며, 농산물 시세변동이 큰 마당에 파프리카 단일품목의 지속적인 생산 및 유통은 쉽지 않은 일이다. 파프리카의 생산 및 유통은 기존 온실 설비에 의한 규모의 경제와 경험효과를 적절히 활용하면서 파프리카 브랜드수명주기의 연장을 통해 수확을 얻고 있다.

2.4. 브랜드수명주기, BCG 매트릭스 그리고
신제품 브랜드 수용모델 간의 관계

앞에서 이미 다룬 브랜드수명주기, BCG 매트릭스 그리고 신제품 브랜드 수용모델에 대한 개념을 재정리하고 각각의 특징을 연계하여 [그림 7-13]에서처럼 그 전략을 도출할 필요성을 갖는다.

첫째, 브랜드수명주기는 '하나의 제품브랜드가 시장에 진입한 후 시장에서 사라질 때까지 제품브랜드의 판매량과 이익의 변화 상태를 제품브랜드 주기별로 구분해 놓은 것'을 말한다. 이처럼 브랜드수명주기는 보통 S자형을 가지며 다음과 같은 4주기로 구분된다. 즉, 도입기(introduction stage), 성장기(growth stage), 성숙기(maturity stage), 쇠퇴기(decline stage) 등이 그것이다. 그리고 이와 같은 브랜드수명은 제품브랜드마다 각기 상이한 특징을 가진다.

둘째, BCG 매트릭스는 보스턴 컨설팅 그룹(BCG, boston consulting group)이 기업의 제품브랜드개발과 시장전략 수립을 위해 가로축(X)은 각 사업에서 기업의 시장점거율을, 세로축(Y축)은 기업이 종사하는 각 사업의 성장률을 표시한 도표를 만들어 4개의 분면으로 구성하고 모든 전략사업단위(SBU, strategic business unit)를 스타(star, 유망사업 → 떠오르는 브랜드), 젖소(자금원천사업 → 현재 수익창출을 낳는 브랜드), 문제아(문제사업 → 이익이 나지 않는 브랜드), 싸움에 진 개(쇠퇴사업 → 경쟁력이 되지 않는 브랜드) 등 4개의 그룹으로 구분하였다.

셋째, 신제품 브랜드 수용모델은 소비자들이 신제품 브랜드의 수용시간에 따라 혁신소비자(모험심의 혁신집단), 조기 수용자(존경받는 집단, 의견 선도자), 조기 다수자(신중한 집단), 후기 다수자(회의적인 집단), 지각자/느림보(전통지향의 소비자집단) [그림 7-5]에서처럼 5개의 수용자 범주로 나누고, 각 범주에 해당되는 수용자들의 수를 정규분포의 표준편차 비율에 따라 할당하였다.

앞에서 각각 설명한 브랜드수명주기이론과 BCG 매트릭스 그리고 신제품 브랜드수용모델은 각각 그 나름의 고유한 특징을 갖고 있으나, 그 모델마다 산업(브랜드)이나 시장에서 적용하는 데 무리가 따르는 부분도 있다. 그러나 각각의 모델에 대한 한계점은 분석자의 객관적 생각과 기준을 갖는다면 별 무리가 없을 것이다.

[표 7-7] 브랜드수명주기, BCG 매트릭스 그리고 신제품 브랜드 수용모델 간의 관계

구분	각 단계별 신제품 브랜드에 대한 시장에서의 성숙되어가는 과정			
	1단계	2단계	3단계	4단계
브랜드 BCG 매트릭스 (기업)	문제아	스타	젖소	개
신제품 브랜드 수용모델 (소비자)	혁신소비자	조기수용자	조기다수자 및 후기다수자	지각자
브랜드수명주기 (제품의 현금흐름)	도입기	성장기	성숙기	쇠퇴기

따라서 지금까지 배운 관련 모델을 종합적으로 연계하여 산업에 활용하는 학습 자세는 마케팅의 용어와 그 모델을 체계적으로 이해하는 데 매우 중요할 수 있다. 이를 통해 각 모델들 간의 장단점의 이해와 시너지효과도 동시에 얻을 수 있다. 각 모델에 대해 종합적으로 설명하면 다음과 같다.

첫째, 세 가지 모델을 연계하여 정리하면, BCG 매트릭스상의 제품군(기업에서 제품브랜드 및 신제품 브랜드의 개발을 통한 현금흐름)을 신제품 브랜드 수용모델(소비자 및 시장 역할의 의미)에 적용하면, 문제아 → 혁신소비자, 스타 → 조기수용자, 젖소 → 조기 다수자와 후기다수자, 개 → 지각자/느림보로 연결시켜 볼 수 있다. BCG 매트릭스의 문제아 → 스타 → 젖소 → 개의 과정을 거치는데 결국 제품브랜드의 수익성이라든지 퇴출 문제를 분석해 본 결과 브랜드수명주기에서 도입기 → 성장기 → 성숙기 → 쇠퇴기와 연결된다.

여기에서 BCG 매트릭스상의 제품브랜드군(기업) → (BCG 매트릭스)(구매자) → 브랜드수명주기(시장에서의 제품브랜드의 인기 정도에 관한 결과)로 생각하고 각각을 연결하면 [표 7-7]과 같이 될 것이다.

둘째, 마케터는 특정 신제품 브랜드 또는 사업부를 브랜드수명주기의 변화에 따라, 문제아(1/4분면) → 스타(2/4분면) → 젖소(3/4분면)로 변화 유도하는 것이 기업의 수익창출에 도움이 된다. 즉, 기업의 막대한 자원을 투입하여 개발한 신제품 브랜드의 경우 브랜드수명주기의 단계별로 접근하는 것이 가장 경제적 효과를 극대화시키는 방법이다.

셋째, 마케터는 브랜드수명주기의 성장과 성숙 기간을 인위적으로 길게 끌고 가는 방법을 강구해야 한다. 참고로 일반적으로 음료수의 신제품 브랜드는 시장에 출시되어 소비자가 인지 → 관심 → 평가 → 시용구매 → 수용 → 수용 후 평가의 신제품 브랜드 수용

과정에서처럼 브랜드의 수명주기는 6개월로 보고 있다. 물론 기업에서 특정 신제품 브랜드를 시장에 출시하였는데 소비자들에게 외면당해 바로 도입기(문제아) → 쇠퇴기(개)로 이어지는 불행한 일도 있을 수 있다. 그러한 것을 사전에 예방하기 위해서라도 엄격한 신제품 브랜드 개발과정을 거치고, 거기에 신제품 브랜드 수용그룹별 표적고객에 따라 맞춤식 마케팅전략으로 공격적 마케팅을 실행해야 한다.

　넷째, 마케터가 세 가지 모델을 연계하여 체계적으로 분석하고자 할 때, 신제품 브랜드 수용모델의 사전에 고객 data base가 확보되어 있어야 한다. 이들의 모델이 객관적으로 검정되기 위해서는 시계열 분석을 통해 상기의 모델에 대한 문제점과 새로운 발견을 보완하는 것이 이 모델들의 관계성에 신뢰성을 제공하게 된다.

[그림 7-13] 제품수명주기, BCG 매트릭스 그리고 신제품 수용모델 간의 관계

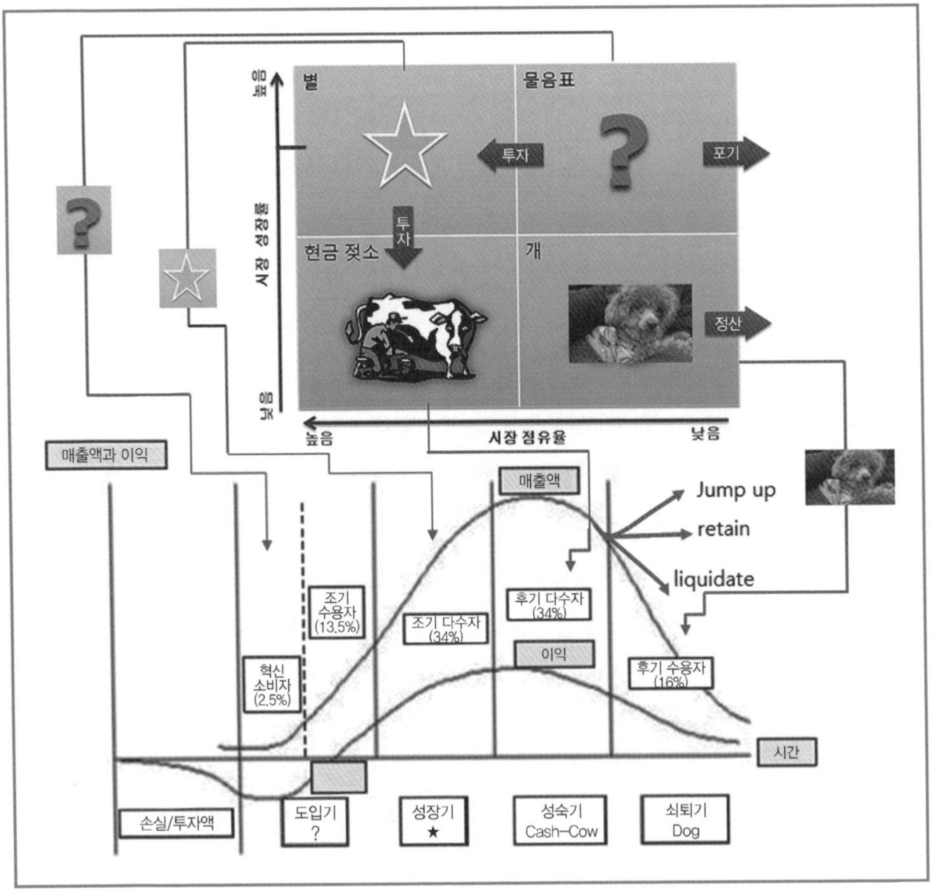

2.5. 브랜드수명주기전략에 대한 비판

브랜드수명주기전략의 광범위한 활용에도 불구하고, 이 개념의 유용성을 제한하는 여러 가지 가정들이 존재한다.

첫째, 전제조건은 제품브랜드 부류들이 각각 그 한정된 수명을 지니고 있다는 점이다. 그러나 상당한 제품브랜드 부류들이 그 수명주기(life cycle)에 일치하기보다는 예외적인 경우를 더 많이 볼 수 있다. 가령, 소비재 브랜드[동원 참치캔(74%); 오뚜기 마요네즈, 케첩(80%); 매일유업 분유(33%); 하림 육가공(22%); 풀무원 두부(67%)], 산업재 브랜드[금비 주류, 음료, 화장품, 제약 사용 유리병 제조, POSCO → 철강(60%); 대동공업 경운기(87%); 삼화왕관 병마개(49%); 농우바이오 배로따고추, 스피드꿀수박(1위)], 서비스 브랜드[CJ CGV(30%); 웅진코웨이(56%); 강원랜드(100%); E-마트(39%)]들이 쇠퇴기를 맞고 있다는 어떠한 기미(signal)도 보이지 않는다. 또한 제품브랜드에 따라서도 라이프 사이클의 유형이 사전에 결정되어 있지 않다. 시장에서의 치열한 경쟁에도 불구하고 오랫동안 시장의 지배적 위치를 유지하고 있는 브랜드 — CJ그룹의 즉석밥시장 브랜드 '햇반', 간장시장에서의 부동의 1위 샘표간장, 탄산음료(코카콜라, 칠성사이다), 유산균발효유에서는 한국야쿠르트유업, 하이트맥주(국내시장 60%; 자회사, 진로 소주 1위), 쓰리세븐 손톱깎이(세계시장 30%) 등을 찾아볼 수 있다.

둘째, 각 브랜드수명주기는 일반적으로 미래의 전략을 계획하는 데 있어서 유용한 독립변수로 여겨진다. 그러나 이는 단순히 앞 단계의 경영활동의 결과일 수도 있다. 예컨대, 판매액의 감소는 제품브랜드부류 또는 개별적 제품브랜드가 수명주기의 쇠퇴기에 있는 것인지, 아니면 전체산업 또는 기업의 부실한 경영에 의한 것인지에 대한 의문을 갖게 한다. 각 단계에서 수행된 전략의 효과성을 알지 못하는 한, 다음 단계에 대하여 수립된 전략이 적절하다고 판단하기는 어렵다. 눈에 보이는 잘못된 점들이 사전에 결정된 브랜드수명주기에서 비롯되었다기보다는 그릇된 경영활동에서 기인할 수 있는 것이다. 그러므로 진단적 의미의 변수로서 라이프 사이클의 단계에 의존하거나 모델의 다음 단계에서 제시되는 전략을 무조건 따르는 데에는 보다 신중한 고려가 필요하다.

셋째, 브랜드수명주기의 모델은 제품브랜드부류(건강식품, 먹거리)나 제품브랜드형태(홍삼, 제약) 또는 제품브랜드(홍삼정, 사탕) 중의 어떠한 것이냐에 따라 이 모델은 다른 함축적인 의미를 지닌다. 전통적으로 브랜드수명주기모델은 제품브랜드나 서비스 브랜드를 신제품 브랜드 형태나 신제품 브랜드 부류로서 다루고 있다. 그러나 제품브랜드가 성장기나 성숙기에 있는 제품브랜드 형태로서 새로운 브랜드를 도입하는 경우 마케팅전략은 일반적인 브랜드수명주기에 의거한 전략과는 매우 상이할 것이다.

넷째, 브랜드수명주기를 확장시키는 것과 같은 브랜드수명주기전략은 제품브랜드의 여러 가지 형태에 따라 특별히 다르게 요청되지 않는다는 점에서 포괄적이라 할 수 있다. 그러나 이러한 전략은 전체 제품브랜드 중 몇몇의 특정 제품브랜드에 대하여 적용하는 것이 적절할 것이며, 보다 장기적인 성공을 위한 전략이 되기 위해서는 더욱 특별한 노력이 요구된다.

다섯째, 브랜드수명주기전략은 판매량과 같은 효율성 측정에 의존하고 있지만, 판매량은 직접적으로 마케팅부서의 통제하에만 있지 않다. 다시 말해, 판매량은 마케팅부서 활동만의 함수로 구성되어 있다기보다는 기업 전체차원의 효과함수이다. 판매를 마케팅의 기능만으로 관련시키는 것은 마케팅의 영향을 과대평가하는 것이며, 또한 조직의 다른 사업부서의 중요한 기여를 무시하는 것일 수 있다. 마케팅의 기능이 잘 수행되어도 조악한 품질관리나 인사, 재무, 연구개발 및 기타의 조직부서의 지원 부족으로 판매량이나 시장점유율이 감소할 수 있는 가능성은 항상 있는 것이다.

요약하면, 비록 브랜드수명주기전략은 명백하고 활동지향적인 방향제시를 한다는 이점을 가지고 있지만, 마케팅전략 수립 시에 이러한 방법을 사용하기 위해서는 각 제품브랜드들과 시장조건의 본질에 대한 충분한 고려가 요구된다.

이슈 문제

1. 신제품 브랜드의 정의를 내려 보시오.
2. 브랜드수명주기(BLC)관리에 대해 단계별로 그 특징과 전략을 논하시오.
3. 성숙기 브랜드의 마케팅전략을 논하시오.
4. 신제품 브랜드 개발과정에 대해 논하시오.
5. 브랜드수명주기관리에 대한 순기능과 역기능을 논하시오.
6. 우리나라에서는 왜 성숙기의 브랜드전략이 중요한지 그 의의를 설명하시오.
7. 브랜드수명주기, BCG 매트릭스 그리고 신제품 브랜드 수용 및 확산 간의 관계를 설명하시오.
8. 농산물 공동브랜드의 성공요인을 언급해 보시오.

유익한 논문

벤처기업의 신제품 구매요인과 그 전략방안: 산업재를 중심으로   권기대

농산품의 시장지향성, 기술지향성, 신제품 개발 및 마케팅성과 간의 관계: 농업 경영체 CEO의 조절효과   권기대, 김신애

명품 브랜드의 성공요인, 생산자의 평판 및 장기지향성 간의 관계: 농산물 브랜드를 중심으로   권기대, 김신애

브랜드의 4P's 믹스전략

1절 가격의 개념과 특징

2절 가격결정요인과 방법

3절 가격전략

4절 유통경로와 유통경로설계과정

5절 공급사슬관리

6절 촉진마케팅

이슈 문제

유익한 논문

1절 가격의 개념과 특징

1.1. 가격의 개념

가격(price)이란 일반적으로 '제품브랜드나 서비스 브랜드를 구입하고 그 대가로 지불하는 화폐가치'를 말한다. 다시 말해서, 소비자가 재화의 브랜드나 서비스의 브랜드를 획득 또는 사용을 통해 얻게 되는 가치에 지불하는 대가이다.

가격은 교환(exchange)을 떠나서 존재할 수 없다. 일상생활적인 뜻의 가격은 상품 브랜드 1단위를 구입할 때 지불하는 화폐의 수량으로 표시한다. 넓은 뜻의 가격은 상품 브랜드 간의 교환비율을 뜻한다. 특히 구별하기 위해 화폐단위로 표시되는 일상생활적인 뜻의 가격을 절대가격(absolute price)[1]이라 하고, 상품 브랜드 간의 교환비율을 나타내는 넓은 뜻의 가격을 상대가격(relative price)이라고 한다.

가격은 시장에서 구입 가능한 통상적인 좁은 뜻의 상품 브랜드에 대해서만 존재하는 것이 아니라 임금 또는 이자에 의한 보수를 받고 고용 또는 임대되는 노동이나 자본과 같은 넓은 뜻의 상품 브랜드에 대해서도 존재한다. 즉, 임금과 이자는 각각 노동과 자본의 가격이다. 이처럼 그 사회의 법률·관습·제도 등에 의하여 소유와 교환이 허용되고 있는 모든 것에 대하여 가격은 존재하며, 상품 브랜드 간에 발생하는 교환은 그 가격에 따라 특정한 비율로 이루어진다.

가격책정은 [그림 8-1]에서 보듯이 기업의 생존 확보, 단기적 이익의 극대화, 시장점유율 증가, 품질선도 기업의 이미지 맥락에서 책정된다. 가격의 종류는 균형가격(equilibrium price), 경쟁가격 및 독과점가격(monopolistic price)이 있다. 경쟁가격은 상품 브랜드를 수요하는 소비자의 수와 공급하는 기업의 수가 많은 경우에는 상품 브랜드의 가격이 어느 개인 또는 단일 기업에 의하여 결정되는 것이 아니고, 상품 브랜드에 대한 수요와 공

---

1) 일반적으로 상품 브랜드 가격은 1개에 몇백 원 하는 식으로 표시한다. 이 가격을 절대가격 또는 화폐가격이라고 한다. 이에 대하여 A상품 브랜드 1단위는 B상품 브랜드 2단위와 교환될 수 있다는 식으로 상품 브랜드 상호 간의 교환비율이 문제가 되는 경우, 어느 한 상품 브랜드를 기준으로 하여 표시한 다른 상품 브랜드의 상대적인 교환 가치를 상대가격이라고 한다. 개개의 상품 브랜드에 대한 수요·공급의 관계나 여러 산업의 생산성의 상대적 변화에 의하여 변하는 것이 주로 이 상대가격이다. 절대가격은 주로 화폐가치의 변동에 수반되는 일반적 물가수준의 변화에 의하여 변동된다.

[그림 8-1] 가격결정의 목적

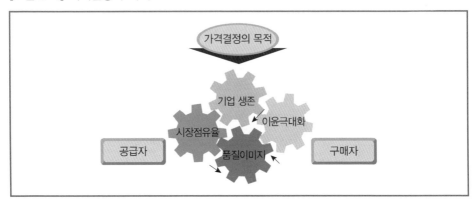

급이 서로 일치하는 수준에서 결정된다. 후자는 몇몇 대기업들이 상품 브랜드의 공급을 전담하고 있는 독과점 시장에서 대기업들이 자신에게 가장 유리하도록 가격을 책정하게 되는 것을 말한다.

1.2. 가격의 기능

가격기능 또는 시장이란 '시장경제의 자원배분이 경쟁가격의 구조에 의하여 실현된다'고 볼 수 있다. 이처럼 경쟁가격을 형성하고, 이 경쟁가격에 의하여 상품 브랜드별로 사회 전체적인 과부족현상이 발생하지 않도록 개별 경제생활을 유도하는 시장경제의 자원배분기능을 말한다.

[그림 8-2] 가격의 2가지 기능

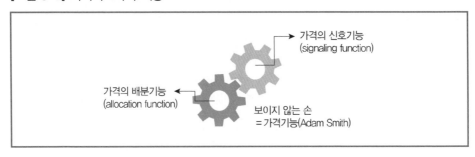

가격의 기능은 [그림 8-2]에서처럼 첫째, 경제활동의 신호기능(signaling function)으로서 경제 주체들에게 신호등 역할을 한다. 즉, 가격의 상승은 생산자들에게 공급량을 증가시키라는 신호가 되고 소비자들에게는 수요량을 감소시키라는 신호이다. 가령, 쌀 가격이 상승한다면, 소비자에게 어떤 신호를 보내나? 공급자에게 어떤 신호를 보내나? 결론은 소비자와 생산자 자신들의 합리적 이기심으로 소비자와 생산자의 행동이 변화하게 된다. 즉, 가격기능 중 가장 중요하면서도 많은 사람들이 간과하는 기능이 정부의 개입이나 NGO단체들의 캠페인 또는 의식개혁으로 문제해결이 되는 것이 아니라, 바로 눈에 보이는 쌀의 가격이 사람들의 행동을 바꾸게 한다는 것이다.

둘째, 공급자와 수요자 간의 가격의 배분기능인 유인의 신호를 서로 보낸다. 가격상승은 공급자에게는 취급하는 상품 브랜드를 더 많이 생산하라는 메시지를 제공하며, 특정 기능을 보유한 사람에게는 지불되는 높은 가격도 사람들로 하여금 그와 같은 기능을 습득하게 하는 유인효과(induction effect)의 의미이다. 가령, 안동 칼국시 한 그릇의 가격이 6,000원이라면, 소비기회는 어떻게 배분되며, 생산기회는 어떻게 또한 배분되나? 결과적으로 가장 효율적인 소비자와 가장 효율적인 생산자만이 생산과 소비과정에 참여하게 된다. 과연 생산과 소비 기회를 정부가 배분한다면 더 잘할 수 있을까? 자문해 봐야 한다.

결과적으로 시장경제를 움직이게 하는 근간은 인간이 합리적인 이기심에 근거하여 잘 살겠다는 욕망의 결과이며, 시장경제의 장점을 극대화하기 위한 제도적인 틀은 재산권(사유재산)의 보호, 계약의 자유와 계약이행 그리고 공정하고 자유로운 경쟁이라고 볼 수 있다. 경제학자 애덤 스미스(Adam Smith, 1723~1790)가 발견한 시장 성공의 비밀은 나와 내 가족을 위해 땀흘려 열심히 일한 결과 다른 사람들도 이득을 본다는 논리로, 사익(private interest)과 공익(public interest)의 일치에 해당된다.

1.3. 가격기능의 한계

(1) 시장의 실패

시장의 실패는 '불완전한 경쟁 등으로 인해 시장에 의한 자원배분의 효율성이 확보되지 못한 상태'를 말한다. 시장에 대한 정부개입의 정당성은 이러한 시장실패를 보완하기

위한 목적에서 찾아진다. [그림 8-3]에서처럼 일반적으로 시장실패의 요인으로 불완전한
경쟁·정보의 불충분성·공공재·외부효과·자연적 독점 등이 지적된다.

[그림 8-3] 시장의 실패 요인

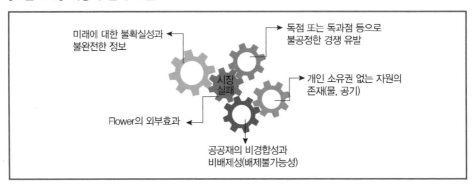

시장기구(mechanism)가 그 기능을 제대로 발휘하지 못하여 자원이 효율적으로 배분되
지 못하는 상태이다. 이는 정부실패와 대응되는 개념이다. 자유경제체제는 개인이 자유
로이 경제활동을 할 수 있도록 시장기능에 맡기는 것을 원리로 한다. 그러나 모든 경제부
문을 시장기능에만 맡겨 정부가 관여하지 않을 때, 자원배분이나 소득분배에 있어 형평
성과 공정성(→ 공정성이론)을 잃게 되는 결과가 초래될 수 있다. 이런 부정적 현상을 시
장실패라 한다.

시장실패는 경제행위를 개인의 자유로운 선택에만 맡길 경우 개인의 이익과 관련된 부
분사회에 대하여는 유익한 결과를 가질 경우도 있겠으나 사회 전체의 관점에서는 오히려
나쁜 선택·결과를 가져다주는 것을 뜻한다. 요컨대, 시장실패는 정부개입 및 정부규제
의 근거가 되며 '큰 정부론'의 입장을 뒷받침해 주는 논거가 된다.

시장실패(market failure)라는 용어는 당초 바토(Francis Bator)의 논문 제명(論文題名)
에서 비롯된 것으로, 시장기구의 이상적 조건으로서 시장의 완비와 경쟁의 완전성을 들
고 있다. 이처럼 시장기구의 완비를 저해하는 시장실패의 원인을 살펴보면 다음과 같다.

첫째, 독점이나 독과점 등으로 불공정한 경쟁이 펼쳐지기 때문이다. 시장실패가 안 일
어나려면 '완전경쟁시장'의 구조를 지녀야 하는데, 현실에서 '완전경쟁시장'은 찾아볼 수
없는 실정이다. 완전경쟁시장이야말로 경영·경제학자들이 생각해 낸 무릉도원과 같은
시장인데 현실에서는 거의 존재하지 않는다. 그나마 완전경쟁시장에 가깝다고 볼 수 있는

것이 농산물시장과 주식시장이다. 독점시장은 독점적 지위를 이용하여 가격이나 공급량을 독점자가 결정하다 보니 시장이 실패하는 것이고, 독과점 시장은 카르텔(cartel) 등의 담합을 통해 자신들의 이익과 기반을 유지하려는 동시에 진입장벽을 높게 해서 신규기업의 진출을 막는 등의 요소가 현실에 존재하기 때문에 시장실패가 일어난다.

둘째, 개인 소유권이 없는 자원이 존재하기 때문이다. 개인 소유권이 없는 자원으로 강물, 고속도로를 예로 들어볼 수가 있겠으나 이러한 자원은 가격이 성립하지 않기 때문에 공유의 비극이라 불리는 시장실패가 발생한다. 가령, 개인 소유권이 있는 자신의 집에나 땅에 쓰레기를 버리는 사람은 없다. 소유가 없는 고속도로에 함부로 쓰레기를 버리거나 담배꽁초를 버리게 되고, 강물에 몰래 폐수를 버리는 경우이다.

셋째, 공공재의 존재이다. 공공재가 시장실패의 원인이 되는 이유는 비경합성과 비배제성(배제불가능성) 두 특성 때문이다. 비경합성이란 어떤 한 사람이 공공재를 소비하더라도 타인의 소비기회가 줄어들지 않는 것을 의미한다. 가령, A라는 사람이 '다리'라는 공공재를 이용하여 강을 건넌다고 해서 B라는 사람이 '다리'를 이용하지 못하는 것은 아니다. 비배제성(배제불가능성)이란 공공재에 대한 대가를 치르지 않은 사람이라 하더라도 그 서비스를 받지 못하도록 소비자에서 배제시킬 수 없다는 것이다. 가령, 국방이나 치안서비스를 제공할 때 그에 대한 대가를 지불하지 않은 사람만 빼고 서비스할 수는 없으며 전기세를 안 낸 사람은 그 동네 가로등을 이용하지 못하도록 할 수도 없다. 이러한 것 때문에 무임승차의 문제가 발생하게 되고, 공공재가 시장실패의 한 원인이 되는 것이다.

넷째, 외부효과의 발생이다. 외부효과는 어떤 사람의 행동이 의도치 않게 제3자에게 영향을 끼치고도 이에 대한 대가를 받지도 치르지도 않는 것을 말한다. 예를 들면 어느 꽃집 주인이 전시를 위해 아름답고 향기 나는 화분(花盆)을 가게 밖에 진열해두었다. 출근길에 어떤 사람이 그 향기를 맡으면서 기분이 좋아지는 외부효과가 발생한다. 꽃집 주인은 아무런 대가를 받지도 않고 그 사람 역시 아무런 대가를 치르지 않는다. 이러한 긍정적 외부효과를 '외부경제'라 한다. 자동차 경적으로 시끄러운 손해를 뜻하지 않게 입게 되는 것처럼 부정적 외부효과를 '외부 불경제'라고 한다. 그렇다면 왜 외부효과가 시장실패의 원인인가? 시장의 기본적 기능과 상관없이 외부 영향에 의해 가격과 균형재화량이 변동하는 것이므로 시장이 실패했다고 보는 것이다(즉 수요·공급 외에 외부적 영향을 받는다).

다섯째, 미래에 대한 불확실성과 불완전한 정보 때문이다. 정보의 비대칭성은 역선택, 모럴해저드(도덕적 해이) 등의 문제를 발생시켜 시장실패를 낳는다.

(2) 독과점

독과점이란 1개 내지 수 개 회사의 특정 상품에 대한 시장점유율이 극도로 높은 경우를 말한다. [그림 8-4]에서처럼 한 상품에 대한 생산이 단일 또는 몇몇 대기업들에 의하여 독과점화되었을 때 대기업들이 생산·공급하는 상품 가격을 직접 책정하게 된다. 이들 대기업은 그동안의 판매실적을 토대로 하여 가격수준에 따라 판매할 수 있는 수량을 파악한다음에, 자신들에게 가장 유리한 독과점가격을 책정한다. 따라서 독과점가격은 수요와공급에 대한 정보를 내포하고 있지 않으며, 독과점화된 상품의 가격이 오른다고 해서 사회 전체적으로 부족함을 의미하는 것도 아니다.

[그림 8-4] 우리나라 독과점 구조 현황

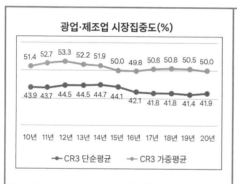

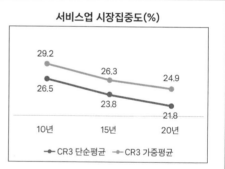

주요 독과점구조 산업 분석			
산업명	매출액(십억원)	CR3(%)	HHI
개발금융기관	42,129	83.7	4,430
무선 및 위성 통신업	20,545	90.9	3,817
유선 통신업	20,097	93.1	4,884
기타 판매자 신품 부품 및 내장품 판매업	15,278	58.0*	3,033
교량, 터널 및 철도 건설업	14,844	73.8*	3,554
재 보험업	14,745	90.8	5,931
항공 여객 운송업	12,533	82.6	3,471
백화점	9,619	71.9*	3,043
기금 운영업	8,503	79.5	3,426

* CR3가 75% 미만이나 CR1이 50% 이상인 경우로서 독과점구조 산업에 포함됨

출처: 공정거래위원회(2023.06.25.), 국내 경제 시장집중도 분석 결과.

독과점가격의 변동은 전적으로 독과점기업의 독과점 이윤을 증대시키기 위하여 발생한다. 이에 경쟁가격이 자원배분의 효율성을 기할 수 있었던 것과 같은 역할을 독과점가격은 수행할 수 없는 것이다. 기업은 경쟁가격을 받아들이고 행동하는 경우보다 '이보다 높은' 독과점가격을 책정함으로써 더 높은 이윤을 누리게 된다. 그러므로 기업이 독과점가격을 책정하는 능력을 보유할 만큼 거대해지면 경제활동의 자유를 보장하는 분권화체제에서 가격기능은 기업의 독과점행동을 방지하는 능력을 가지지 못하기 때문에 가격기능의 효율성은 침해받고 만다. 정부의 공정거래위원회가 독과점에 대한 우월적 지위남용 여부를 조사하게 된다.

한편, 걸리버형 독과점은 어떤 업종(業種)에서 한 회사의 시장점유율이 압도적으로 높아 기타 기업과의 격차가 극히 큰 상태이다. 이는 소인국을 여행했을 때의 걸리버(gulliver)에 비유한 말로서 이와 같은 현상은 과잉경쟁과 업계 재편성이 궁극에 이르렀을 때 일어난다. 이런 거대기업들은 가격선도(價格先導) 역할을 하며 기타 기업은 그에 따를 뿐이므로 시장지배가 용이해진다.

(3) 공평성

가격기능은 단기적으로 개인별 부(富)의 분포가 주어진 상태에서 자원을 효율적으로 배분할 뿐, 결코 불평등한 부의 분포를 시정하는 기능은 발휘하지 못한다. 많이 저축하는 개인의 부는 시간이 흐름에 따라 증대할 것이지만, '얼마나 저축할 것인가?'는 개인의 선호에 따라 결정되는 문제이지, 경쟁가격의 구조에 의해 일률적으로 결정되는 문제가 아니다.

부의 분포는 가격기능하에서 장기적으로 볼 때, 공평한 방향 또는 불평등이 심화되는 방향으로 변할 수도 있다. 개인의 부는 많이 벌고 저축하면 늘기 마련이다. 이미 방대한 부를 보유하고 있는 개인은 근로소득과 재산소득을 함께 누리면서 생산능력을 더 개발하기 위하여 투자할 여력도 있고 기업을 설립·운영하여 이윤을 얻을 수도 있기 때문에 손쉽게 많이 벌고 저축할 수 있으나, 생계의 유지조차 힘든 사람은 그날 벌어 그날 쓰기에 급급할 뿐 저축은 엄두도 내지 못할 것이다.

그러므로 처음부터 부의 개인별 분포가 심한 불평등을 보이고 있는 경우에는 시간이 흐름에 따라 부의 분포현황이 더 공평하게 재편성되기보다는 오히려 부익부빈익빈(富益富貧益貧)으로 불평등이 더욱 심화될 수 있다. 이와 같은 경우에 가격기능은 부의 분포가 불평등하게 변하는 것을 방지하는 효능을 발휘하지 못한다.

1.4. 가격기능의 보완

가격기능의 불완전함을 보완하기 위하여 여러 정책방안들이 사용된다. 시장실패가 발생하는 경우에는 정부가 자연환경의 훼손에 대하여 적절한 벌과금을 책정함으로써, 자연환경을 사용하는 사람에게 대가를 지불하도록 제도화할 수 있다. 이런 정책은 정부가 자연환경의 소유주로 행동함으로써 자연환경의 사용을 시장교환의 형태로 전환시키는 효과를 낳는다.

또한, 공공시설의 사용에 대해서도 정부가 수익자부담의 원칙에 입각한 적절한 조세제도를 제정함으로써 공공시설을 사용하는 사람들로 하여금 그 대가를 지불하도록 하는 방안이 강구되어 있다. 정부가 자연환경 또는 공공시설의 사용자에 대하여 그 사용에 대한 적절한 대가를 납부하도록 하는 방안은 결국 시장이 존재하지 않는 자원에 대하여 시장을 개설하여 줌으로써 가격기능을 확대하고자 하는 방안이다. 이것을 보통 시장창조라고 한다.

각종 독과점 규제방안은 가격기능만으로 방지하지 못하는 대기업의 독과점행동을 규제함으로써 모든 상품이 경쟁가격으로 유통되도록 조치하는 정책방안이다. 독과점 규제방안이 성공하여 모든 상품이 경쟁가격으로 교환된다면, 가격기능의 자원배분에 대한 효율성은 회복된다. 가격기능이 공평성을 보장하지 못하는 점을 보완하기 위한 정책방안은 누진세·생계보조비제도·의료보험·실업보험 및 기타 각종 사회보장제도 등을 들 수 있다. 민간부문의 경제생활에 대하여 시장창조, 독과점 규제 및 사회보장제도 등의 형태로 정부가 깊이 개입하는 것은 시장경제의 자유방임정신과는 부합하지 않는다.

2절 가격결정요인과 방법

2.1. 가격의 결정요인

마케터가 자사의 제품가격을 결정하는 데 있어서 [그림 8-5]에서처럼 통제불가능한 변수인 정부규제, 수요형태, 경쟁환경, 그리고 기업내부차원에서 통제가능 변수인 마케팅목표, 제품원가 등 크게 다섯 가지 변수들을 고려해야 한다. 물론 기존제품의 가격결정은 시장에서 이미 정해진 가격이나 시장에서 자율적으로 책정되었기 때문에 큰 어려움이 없으나 신제품일 때는 어려운 가격결정과정을 모두 거쳐야 한다. 예를 들어 '다빈버섯'(dabinfarm.co.kr) 가맹본부의 개설을 위한 가격책정을 생각해 보자.

먼저 내부적으로 통제 가능한 가격결정요인부터 살펴보자. 첫째, 가맹점 개설을 위한 마케팅목표가 전문적인 버섯푸드 요리 특허를 보유한 프랜차이즈 본부인가? 프랜차이즈 브랜드만 가맹토록 하는 프랜차이즈 본부인가? 둘째, 프랜차이즈 본부 개설을 위한 물류창고, 토지의 매입과 원·부자재 구입에 따른 취득세와 등록세 등의 원가문제가 대두된다. 셋째, 프랜차이즈 본부 창업이 신규인가 아니면 재창업인가(메뉴 상품)? 유명 프랜차이즈 본부의 하청으로 짓는 프랜차이즈 본부인가 아니면 다빈버섯 자사가 직접 짓는 것인가(유통)? 자체적으로 가맹점을 모집하는가? 전문 프랜차이즈 기획사에 가맹점 개설을 위탁하는가(촉진)? 등의 마케팅믹스문제가 가격결정의 현안이 될 수 있다.

다음으로 통제 불가능한 가격결정요인은 첫째, 정부가 부동산 가격의 폭등에 대한 서민생활안정대책차원에서 가맹점 개설 가입비를 일정금액 이상 올리지 못하도록 하는 법적규제; 둘째, 프랜차이즈 가맹점 개설이 경쟁사와 동시에 하는지 아니면 단독으로 할 것인지에 관한 경쟁시장의 구조적 문제; 셋째, 프랜차이즈 가맹점 공급과 수요에 있어서 지

[그림 8-5] 가격결정에 미치는 요인들

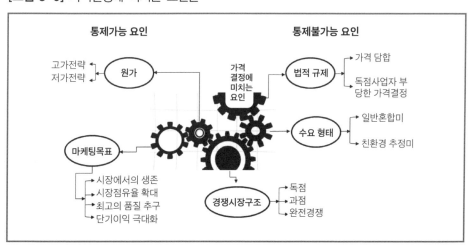

나치게 수요가 모자라는 것인지, 현재 사업하고 있는 가맹점의 전환 가입을 하는 것인지를 상정해 볼 수 있다.

2.2. 가격결정방법

앞에서 가격의 결정요인에는 정부규제, 수요형태, 그리고 경쟁시장구조와 같은 통제 불가능한 요인과 기업 내부의 제품원가, 마케팅목표와 같은 통제 가능한 요인이 있다고 정리하였다. 그런데 가격의 결정방법은 물론 앞의 요인들의 영향을 받지만 근본적으로 원가에 기반한 가결결정방법, 수요기반의 가격결정방법, 그리고 경쟁기준에 의한 가격결정방법을 들 수 있다.

(1) 원가중심 가격결정

원가중심 가격결정(cost based pricing)은 제품의 생산과 판매에 들어가는 모든 비용을 충당하고 목표로 한 이익을 낼 수 있는 수준에서 가격을 결정하는 방법이다. 원가중심 가격결정방법을 논하기에 앞서 원가와 관련된 개념의 이해가 필요하다.

① 고정비(fixed cost)
생산량의 변동 여하에 관계없이 불변적으로 지출되는 비용이다. 기업이 건물이나 기계 등 기존 시설을 보유 · 유지하려면 생산량이 전혀 없더라도 일정한 비용이 필요하고, 또 생산량의 증감에 관계없이 단기적으로 변동이 없는 비용을 고정비용이라 한다. 대개의 경우 설비 · 기계 등의 감가상각비 · 임대료 · 지불이자 · 재산세 · 연구개발비 · 광고선전비 · 사무비 등은 고정비로 분류된다. 이런 비용은 단기적으로 고정적이긴 하지만 장기적으로 기업은 생산 및 판매 활동의 규모를 변화시킬 수가 있으므로 그에 따라 이 비용들도 변화하게 된다. 따라서 엄밀한 의미에서 장기적 고정비라는 것은 존재하지 않는다고 볼 수 있다.

② 변동비(variable cost)
생산량의 증감에 따라 변동하는 비용을 말한다. 생산비와 생산량 또는 조업도와의 관

계에서 분류된 비용으로 불변비용(constant cost)과 대응되며 비례비(比例費)와 불비례비 (不比例費)로 구분된다. 전자는 생산량의 변화에 따라 정비례하여 변화하는 비용으로서, 생산량이 배가하면 그 비용도 배가하고 생산량이 반감하면 같이 반감한다. 직접연료비 · 직접노무비 등이 이 부류에 속한다. 비례비는 항상 생산량과 정비례하므로, 각 생산물 단 위의 비례비 부담액은 어떤 조업도에 있어서도 일정하다. 후자는 생산량의 변동에 따라 변화는 하지만 반드시 비례적이 아닌 것으로, 생산량의 변화비율보다 적거나 많은 비율 로 증가하는 비용이다. 동력비 · 광고비 등은 생산량의 증가비율 이하로 증가하고, 기계 의 과도한 사용으로 인한 감가상각이나 수선비 등은 그 반대이다. 이런 가변비용의 산정 은 생산비 분석에 이용되며 기업 극대이윤을 보장해 주는 최적생산량을 결정하는 데 중요 한 근거가 된다.

③ 총비용(total cost)

기업이 생산 · 판매를 통하여 재생산활동을 지속시켜 나가는 데 직 · 간접으로 필요하 는 비용의 총액을 말한다. 총비용은 단기적으로 생산량의 여하에 불구하고 언제나 일정 액을 필요로 하는 고정비용과 생산량의 증감에 따라 증감하는 가변비용으로 나뉜다. 가 변비용(변동비)은 원재료와 같이 생산량에 비례해서 증대하는 비례비용과 임금지급액과 같이 생산량의 증가에 따라 처음 얼마간은 좀 빠르게 증대하다가 완만해지고 생산량이 어 느 수준을 넘으면 다시 급격하게 증대하는 성질의 불비례비용으로 세분화된다. 총비용 변화의 특질은 불비례비용의 변화의 성질을 강하게 반영함을 알 수 있다.

④ 평균비용(average cost)

총비용을 생산량 또는 판매량으로 나눈 것을 의미한다.

⑤ 평균고정비(average fixed cost)

총고정비를 생산량 또는 판매량으로 나눈 것을 말한다.

⑥ 평균변동비(average variable cost)

총변동비를 생산량 또는 판매량으로 나눈 것을 말한다. 평균변동비 곡선의 특징은 처 음에 높게 시작하여 생산이 증가함에 따라 낮아지다가 일정량을 지나면 초과노무비와 생산설비의 과중부담으로 다시 증가하는 모습을 보인다.

원가중심 가격결정방법에는 원가가산법과 목표투자수익률법(손익분기점분석법)이
있다.

1) 원가가산법

원가가산법(cost plus pricing)은 제품의 원가에 일정한 판매수익률을 가산하여 판매가
격을 결정하는 방법으로서 가장 일반적으로 사용된다. 예를 들면, 원가가산법에 의한 맘
스초이스(yedangfood.kr)의 사과과즙음료 가격은 다음의 수식에서와 같다. 먼저 총예상
판매량(100,000 패키지)을 기대하고 이에 따른 고정비용(100,000,000원)과 변동비용
(7,000원)을 산출하고 여기에 판매수익률(percent markup on sales) 20%를 합산한 다음
이 값을 총예상 판매량으로 나누어 줌으로써 얻어진다.

$$단위당\ 원가 = 단위당\ 변동비 + \frac{고정비}{예상판매량} = 7,000원 + \frac{100,000,000원}{100,000대} = 8,000원$$

$$판매가 = \frac{단위당\ 원가}{(1 - 마진율)} = \frac{8,000원}{(1 - 0.2)} = 8,000원$$

단위당 변동비: 7,000원

고정비: 100,000,000원

예상판매량: 100,000대

판매수익률: 20%

산업계에서 많이 활용되는 원가가산법의 장점은 다음과 같다.

첫째, 기업이 원가를 토대로 가격을 책정할 수 있는 가장 간단한 방법이다.

둘째, 원가를 보전하는 가격이므로 판매자와 소비자 간에 공히 가격결정방법을 신뢰하
여 논쟁을 예방할 수 있다.

셋째, 같은 산업 내의 경쟁기업들이 모두 원가가산법을 활용할 때 가격이 유사해지고
불필요한 가격경쟁을 피할 수 있다.

반면, 원가가산법의 단점은 다음과 같다.

첫째, 예상판매량을 정확하게 측정하기 힘들다. 원가가 상승할 여지가 있으며 마진율
이 떨어질 수 있다. 가령, 과즙음료 100,000 패키지를 판매할 것으로 예상하였으나 50,000

패키지가 팔렸다면 단위당 고정비 부분이 높아져 단위당 원가가 상승한다.

둘째, 원가를 정확하게 계산하기 어렵다. 예를 들면 인플레이션 기간, 신제품, 하이테 크제품과 같은 경우에는 원가추정이 쉽지 않다. 원가가산법은 가격변화가 판매량에 큰 영향을 미치지 않거나 기업이 가격을 통제할 수 있는 경우에 효과적이다. 원가가산법은 주로 방역기계전문회사인 한성T&I(hstni.com)와 같이 중장비 농기계산업 등에 이용된다.

2) 목표투자수익률법

목표투자수익률법(target return on investment pricing)은 기업이 설정한 목표이익을 실현하는 매출수준에서 제품가격을 결정하는 방법으로서 손익분기점분석(breakeven analysis)이라고도 한다. GM사(gmautoworld.co.kr)가 처음으로 이 방법을 사용하여 투자액이 15~20%의 이익을 달성할 수 있도록 자동차가격을 결정하였다.

목표투자수익률법은 손익분기점분석을 변형한 것으로 공식은 다음과 같다.

[그림 8-6] 손익분기점분석에 의한 가격결정

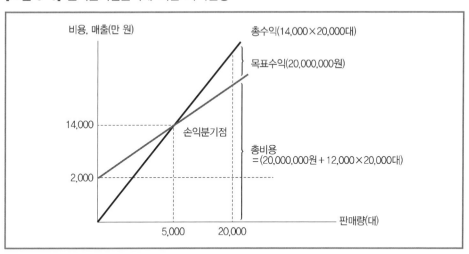

$$손익분기점(목표판매량) = \frac{고정비 + 목표이익}{가격 - 단위당 \ 변동비}$$

여기서 손익분기점 판매량과 목표이익이 정해지면 가격을 결정할 수 있다. 예를 들어 기업의 손익분기점판매량이 20,000대, 목표이익이 20,000,000원이며, 단위당 변동비는 12,000원, 고정비는 20,000,000원이라고 하자. 이때 가격 X＝14,000원이 된다.

$$20,000대 = \frac{20,000,000 + 20,000,000}{X - 12,000} \qquad \therefore X = 14,000원$$

(2) 수요중심 가격결정

수요중심 가격결정(demand based pricing)은 기업이 제품을 만드는 데 투입된 비용 (cost)이 아니라 표적고객이 인식하는 제품의 가치에 따라 가격을 결정하는 방법으로서 가치중심 가격결정방법(value based pricing)이라고도 한다.

[그림 8-7] 가치 및 원가중심 가격결정의 비교

[그림 8-7]에서와 같이 가치중심 가격결정은 표적고객이 자사제품에 대해 어느 정도의 가치를 부여하는지를 조사하여 이에 상응한 제품가격을 표적가격으로 설정한 다음, 그것을 실현할 수 있도록 제품디자인과 생산원가를 계획하는 과정을 거친다. 반면, 원가중심 가격결정은 가치중심 가격결정과 정반대의 의사결정과정으로 좋은 제품을 만드는 데 필요한 제품디자인비용과 제조원가를 충당하고 목표이익을 실현할 수 있는 수준에서 제품 가격을 결정한 다음, 그러한 제품가격이 충분한 가치를 제공한다는 것을 고객들에게 확신시키는 단계를 밟는 것이 특징이다.

소비자의 지각된 가치기준에 의한 가격결정의 실제적 예를 들면 김영모과자점(k-bread.com, 서울), 맘모스 베이커리(mammoth-bakery.com, 안동), 이성당(leesungdang

1945.com, 군산), 뚜쥬루 과자점(toujours.co.kr, 천안), 성심당(sungsimdang.co.kr, 대전) 과 같이 유명 베이커리 브랜드에 대해 불특정 고객들은 기꺼이 높은 가격을 지불할 만큼 가치가 있다고 지각하고 있다. 반면, 우수한 고급 식재료로 빵을 만들었음에도 불구하고 골목 빵집들은 지각된 가치 이상으로 가격을 책정했을 때, 고객들로부터 외면당할 수 있다. 이러한 논리의 연장선상에서 소비자의 지각된 가치를 기준으로 한 가격결정을 고민하고 포지셔닝(positioning)하는 방안을 강구해야 한다.

지각된 가치에 의한 가격결정방법의 단점은 자사 제품브랜드 및 경쟁 제품브랜드에 대한 소비자의 지각된 가치를 파악해야 하므로 각 제품브랜드에 대한 소비자의 지각된 가치를 조사하는 데 많은 조사비용이 소요되어 정확한 측정이 어렵다. 만약 고객의 가치를 과대평가하였다면 가격은 지나치게 높게 책정될 것이며 가치를 과소평가한 경우에는 더 많은 이익을 획득할 수 있는 기회를 상실하게 된다. 따라서 지각된 가치를 객관적으로 측정하는 것이 쉽지 않다는 한계점을 갖는다.

(3) 경쟁중심 가격결정

경쟁중심 가격결정(competition based pricing)은 자사제품의 원가나 수요보다 경쟁제품의 가격을 토대로 자사 제품브랜드의 가격을 결정하는 방식으로, 시장기준가격결정법 (market based pricing)이라고도 한다. 기업은 시장경쟁상황이나 제품의 특성에 따라 주요 경쟁제품의 가격과 동일하게 또는 낮거나 높게 책정할 수 있다.

경쟁중심 가격결정은 가격책정이 간단하고 소비자나 자사의 비용구조 등에 대한 분석이 필요 없기 때문에 많은 기업들이 사용하고 있다. 경쟁중심 가격결정은 경쟁사보다 상대적 고가격 및 상대적 저가격전략과 경쟁대응 가격전략으로 나눌 수 있다.

1) 상대적 고가격 및 저가격전략

상대적 고가격전략은 '경쟁 제품브랜드의 가격수준 이상에서 가격을 결정하는 방법'이다. 상대적 저가격전략이 대개 후발 기업이 선발 기업의 시장점유율을 따라잡기 위한 방편으로 활용되는 공격적 마케팅의 일환이라면, 상대적 고가격전략은 동일 업종의 선발기업에 상관없이 독자적 유통망이나 고품질, 브랜드, 명성 등의 차별적 경쟁우위 요인을 통해 고가격전략을 펼칠 수 있다.

가령, 무농약 친환경벼 농가들은 비록 수확량이 적더라도 소비자들에게 맛있는 밥맛을 제공하기 위해 특정한 품종(추청, 고시히카리, 아끼바레, 히토메보레)을 선택하여 생산한다. 이들은 우수한 품질의 벼 생산과 더불어 특정 지역의 자연환경하에서 생산된 특산품임을 표시하는 지리적 표시제(geographical indication)까지 정부로부터 획득하였을 때, 쌀의 희소성에 따른 판매가격을 고가격전략으로 펼칠 수 있다. 실제로 대형마트의 친환경농식품 코너를 쇼핑해보면 일반 진열 농산물과의 가격의 차이를 확연히 느낄 수 있을 것이다.

[그림 8-8] 상대적 고가격전략

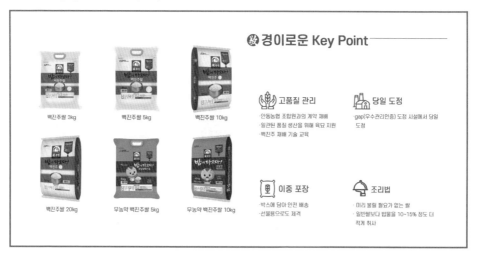

2) 경쟁대응 가격전략

경쟁대응 가격전략은 경쟁 제품브랜드와 비슷한 수준에서 가격 결정하는 것을 뜻한다. 이 전략은 완전경쟁 상태에서 시장조건을 반영한다. 즉, ① 시장경쟁이 치열하고, ② 제품차별이 되지 않고, ③ 구매자·판매자가 시장조건과 상황에 대해 충분한 정보를 보유하며, ④ 판매자는 시장에서 판매가격에 대해 식별할 수 없을 정도의 통제력을 가질 수 없을 때의 시장조건하에서 나타난다. 기업들은 대체로 경쟁적 시장수준에서의 가격결정을 추구한다. 가령 패스트푸드, 음료수, 스포츠음료 등의 기업에서 신제품을 특정 가격대로 결정할 때 다른 경쟁기업 역시 동일한 수준의 신제품을 대등가격으로 책정한다. 아이스크림 프랜차이즈 업체인 배스킨라빈스(baskinrobbins.co.kr), 나뚜루(www.natuur.co.kr),

하겐다즈(haagendazs-store.co.kr), 레드망고(redmango.co.kr)에서 어린이나 청소년들이 즐겨먹는 가격대를 살펴보면 고가이든 저가이든 비슷한 가격결정으로 판매하고 있다.

(4) 통합적 가격결정(combination pricing)

기업의 가격결정방법에는 원가중심, 수요중심 그리고 경쟁중심 가격결정 등이 있다. 그런데 오늘날 기업은 어느 특정한 방법을 선택하는 방향에서 세 가지 접근방법을 모두 고려하여 가격의사결정을 내리고 있다. 따라서 각 가격결정방법의 장점을 최대한 활용하고 단점은 가급적 배제하는 방향에서 가격결정방법을 선택한다. 구체적으로 원가중심 가격결정은 실제 가능한 이윤의 폭과 목표가격 그리고 손익분기점 등의 정보를 통해 제품가격의 하한선을 설정해 주며, 여러 비용항목에 대한 윤곽을 제시해 주는 이점이 있다. 수요중심의 가격결정은 기업이 고객에게 제시할 수 있는 가격의 상한선이 되며 경쟁중심 가격결정은 경쟁자와의 관계를 고려한 적정 가격수준을 제시해 준다.

3절 가격전략

3.1. 신제품가격전략

기업은 오랜 시간에 걸쳐 많은 예산을 투입하여 개발한 신제품(브랜드)을 시장의 소비자들에게 제공하기에 앞서 가격결정을 한다. 예를 들면 어떤 기업은 막대한 R&D로 특허권을 갖는 신제품(브랜드)과 단순히 시장 론칭하는 기존제품 모방의 신제품 그리고 디자인은 최신 유행을 갖췄지만, 기능은 기존제품 모방의 신제품에 있어서 각 기업들은 자사제품과 경쟁사 제품 간에 가격과 품질을 비교하여 포지셔닝을 결정해야 한다.

일반적으로 기업은 자사의 신제품에 대한 가격과 품질을 경쟁사와 비교하여 [그림 8-9]에서와 같은 네 가지 유형의 가격전략을 추구한다.

첫째, 1/4분면의 과부하가격전략은 제품의 품질은 낮지만, 가격은 비싸게 책정하는 전략이다. 이는 시장상황이 독점적일 때 활용할 수 있다. 소비자들이 구매를 통하여 가격에 비해 품질이 조악하다는 것을 반복적으로 경험하였을 때 구매 중단과 더불어 부정적 구전이 확산되어 소비자보호원이나 정부기관에 불만을 토로하고 불매운동으로 확산될 수 있다. 요컨대 1/4분면의 과부하전략은 적어도 기업윤리적 관점에서 경영활동을 해야 한다.

[그림 8-9] 신제품의 가격전략유형

둘째, 2/4분면의 프리미엄가격전략은 기업이 높은 품질의 제품을 생산하여 높은 가격을 받는 전략이다. 오늘날 많은 기업에서 소비자의 신뢰를 획득한 명품 브랜드가 그러한 본보기에 해당된다. 관행농사를 짓는 농산물과 달리 프리미엄을 추구하는 친환경농업인연합회(ofkorea.org)의 농산물,

올가(orga.co.kr), 한살림(hansalim.or.kr), 우리생협(oasis.or.kr) 브랜드들을 예로 들 수 있다.

셋째, 3/4분면의 고가치가격전략은 고품
질의 제품을 저가격으로 판매하는 전략이
다. 기업에서 다수의 고객을 확보하기 위하
여 대량생산을 통한 고품질의 제품을 낮은
가격으로 공급할 수 있다면 구매자관계관리
가 용이할 것이다. E-마트(emart.com)의
PL(private label) 브랜드, 저가의 주방생활용

품 다이소(daiso.co.kr), 건강식품 전문기업 종근당건강(dongamedia.or.kr) 등을 예로 들
수 있다.

넷째, 4/4분면의 경제적 가격전략은 낮은
품질의 제품을 생산하여 낮은 가격을 받는
전략이다. 기업이 특정제품을 만드는 데 기
술적으로 최선의 노력을 하고 거기에 적정
이윤의 확보차원에서 낮은 가격을 받는 것
으로도 해석된다. 오늘날 이러한 콘셉트로
시장을 접근하는 것은 사실상 쉽지 않다.

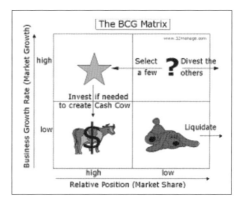

여기에서 신제품 브랜드의 가격전략에
관한 유형을 2분법으로 명료하게 설명할 수 있는 이점을 갖고 있으나, 낮은 가격이란 적어
도 조악한 제품을 의미하는 것이 아닌 기업가적인 양심을 걸고 원가에 기준한 제품을 생
산하여 소비자에게 공급할 때의 가격전략을 의미하고 있음에 유념하여야 한다. [표 8-1]에
서처럼 만약 기업이 개발한 신제품이 혁신적이고 기술적 특허권을 보유하였을 때와 모방
을 통한 시장방어차원의 신제품을 개발하였을 때 전자는 초기고가전략을, 후자는 시장침
투가격전략을 선택할 수 있다.

[표 8-1] 신제품의 가격전략유형

시장여건	초기고가전략	시장침투가격
본원적 수요의 가격탄력성	비탄력적	탄력적
선택적 수요의 가격탄력성	비탄력적	탄력적
생산 및 마케팅비용	높음	낮음
규모의 경제	없음	있음
경쟁자의 진입 용이	높음	낮음
제품의 혁신성	높음	낮음
제품의 확산정도	느림	빠름
표적시장	작음	큼
기업의 생산 및 마케팅능력	작음	큼

3.2. 제품믹스 가격결정전략

앞 단락에서 기업이 생산하고 있는 특정 제품의 가격전략에 대해 알아보았다. 사실 특정 제품만을 생산하는 기업은 매우 드물고 대부분 기업들은 복수의 제품을 생산·판매한다. 기업이 생산하고 있는 어떤 특정 제품이 그 기업이 생산하는 다른 제품의 일부분일 때 제품믹스 전체의 이익을 극대화하는 방향에서 각 제품의 가격결정을 고려해야 한다. 제품믹스 가격결정전략으로는 제품라인, 옵션제품, 부속제품 그리고 제품묶음 가격결정 등을 들 수 있다.

(1) 제품라인 가격결정

제품라인 가격결정(product line pricing)이란 한 제품라인을 구성하는 여러 제품들 간에 단일가격을 설정하는 것이 아니라, 품질·성능·규격·디자인의 차이에 따라 가격대를 설정하고 그 범위 내에서 개별상품에 대한 구체적인 가격을 결정하는 것이다.

예를 들면 청원생명 RPC(smmall.cheongju.go.kr)가 [그림 8-10]에서처럼 쌀의 가격을 2kg(12,000원)/(유기농 백미/추청), 4kg(19,980원)(미호)/무농약청개구리쌀 5kg(20,000

원)/(알찬미), 10kg(34,000원)/(알찬미), 20kg(64,000원)/알찬미(햅쌀특등급/완전미) 등
으로 구분하여 소비자가 원하는 쌀을 선택하도록 하였다. 이렇게 시장을 세분화하면 소
비자는 원하는 가격대의 쌀에서 품종, 미질, 향미, 찰기, 질감 등의 품질, 1회용 포장(라이
프 스타일, 혼족) 등을 선택할 수 있게 되므로 소비자 및 대리점 쌍방에게 편리함을 준다.
물론 지나친 가격 세분화는 소비자들이 가격에 따른 제품 품질의 차이를 미지각하는 문제
가 발생할 수 있다. 마케터는 소비자들이 지각된 품질 차이를 확립할 수 있도록 가격 간에
간격을 유지하는 것이 필요하며, 가격이 올라갈수록 가격탄력성이 비탄력적이 되므로 가
격 차이를 상당히 두는 것이 바람직하다.

[그림 8-10] 제품라인 가격결정

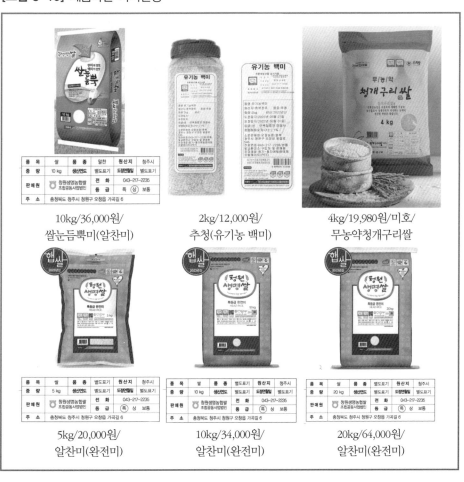

(2) 옵션제품 가격결정

옵션제품 가격결정(optional product pricing)이란 주력 제품과 함께 판매되는 각종 부가적 옵션을 포함한 제품 혹은 액세서리에 부과되는 가격을 말한다. 자동차·아파트 등에서 많이 찾아볼 수 있다. 예컨대 특정회사의 중형 자동차를 구매하고자 하는 소비자는 자동차의 기본기능 이외에 선루프, 자동주행장치, 내비게이션 등을 추가옵션으로 선택할 수 있다. 일반적으로 자동차 메이커들은 기본제품에 대해서는 저가격을, 옵션으로 제공되는 품목에 대해서는 상대적으로 고마진의 제품가격전략을 구사하고 있다.

(3) 부속제품 가격결정

부속제품 가격결정(captive product pricing)은 특정한 제품을 구입·사용하고자 할 때 반드시 필요한 소모품, 재료 등을 구입하는 데 부과되는 가격을 말한다. 가령 [그림 8-11]에서처럼 집안 어느 분의 생일날을 맞이하여 5인분의 삼계탕을 직접 해먹고 싶을 때, 집 인근의 마트에서 영계(5마리)를 구매하면서 부가적으로 찹쌀(1.5컵), 황기(5뿌리), 수삼(5뿌리), 마늘(5개), 대추(5개), 생율(5개), 파(일부), 뽕나무 뿌리(5개), 구기자(50알)를 양념의 부속된 성분형 브랜드로 생각할 수 있다. 기본 제품(영계)과 부속 제품(삼계탕에 필요한 재료)을 동시에 공급하는 식품메이커는 기본 제품에는 낮은 가격을 책정하고, 부속제품은 가격을 높게 책정하여 이익을 반영할 수 있다. 가령, 닭고기 전문업체인 하림(harim.com)은 영계를 낮은 가격으로 보급하는 반면에 삼계탕에 필요한 부산물은 비싼 가격전략을 구사하고 있다.

이러한 전략을 식당에서는 고정비 성격의 기본주문요금(삼계탕)과 변동비 성격의 추가주문(라면, 공기밥, 김치) 사용료를 합하여 이중가격결정(two part pricing)이라고 한다. 예를 들어 서울의 어느 대형식당의 영수증을 살펴보면 1인당 기본 주문요금과 초과주문한 라면사리, 공기밥, 음료수 등을 합산하여 음식 요금을 결제한 것이다.

[그림 8-11] 삼계탕의 부속제품 가격결정

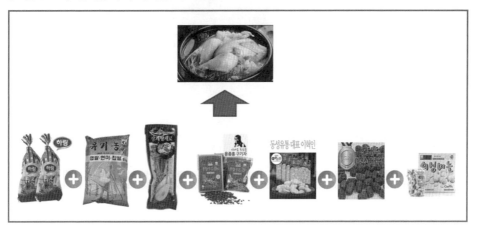

(4) 제품묶음 가격결정

제품묶음 가격결정(product bundle pricing)이란 기업이 자사가 생산하는 둘 이상의 제품이나 서비스를 패키지(package) 형태의 특별가격으로 소비자에게 제공하는 판매전략이다. 묶음(꾸러미)제품의 판매목적은 제품이나 서비스를 단순히 조합하는 현상을 지칭하는 것이 아니라 묶음을 통하여 소비자와 기업의 효용가치를 증대시키는 데 있다. 제품묶음판매의 예로는 견과류 꾸러미세트(정월보름, 제사음식), 종합식품세트, 식당의 금일특별식단(today's special food) 등이 있다.

제품묶음 가격결정과 유사한 것으로 결합판매(tie in selling)와 시스템판매(system selling)가 있다. 결합판매란 시장의 구조가 독점·과점상태하에 독과점 기업이 시장지배력을 활용하기 위해 다수의 상품을 하나로 묶어 신상품을 만들어 판매하는 것을 뜻한다. 시스템판매는 개별 제품을 조립하여 판매하는 것을 말한다. 가정영화관(TV, 오디오, 비디오 등의 시스템 구성), 멀티미디어컴퓨터(PC, 통신기구 등의 시스템 구성), 시스템주택(각종 가구, 전자제품, 냉·난방장치 등을 갖춘 주택) 등을 예로 들 수 있다.

3.3. 가격조정전략

앞에서 언급한 제품라인 가격, 옵션제품 가격, 부속제품 가격, 제품묶음 가격결정방법 등은 바로 최종 소비자 가격으로 결정될 수 있으며 기업 및 시장상황에 따라 기본가격을 조정할 수도 있다. 즉, 마케터는 소비자심리와 물류비를 고려하거나 혹은 판매촉진을 위하여 가격할인을 통해 소비자가격을 조정할 수 있다. 가격조정전략의 대표적 수단으로는 소비자심리, 판매촉진, 그리고 지리적 가격결정 등이 있다.

(1) 소비자 심리적 가격결정

소비자 심리적 가격전략(consumer psychological pricing)이란 소비자가 제품을 구매할 때 심리적으로 만족을 느낄 수 있도록 책정하는 가격을 말하며 명성가격결정(prestige pricing)이라고도 한다. 많은 소비자들은 특정제품의 품질이나 기술에 대한 정보가 부족할 때 가격을 품질 평가의 중요한 기준(가격과 품질 간의 연상관계, price-quality association)으로 간주한다. 기업은 소비자 구매를 자극하는 데 있어서 경제적 요인 이상의 심리적 요인을 고려하여 편승효과(bandwagon effect), 청개구리효과(snob effect) 그리고 베블렌 효과(veblen effect)를 마케팅촉진에 적극 활용하고 있다. 소비자의 심리적 가격결정은 준거가격, 단수가격, 관습가격(customary pricing) 등을 들 수 있다.

1) 준거가격

준거가격(reference pricing)이란 '소비자가 특정제품에 대해 마음속에 정해둔 가격'으로서, 그 제품을 구매하고자 할 때 고가 여부를 결정하는 비교기준으로 사용하는 가격을 말한다. 소비자의 준거가격 형성은 과거에 빈번하게 구매하였던 제품의 가격, 현재 가격, 유사제품의 가격을 통해 이루어진다. 소비자는 구매하고자 하는 제품이 준거가격에 비해 높으면 비싸다고 지각하고, 낮으면 저렴하다고 생각한다.

사실 소비자 자신의 소득과 구매능력, 성장환경에 따라 준거기준은 달라질 수 있다. 가령, 일반 소비자들이 선호하는 전통된장 농업 경영체가 특정 백화점의 명품 브랜드 매장 내에 진열할 기회를 얻었다고 하자. 그 전통된장은 준거가격에 의해 쇼핑고객들에게 명품 브랜드와 맞먹는 좋은 품질과 좋은 이미지로 어필될 수 있다. 백화점의 바겐세일기간에 쇼핑을 해보면 진열된 제품에 기존의 가격과 할인된 가격을 표시한다. 이는 소비자의 준거가격에 영향을 주어 매출증대 효과를 얻을 수 있다.

2) 단수가격

단수가격(odd pricing)은 기업이 구매자들의 심리를 이용하여 특정 제품의 가격이 천 단위, 백 단위로 끝나는 것보다 특정의 홀수로 끝나면 더 싸다고 느낀다는 전제하에서 가격을 결정하는 방법이다. 10달러보다는 9.99달러에서 소비자가 할인받는 느낌을 들도록 하든지, 또는 소비자가 가격변동에 의하여 수요증감의 영향을 거의 받지 않는 범위 내에 결정하는 가격은 모두 심리적 가격의 좋은 본보기이다. 홀수가격결정은 미국시장에서 일반화되어 있으나 우리나라에서는 이제 사용이 확산되고 있다.

3) 관습가격

기업이 시장변화나 원재료의 구입, 임금인상으로 특정 제품의 원가상승요인이 발생하여도 추가적 인상 없이 동일한 가격대를 지속적으로 유지하는 정책을 말한다. 소비자들이 거의 매일 접하는 껌, 담배, 라면, 비스킷, 두부, 콩나물 등의 생필품을 동일한 금액으로 구매해왔기 때문에 가격인상은 소비자에게 큰 불만을 낳을 수 있다. 이런 종류의 제품은 신상품을 도입하여 제품을 고급화시키거나 세련된 포장으로 변화시켜 가격을 올리면, 소비자는 보다 고급제품을 구매한다는 인식에서 불만요인이 감소될 수 있다.

실제 제품의 원가가 상승되었음에도 불구하고 소비자들이 습관적으로 제품을 오랜 기간 일정금액으로 구매하였기 때문에 기업들이 이를 따라가는 정책이다. 가령, 소비자들은 오랜 기간 동안 껌, 라면, 아이스크림 등의 제품에 대해 일정금액을 지불하여 왔기 때문에 가격변화가 발생하면 소비자에게 가격인상으로 받아들여질 수 있다.

기업들은 원가상승에도 불구하고 가격 인상 없이 내용물의 양을 줄이는 방법을 채택한

다. 슈퍼마켓의 새우깡, 비스킷류, 맛동산, 라면류 등을 보면 기업들이 가격인상이 소비자들의 불만으로 작용하는 것을 예방하는 차원에서 가급적 흡수하는 방법을 선택한다. 또는 소비자들이 지각하지 못할 정도로 양을 줄이거나 점차적으로 가격인상 방법을 모색한다.

(2) 판매촉진 가격결정

판매촉진 가격결정(promotional pricing)이란 단기간에 소비자 및 유통업체의 구매증대 유인책의 하나로서 일시적으로 제품가격을 기준가격이나 원가 이하로 책정하는 전략이다. 소비자 및 유통업체 관점에서 판매촉진 가격결정에 대해 기술하면 다음과 같다.

먼저 소비자관점의 판매촉진 가격결정을 살펴보기로 한다.

첫째, 고객유인 가격결정(loss leader pricing)이 있다. 이는 다수의 상품을 취급하는 백화점이나 할인점에서 타 상품가격도 저렴할 것이라고 느끼도록 고객을 유인하는 방법이다. 고객유인을 위한 폭탄세일 가격의 상품은 적자를 초래할 수 있지만 소비자의 유인을 통해 타 제품판매를 유도할 수도 있다. 월마트(walmart.com)가 1999년 8월 한국마크로를 인수하고 국내시장에 진출하면서 기획 초특가에 해당되는 크레이지 세일(crazy sale)을 통해 국내 가격질서를 재편하였다.

둘째, 수량할인(quantity discount)은 고객이 많은 양을 일시에 구입할 때 소비자에게 가격을 할인해 주는 방식이다. 대량판매는 판매비용이나 재고비용, 수송비, 주문처리비용 등을 절감할 수 있기 때문에 기업은 고객에게 이에 상응하는 금액을 할인해 줄 수 있다.

셋째, 계절할인(seasonal discount)은 계절성을 갖는 제품을 비수기에 구매할 때 소비자들에게 할인혜택을 제공하는 가격정책이다. 가령, 봄, 여름에 전년도 쌀이나 과일 등을 구매할 때 소비자에게 가격할인 혜택을 준다. 이런 가격결정방법은 기업에게 적정수준의 조업도를 유지할 수 있게 해주며 자금흐름, 제품수급상 혜택을 얻는다.

넷째, 보상판매(trade in allowances)는 기존 제품을 신형 제품과 교환할 때 기존의 제품가격을 적절하게 책정하여 신제품의 가격에서 공제해 준다. 제조업자의 광고나 판매촉진

프로그램에 참여하는 유통업자들에게 보상책으로 가격을 할인해 주거나 일정금액을 지급한다. 필자는 전통주류를 판매하는 업체에 구입했던 병을 가져오면 신규 구입 시 10%의 보상을 해주는 프로그램을 운영해 보라고 컨설팅한 적이 있다.

다섯째, 시간대별 할인(time discount)이란 제 빵이나 떡과 같이 음식물의 부식과 폐기를 염려하여 일정시간이 경과하기 전에 정상가격에서 할인 판매하는 전략을 말한다. 이러한 전략은 음식물의 신선도를 유지하는 한편 고객들에게 신뢰감을 조성하는 것으로 시간마케팅(time marketing)이라고도 한다.

유통업체의 판매촉진 가격결정은 현금할인, 거래할인, 촉진공제 등이 있다.

첫째, 현금할인(cash discount)은 메이커로부터 제품을 구매한 유통업자가 물품대금을 외상이나 어음이 아닌 현금으로 지불할 때 가격을 할인해 주는 전략이다. 이는 어음할인을 위한 이자지급분이나 외상매출 회수비용 등의 위험을 줄이고 유동성을 확보하기 위함이다.

둘째, 거래할인(transactional discount)은 기능적 할인(functional discount)이라고도 한다. 공급자가 해야 할 일인 판매, 보관, 장부정리 등과 같은 일을 중간상이 대신 수행한 것에 대한 보상으로 공급자가 그 경비의 일부를 부담하는 것을 말한다.

셋째, 촉진공제(promotional allowances)는 유통업체가 공급업체를 위해 지역광고를 하거나 판촉을 실시할 때 유통업체들에 대한 보상으로 가격을 일부 공제해 주는 것을 말한다.

(3) 지리적 가격결정

지리적 가격결정이란 동일한 제품에 대해 지역적으로 가격을 어떻게 책정할 것인가에 대한 것으로서 물류비용, 제품의 특성, 구매자의 소재지, 생활습관, 경쟁사정 등을 고려하여 결정해야 한다. 지리적 가격결정은 물류비·보관비·보험료 등의 비용을 누가 부담할 것인지에 따라 달라지며, 생산지 인도가격, 단일인도가격, 지대가격결정방법 등이 있다.

첫째, 생산지 인도가격결정(FOB, free on board origin pricing)은 판매자의 공장에서 화물을 적재하는 시점을 기준으로 가격을 책정하고, 그 이후의 물류비, 보험료 등은 구매자가 직접 부담하는 방법이다. 여기에는 물품인도계약상의 인도장소가 판매자의 공장인지 여부, 구매자가 지정한 수송수단에 농산물의 선적 여부에 따라 제품손상·훼손 등의 책임 소재로 비용부담이 달라진다. 특히 생산지 인도가격방법은 물류비를 각 구매자들이 부담하기 때문에 가장 공정한 방법이지만 생산지로부터 거리가 먼 구매자는 가장 비싼 물류비를 부담하면서 농산물을 구매해야 되므로 구매자의 주변에 경쟁기업이 존재할 때 가격경쟁에서 불리하다. 따라서 구매자들이 전국적으로 분포되어 있을 때 지역별로 가격을 차별화하는 것이 기업에 유리할 것인지, 아니면 단일가격으로 책정할 것인지 고려해야 한다.

둘째, 단일인도가격결정(uniform delivered pricing)은 생산지 인도가격 결정과는 반대의 개념으로, 고객의 지리적 위치에 상관없이 모든 지역에 산재한 구매자에게 물류비를 포함한 동일한 가격을 부과하는 방법이다. 우리나라 기업들은 대체로 단일인도가격을 선택한다.

셋째, 지대가격결정(zone pricing)은 생산지 인도가격과 단일인도가격 결정방법을 동시에 보완한 지리적 가격결정방법으로서 특정지역 내의 모든 구매자들에게 동일한 평균 물류비를 부담하도록 한다. 이 방법은 생산자와 가까운 지역에 있는 구매자는 실제 물류비보다 많이 부담해야 하는 불합리한 점이 있으나 먼 지역에 있는 구매자는 경제적 편익을 얻을 수 있다. 하지만 지대를 구분하는 경계선 인근에 위치한 구매자들은 아주 가까운 거리에 있음에도 지대가 달라서 다른 가격을 적용받아야 하는 문제점도 있다.

지대가격결정방법의 종류로는 전국을 하나의 지대로 보는 단일지대 가격방법(single zone pricing)과 전국을 몇 개의 지대로 나누어 각 지대마다 다른 운임을 적용하는 복수지대 가격방법(multiple zone pricing)이 있다.

(4) 가격차별화

기업은 수요에 기반하여 가격차별화를 최종가격으로 조정할 수 있다. 즉, 기업들은 기업의 시장목표 수립에 따라 서로 다른 세분시장에 대해 상이한 가격을 책정할 수 있다. 그러므로 가격변화에 비탄력적 세분시장은 높은 가격을, 탄력적 시장은 낮은 가격을 제시한다. 가격차별화는 소비자, 제품, 구매시점이나 장소에 따라 다양하게 적용할 수 있다.

기업은 소비자의 구매능력이나 협상력의 차이에 따라 다른 가격을 책정할 수 있다. 가령, 의사나 변호사 등이 서비스를 받고자 하는 구매자의 경제적 지불능력에 따라 가격을 차별적으로 책정하거나 산업재 제조업자가 구매자의 협상력에 따라 가격을 달리하는 방법이다.

제품에 따른 가격차별은 디자인이나 품질, 브랜드, 크기 등에 따라 상이한 가격을 책정할 수 있다. 특정한 컬러를 좋아하는 소비자들이 자신이 선호하는 컬러의 제품을 구매할 때 가격에 비해 비탄력적이라면 상대적으로 고가격으로 책정할 수 있다.

서비스산업 등에 있어서 고객이 집중되는 시간과 한가한 시간에 따라 서로 다른 가격을 책정한다. 가령, 국제전화의 심야할인, 영화관의 조조할인, 철도 및 항공권, 호텔의 숙박료 등과 같이 평일과 주말에 따라 서로 다른 요금을 책정하고, 국제항공요금과 같이 계절에 따라 서로 다른 요금을 책정하는 것을 볼 수 있다. 주택의 입지에 따라 가격이 다르게 제시될 수 있는데 사무실이나 아파트의 경우 층수에 따라, 연극, 오페라 또는 스포츠 경기의 좌석은 위치에 따라서 가격을 다르게 책정할 수 있다.

4절 유통경로와 유통경로설계과정

4.1. 유통경로의 정의와 필요성

(1) 유통경로의 정의

유통경로의 사전적 의미는 '상품이 생산자에서 소비자 또는 수요자까지 경로'를 뜻하며, 좀 더 구체적으로 설명하면 '고객이 제품이나 서비스를 사용 또는 소비하는 과정에 참여하는 상호 의존적 조직들의 집합체'를 말한다.

첫째, '고객이 제품이나 서비스를 사용 또는 소비하는 과정'의 의미는 제품브랜드와 서비스 브랜드도 유통경로를 갖는다는 것이다. 과거에는 주로 제품중심의 유통경로를 다루었으나 서비스산업의 발달로 인해 소비자의 서비스만족차원에서 서비스유통경로가 매우 중요하게 되었다. [그림 8-12]에서처럼 청송사과 자판기, 커피 자동판매기가 그것이며, 온라인마케팅과 케이블TV의 홈쇼핑경로도 신규 유통경로로 개발되었다.

[그림 8-12] 다양한 유통경로

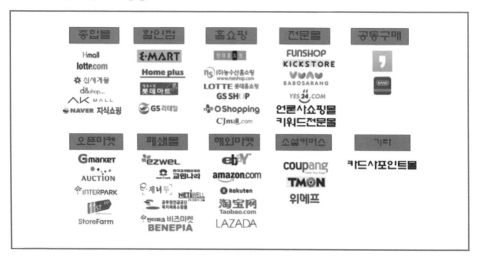

둘째, '고객이 제품이나 서비스를 사용 또는 소비하는 과정에 참여하는 조직들의 집합체'는 유통경로선상에 있는 생산자(소비재, 산업재, 서비스) → 중간상(도·소매상) → 소비자(산업재 구매자)를 포함한다. 소비재는 청정원(chungjungone.com)의 순창고추장(B2C) → 대형마트 → 생필품의 순서에 의해 소비자에게로 이어지며, 산업재(B2B)는 삼성웰스토리(samsungwelstory.com)의 식자재 → 학교기관의 조직 구매자(영양사), 서비스는 크라운파크호텔(crownparkhotel.co.kr) → 관광회사 → 관광객으로 연결해 볼 수 있다.

그러나 유통경로는 상품의 종류·생산양식·생산장소·생산규모·시장의 구분 등에 의하여 달라진다. [그림 8-13]과 같이 상품의 유통경로는 일반적으로 그 생산양식 또는 출처에 따라 정리될 수 있다.

친환경 농산물은 [그림 8-14]처럼 다품목 소량생산 체제여서 중간 유통상을 거치는 복잡한 유통단계를 가지는 것으로 나타났다. 농림축산식품부가 생산자·중간유통업체·소매업체·학교급식업체·직거래업체 등 전체 유통주체를 대상으로 설문조사를 실시한 결과 산지에서는 중간유통업체, 지역농협, 도매시장의 비중을 갖고 출하되었다. 소비 단계에서는 학교급식이 친환경농산물 최대 유통경로로 나타났고, 장터·온라인·로컬푸드 직매장 등 직거래의 비중도 높게 나타났다.

[그림 8-13] 소비재 및 산업재 유통경로

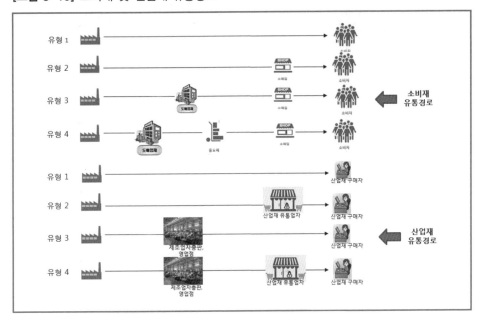

[그림 8-14] 친환경 농산물의 유통경로

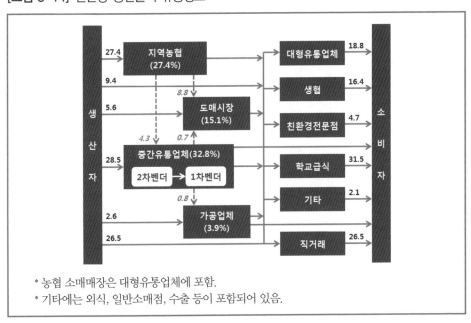

* 농협 소매매장은 대형유통업체에 포함.
* 기타에는 외식, 일반소매점, 수출 등이 포함되어 있음.

자료: 농림축산식품부(2016), "2015년 친환경농산물 유통경로조사", 7월 15일 보도자료.

소규모 다품목(155개 품목) 체제의 친환경 농산물의 특성상 산지에서는 여전히 중간유통업체를 활용한 다단계의 경로를 통해 친환경 농산물이 유통되는 것으로 조사됐다. 여기서 중간유통업체란 소비자에게 직접 판매하지 않은 업체로 다른 중간유통업체나 소매점에 공급하기 위해 유통하는 업체(영농법인, 농업회사법인, 민간유통회사 등 벤더개념) 등을 말한다.

지역농협의 경우에도 농가가 출하한 물량의 약 50%를 도매시장과 중간유통업체에 판매하는 등 유통단계가 복잡한 것으로 조사됐다.

다만 유통비용을 절감하기 위해 생협·전문판매점 등 소매업체와 직접 계약재배하거나 소비자들과 직접 거래하는 비중이 계속 확대되는 것으로 조사됐다. 소비지에서는 학교급식이 친환경농산물의 최대 유통경로로 나타났는데 이는 식품안전에 대한 수요와 학교급식 예산의 확대(2009년 1,532억원 → 2015년 9,451억원) 등에 기인한 것으로 분석된다. 또 친환경농산물 소비의 대다수를 차지하였던 생협·전문판매점 중심의 고정층 소비에서 마트·슈퍼 등의 대형유통업계와 직거래의 비중이 높아진 것으로 조사됐다. 특히 친환경농산물 직거래 비중이 높게 나타난 것은 농산물 직거래법 공포(2015년 6월), 직거래장터 개설 지원 등 현 정부의 농산물 유통정책과 온라인 시장 및 꾸러미 사업 등의 새로운 유통방식의 성장에도 영향을 받은 것으로 분석된다.

왜 중간상은 생산자의 활동 중 일부를 마케팅활동해야 하는 것일까? 중간상의 이용은 상품 판매방법과 누구에게 판매할 것인가에 대한 통제를 어느 정도 상실함을 뜻한다. 생산자가 통제권의 상실에도 불구하고 판매업무의 일부를 중간상에게 위임하는 것은 중간상을 이용함으로써 표적시장의 제품 접근성을 크게 향상시킬 수 있기 때문이다.

생산자가 중간상을 이용할 경우 획득되는 이점은 다음과 같다.

첫째, 총거래수 최소의 원칙(the principle of minimum total transaction)이 적용됨으로써 생산자는 중간상을 이용하여 [그림 8-15]와 같이 교환과정의 효율적 경제성을 달성할 수 있다. 왼쪽의 굿뜨래(부여군), 의성마늘(의성군), 한눈에 반한 쌀(해남옥천농협)을 생산하는 각 생산자가 개별 소비자와 직접 거래할 때 3번(소비자 3명, 총 9회) 거래가 이루어지나 유통업자가 개입될 경우 최소 1번(소비자 3명, 총 3회) 거래가 이루어진다.

[표 8-2] 중간상의 유형

중간상 (mibbleman)	생산자로부터 소비자에게 이르는 상품의 유통과정에서 행해지는 상품의 구매 및 판매와 직접적 관련을 가지는 기능을 수행하거나 서비스를 제공하는 전문화된 사업체
대리상 (agent)	구매나 판매를 위하여 상담은 하지만 상품에 대한 소유권은 취득하지 않는 중간상인
도매상 (wholesaler)	다른 형태의 중간상인소매상에게 재판매를 전문으로 하는 중간상
소매상 (retailer)	최종소비자를 대상으로 판매활동을 하는 중간상
거간 (broker)	일종의 대리상으로서 취급상품에 대해 직접적이며 실질적인 관리는 하지 않으나, 구매자와 판매자 중 어느 한쪽을 대표하여 사업활동을 한다.
판매대리업 (sales agent)	상품의 소유권은 가지지 않고 제조업자의 계약을 통해서 판매액의 일정률을 수수료로 취득한다.
유통업자 (distributor)	판매, 재고관리, 신용대여 등 다양한 유통기능을 수행하는 중간상으로 보통 산업용품 시장에서 많이 쓰이며 '도매상'과 같은 의미
중매상 (jobber)	주로 산업용품 시장에서의 도매상 또는 유통업자를 말한다.

둘째, 분업의 원리가 적용된다. [그림 8-15]에서처럼 중간상은 여러 생산자로부터 제품을 공급받아 동질적으로 등급화 및 수합하여 구색을 갖춘 후 소비자에게 분배하는 역할을 한다. 생산자는 전형적으로 소품종 대량생산하고 있지만 소비자는 다양한 제품을 소량으

[그림 8-15] 유통경로의 존재 필요성

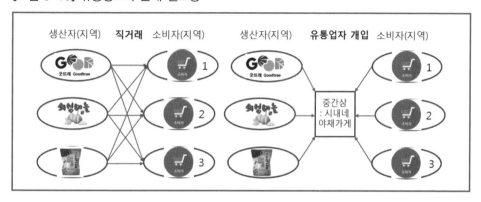

로 구매하기를 원한다. 따라서 중간상은 소비자가 원하는 수량과 품질의 제품을 제공함으로써 고객의 다양한 욕구를 충족시키는 역할을 담당하는 것이다.

셋째, 변동비 우위의 원리가 적용된다. 제품의 원가구조를 고정비와 변동비로 나눌 때, 생산자는 고정비가 차지하는 비중이 변동비보다 상대적으로 큼에 따라 생산량이 증가할수록 단위당 생산비용이 절감하는 규모의 경제와 경험효과를 실현할 수 있다. 중간상은 시장의 생리에 대해 생산자보다 더 많이 파악하고 있고, 또한 같은 맥락에서 변동비용도 역시 규모의 경제와 학습효과를 통해 비용을 절감할 수 있다.

넷째, 집중저장의 원리가 적용된다. 중간상의 개입은 상품의 유통경로에서 사회 전체 보관(storage)의 총량을 감소하게 한다.

중간상의 이용은 생산자가 최종사용자와 직접 거래하는 것보다 이들에게 더 많은 시간, 장소, 소유 그리고 형태효용을 제공한다. 시간효용(time utility)은 소비자가 상품을 원할 때 구매할 수 있도록 함으로써 발생되며, 장소효용(place utility)은 소비자들이 원하는 장소에서 구매할 수 있도록 함으로써 발생되는 효용이다. 소유효용(possession utility)은 소비자가 상품을 소유할 수 있도록 도와준다. 형태효용(form utility)은 제품과 서비스를 고객에게 좀 더 매력적으로 보이기 위하여 그 형태나 모양을 변경시키는 활동이다.

(2) 유통경로의 역할

유통경로는 상품이 생산자로부터 소비자 또는 최종수요자의 손에 이르기까지 거치게 되는 과정이나 통로이므로 시간효용, 장소효용, 소유효용 그리고 형태효용을 창출해야 한다. 중간상은 이러한 효용창출을 위해 교환과정의 효율성 제고, 제품구색의 강화, 생산자와 소비자 간의 네트워킹, 구매자에 대한 맞춤식 고객서비스 제공의 역할을 수행하고 있으며 공급사슬관리관점에서 중간상의 구체적 역할을 이해할 필요성을 갖는다.

앞에서 언급한 4가지 효용을 제공하고 여러 가지 역할을 수행하는데 경로구성원들의 역할은 [그림 8-16]에서처럼 그들이 작용하는 방향에 따라 세 가지로 분류할 수 있다. 전방흐름(forward flows)에서는 물적소유(선적, 수송, 보관), 소유권, 촉진과 같은 기능들이 생산자로부터 최종이용자의 방향으로 흐르며, 후방흐름(backward flows)은 주문과 대금결제 등으로서 최종이용자로부터 소매상, 도매상 그리고 생산자의 방향으로 흐른다. 양방흐름(dyadic flows)은 거래협상, 금융지원, 위험부담 등이며 양방향으로 흐른다.

[그림 8-16] 유통경로 내부의 기능

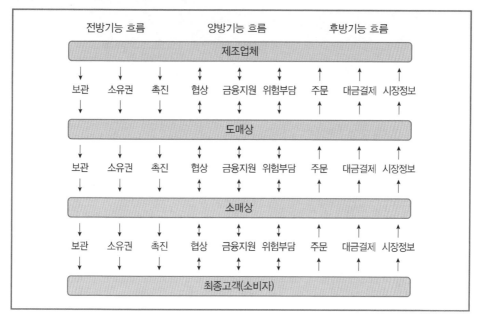

4.2. 유통경로의 유형

유통경로는 판매경로라고도 하며 제품이 생산자로부터 소비자 또는 산업구매자 및 사용자에 이르기까지 통과하게 되는 모든 루트(route)를 말한다. [표 8-3]에서처럼 그 제품이 소비재인지 산업재(식자재)인지에 따라 유통경로도 달라진다.

이처럼 유통경로에 관하여 마케터는 각 제품의 유통경로의 중간단계의 수를 어떻게 결정할 것인가? 그리고 각 단계에 있어서 판매자의 수를 어떻게 할 것인가에 대한 결정을 해야 한다. 가령, 소매상을 통하여 판매하기로 결정하였다면 그 시장 내의 모든 상점에서 판매하게 될 것인가 아니면 몇몇 상점에 국한시켜 판매하게 할 것인가에 대한 결정해야 한다.

[표 8-3] 유통경로 유형

구분	특징	경로 유형	보기
소비재	• 생산자(제조업자) → 소비자	직접	• 생명보험 • 통신판매 • 우편택배
	• 유통업체(도소매업자) → 최종소비자 • 도매업자 → 소매업자 → 소비자 • 대리점 → 도소매업자 → 소비자	간접	• SPA 의류 • 가전제품 • 의약품 • 농림축산물
산업재	• 생산자 → 조직구매자	직접	• 식자재 • 공업용 다이아몬드 → 유리 절단 용 메이커
	• 산업재 → 대리점 → 수요자	간접	• 자동차부품→부품총판→카센터
서비스재	• 서비스재 → 수요자	직접	• 항공사(요식업) → 소비자
	• 대리점 → 수요자에게 공급	간접	• 항공사 → 여행사 → 소비자
복수 유통	• 완제품 → 중간상 → 최종소비자	간접	• 농산물 → 대리점 → 소비자
	• 완제품 → 호텔/군부대	직접	• 생필품 → 조직구매자

4.3. 유통경로 설계과정

시장이 성숙화와 함께 판매자 시대에서 구매자 시대로 변화함에 따라 생산자의 제품을 유통업체 매장에 진열하기가 쉽지 않다. 생산자들은 자신의 제품을 더 판매하기 위해서 유통경로를 보다 체계적으로 설계해야 한다. 자사통제하에 두는 수직적 유통경로의 개설을 염두에 둘 수 있으나 적지 않은 자본투자를 필요로 하고 기존의 자사 제품을 취급하고 있는 중간상으로부터 반발과 갈등을 낳을 수 있다.

그러므로 생산자의 유통경로는 [그림 8-17]과 같이 생산자가 어떤 특성의 제품을 제조 및 판매하느냐에 따라 소비자가 쉽게 구매할 수 있도록 유통경로를 설계해야 한다. 물론 소비자의 접근을 용이하게 하고 신속한 배달, 다양한 제품구색, 더 많은 판매에 관한 부가서비스를 제공할 수 있도록 유통경로를 설계할 수 있지만, 막대한 투자가 뒤따라야 하므로 최적 수준에서 유통경로를 설계하는 것이 바람직하다.

[그림 8-17] 유통경로 설계과정

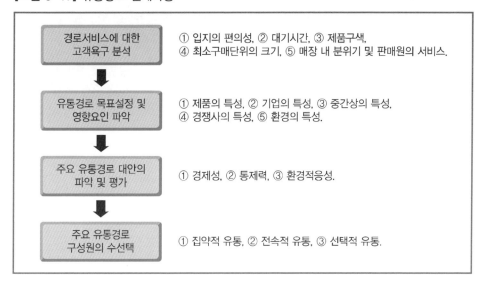

(1) 경로서비스에 대한 고객욕구 분석

유통경로는 고객관점에서 설계해야 한다. 시장이 성숙기에 이르고 동일 제품에 대한 경쟁자들의 출현으로 과거 공급보다 수요가 넘치던 판매자시대의 경직된 사고로는 더 이상 고객들을 유인할 수 없기 때문이다. 따라서 유통경로 구성원들은 고객만족관점에서 경로서비스에 대한 고객욕구를 분석해야 한다. 고객들이 유통경로 구성원들로부터 기대하는 서비스는 다양하지만 ① 입지의 편의성(locational convenience), ② 대기시간(waiting time), ③ 제품구색(product variety), ④ 최소구매단위의 크기(lot size), ⑤ 매장 내 분위기 및 판매원의 서비스(shop service) 등을 주로 고려해야 한다.

1) 입지의 편의성

입지의 편의성은 유통업체들이 시장 내 어느 정도 분산되어 있는가를 뜻한다. 고객들은 쉽게 물건을 구입할 수 있는 위치에서 유통업체가 영업한다면 접근을 위한 교통비용과 제품탐색비용을 절감할 수 있다. 가령, 소비자들이 건강유지를 위해 한약재를 직접 구매하고자 할 때 경동시장이나 대구약령시장을 찾으면 많은 한약재 유통업체들이 시장 내에 다양하게 분산되어 있어 쉽게 원하는 한약재를 구입할 수 있는 편의성이 있다.

2) 대기시간

대기시간은 고객이 제품을 주문하고 그 제품을 인도받을 때까지의 시간을 말한다. 일반적으로 고객들은 특정제품을 주문하고 신속하게 제품을 인도받기를 바란다. 이와 같은 예로, 한국철도유통회사(trainshop.co.kr)에서 트레인샵(train shop)을 운영하기 시작하여 손님이 열차 내에서 전국 각지의 특산물을 주문한 후 특정 목적지에 바로 내리면서 주문 상품을 픽업할 수 있는 quick service를 적극 도입하고 있다.

3) 제품구색

제품구색이란 하나의 유통경로에서 다양한 제품을 일괄구매(one stop shopping)할 수 있는 정도를 말한다. 최근 할인점이나 백화점들은 다양한 상품을 구비하여 소비자들에게 일괄구매의 편의성을 제공하여 경쟁우위를 얻고자 마케팅하고 있다.

4) 최소구매단위의 크기

최소구매단위의 크기는 고객이 바라는 적은 양이라도 쉽게 구매할 수 있는 정도를 말한다. 실제적으로 과거에는 쌀을 한 가마니씩 판매를 하였으나 지금은 최소단위부터 최고단위까지 다양하게 포장하여 판매하고 있다. 할인점이 초기 국내에 입점할 당시에 라면은 묶음 또는 박스단위로 판매하였으나 지금은 우리나라 실정에 맞게끔 마케팅전략을 수정하였다.

5) 매장 내 분위기 및 판매원의 서비스

쇼핑을 하는 불특정 고객들에게 매장이 청결하다든지 또는 판매원의 친절이 남다를 때 고객들은 그 매장을 기억하고 습관적 구매를 하는 경향을 볼 수 있다. 따라서 유통경로 설계에 있어서 표적고객별로 매장을 디자인하는 것도 매우 중요하다. 최근 유통업체들이 향기마케팅(aroma marketing)[2] ― 향기를 이용하여 매출을 올리는 마케팅 기법 ― 에 관

---

2) 인간의 감각기관 중 향기와 관련된 후각기관, 코, 뇌의 작용, 심리상태 등을 연구하여 소비자들의 구매 행태를 자극하는 판매촉진 마케팅의 한 분야이다. 향기가 사람의 피로를 풀어주는 효과가 있다는 아로마테라피(향기치료)가 알려지면서부터 시작되었는데, 그 용도가 넓어지고 향기 상품도 대중화되었다. 이 마케팅은 1990년대 영국의 마케팅 분야에서 향기를 이용한 마케팅이 이론적으로 논의되기 시작하여 실제 제품화한 것은 일본이다. 1949년 일본의 한 비누회사가 제품 특성을 나타내는 향료를 잉크에 섞어 인쇄하거나 극소형 향료 캡슐을 종이에 바르는 방법으로 신문에 냄새광고를 게재한 것이 세계 최

심을 많이 갖고 있다. 상쾌한 산림욕(phytoncide)을 하는 듯 향기(香氣) 나는 매장, 또는 잔잔한 음악을 들으면서 고객들이 최고의 서비스를 받으면서 쇼핑할 수 있는 쾌적한 매장을 많이 엿볼 수 있다.

(2) 유통경로목표설정 및 영향요인 파악

우리 속담에 '열 길 물속은 알아도 한 길 사람의 속마음은 알 길이 없다'는 의미가 바로 체계적인 유통경로의 과정을 밟아도 고객욕구를 만족시키는 일이 그렇게 쉽지는 않다는 것이다. 그러나 고객만족관점에서 경로서비스에 대한 고객욕구를 분석한 다음에는 유통경로의 목표를 설정해야 하고 영향요인을 파악해야 한다. 유통경로의 목표설정을 위해서는 표적시장에 대한 바람직한 서비스 수준을 고려해야 한다.

일반적으로 소비자들이 바라는 서비스 수준에 따라 시장을 여러 개의 세분시장으로 나누어 생각해 볼 수 있다. 유통경로목표설정은 기업이 어떤 특정 세분시장에 총경비를 최소화하면서 고객이 바라는 서비스 수준을 충족시킬 수 있는 방안을 모색하는 것이다. 기업이 유통경로목표의 설정을 위해서는 ① 제품의 특성, ② 기업의 특성, ③ 중간상의 특성, ④ 경쟁사의 특성, 그리고 ⑤ 환경의 특성 등을 고려해야 한다.

1) 제품의 특성

유통경로를 설계할 때 고려해야 하는 중요한 요인 중의 하나가 바로 제품특성이다. 소비재는 일반적으로 소비자의 쇼핑습관에 따라 편의품(convenience goods), 선매품(shopping goods), 전문품(specialty goods)으로 구분한다. 편의품은 껌·담배·사탕·치약 등과 같이 브랜드 간의 차이가 크지 않은 제품을 뜻한다. 선매품은 친환경재배쌀·국립농산물품질관리원에서 인정한 무항생제 축산물 등과 같이 품질이나 가격 등에 있어서

초이다. 이 마케팅 기법에는 제품에서 직접 향기가 나게 하는 직접 향기마케팅과 향기를 이용하여 향기의 효과를 볼 수 있는 간접 향기마케팅이 있다. 직접 향기마케팅은 제품에서 향기가 직접 나오는 샴푸·의류 등을 통해서 제품 자체의 품질유지·고가정책·향기요법 등의 효과를 발휘한다. 예를 들면, 향기가 나는 와이셔츠, 중고자동차에 가죽향을 뿌려 새 차를 사는 듯한 만족감을 주어 매출 증대로 이어지게 하는 것이다. 간접 향기마케팅은 주로 공간을 이용한 향기마케팅이다. 일반 업소 및 가정에 향기를 품어주어 향기가 가진 여러 기능의 효과를 볼 수 있다. 예를 들어 숲속향이 나는 노래방은 마치 산속 느낌을 주어 고객들에게 신선한 실내분위기를 연출할 수 있고 고객확보에도 도움을 준다. 또한 가구점에 소나무향을, 빵집에 커피향을 품어주어 구매 의욕을 자극한다.

브랜드 간의 차이가 비교적 큰 제품을 말한다. 전문품은 유통경로가 제한적이고 고객에게 독특하고 전문적인 특성을 부여하는 이른바 명장·명인들이 생산한 농산물이나 전통식품 가공품들이 해당된다.

유통경로를 설계할 때 제품특성에서 고려되어야 하는 것으로는 제품의 부패가능성(perishability), 복잡성(complexity), 대체율(replacement) 등을 들 수 있다. 취급하는 제품이 부패하기 쉬운 것이라면 직접 소비자에게 신속히 공급하는 경로를 구상해야 할 것이고 특정제품이 복잡한 유통경로를 가질 때는 소수의 중간상이나 직접유통경로로 고객에게 접근하는 것을 고려해야 한다. 제품의 대체율이 높으면 단위당 마진이 낮고 고객욕구에 따라 고객서비스를 조정해야 할 필요성이 낮으며 소비시간이 짧고 제품탐색에 소요되는 시간이 짧은 특성을 가진다. 반면, 대체율이 낮으면 직접유통경로를 설계하는 것이 바람직하다. 생필품인 빵과 우유는 일반적으로 대체율이 높고 명품 브랜드 농식품 상품들은 대체율이 낮다고 볼 수 있다.

2) 기업의 특성

유통경로 설계에 있어서 기업의 충분한 자금력 여부에 따라 유통경로의 통제권 여부가 달라질 수 있다. 특정기업이 충분한 자금력과 강력한 영업사원을 보유하고 있다면 비록 비용이 들더라도 보다 많은 이익과 강력한 경로통제가 가능한 직접유통경로인 수직적 유통경로를 설계할 것이다. 대체적으로 독점·과점기업들이 여기에 해당된다. 반면, 다소 재무자원이 부족한 기업은 비록 통제권을 일부 상실하더라도 능력 있는 중간상에게 의존하는 것이 유리하다. 대체로 기업의 규모와 자금력이 공고하다면 유통경로를 통제하려는 경향이 높다.

3) 중간상의 특성

유통경로를 설계할 때 상이한 여러 형태의 중간상들이 갖고 있는 강·약점을 세밀히 검토하여 기업이 필요로 하는 기능을 수행할 의지와 능력이 있는 중간상을 찾아야 한다. 대체로 중간상은 촉진, 고객접촉, 보관 그리고 신용제공 등 능력에서 각기 상이하다.

가령, 생산자가 직접 소비자를 대상으로 판매할 때마다 고객을 접촉해야 하므로 경비가 증가하지만 몇 개의 기업들에 의하여 고용된 생산자의 중간상들은 서로 간에 몇 개의 중간상 총비용을 분담하기 때문에 고객 1인당 접촉비용을 절감할 수 있는 이점이 있다.

4) 경쟁사의 특성

유통경로를 설계할 때에는 경쟁기업의 경로도 고려해야 한다. 실제적으로 농업 경영체 (한살림, ICOOP) 또는 CJ, 대상, 풀무원 식품회사들을 살펴보면 다른 경쟁사들과 거래하는 도매상이나 소매상을 확보하기 위해 노력하거나 경쟁사 점포 인근에 자사점포를 설치하곤 한다. 우리 속담에 '범 굴에 들어가야 범을 잡는다'(목적을 달성하려면 그만한 위험과 노고를 겪지 않으면 안 된다는 뜻)는 말처럼 특정의 신규 패스트푸드점이나 음식점들이 식당들이 집중되어 있는 거리에 개업하려는 것은 소비자들이 가장 빠른 시간 내에 경쟁업종에 노출되는 장점이 있기 때문이다.

5) 환경의 특성

경제적 조건, 법률 및 정부의 규제, 기술의 발달, 그리고 윤리적 요인 등과 같은 환경특성도 경로설계에 영향을 미친다. 가령, 불경기로 인하여 기업들은 유통경로를 줄이고 불필요한 서비스의 제거를 통해 최종가격을 인하시키는 등 가장 경제적인 유통경로를 설계하는 것이 이에 해당된다.

실제적으로 세계무역기구(WTO, world trade organization)의 출범에 따른 농산물시장의 개방이 국내의 기존 농산물을 취급하는 생산자나 중간상들에게는 상당한 위협요인으로 작용할 수 있을 것이다.

(3) 주요 유통경로 대안의 파악 및 평가

몇 개의 실행 가능한 유통경로 대안을 파악한 기업은 자사의 내부역량과 경쟁사의 유통경로 그리고 각 경로대안의 매력도를 평가하여 장기적인 경로목표를 달성할 수 있는 대안을 선택하게 된다. 각 경로대안의 평가에 사용되는 평가기준으로는 ① 경제성, ② 통제력, ③ 환경적응성 등이 있다.

1) 경제성

경제성 기준(economics criteria)은 특정 제품을 판매하는데 판매비용이 가장 적게 소요되는 유통경로 대안을 선택하는 방법을 뜻한다. 주요 유통경로대안을 결정하기 위해서는 다음과 같은 구체적 대안을 평가해야 한다.

첫째, 직접유통경로인 기업의 판매인적자원과 간접유통경로인 대리점을 두었을 때 예상되는 기대매출액과 매출원가를 추정해 봐야 한다. 먼저 기업의 판매인적자원은 자사의 제품만을 판매하기 위해 마케팅교육을 받기도 하며 연말 인사고과를 잘 받기 위해서라도 제품판매에 최선을 다한다. 더욱이 제품의 조직구매자나 고객들은 기업과의 직거래를 선호할 수 있기 때문에 기업관점에서는 자사의 판매인적자원을 활용한 직접유통경로가 바람직한 대안으로 평가될 것이다. 반면에 간접유통경로인 대리점이 오히려 직접유통경로인 본사의 판매인적자원들보다 더 많이 판매할 개연성이 있다. 그 이유는 ① 대리점이 더 많은 판매인적자원을 고용하고 있고, ② 대리점의 판매인적자원은 이미 많은 고객을 확보하고 있으며, ③ 대리점이 판매인적자원에게 판매액에 따른 성과급을 지급할 수 있으므로 더 공격적 마케팅을 실행할 수 있으며, ④ 대리점은 여러 회사의 제품을 취급할 수 있으므로 구매자들이 편리성에서 원스톱서비스 구매를 원할 때, 제품구색을 갖춘 대리점을 더 선호한다.

둘째, 자사의 직접유통경로와 간접유통경로인 대리점 간의 판매량에 대한 판매비용을 추정하는 것이다. [그림 8-18]에서와 같이 비용에 관한 한 기업이 판매인적자원을 채용하여 직접 판매할 때 고정비는 비교적 높으나 매출액에 비례해서 증가하는 변동비는 상대적으로 낮다. 반면 기업이 중간상을 활용할 때, 중간상을 관리하는 데 유발되는 고정비는 낮지만 기업의 판매원보다 더 많은 판매 수수료를 받기 때문에 변동비는 상대적으로 증가된다.

[그림 8-18] 유통경로 대안의 손익분기점

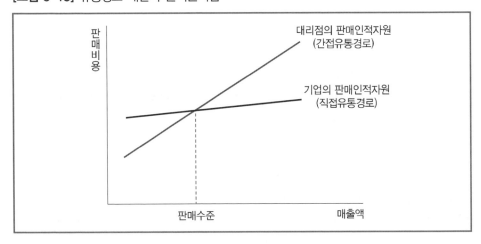

따라서 [그림 8-18]에서처럼 매출액이 '판매수준 이하'일 때 중간상을 활용하고, '판매수준 이상'일 때는 기업이 직영하는 것이 유리할 것이다.

2) 통제력

통제력(control criteria)이란 기업 입장에서 보다 잘 통제할 수 있는 경로대안을 선택하는 것을 말한다. 기업이 자사의 판매인적자원을 통해 직접 소비자를 대상으로 마케팅을 실행할 때는 정보수집과 중간상의 배제로 통제가 용이해진다. 하지만 기업이 대리점(중간상)을 두었을 때 통제가 쉽지 않다. 그 이유는 중간상이 자신의 이익 극대화를 위해 자신과 거래하는 메이커뿐만 아니라 경쟁사의 제품까지도 취급할 수 있기 때문이다.

과거에 기업과 중간상 간의 통제력은 기업이 유리했으나 시장의 개방으로 그 힘이 중간상으로 옮겨간 상태다. 물론 독과점적인 정관장을 생산하는 한국인삼공사(kgc.co.kr)나 참치전문업체인 동원F&B(dongwonfnb.com) 같은 기업은 여전히 힘이 중간상보다는 기업에 있음을 주지할 필요가 있다. 앞으로 기업과 중간상이 '악어와 악어새'와 같은 공생관계[3]가 아니라 함께 성장·발전하는 수평적 협력의 파트너로 간주하는 자세가 요구된다.

3) 환경적응력

환경적응력(adaptive criteria)이란 상황변화에 따라 신축성을 기준으로 경로대안을 선

[3) 공생(symbiosis)은 서로 다른 두 생물이 특별한 해(害)를 주고받지 않는 상태에서 접촉하면서 같이 살아가는 생활양식을 가리키는 용어이다. 쌍방이 이익을 주고받는 상리공생(相利共生)과 한쪽만 이익을 보는 편리공생(片利共生)으로 나누어진다. 한쪽은 이익을 보지만, 다른 쪽이 해를 입는 관계는 공생이라 하지 않고 기생(寄生)이라고 한다. 공생에는 2종류의 생물이 고착해서 생활하는 경우와 2종류가 독립해서 살다가 일시적인 접촉을 가지는 경우도 있다. 전자는 식물에 많고 후자는 동물에 많다. 상리공생의 예로는 다음과 같은 것을 들 수 있다. 콩과식물의 뿌리에 생기는 뿌리혹은 토양 속의 뿌리혹박테리아가 뿌리털로 침입해서 번식한 것인데 공생기간 중 콩과식물은 뿌리혹박테리아에게 양분을 주고, 뿌리혹박테리아는 콩과식물에 유기질소화합물을 주어 서로 돕고 살아간다. 지의류(地衣類)는 조류와 균류의 공생체인데 조류는 탄수화물을 균류에게 주고 균류는 무기물과 수분을 조류에게 주면서 공생한다. 지의류는 각각 단독으로는 살 수 없는 생물이 공생함으로써 훌륭히 살아가는 예이다. 이런 공생은 특별히 상호부조라고도 한다. 흰개미는 소화기관에 사는 미생물의 도움으로 먹고 난 목재(木材)의 섬유소를 분해하며 미생물은 살아가는 장소와 먹이를 흰개미로부터 얻는다. 진딧물은 분비물을 개미에게 줌으로써 개미에게서 외적 보호를 받는다. 말미잘은 집게가 쓰고 있는 껍데기에 붙어서 이동하며 집게는 말미잘을 이용해서 자신을 위장한다. 악어와 악어새의 경우에 악어새는 악어의 이빨에 있는 찌꺼기를 얻어먹고 악어는 입 안의 청소가 되므로 서로 돕는 관계로 볼 수 있다. 편리공생의 예로는 해삼의 항문 속을 드나드는 숨이고기, 대합의 외투막 안에 사는 대합속살이게 등이 있다.]

택할 수 있는 능력을 말한다. 사실 기업이 특정한 유통경로를 선택하고 나면 새로운 유통
경로를 개설하기가 쉽지 않다. 기존의 유통경로보다 새로운 인터넷, 홈쇼핑, 우편판매 등
이 소비자에게 구매의 편리성을 제공한다면 기존의 유통경로는 유명무실해진다. 따라서
새로운 유통경로를 개설하기에 앞서 장기적인 안목에서 예측력을 갖고서 유통경로 의사
결정을 하는 것이 바람직하다.

(4) 주요 유통경로 구성원의 수 선택

기업이 선택가능한 경로의 파악과 평가를 통해 특정한 유통경로를 선택한 후 유통의
각 단계에 종사할 경로구성원의 수를 결정하여야 한다. 여기에서 기업이 선택할 수 있는
방안은 [표 8-4]에서와 같이 ① 집약적 유통(개방적 유통), ② 전속적 유통, ③ 선택적 유통
의 세 가지 전략이 있다.

[표 8-4] 유통경로의 주요 특징 비교

구분	집약적 유통	전속적 유통	선택적 유통
전략	자사상품 가능한 많은 점포 취급 희망	한 지역의 한 점포에 독점으로 판매권 부여	한 지역에 제한된 수의 점포에 판매권 부여
관여도	저관여	고관여	중관여~고관여
점포의 수	가능한 한 많은 점포	한 개	소수
공급업체 통제력	낮은 통제력	높은 통제력	제한된 범위 내 통제가능
제품유형	편의품[4]	전문품	선매품
보기			

1) 집약적 유통

집약적 유통(intensive distribution)은 '개방적 유통'이라고도 하며 기업이 가능한 많은

소매상들로 하여금 자사의 제품을 취급토록 하는 경로전략을
말한다. 집약적 유통의 장점은 충동구매의 증가, 소비자 인지
도의 확대, 편의성의 증가 등을 들 수 있다. 단점은 낮은 마진,
소량주문, 재고 및 재주문관리의 어려움, 중간상에 대한 통제
의 곤란을 들 수 있다. 대체로 소비재인 라면, 사이다, 과자류,
가정간편식(HMR, home meal replacement)과 사무용기기,
연장 등의 편의품이 집약적 유통경로를 선택한다.

2) 전속적 유통

전속적 유통(exclusive distribution)은 '독점적 유통'이라고도
한다. 기업이 특정지역에서 자사제품을 취급할 수 있는 독점
적 권한을 소수의 중간상에게 부여하는 경로전략이다. 한살림
(hansalim.or.kr), 크리스찬 디올(dior.com), 몽블랑(montblac.
com) 등을 예로 들 수 있다. 전속적 유통의 특징은 기업측면에
서 특정한 소수의 중간상에게만 판매권한을 허락하므로 공급
기업에게 충성도가 높다. 또한 소수의 중간상을 통해 기업의
제품을 판매하므로 자연히 판매량이 제한되는 경향도 배제할
수 없다. 기업관점에서 전속적 유통의 우려사항은 기업의 매출

액이 특정 중간상들에게 집중되어 있을 때는 힘의 균형이 깨어지기 쉽다. 중간상의 관점
에서 전속적 유통경로의 선택은 충분한 마진이 보장되고 기업과 가격, 광고, 재고관리 등
에 관해 의견일치가 용이하다.

3) 선택적 유통

선택적 유통(selective distribution)은 집중적 유통
(개방적 유통)과 전속적 유통의 중간 형태로서 판매
지역별로 자사제품을 취급하고자 하는 중간상들 중
에서 자격을 갖춘 하나 이상의 소수의 중간상들에게

판매를 허용하는 전략이다. 일반적으로 정관장, 동원F&B 등이 해당된다. 선택적 유통경
로의 이점은 전속적 유통에 비해 제품의 이미지를 떨어뜨리지 않으면서 제품의 노출수준

을 높일 수 있다. 집중적 유통에 비해 상대적으로 소수의 중간상과 거래하므로 유통경로의 비용이 절감된다.

4.4. 유통경로의 갈등과 협력

(1) 유통경로의 갈등

기업은 자사제품의 시장접근성을 용이토록 중간상 중심으로 경제적 유통경로를 설계하는 것이 가장 이상적이다. 그러나 그 이면에 시장환경 변화로 인한 경로구성원 간의 갈등이 발생한다. 중간상 역시 자사의 사업목표를 갖는 독립된 사업체들이므로 이들의 이해관계가 제조업체와 일치하지 않아 갈등과 협력을 유발한다. 배경에는 제조업체가 자사 중심의 목표에 중간상들의 목표를 강제적으로 맞추도록 하는 것이 갈등의 원인이다. 즉, 제조업체는 자사의 목표를 이미 설정해 놓고 중간상들에게 제조기업의 목표대로만— 저마진율, 자사제품만 취급, 소품종대량구매, 물품대금의 조기결제 — 움직여 줄 것을 요구하는 데서부터 갈등의 씨앗이 싹튼다. 반대로 중간상들은 생존을 위해 제조기업의 횡포에 일단 수긍하지만 소비자의 일괄구매선호(one stop shopping) 대응과 장기적으로 다품종 소량판매를 위한 경쟁사 제품 취급, 제품구색 결제지연, 영업태만 등 기회주의적 발상을 지속적으로 갖는다.

경로상의 갈등에는 수평적 및 수직적 갈등이 있다. 전자는 소매상과 소매상, 도매상과 도매상 간의 갈등을 말한다. 동일한 경로수준에 위치한 기업 간에 발생하는 갈등이다. 가령, 동일한 쌀 농산물을 소매상과 백화점에서 동시에 판매할 때 갈등이 일어날 수 있다. 반면에 후자는 유통경로에서 서로 다른 단계에 있는 제조업자와 도매상, 도매상과 소매상과 같은 구성원들 간의 갈등을 의미한다. 이들 간의 갈등의 원인은 목표의 상이, 양자 간의 이해부족, 의사소통의 결여 등의 탓이다.

요컨대 수평적 및 수직적 갈등의 해결은 유통경로선상에 있는 제조업체를 비롯하여 중간상 간의 현안이 발생하였을 때 공동대응 및 중재할 수 있도록 서로 노력하는 것이 가장 바람직하다. 가령, 농림축산업의 유통선상에 가장 영향력이 있는 경로리더(channel captain) — 생산자(예: 농업 경영체, 지역농협) 또는 유통업자(예: 백화점, 할인점) — 가 갈등의 발생요인에 대한 근본적 예방으로 수평적 갈등의 경우 의사소통의 제3중재기관을 활용하고 수직적 갈등은 어떤 특정기업에 종속·예속된 사고에서 대등한 파트너로서 협력정신을 찾아야 한다.

효율적인 경로리더는 '의도된 효과와 목표를 달성할 수 있는 능력'을 가진 힘(power) 또는 영향력이 있어야 한다. A라는 기업의 B(기업)에 대한 힘은 가치 있는 자원을 위한 B의 A에 대한 의존(dependence)으로 결정된다. B의 A에 대한 의존은 가치 있는 자원들에 대한 대체안(alternatives)이 제한될 때 높다. 만약 A의 영향력 행사가 정당한 것으로 B가 지각하고 그에 순응한다면, 관계상의 상호활동 초점은 개별적인 이익에 기본적 관심을 공동적인 이해관계로 옮겨가므로 이것이 바로 힘의 원천이다. 이러한 힘의 원천에 따라 힘을 분류하면 [표 8-5]와 같다.

[표 8-5] 유통경로상의 힘의 원천 및 사례

구분	힘의 원천	정의	갈등과 협력결과	구체적 사례
중재된 힘의 원천	보상력 (reward power)	경로구성원 A가 B에게 보상을 제공할 수 있는 능력	낮은 협력 낮은 의존 높은 갈등 낮은 만족 낮은 성과 단기적 반응	판매지원, 영업활동지원, 관리기법, 시장정보, 금융지원, 선용조건, 마진폭 증대, 특별할인, 리베이트, 광고지원, 판촉물제공, 신속배달, 빈번한 배달, 감사패 증정, 지역독점권 제공.
	강권력 (coercive power)	경로구성원 A의 영향력 행사에 경로구성원 B가 따르지 않을 때 A가 처벌이나 제재를 취할 수 있는 능력		상품공급지연, 대리점보증금인상, 마진폭 인하, 대금결제일 단축, 지역단위의 전속권 철회, 접점지역에 신점포 개설, 끼워팔기, 밀어내기, 기타 보상력의 철회.
	합법력 (legitimate power)	경로구성원 A가 B에게 영향력을 행사할 권리를 가지고 있고, B가 그것을 수용할 의무가 있다고 경로구성원 B가 믿는 능력		오랜 관습이나 상식에 따라 당연하게 인정되는 권리, 계약, 상표등록, 특허권, 프랜차이즈 계약, 기타 법률적 권리.

중재 되지 않은 힘의 원천	전문력 (expert power)	경로구성원 A의 특별한 지식이나 기술이 있다고 B가 지각할 때 발생하는 능력	높은 협력 낮은 의존 낮은 갈등 높은 만족 높은 성과 장기적 반응	경영관리에 관한 상담과 조언, 영업사원의 전문지식, 종업원 교육과 훈련, 상품전시 및 진열조언, 경영정보, 시장정보, 우수한 제품, 다양한 제품, 신제품 개발능력.
	준거력 (referent power)	매력적인 경로구성원 A에게 B는 A와 일체감을 갖기를 원하기 때문에 A가 B에 대해 갖는 능력		유명브랜드를 취급한다는 자긍심, 유명업체 또는 관련 산업의 리더와 거래한다는 보람과 긍지, 목표의 상호공유, 상대방과의 지속적인 관계욕구, 상대방의 신뢰 및 결속 유지.
	정보력 (information power)	경로구성원 A가 B에게 과거에 알 수 없었던 정보를 제공할 수 있는 능력		상점의 재고투자 감소방법, 주문량의 적절한 조정, 경쟁사의 주변지역 진입정보, 신제품의 트렌드 제공, RFID의 제품이력제 도입.

(2) 유통경로의 협력

협력은 동태적인 시장환경에서 경쟁우위를 확보하는 데 결정적인 무기일 수 있다. 유통경로선상에 있는 기업과 유통업자(기업과 물류회사, 식자재기업과와 식품완성기업) 간의 협력(cooperation)도 예외가 아니다. 협력 당사자들이 공동 목표를 달성하기 위해 상호 간에 지속적인 노력을 기울이거나 기업 간의 정신적 교류를 활성화함을 뜻한다. 협력은 서로 흥미 있는 어떤 사업 목적을 달성하기 위한 참가자들의 공동노력이므로 자원의 교환, 공유 또는 상호개발과 관련된 기업들 간의 다양한 유형의 활동을 협력관계로 정의할 수 있다. 여기에는 협력 파트너에 의한 자본, 기술, 혹은 다양한 유형의 자원이 동원 및 관여하게 된다.

유통경로선상의 기업 간 협력의 성공은 환경적 요인뿐만 아니라 기업 간의 정성적 요인들인 신뢰, 의사교환, 공유가치, 관계편익, 의존성, 만족, 협력성과, 관계특유투자, 명성 등의 요인을 생각할 수 있다.

첫째, 신뢰(trust)는 자신이 믿고 있는 교환 상대방에 의존하려는 의지(willingness)로서 기업 간에 서로 부정적인 결과를 낳는 기대치 못한 행동을 취하지 않을 뿐만 아니라 기업이 긍정적인 성과를 낳도록 활동을 수행할 것이라는 기업의 확신인 것이다.

둘째, 의사교환(communication)은 파트너 간에 시의적절하게 의미 있는 비공식적 · 공식적 정보 공유를 뜻한다. 특히 시의적절한 의사교환이란 논쟁과 갈등을 해결하고 지각과 기대를 결합함으로써 갈등이 아닌 신뢰와 협력을 잉태하는 조직기능의 중요한 토대이다. 의사교환 행동은 조직의 성공에 결정적 역할을 한다. 과거의 의사교환은 신뢰의 전제조건 이지만 일련의 기간에 있어서 의사교환의 누적은 더 좋은 협력을 낳게 한다.

셋째, 공유가치(shared values)는 특정 파트너의 행동, 목표 및 정책의 중요성과 적합성 여부, 그리고 옳고 그름에 대한 믿음의 정도이다. 협력 당사자 간에 높은 수준의 믿음이 형성될수록 서로 신뢰를 잃지 않기 위한 상호 간의 협력행동이 증진될 것이다.

넷째, 관계편익(relationship benefits)이란 파트너 선택권과 관련된 제품의 수익성, 고객만족, 그리고 제품의 성능과 같은 유·무형의 경제적 편익을 뜻한다. 이러한 우월적 편익을 제공받는 당사자는 그 상대방에 대해 적극적으로 협력함으로써 상호 발전을 도모할 수 있다. 관계편익은 실질적으로 협력을 위한 핵심적 연결고리 역할을 한다. 우리나라 조직 간의 관계시장 환경에서 경제적 편익의 많고 적음은 지속적 협력관계의 전제조건이다.

다섯째, 의존성(dependence)이란 'A에게 B가 갈망하는 목표를 매개하고 있을 때 증진된다'고 할 수 있다. 예를 들면 B의 목표달성을 위해 A가 자원을 제공할 때 B는 A에 대해 보다 의존적이다. 따라서 기업 간 협력은 상호 간의 의존성 정도에 의해 영향을 받는다.

여섯째, 만족(satisfaction)이란 '다른 상대방과의 관계 속에서 상대방의 모든 요소에 대한 긍정적 감정의 상태'를 뜻한다. 유통업체가 지각한 특정 기업에 대한 만족을 측정하기 위해 특정 기업이 거래하기 좋다고 생각하는 정도, 다른 기업에게 추천하고자 하는 정도, 기업의 서비스제공 정도 그리고 기업과 지속적 거래를 하는 정도로 측정할 수 있다.

일곱째, 관계특유투자(relationship specific investments)는 특정 파트너와의 교환관계에만 적합하도록 투자되었기 때문에 다른 파트너와의 교환관계로는 쉽게 재배치될 수 없다. 재배치 시에는 자산의 가치가 거의 없는 내구성 자산(durable assets)에 대한 투자를 의미한다. 즉, 관계특유자산은 파트너가 다른 관계로 쉽게 이동할 수 없는 관계를 만들고자 고객화한 투자(customized investments)이다. 인적자원의 교육, 유통상의 내부설비, 광고·촉진비, 그리고 기업거래 절차상의 투자 등을 포함한다. 요컨대 기업 간의 신뢰에 의한 투자로 볼 수 있다.

여덟째, 명성(reputation)은 기업이 자산 중 다른 무형자산과는 달리 축적, 모방, 이전이 용이하지 않고 매매가 불가능한 자산, 쉽게 손상을 입고 손상을 입었을 때 대응할 수 있는 법적 효력이 약한 자산 또는 미래의 임차(rents)를 발생시킬 수 있는 자산을 뜻한다. 명성을 구축하는 행동은 불완전한 정보환경에서 전략적으로 매우 중요하다. 긍정적인 명성(positive reputation)이란 어떤 조직이 높이 평가받으며, 가치가 있거나 우수함이 있는 것을 뜻하는 것으로서 평균이상의 이익을 획득하는 데 이용될 수 있다. 또한 명성은 파트너들의 기술적 또는 전문적 행위(professional conduct), 윤리(ethics), 그리고 표준(standards)에 대한 좋은 명성 혹은 나쁜 명성을 가지는 정도의 인식을 말하며, 특히 서비스 시장에서는 서비스 질의 사전 구매평가가 모호하고 부분적이기 때문에 더 중요한 역할을 수행한다. 더욱이 명성은 사업전략의 무형적 요소로서 파트너십의 관계에 있는 파트너들은 다른 경로관계에서 그들의 행동을 통해 미래 활동의 신호(signals)를 제공한다.

아홉째, 협력성과(performance)는 기업 간의 협력에 의해 얻어진 결과이다. 협력은 사회과학에서 세 가지 관점에서 연구되고 있다. 첫째는 사회를 위한 가치체계의 독특한 형태로 이론화되었다는 점, 둘째는 경쟁과 대비되는 것으로서 개인 또는 집단을 위한 행동전략으로 고려되어왔다는 점, 마지막으로 둘 이상 당사자 간의 갈등문제를 해결키 위한 기술, 기법 또는 수단 등의 도구적인 방법 등이다. 기업 간 협력의 성과는 기존 제품이나 신제품의 개선 수준 향상, 공정 및 업무개선, 신공정의 도입, 불량률 감소, 생산성 증대 그리고 특허출원 및 등록건수 등 내부역량의 강화가 선결되어야 비로소 시장에서의 교두보 확보가 가능하다.

4.5. 도매상과 소매상 관리

(1) 도매상의 정의와 기능

도매상(wholesaler)이란 '상품을 재판매하거나 산업용·업무용으로 구입하려는 재판매업자(reseller), 소매상이나 조직구매자(institutional buyer)에게 상품이나 서비스를 제공하는 상인 또는 유통조직'으로서, 최종 소비자와는 거래하지 않으며 거래하더라도 그 비중이 적다.

도매의 개념은 원래 소매, 산매에 대응하는 말이다. 소매는 개인적으로 소비하는 최종 소비자에 대한 판매나 도매는 최종 소비자에 대한 판매 이외의 모든 판매를 포괄하는 개념이다. 도매와 소매의 개념 구분은 그 거래규모와 거래건수, 거래대상품목 등에 의해 규정되는 것이 아니라 일반적으로 판매처의 성격에 의해 규정된다.

　가령, 야채가게 주인이 두부 한 모를 개인적으로 사용하는 최종 소비자에게 판매할 때 소매라고 볼 수 있으나, 단체용으로 사용하는 식당이 구비한 회사나 공공급식 자에게 판매하는 경우는 도매로 간주된다. 따라서 동일한 비즈니스 업자가 동일한 상품을 판매하는 경우라 하더라도 소매 또는 도매가 될 수 있다. 일반적으로 도매하는 상인은 도매업자라고 부르고 도매로 파는 상품을 도매가격이라 하며 도매업자들로 이루어진 시장을 도매시장이라 한다. 상품값은 소매시장의 소매가격보다 도매시장의 도매가격이 훨씬 싼 것이 관례이다.

　도매의 존재가치는 [그림 8-19]처럼 거래하고 있는 공급자와 고객(소매상)들에 대하여 가치 있는 마케팅기능을 창출하는 데 있듯이 메이커를 대신한 마케팅기능으로는 ① 시장포괄(market coverage), ② 소매상을 위한 판매접촉(sales contact), ③ 재고유지(inventory holding), ④ 주문처리(order processing), ⑤ 시장정보(market information), ⑥ 고객지원(customer support)을 들 수 있으며, 고객(소매상)을 위한 마케팅기능은 ① 제품공급(product availability), ② 구색편의(assortment convenience), ③ 소량분할(bulk breaking), ④ 신용재무(credit and finance), ⑤ 고객서비스(customer service), ⑥ 조언 및 기술지원(advice and technical support) 등의 기능이 있다.

[그림 8-19] 도매상의 기능

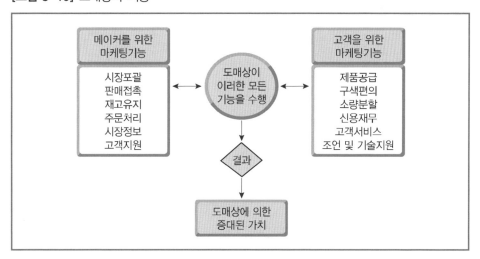

먼저, 메이커를 위한 도매상들이 수행하는 기능을 구체적으로 언급하면 다음과 같다.

1) 시장포괄

생산자가 넓은 지역에 분산된 여러 소매상을 상대로 직접 판매활동을 수행한다면 고객이 제품을 필요로 할 때 공급이 쉽지 않으며 전체시장을 커버하는 데 적지 않은 유통비용이 발생한다. 따라서 도매상을 이용하여 많은 수의 소매상을 접촉할 수 있다면 생산자(메이커)는 많은 비용을 절감할 수 있다. 즉, 생산자(메이커)는 도매상을 활용하여 적은 비용으로 보다 용이하게 넓은 시장과 거래할 수 있다.

2) 소매상을 위한 판매접촉

생산자(메이커)가 널리 분포된 여러 소매상들에게 자사의 판매원을 통해 제품을 판매한다면 많은 비용이 발생할 것이다. 따라서 생산자(메이커)가 도매상에게 일부의 소매상들과의 거래를 위임함으로써 자사의 판매사원 감축에 따른 경비절감과 적은 도매상으로 하여금 다수의 소매상을 효과적으로 관리할 수 있어 외부판매비용을 절감할 수 있다.

3) 재고유지

도매상은 소매상과의 원활한 거래를 위해 제품의 일정 부분을 생산자(메이커)를 대신하여 재고를 확보한다. 따라서 도매상은 메이커의 재정적 부담과 재고보유에 따른 메이커의 위험을 감소시켜 주는 기능을 수행한다.

4) 주문처리

소매상은 현실적으로 제품을 대량구입하지 못한다. 그래서 많은 소매상들로부터 소량주문은 생산자(메이커)에게 높은 주문처리비용을 낳는다. 여러 생산자(메이커)들의 제품을 함께 취급하는 도매상은 생산자를 대신해 고객들의 소량주문을 보다 비용 효율적으로 처리한다.

5) 시장정보

도매상은 생산자(메이커)보다 지리적으로 소매상들에게 더 근접해 있고 지속적인 거래를 통해 긴밀한 관계를 유지한다. 그래서 도매상은 생산자(메이커)보다 고객들의 제품이나 서비스의 요구를 파악하기 쉽다. 따라서 이 같은 정보가 도매상을 통해 생산자(메이커)에게 전달된다면 생산자(메이커)의 제품계획, 가격, 경쟁적 마케팅전략 수립에 유용할 것이다.

6) 고객지원
소매상은 판매자로부터 제품구매 이외에 다양한 서비스제공을 바란다. 가령, 소매상은 제품교환, 반환, 설치, 보수, 기술적 조언 등을 필요로 한다. 생산자(메이커)가 이러한 서비스를 소매상들에게 직접 제공할 때, 막대한 비용과 비효율을 초래할 수 있다. 결론은 도매상들이 생산자(메이커)를 대신해 소매상들에게 이런 다양한 서비스를 제공한다면 보다 높은 유통 효율성과 유통비용 감소를 실현할 수 있다.

다음으로, 고객(소매상)을 위해 도매상이 수행하는 기능은 다음과 같다.

1) 제품공급
도매상의 기본적인 마케팅기능은 소매상에게 제품, 부품공급, 완제품의 조립, 간단한 공정을 제조하는 것 등을 제공한다. 따라서 생산자(메이커)가 소매상에게 시장의 동태성에 따라 유연성 있게 상품 공급을 하지 못함에 따라 도매상이 대신해서 소매상의 욕구만족을 제공하는 역할을 담당한다.

2) 구색편의
도매상은 다수의 생산자(메이커)로부터 상품을 공급받아 소매상이 원하는 상품구색을 갖춘다. 소매상은 여러 생산자(메이커)들에게 개별적인 주문을 하는 대신에 그들이 필요로 하는 상품구색을 보유한 소수의 전문화된 도매상에 주문하는 것이 더 효율적이고 효과적이다.

3) 소량분할
대규모 소매상을 제외한 다수의 영세한 중·소규모의 소매상들은 다품종 소량주문을 원한다. 그러나 생산자(메이커)는 여러 소매상으로부터 소량주문이 높은 주문비용을 발생시키므로 1회 주문량의 최소단위를 제한한다. 그러므로 도매상은 주문량에 대한 생산자(메이커)와 소매상 간의 차이를 해소할 수 있다. 생산자(메이커)로부터 대량 주문한 상품을 소량으로 분할한 후 소매상에게 공급할 수 있어서 쌍방의 욕구를 동시에 만족시킬 수 있다.

4) 신용재무

도매상은 소매상에게 두 가지 금융지원을 할 수 있다. 첫째, 외상판매의 확대를 통해 소매상이 구매대금을 지불하기에 앞서 상품판매의 기회를 제공한다. 둘째, 도매상은 소매상이 구매할 품목들을 대신 보관함으로써 소매상의 재고비용부담을 감소시켜 준다.

5) 고객서비스

소매상은 상품의 구매처로부터 배달, 수리, 품질보증 등 다양한 서비스를 요구한다. 도매상은 이 같은 서비스를 생산자(메이커) 대신 제공함으로써 소매상의 경로서비스 욕구를 충족시켜 주는 역할을 한다.

6) 조언 및 기술지원

소매상은 많은 제품들에 있어서 심지어 기술적 제품이 아닌 경우에도 공급자로부터 제품사용에 대한 기술적 지원과 조언 이외에 제품판매에 대한 조언을 필요로 한다. 도매상은 숙련된 판매원을 통해 소매상 고객들에게 이러한 서비스를 제공할 수 있다.

(2) 도매상의 유형

소비재시장에서 도매상은 다양한 유형이 존재하고 있으나 [그림 8-20]에서 볼 수 있듯이 크게 ① 생산자(메이커) 도매상(manufacturer's sales branches & sales offices), ② 상인도매상(merchant wholesaler), ③ 대리점 및 브로커(agent wholesaler & broker)로 나누어진다. 이러한 분류는 그들이 제품에 대한 소유권을 가지는지의 여부와 시장에서 그들이 수행하는 기능들이 어떤 것인가에 따른 것이다.

[그림 8-20] 도매상의 유형

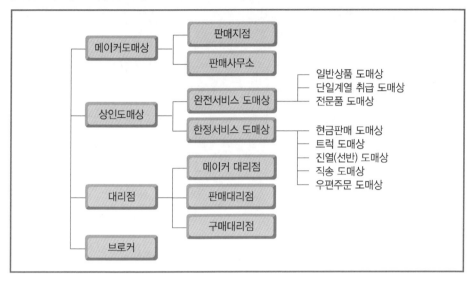

1) 메이커 도매상: 판매지점과 사무소

메이커(생산자) 도매상(maker wholesaler)은 독립된 도매상이 아니라 메이커에 의해 직접 설립한 판매지점이나 사무소를 통해 자신들이 생산한 제품이나 서비스를 유통시키는 것을 말한다. 판매지점(sales branches)은 목재, 자동차 장비나 부품 등의 분야에서 특히 많이 설치·운영하며, 재고를 보유하는 것이 특징이다. 판매사무소(sales office)는 재고를 보유하지 않고 농산물·건어물이나 실용잡화류 분야에서 찾아볼 수 있다.

2) 상인도매상

상인도매상(merchant wholesaler)은 자신이 취급하는 제품에 대한 소유권을 가진 독립적인 도매상으로 전형적인 유형의 도매상이다. 상인도매상은 서비스의 제공범위에 따라 ① 완전서비스제공 도매상(full service wholesaler)과 ② 한정된 서비스제공 도매상(limited service wholesaler)으로 나눌 수 있다.

첫째, 완전서비스 도매상은 [그림 8-20]에서 제시한 것처럼 메이커(생산자)를 위한 마케팅기능의 ① 시장포괄, ② 소매상을 위한 판매접촉, ③ 재고유지, ④ 주문처리, ⑤ 시장정보, ⑥ 고객지원을 모두 제공하며, 고객(소매상)을 위한 마케팅기능의 ① 제품공급, ② 구색편의, ③ 소량분할, ④ 신용재무, ⑤ 고객서비스, ⑥ 조언 및 기술지원 그리고 자체 브랜드의 사용, 포장, 소비자들을 위한 일반적인 마케팅전략의 조정과 같은 추가적인 기능들을 수행하기도 한다. 완전서비스 도매상은 ① 일반상품 도매상, ② 단일계열취급 도매상(한정상품 도매상), ③ 전문품 도매상이 있다. 일반상품 도매상(general merchandise wholesaler)은 서로 관련되지 않은 다양한 상품들을 취급하며, 소규모 식료품점, 백화점, 비영리기관 등 광범위한 대·소형 소매상과 거래한다.

단일계열취급 도매상(single line wholesaler)은 한정상품 도매상(limited line whole-saler)이라고도 한다. 서로 관련된 몇 개의 상품계열만 집중적으로 영업한다. 가령, 야채가게 도매상, 과일 도매상, 양곡 도매상, 식자재 도매상을 들 수 있다.

전문품 도매상(speciality wholesaler)은 한 가지 제품계열 내에서 특정품목만을 매우 깊이 있게 영업하는 도매상을 말한다. 가령, 건강식품 도매상, 해산물 도매상 등을 들 수 있다.

둘째, 한정서비스 도매상은 거래고객들에게 소수의 전문적 서비스만을 제공하는 도매상을 말한다. 한정서비스 도매상의 주요 형태로는 ① 현금판매 도매상(cash-and-carry), ② 트럭 도매상(truck wholesaler), ③ 진열 도매상(rack jobber), ④ 직송 도매상(drop shippers), ⑤ 우편주문 도매상(mail-order house) 등이 있다.

현금판매 도매상은 재고회전이 빠른 한정된 제품만을 무배달조건으로 소매상에게 현금판매한다. 만약 제품을 수송해야 할 때에는 물류비용을 지불하는 구매자에게만 판매한다. 이들은 주로 농수산물, 잡화, 사무용품, 또는 전기용품과 같은 제한된 제품계열을 취급한다.

트럭 도매상은 '트럭 중개상'(truck jobber)이라고도 한다. 거래하는 소매상들에게 판매와 배달기능을 병행한다. 가령, 부패성이 강한 과일·야채 등을 취급하며, 슈퍼마켓, 소규모 식료품점, 병원, 레스토랑, 호텔 등을 순회하면서 현금으로 판매한다.

진열 도매상은 '선반 도매상'이라고도 한다. 소매상들에게 매출비중이 높지 않은 상품을 공급하지만 회전율이 높다. 진열 도매상은 슈퍼마켓이나 식품점들에게 잘 알려진 유명한 껌, 초콜릿, 건강미용제품 등의 잡화 및 전문품을 공급한다. 소매상은 매출비중이 낮은 잡화 및 전문품을 직접 진열하지 않고, 진열 도매상이 대신 점포까지 배달 및 상품진열을 위한 진열대를 제공하고 재고관리를 한다. 진열 도매상은 소매상에게 위탁판매를 하므로 제품의 소유권을 갖고 있지만 소매상이 판매한 수량만큼 물품대금을 지급받는다.

직송 도매상은 영업하는 제품의 소유권을 가지나 직접 수송 및 보관을 하지 않는 도매상을 말한다. 직송도매상이 제품을 구매하고 싶어 하는 소매상과 접촉하여 계약을 체결한 후, 제품은 공급자 또는 생산자(메이커)가 직접 소매상에게 선적한다. 보관이 어렵거나 상대적으로 비싼 제품은 생산자에서 직송 도매상으로, 다시 고객으로 여러 제품을 이전하게 되면 매우 비경제적일 수 있다. 결론은 직송 도매상이 제품을 구매한 이후에도 생산자(메이커)가 제품을 계속 소유해야 하므로 적극적인 판촉활동을 해야 한다.

우편주문 도매상은 우편을 이용하여 소매상, 산업구매자, 그리고 기관 구매자에게 카탈로그를 보내고, 주문을 받아 판매하는 형태의 도매상을 말한다. 지리적으로 멀리 떨어진 고객에게 유용하다. 주로 보석, 화장품, 특수식품 등이 우편주문으로 취급되고 있으나 최근 우편서비스의 발달로 농식품 등으로 확대되고 있다.

3) 대리점

대리점은 장기간의 구매자·판매자를 대변하는 도매상을 말한다. 메이커(생산자) 대리점(maker's agents), 판매대리점(selling agents), 구매대리점(purchasing agents) 등이 있다. 여기에서 대리점과 브로커의 공통점은 제품의 소유권을 가지지 않고 수수료만 받고서 제한된 마케팅기능을 수행하는 것이다. 차이점은 대리점이 지정된 기간 동안 구매자 또는 판매자를 대표하는 반면 브로커는 구매자와 판매자를 연결시켜 주며, 그들이 교환을 협상하는 데 도움을 준다.

메이커(생산자) 대리점은 메이커와의 계약에 의해 특정지역에서 메이커 생산제품들을 판매한다. 영업사원에 대한 비용 및 임금을 충당하기 위해 비경쟁관계에 있는 메이커의 제품도 취급한다. 메이커 대리점은 제품을 공급하는 거래메이커와 가격정책, 영업지역, 주문처리, 배달서비스, 품질보증 및 수수료 등에 대해 공식적인 협약서를 체결한다. 메이커 대리점은 주로 의류, 가구, 전기 및 전자제품 등을 취급한다. 영세메이커가 판매원을 고용하지 못하거나 메이커의 영업사원의 시장접근이 용이하지 않을 때, 메이커 대리점과의 계약체결을 통해 대리영업하도록 한다.

판매대리점은 메이커(생산자)가 생산한 제품을 판매할 의사가 없거나 능력이 없을 때 대신하여 판매해 주는 역할을 한다. 일반적으로 메이커의 마케팅을 판매대리점으로 대체한 것으로 간주할 수 있으며 가격결정, 판매 및 거래조건에 상당한 영향력을 미친다. 주로 석탄, 화학 및 금속제품, 그리고 산업용장비 등의 분야에서 볼 수 있다.

구매대리점은 구매자와 장기적인 관계를 유지하면서 제품을 구입·검사·보관하고 최종적으로 구매자에게 납품한다. 가령, 구매대리점은 가전메이커가 부품조달에 있어서 지리적으로 멀리 떨어져 있으면 특정지역에 구매대리점을 계약하고 대신하여 가전제품에 들어가는 전자부품을 일괄 구매조달하도록 역할을 부여하는 것이다. 이들은 취급하고 있는 제품계열에 대해 전문지식을 가지고 있으며 고객들에게 유용한 시장정보를 제공해 준다. 뿐만 아니라 양질의 부품을 합리적 가격으로 구매할 수 있는 역량을 갖고 있다.

그 밖에 위탁상인(commission merchant)은 메이커와 단기계약을 체결하고 제품소유권을 보유하지 않은 상태에서 메이커와 소매점 간의 판매체결을 주도한다. 위탁상인은 배달일정을 조정하고 가격을 협상하며 수송편의를 제공한다. 가령, 농산물 위탁상인은 사과를 소유하고 있으면서 그것을 대처의 중앙시장에까지 수송하도록 위탁받을 것이다. 판매가 이루어진 후 전체 판매금액에서 수수료와 판매에 든 비용을 제외한 나머지 금액을 생산자에게 보낸다. 주로 농산물 생산업자들이 위탁상인을 이용한다.

4) 브로커

'거간' 또는 '중개인'이라고도 한다. 브로커의 역할은 구매자와 판매자 양자 간의 거래를 성사시켜 주기 위해 중개한다. 브로커의 장점은 무재고, 금융 불관여로 거래에 대한 위험을 부담하지 않는다. 브로커는 구매자 · 판매자 간의 요구사항, 시장조건, 가격조건 등의 협상을 통해 거래계약이 체결되면 일정한 법정 수수료를 받으며, 브로커 · 거래당사자 간의 관계는 1회로 끝나는 경우가 대부분이다. 물론 거래체결을 위해 다방면으로 노력한 브로커의 친절과 협상노하우를 인정한다면 차후에도 반복거래는 이루어질 수 있다. 브로커들은 농산물 분야에도 있지만 주로 부동산, 보험, 증권분야에서 많이 활동한다.

(3) 소매상의 정의와 기능

소매상(retailer)이란 개인적 혹은 비영리목적으로 구매하려는 최종소비자에게 제품이나 서비스를 판매하는 것에 관련된 활동을 수행하는 유통기관을 말한다. 따라서 소매상의 기능은 영리기업 또는 조직구매자가 아닌 최종소비자를 만족시키는 데 있다. 생산자(메이커)나 도매상도 소비자를 상대로 직접 소매활동을 할 수 있으나 소매상이라고 할 수는 없다.

소매상은 연간 판매액의 반액 이상을 소비자에게 판매하고 있는 기업을 말한다. 이 소매활동이 상점을 위주로 이루어질 때, 이 점포를 소매점이라고 한다. 소매활동은 이 밖에도 사람 · 우편 · 전화 또는 자동판매기와 같은 판매방법에 따라 수행되기도 하며 거리나 소비자의 집에서 이루어지는 경우도 있다.

이로 미루어 볼 때 소매상 또는 소매업의 본질적 특성은 ① 최종소비자에 대한 판매액이 수입의 반액 이상인 점, ② 상품판매량의 다소에는 관련이 없다는 점, ③ 점포나 상점의 존재를 반드시 그 전제로 하지 않는다는 점에서 찾을 수 있다.

소매의 존재는 [그림 8-21]에서와 같이 거래하고 있는 공급자와 최종고객들에 대하여 가치 있는 마케팅기능을 창출하는 데 있듯이 메이커를 대신한 마케팅기능으로는 도매상의 기능과 동일하며, 최종고객을 위한 마케팅기능으로는 ① 제품구색(product assort-ment), ② 정보제공(information supply), ③ 금융제공(finance supply), ④ 고객서비스(customer service) 등의 기능이 있다.

최종고객을 위한 소매상들이 수행하는 기능을 구체적으로 언급하면 다음과 같다.

[그림 8-21] 소매상의 기능

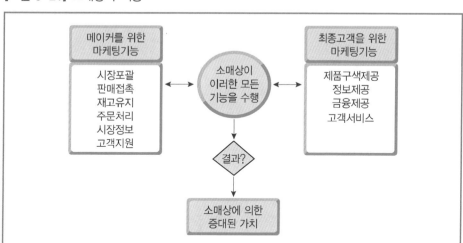

1) 제품구색 제공

소매상은 생산자(메이커)의 다양한 제품구색을 갖추어 소비자들에게 선택의 폭을 넓혀주는 동시에 원하는 브랜드를 소량으로 구매할 수 있게 한다. 물론 제품구색의 폭과 깊이는 개별적인 소매상의 전략에 따라 달라진다.

2) 정보 제공

소매상은 광고, 전시, 카탈로그 그리고 판매원을 통하여 소비자에게 다양한 정보를 제공하여 제품구매를 돕는 한편, 메이커에게는 매출액변동, 고객욕구와 불만, 재고회전율에 관한 정보를 제공한다.

3) 금융 제공

소매상은 최종소비자의 구매촉진차원에서 신용정책을 통해 신용제공 또는 할부판매 등을 이용할 수 있도록 구매부담비용을 완화해 주는 역할을 담당한다.

4) 고객서비스

소매상은 최종소비자에게 애프터서비스의 제공, 배달, 제품설치, 사용방법의 교육 등과 같은 다양한 고객서비스를 제공한다.

(4) 소매상의 유형

소매상은 다음과 같이 점포믹스전략, 점포유무에 따라 다양한 유형으로 나눌 수 있다.

① 고객에 대한 서비스 수준에 따라 슈퍼마켓 등이 채택하는 셀프서비스 소매, 다품종에서 채택하는 자기선택 소매, 연쇄·대중백화점이 채택하는 한정서비스 소매, 고급백화점 등에서 하는 완전서비스 소매 등으로 나뉜다.

② 판매하는 제품계열에 따라 전문점·백화점·슈퍼마켓·편의점·복합점·슈퍼스토어·하이퍼마켓 등으로 나뉜다.

③ 가격에 따라 할인점·창고점·카탈로그 전시점 등으로 나뉜다.

④ 영업성격에 따라 우편 및 전화주문 소매·자동판매·구매서비스·호별방문판매 등으로 나뉜다.

⑤ 판로통제성에 따라 회사연쇄점·임의연쇄점·소매상협동조합·소비자협동조합·프랜차이즈 조직 및 콩글로머천트(conglo merchant) 등으로 나뉜다.

⑥ 점포집적(集積)에 따라 중앙영업 또는 업무지구, 지역·지방·근린쇼핑센터 등으로 나뉜다.

[그림 8-22] 소매상의 유형[5]

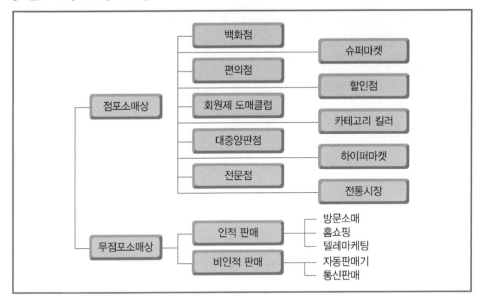

그러나 [그림 8-22]에서 볼 수 있듯이 크게 점포소매상(store retailing)과 무점포소매상 (nonstore retailing)으로 나눌 수 있다.

5절 공급사슬관리 ○

5.1. 공급사슬관리의 태동

글로벌라이제이션(globalization), 시장의 시간절감 압력, 고객서비스에 대한 관심의 증가와 같은 요인들은 공급사슬관리의 관심을 불러일으킨 직접적 원인이었다. 하지만 가장 중요한 문제는 네트워크관점에서 모든 기업이 수직계열화하는 골리앗과 같은 비효율적인 조직이 아니라 오히려 공급사슬선상에 포함되는 외부기업 중의 한 구성원이 되는 것이

---

5) 교수님께서는 소매상의 유형을 수강자들이 그 유형의 특징을 이해할 수 있도록 보고서로 제출받는 것이 좋을 것이라는 소견을 드린다.

다. 공급사슬관리와 밀접하게 관계되어 있는 이론적 배경은 마케팅경로이다. 기존 연구문헌에서 마케팅경로의 많은 연구들은 경로활동의 관계적 관점에 기인하고 있다. 경로상 협력적·목표지향적 행동은 관리적 경로(administered channel), 심바이오틱 마케팅(symbiotics marketing), 관계적 교환(relational exchange), 내부화된 시장(domesticated markets), 파트너십처럼 다양한 이름으로 연구되고 있다.

경로관리의 기존 연구는 광범위하고 다양한 조직형태가 독립된 거래관계에서 협력적 이해, 장기적 계약, 소유권에 이르기까지, 경로관계에서 존재하는 것을 인식시켜 주었다. 마찬가지로 공급사슬은 [그림 8-23]에서처럼 관계의 다양한 형태로 구성할 수 있을 것이다.

[그림 8-23]에서 보듯이 공급사슬관리는 다양한 범위의 계약관계, 합작투자, 자본의 공동소유권 등을 포함한 여러 가지 형태를 취하고 있다. 따라서 공급사슬관리의 개념은 수직적 통합과 기존의 경로연구에 의한 계약적 관계(contractual relationship), 관계적 교환(relational exchange)의 일종과 일맥상통한다.

[그림 8-23] 공급사슬관리의 발전방향

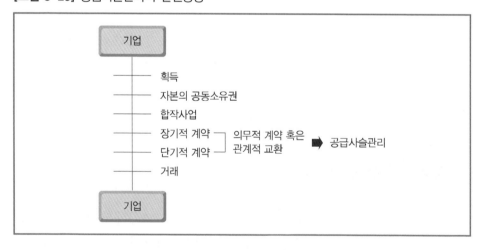

5.2. 공급사슬관리의 개념

공급사슬관리는 현재 [그림 8-24]에서처럼 물류분야에서 부각되고 있는 개념이다. 이 용어는 올리버와 웨버(Oliver and Weber)가 1982년 처음으로 사용하였다. 공급사슬관리란 일반적으로 공급자로부터 최종사용자에게까지 원자재 흐름의 계획과 통제를 관리하는 통합된 접근방식을 말한다. 미시적 관점에서 공급사슬은 자재의 공급, 변환, 수요가 행해지는 거점들로 이루어지는 일종의 네트워크(network)이다.

그러나 공급사슬관리는 정확하게 무엇을 의미하며, 로지스틱스 등 기존 개념과는 어떤 차이가 있는지에 대해 다양한 시각을 갖고 있는 것이 오늘의 현실이다. 여러 문헌을 종합하여 검토한 결과 공급사슬관리는 '고객서비스수준을 만족시키면서 시스템의 전반적인 비용을 최소화할 수 있도록 제품이 적절한 수량으로, 적절한 장소에서, 적절한 시간에 생산과 유통이 가능하게 하기 위하여 원물생산자, 완성 생산자, 창고·보관업자, 소매업자를 효율적으로 통합하는 데 이용되는 일련의 접근법'이다. 즉, 가장 기본적인 원자재를 공급하는 공급업체로부터 최종적인 소비자에 이르기까지 전 과정을 포괄하며, 조직 내부와 조직 간의 관계관리의 중요성과 쌍방적 의사교환의 원활이 요구된다.

[그림 8-24] 물류 및 공급사슬관리의 발전

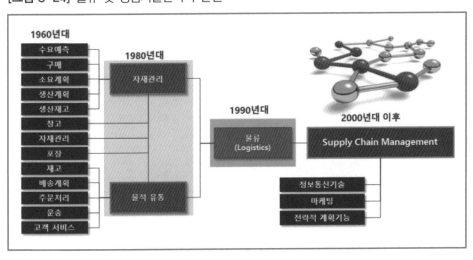

이는 공급사슬관리상의 고객서비스 목표를 달성하는 데 자원의 효율적 이용을 극대화하기 위해서 수반되는 모든 관계자의 이익을 위해 물적유통관계를 협력적으로 관리하고 통제하는 것을 목적으로 하는 방법이다. 다시 말해서 공급사슬관리의 궁극적 목적은 C → V → P, 고객만족의 강화(improve customer satisfaction), 부가가치 기회의 자본화(capitalize value added opportunities), 공급사슬의 전반적 수행기능의 강화(improve overall performance of the supply chain)의 세 가지 목표를 가지고 있다.

공급사슬관리는 '오늘날의 경영환경은 최고 그리고 최상의 제품으로 충분하지 않다'라는 단순한 전제에서 출발한다. 즉, 제품 그 자체 개념을 넘어서 고객의 요구에 부합되는 서비스의 전달까지 포함한다. 공급사슬관리는 매우 상호작용적(interactive)이고 복잡한 시스템 접근으로서 많은 상충관계들의 동시적 고려가 요구된다. [그림 8-25]는 조직 내 및 조직 간의 상충관계를 고려한 조직경계를 걸치는 공급사슬관리를 보여주고 있다.

[그림 8-25] 공급사슬관리와 범위

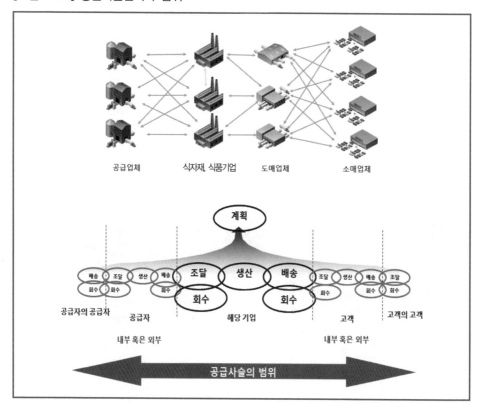

　공급사슬관리에서 사슬용어의 사용은 단순화(oversimplification)의 의미를 내포한다. 이것은 앞에서 이미 언급하였듯이 실제적으로 최종고객에게 제품이나 서비스를 인도하기 위해 상호작용하고, 원자재 공급에서 최종인도까지의 흐름을 연결하는 기업들의 네트워크이다.

　[표 8-6]의 전통적 구매와 협업생산의 비교에서와 같이 공동의 목적을 달성하기 위해서 경로구성원들의 자발적이거나 계약적 협력이라고 불리는 이러한 접근방법을 운영하거나 혹은 계약적 마케팅경로와 유사하다고 간주할 수 있다.

[표 8-6] 전통적 구매와 협업생산의 비교

구매특성	전통적 구매 시의 공급자와의 관계	협업생산 시의 공급자와의 관계
공급자/구매자의 관계	적대적	동반자적
관계의 지속여부	변동적	장기적
계약주문	단기적	장기적
주문량	대량	소량
수송전략	한 품목을 풀(full)트럭으로 수송	JIT 수송
품질보증	검사, 재검사	무검사
공급업체와의 의사소통	구매주문서	구두 혹은 전자문서 교환
의사소통의 빈도	간헐적	연속적
재고에의 영향	자산	부채소수 정예화 또는 하나
공급업체의 수	다수, 많을수록 좋다.	소수 정예화 또는 하나
설계과정	제품설계 후 견적	요청 공급업체에 아이디어를 의뢰 그리고 제품설계
생산량	대 롯트(lot) 단위	소 로트(lot) 단위
배달일정	월단위	주단위, 일단위
공급자의 위치	광범위하게 위치	가능한 한 집약적
참고	대형, 자동화	소형, 유연성

자료: Giunipero, L. C.(1986).

　공급사슬관리의 접근방법은 크게 두 가지 점에서 전통적인 경로와 상이하다. 첫째, 공급사슬관리는 광범위한 목표, 재고관리 및 구체적인 마케팅목표의 달성보다는 오히려 고객서비스의 높은 수준을 달성하려는 관계를 가진다. 둘째, 공급사슬관리의 접근은 공급사슬 내에 상·하류지향적 활동(upstream and downstream activity)의 양방향 모두를 관리하려고 하는 것이다. 반면, 마케팅경로는 하류지향적(downstream) 활동에 집중되어 있다. 즉, 전자는 [표 8-7]의 경우와 같이 시스템적·프로세스적 접근으로서 후자를 포괄하는 의미를 가진다고 볼 수 있다.

[표 8-7] 공급사슬관리와 전통적 접근방법의 비교

요소	공급사슬관리	전통적 접근방법
재고관리 접근방법	경로재고에서 공동 감소	독립적 노력
통비용 접근방법	광범위한 경로비용 효율성	기업비용 최소화
시간영역	장기적	단기적
정보공유와 감시의 정도	프로세스 계획 및 통제요구	현 거래 요구에 국한
경로 내 다단계의 조정 정도	기업, 경로수준 간·다자간 계약	쌍방의 경로 간의 단일거래계약
공동계획	지속적임	거래에 기반을 둠. 부적절
기업철학의 양립성	중요 관계를 위한 최소한 양립	부적절
공급자 기반의 폭	조정의 증가로 작음	경쟁증가와 위험확대로 큼
경로의 리더십	조정을 위해 필요함	불필요함
위험과 보상의 공유 정도	장기적 위험 및 보상공유	개별적
운영속도, 정보 및 재고흐름	유통센터 지향적	창고지향적

자료: Cooper, M. C. and Ellram, L. M.(1993).

또한 공급사슬관리는 전통적 자재 및 생산통제와 네 가지 측면에서 다르다. 첫째, 공급사슬관리는 구매·제조·유통·판매와 같은 공급사슬의 근본적 영역에서 다양한 부문에 위임된 부분적 책임보다는 단일실체(single entity)로서 공급사슬을 본다. 둘째, 공급사슬관리의 특징은 최초(the first)에서 끝까지(in the end) 전략적 의사결정의 직접적인 흐름이다. 공급은 실무적으로 사슬상의 모든 기능의 공유된 목적이다. 또한 특정 전략적 유의성이 전반적 비용과 시장점유에 영향을 미친다. 셋째, 공급사슬관리는 재고에 대한 상이한 관점을 제공한다. 여기에서 재고는 처음이 아니라 마지막의 재분류되는 균형메커니즘으로 사용된다. 마지막으로, 공급사슬관리는 새로운 시스템 접근법을 요청한다. 즉, 단순한 조정(interface)이 아니라 통합(integration)이 핵심이다.

5.3. 공급사슬관리의 적용과 시사점

공급사슬관리는 기업의 비용절감, 과정의 리엔지니어링, 지속적 개선을 위해 요구되는 새로운 패러다임으로서, 기업내부, 기업 간, 그리고 이 양자를 연결시켜 주는 정보기술의 역할이 매우 중요하다. 이것은 기업이 과거의 비용절감이라는 수동적 관점에서 탈피하여 보다 혁신적이고 고객창조의 관점에서의 접근이라고 평가할 수 있다. 왜냐하면, 기업에서 어떤 기능적인 일부분의 개선은 곧 다른 부분에서 상충관계(trade-off)로 매몰되는 경향으로 보아 쉽게 개선이 이루어지기 어렵기 때문에 조직과 연계된 모든 네트워크관점에서의

[그림 8-26] 제품속성에 따른 차별화된 공급사슬관리전략

	기능적 제품 (Functional)	혁신적 제품 (Innovative)
제품 다양성	낮음	높음
제품 수명주기	장	단
수요예측 정확도	높음	낮음
진부화 위험부담	낮음	높음
판매실기 비용	낮음	높음

수요 불확실성

공급 불확실성	낮음 (기능적 제품)	높음 (혁신적 제품)
낮음	기본 의류 농수산물 및 식음료 대부분의 생필품목	패션제품 컴퓨터 장난감
높음	전력 석유 일부 농산물 희토류	휴대폰 모바일 컴퓨터 통신기기 서버, 반도체

	효율적 공급사슬전략	반응적 공급사슬전략
목표	비용절감	대응속도향상
제품설계 전략	생산비용절감	모듈화 및 지연전략
재고전략	재고 최소화	안전재고 유지
리드타임 전략	비용내 단축	공격적 단축
물류 전략	저비용 수단	신속 수단

수요 불확실성

공급 불확실성	낮음 (기능적 제품)	높음 (혁신적 제품)
낮음	효율적 공급사슬 (Lean)	반응적 공급사슬 (Responsive)
높음	위험회피 공급사슬 (Risk-Hedging)	신속 공급사슬 (Agile)

접근이 이루어져야 하는 것이 본원적 경쟁력의 회복이 가능하다고 판단되기 때문이다.

현재 공급사슬관리가 산업 전반에 적용되고 있고 [그림 8-26]에서와 같이 제품속성에 따른 차별화된 공급사슬관리전략을 엿볼 수 있다. 이러한 시스템의 장점은 매출액의 증가, 자산수익률의 증가, 재고관리비와 주문관리비 등 물류비용의 절감, 재고회전율의 향상 등의 이점을 동반할 수 있다. 반면에 이러한 시스템을 조직내부, 조직 간에 접목하기 위해 초래될 수 있는 것은 막대한 투자비용에 대한 위험, 직원에 대한 교육과 훈련의 필요성 등으로서, 그 요인은 확실하고 명확한 투자배경 자료의 부족이 의사결정의 지연을 낳거나 커다란 단점으로 작용할 수 있는 것이다.

우리나라에서 공급사슬관리의 성공적 정착은 기업내부 및 기업 간 시스템 도입에 대한 공감대 형성과 파트너십, 한국특유의 시장에 적합한 시스템 개발, 정보공유의 문화, 기업 간 거래양식의 표준화, 시공을 초월한 전자장치(electronic devices)의 이용 등을 들 수 있다.

요컨대, 공급사슬관리가 제대로 활용되고 성과를 얻기 위해서는 첫째, 최고경영층을 비롯한 기업경영층의 근본적인 사고의 변화가 토대로 되어야 한다. 둘째, 기존의 조직을 포괄하는 유기적인 독립적 관리의 필요성이 요구된다. 셋째, 각 단계별 구성요소들 간의 파트너십이란 공통적인 목표의 지향과 공유가치의 공유가 요구된다. 그리고 구체적 실천 방안으로 정확 및 적시의 정보흐름, 부가가치의 극대화를 위한 제품의 흐름, 공동의 일관성 있는 성과측정과 보상시스템의 설계 및 활용, 표준화된 공동코드의 개발 등이 수반되어야 한다.

5.4. 공급사슬관리의 전략적 토대: 공급사슬의 통합

성공적인 공급사슬관리를 달성하기 위해서는 기업은 다음을 통합해야만 한다. ① 최종 고객서비스 요구수준의 인식, ② 공급자관점에 따라 재고를 어디에 위치정립(positioning)시킬 것인가와 각 지점에 얼마를 둘 것인지를 정의하고, ③ 단일실체(entity)로서 공급사슬을 관리하기 위한 적절한 정책과 절차를 개발해야 한다. 비록 많은 조직이 공급사슬의 성과향상에 대한 잠재성을 인식하면서도, 그것을 달성하기 위해서 극복해야 할 주요한 장벽을 맞이하고 있다. 이러한 장벽은 도식화(mapping), 포지셔닝(positioning), 선택(selection)으로 요약할 수 있다. 공급사슬의 유효성은 다음에 기술되는 전략적 도구에 의해 향상을 꾀할 수 있다.

(1) 파이프라인의 도식화(pipeline mapping)

파이프라인의 도식은 현재의 공급사슬의 경쟁상태를 확인하기 위해서 제품리드타임
(lead times), 재고수준, 어디에 가능한 개선이 있는가를 보여주는 분석 등의 견지에서 지
도를 그린다. 파이프라인 도식의 핵심은 수평적인 측면에서 파이프라인의 길이(length),
즉 과정상의 제품리드타임과 수요적인 측면에서 파이프라인 양(volume), 수평적·수직
적 라인의 합을 파악하는 것이다. 이러한 도식은 [그림 8-27]처럼 수요에 대한 반응성
(responsiveness)을 높이고, 과수요가 일어나지 않도록 재고비용을 절감하기 위함이다.
이를 통해서 각 산업별로 적절한 형태(right shape)를 그려낼 수 있고, 기업은 보다 경쟁적
형태(competitive shape)에 대한 함의를 지닐 수 있다.

[그림 8-27] 채찍효과

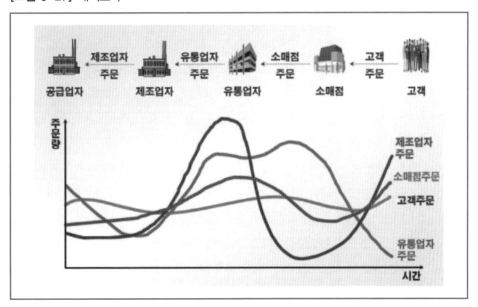

(2) 공급자 관점에서 조직 포지셔닝

특정기업의 공급사슬 개선의 범위는 그 사슬 내의 공급자 관계의 본질(the nature of supplier relations)에 달려 있다고 볼 수 있다. 여기에서 핵심은 주요 고객이 가지고 있는 공급자의 수(제품의 범위와 제품조립의 복잡성과 관련된)와 그들 사이의 관계의 친밀도(the closeness of the relationship)이다. 공급자 관계는 사슬상에서의 의존정도, 관계의 길이, 기술적 또는 과정적 연결, 법적 결속력의 존재여부, 그리고 사슬의 길이와 복잡성과 같은 요인에 의해서 결정된다. 특히 중요한 것은 사슬상의 의존정도이다.

한편, 고객 · 공급자 관계에는 두 가지 차원이 존재한다. 즉, 공급자 주문장부에서 고객의 상대적 중요성과 고객이 구매한 자재에 대한 그 공급자의 상대적 중요성이다.

(3) 공급사슬의 유효성을 제고시키기 위한 활동의 선택

공급사슬은 두 종류의 흐름을 생각할 수 있다. 즉, 조직과 과정의 사슬에 따라서 흐르는 최종고객으로부터의 후방적(backward) 흐름인 정보흐름과, 자재와 상품의 흐름의 사슬에 따라서 흐르는 최종고객을 향한 전방적(forwards) 흐름이다. 공급사슬의 유효성은 한 방향 또는 양방향의 흐름상에서 수행된다. 공급사슬관리의 목표(twin goal)는 고객서비스 향상과 생산성 향상, 그리고 이것을 달성하기 위한 스피드가 핵심이다. 따라서 정보의 흐름과 자재의 흐름이 매우 중요하다. 이와 같이 공급사슬 유효성 제고를 위해서 다음과 같은 세 가지에 유념해야 한다.

첫째, 정보의 흐름과 자재의 흐름 양자를 함께 언급해야 한다. 둘째, 개별 조직의 관점보다는 전반적 공급사슬관점에서부터 가능성과 시사점을 평가해야 한다. 셋째, 파이프라인 도식의 형태를 변화하는 전략적 목표가 명확해야 한다.

[그림 8-28]은 이상에서 논의된 공급사슬관리의 실행과 관련하여 하나의 전반적 구조를 도식화한 것이다. 즉, 조직의 각 기능이 어떻게 일곱 가지의 핵심 경영과정과 관계되는가를 보여주고 있다.

[그림 8-28] 공급사슬관리의 실행

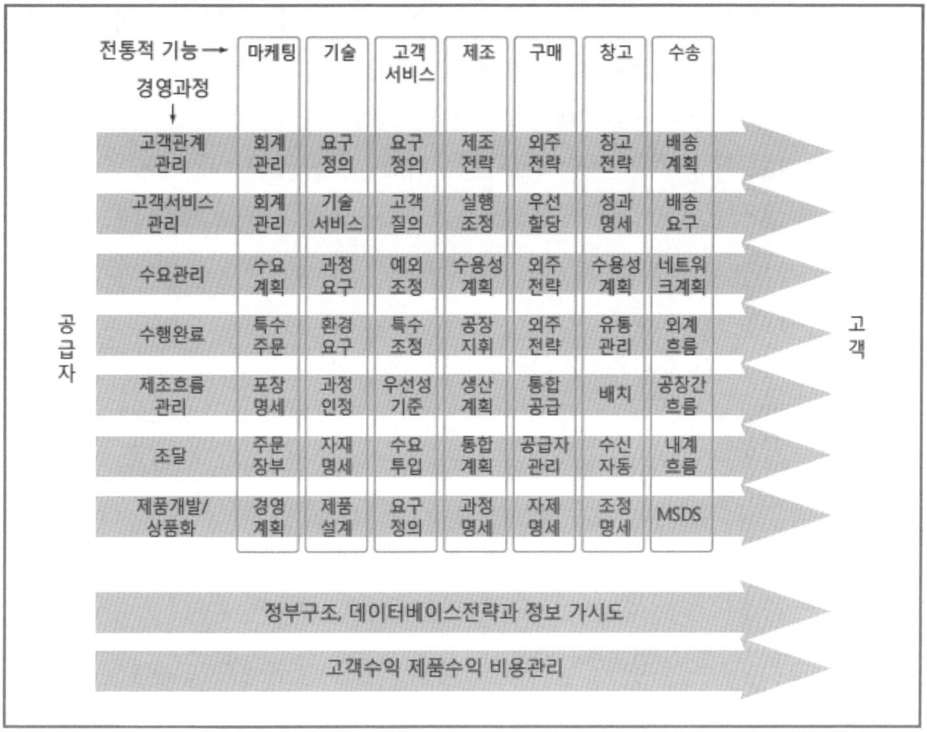

전통적 기능 → 경영과정 ↓	마케팅	기술	고객서비스	제조	구매	창고	수송
고객관계관리	회계관리	요구정의	요구정의	제조전략	외주전략	창고전략	배송계획
고객서비스관리	회계관리	기술서비스	고객질의	실행조정	우선할당	성과명세	배송요구
수요관리	수요계획	과정요구	예외조정	수용성계획	외주전략	수용성계획	네트워크계획
수행완료	특수주문	환경요구	특수조정	공장지휘	외주전략	유통관리	외계흐름
제조흐름관리	포장명세	과정인정	우선성기준	생산계획	통합공급	배치	공장간흐름
조달	주문장부	자재명세	수요투입	통합계획	공급자관리	수신자동	내계흐름
제품개발/상품화	경영계획	제품설계	요구정의	과정명세	자제명세	조정명세	MSDS

공급자 ← → 고객

정부구조, 데이터베이스전략과 정보 가시도

고객수익 제품수익 비용관리

(4) 성공적인 공급사슬관리 요건

공급사슬관리에 관한 이론적 특성과 실제 적용성과를 통한 논의에 근거하여 공급사슬관리의 성공조건의 요인들을 진단하여 선별해 볼 수 있다.

첫째, 공급사슬관리상에 있는 관련 최고경영층의 관심과 경제적 지원이 필수적이다. 즉, 공급사슬관리의 기업내부 또는 기업 간 파트너들에게의 적용은 기존의 조직구조 및 업무관행의 변경이 수반되어야 하며, 특히 생소한 새로운 조직을 기존조직에 접합 및 이식하는 데 있어 구성원들에게 냉소와 위험을 줄일 수 있도록 교육, 협조체제, 홍보 등 공감대의 형성이 뒤따라야 한다.

둘째, 기업내부, 그리고 파트너 기업인 조직 간의 의사교환수단으로 활용할 수 있는 EDI, POS, 바코드시스템, 스캐닝 장비와 같은 정보기술의 도입 및 확산이다. 이것은 시간 중심의 경쟁에서 경쟁 네트워크 조직의 경쟁력을 초월할 수 있는 유일한 첩경이다.

셋째, 종래의 기능적인 부분에서의 개별 성과측정에서 탈피하여 공급사슬관리차원, 즉 총체적인 시스템적 관점에서 파트너 기업 간의 조직구조와 성과측정시스템의 변화를 유도하여야 한다. 이것은 '나무만 보는 시각에서 탈피하여 숲과 숲속에서 살고 있는 동식물이 자연을 훼손하지 않고 더불어 생존하는 형국'으로 비유할 수 있다.

넷째, 시간중심의 경쟁력우위를 제고시키기 위해 주문접수로부터 대금청구까지 소요되는 시간의 단축은 곧 경제적인 재고수준 유지가 가능하고, 높은 재고회전율, 제품의 절품을 줄일 수 있어 종국적으로 기업과 고객 양자에게 승승전략(win-win strategy)이라고 평가할 수 있다.

다섯째, 활동성 원가회계시스템(ABC)의 도입이다. 이것은 공급사슬관리선상에 있는 파트너 기업 간의 관계를 강화시켜 줄 것인지의 여부를 결정짓는 요인이라고 간주할 수 있다. 왜냐하면 원가절감 또는 원가상승의 원인을 투명하게 파악하고 절감된 비용의 경우 공정한 배분의 원칙을 준수해야 하기 때문이다. 이것이 공급사슬관리상에서 소홀히 할 수 있는 취약부분이다.

여섯째, 기업내부 구성요소 간 또는 기업 간 파트너십의 유지와 파트너 기업 간의 공유가치이다. 물론 여기에는 정예화된 파트너의 선정과 기업 간의 문화(culture)를 공유하기 위해서는 공정한 분배 등 투명한 배분의 법칙이 뒤따라야 되며, 파트너 기업 간의 기업윤리와 가치관, 그리고 양보와 미덕의 존재는 두말할 나위가 없다.

이상과 같이 공급사슬관리가 기업의 유통을 비롯한 섬유산업 등 다양한 분야에의 적용을 위해 최소한 6개 정도의 요인이 선결되어야 한다. 물론 여기에는 시기적으로 적절하게 그리고 조화롭게, 조직내부든 조직 간이든 파트너십의 기반하에 상호 밀접하게 추진되어야 비로소 기업의 성과로 연결될 수 있다.

6절 촉진마케팅

6.1. 촉진마케팅과 구성요소

촉진마케팅(promotion marketing)이란 '기업(농업 경영체)이 소비자에게 원하는 반응

을 얻기 위해 의도된 설득 메시지를 인적 혹은 비인적 매체를 통해 소비자에게 커뮤니케
이션하는 행위'를 말한다. 촉진의 의미를 살펴보면, 기업이 소비자에게 제품정보를 제공
하여 그 제품에 대한 이해를 통해 호의적 감정을 갖게 하도록 하며, 종국적으로 제품의 구
매를 유도하기 위해 그러한 절차를 밟는 것이다.

촉진마케팅의 구성요소는 [그림 8-29]에서처럼 광고, 인적판매, 판매촉진, 홍보, PR 등
을 말하며, 각각의 특징에 대해 설명하면 다음과 같다.

첫째, 광고(advertising)는 특정 광고주가 대가를 지불하고 제품 또는 서비스, 아이디어
를 비인적 대중매체(non personal mass media)를 통하여 널리 알리고 구매를 설득하는 모
든 형태의 촉진활동을 말한다. 즉, 기업이나 개인·단체가 상품·서비스·이념·신조·
정책 등을 세상에 알려 소기의 목적을 거두기 위해 투자하는 일련의 정보활동이다. 여기
에는 글·그림·음성 등 시청각 매체가 동원된다. 광고의 낱말은 영어로 'advertising' 또
는 'advertisement'라고 하는데, 전자는 광고활동 모두를 뜻하고 후자는 낱낱의 광고물을
뜻한다.

광고의 장점은 짧은 시간 내에 많은 사람들에게 정보를 제공할 수 있고, 고객 1인당 정
보제공비용도 가장 저렴하다는 것이 결정적 편익이다. 그러나 광고의 단점은 고객에게
전달할 수 있는 정보의 양이 제한되어 있고, 대중에게 일시에 접근하므로 정보의 내용을
고객에 따라 개별화(personalize)할 수 없다. 광고와 흔히 혼동해서 쓰는 PR(Public Relation)
과 선전(propaganda)은 '유료', '누구인지를 확인할 수 있는'이란 두 가지 관점에서 광고와
다르다. 즉, 홍보나 선전은 광고처럼 일정한 광고료를 내지 않으며 주체가 분명히 밝혀져

[그림 8-29] 촉진마케팅 구성요소

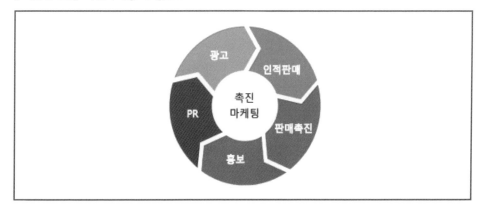

있지 않다. 이 두 가지 정의에서 예외는 무료 공공광고(public service advertising)이다. 이는 매체가 광고료를 받지 않고 게재 또는 방송하기 때문이다.

둘째, 인적판매(personal selling)는 판매원을 매개로 하는 촉진수단으로, 판매원이 고객을 대면하여 자사의 제품에 대한 정보를 제공하고 그들이 제품을 구매하도록 설득하는 일체의 활동을 뜻한다. 인적판매는 판매원이 고객을 만나 정보를 주고 설득하기 때문에 촉진속도가 느리고 고객 1인당 촉진비용이 광고에 비해 고가이기 때문에 많은 소비자들이 구매하는 소비재 등에는 적합하지 않다. 따라서 산업재 브랜드나 중간상 촉진에 특별히 적합한 수단이다. 또한 인적판매는 특정 제품이나 서비스에 대한 태도형성, 구매자극 등 구매의사결정과정의 후반부에 효과적이다. 한편, 우리 속담에 '장을 잘못 담그면 1년 근심이고, 사람이 잘못 들어오면 평생 근심'이라는 말이 있듯이 인적경영자원은 기업발전의 근본으로서 소속감과 자긍심 그리고 리더십을 갖춘 인재의 선발에 신중을 기해야 한다.

셋째, 판매촉진(sales promotion)은 기업이 제품이나 서비스의 판매, 구입을 촉진하기 위해 중간상이나 최종소비자를 대상으로 벌이는 비인적 촉진수단의 단기적 인센티브를 말한다. 판매촉진은 신속한 시장반응이나 더 강한 시장반응을 자극하기 위해 고안된 소비자촉진, 거래촉진, 판매원촉진 등을 포함한다. 소비자 촉진은 샘플, 쿠폰, 리베이트, 콘테스트, 시음, 시식, 포인트(마일리지) 등이 있으며, 거래촉진은 구매할인, 상품할인, 협력광고, 딜러판매경연 등이 포함되며, 판매원촉진은 보너스, 콘테스트 등이 있다.

판매촉진 도구는 생산자(메이커), 유통업체, 비영리기관 등에서 사용될 수 있으나 시장의 경쟁심화, 브랜드수명주기의 성숙기로 판매촉진비용이 크게 증가한다. 판매촉진은 구매시점(POP, purchase of point)에서 소비자의 구매동기를 강력하게 자극할 수 있다는 장점이 있으나 판매촉진의 효과는 단기적이어서 브랜드 충성도를 증진시키는 데 한계를 갖는다.

넷째, 홍보(publicity)는 매체회사인 방송국·신문사가 소비자들에게 기업·단체·관공서의 생각이나 계획·활동·실적 등을 뉴스나 논설의 형태로 제공하는 것을 말한다. 홍보비용은 기업이 부담하는 것이 아니라 매체 자체가 부담하는 것이 타 촉진수단과의 차이점이다. 따라서 소비자들은 특정제품의 홍보성 기사를 접하게 되면 매우 신뢰하게 된다. 홍보는 시장의 왜곡현상이나 소비자의 구매행태가 바르지 못할 때, 올바른 방향성을 제시하는 동시에 기업이 정도경영(正道經營)을 하지 못할 때, 엄격하게 충고와 원칙을 강조한다. 가령, 매스컴은 남양유업의 어린이 음료 '아이꼬야'의 곰팡이 물질 발견을 보고, 중립적인 관점에서 남양유업에게 품질관리 등의 엄격한 주문의 조치 등을 한 것이 홍보기사

로 볼 수 있다. 소비자 및 기업입장에서 홍보는 높은 신뢰로 인하여 촉진의 효과를 높일
수 있으나 기업은 홍보매체를 통제할 수 없다.

다섯째, 공중관계(PR, public relation)는 불특정 다수의 일반 대중을 대상으로 이미지
의 제고나 제품의 홍보 등을 주목적으로 전개하는 커뮤니케이션 활동을 뜻한다. 즉, 농업
경영체(기업)가 비인적 매체를 통하여 소비자가 속해 있는 지역사회나 단체 등과 긍정적
관계를 유지함으로써 자사의 상품을 구매하도록 간접적으로 소비자를 유도하는 촉진활
동을 말한다. PR활동은 자사의 활동을 알리기 위해 각종 간행물의 발간, 투자자에게 행하
는 IR(investor relation), 교육기관 또는 자선단체 등의 지원, 정부기관에 대한 재정적 · 정
보적 · 기술적 지원, 심지어 방문객의 안내, 회사시설의 일반에의 대여 등 고객을 포함한
일반대중에게 제공하는 일체의 편익과 관심을 포함한다. PR은 장기적 · 간접적으로 관련
기업의 판매를 돕는다. 가령, 이마트는 고객들로부터 정산된 영수증 모으기를 통해 지역
내에 불우이웃돕기 등의 이익의 일부 사회 환원 차원에서 이루어지는 활동들은 기업의 이
미지를 제고시키며, 장기적으로 자사에 우호적인 관계를 갖게 한다.

여기에서 주의할 점은 홍보와 PR은 구별되어야 한다. 비록 요즘 PR방식이 홍보효과를
창출해 내는 것과 관계가 있지만 그 영역에 있어서 PR이 홍보보다 더 넓다. PR이라는 것
은 앞에서도 언급한 것처럼 고객, 주주, 고용자, 유통업자, 관계기관 등으로부터 회사 전
체에 대한 호감을 불러일으키는 것과 관계가 있다. 이에 반해 홍보는 회사의 특정제품이
나 서비스 또는 아이디어를 전달하고 촉진시켜 나가는 것과 관계된 것으로, PR에 비해서
구체적이고 미시적인 경향을 보인다. 또한 PR은 목적 · 활동매체 · 방법 등에서 광고보다
그 범위가 넓으며, 광고는 홍보 · 선전과 더불어 PR의 한 수단이 된다.

[표 8-8] 촉진마케팅 구성요소 간의 특징비교

구분	광고	인적판매	판매촉진	홍보	PR
범위	대중고객	개별고객	대중고객	다중고객 (개별 및 대중)	다중고객 (개별 및 대중)
비용	보통	고가	고가일 수 있음	거의 무료	보통
장점	통제가능한 신속 한 메시지 전달	정보의 양과 질, 즉시 피드백	주의 끌고 즉시적 효과	신뢰도 높음	다각적 효과
단점	효과측정 곤란, 정보의 양 제한	고비용, 촉진속도 느림	모방 용이	통제 관리	효과가 장기적 및 간접적임

이상의 촉진마케팅의 수단들에 대한 내용을 정리하면 [표 8-8]과 같으며, 각종 촉진수단을 어느 경우에 어떻게 믹스해서 사용하느냐에 대해 그림으로 그려 요약하면 [그림 8-30]과 같다.

[그림 8-30] 촉진마케팅의 소비자 반응에 대한 효과

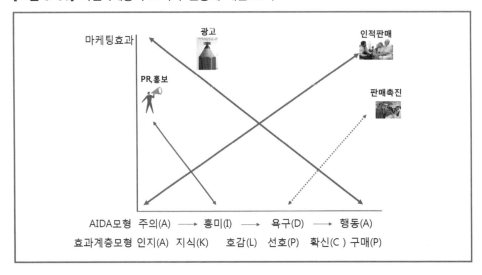

6.2. 의사교환의 촉진

[그림 8-31] 의사교환 촉진과정의 구성요소

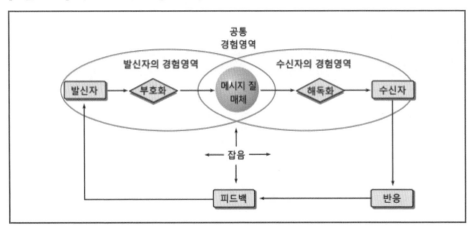

(1) 의사교환 촉진과정의 구성요소

의사교환(communication)이란 정보의 전달 혹은 발신자와 수신자 쌍방 간 사고에 있어서의 공통영역을 구축하는 과정을 말한다. [그림 8-31]의 마케팅 의사교환과정에 관해 설명하면, 발신자가 전달하고자 하는 메시지를 부호화하여 적절한 매체를 통하여 수신자에게 전달하고, 메시지를 전달받은 수신자는 부호화된 메시지를 해독하여 특정한 반응을 보이고 피드백되는 6단계의 과정을 밟으면서 다시 송신자에게 전달되는 과정을 반복한다.

따라서 마케터는 의사교환과정(marketing communication process)의 이론을 이해하고 있을 필요성이 있다. [그림 8-31]에서와 같이 일반적으로 의사교환과정은 9개의 요소로 구성되어 있다.

1) 발신자

발신자(sender)는 의사교환과정에서 의사교환 메시지를 보내는 주체로서 정보의 원천(source)이라고도 한다. 발신자는 농업회사가 될 수 있고, 마케터 혹은 상품광고에 등장하는 모델이 될 수도 있다. 발신자의 전문성, 진실성 그리고 호감은 수신자의 해독과 반응에 영향을 미치므

로 신뢰할 만한 발신자를 등용하는 것이 중요하다. 가령, 우측의 그림에서처럼 농업 경영체의 박람회 현장에서 숙련가와 브랜드 전문가의 도움은 소비자에게 보다 더 신뢰감과 안정감을 제공한다.

2) 부호화

부호화(encoding)란 발신자가 전달하고자 하는 메시지를 보다 체계적으로 전달하기 위해 메시지 내용을 시각적 혹은 청각적인 부호(code)나 상징(symbols), 언어적 혹은 비언어적 부호나 상징으로 전환시키는 과정

을 말한다. 이를 위해 발신자는 수신자에게 친숙한 단어나 상징을 사용하여 메시지를 작성할 필요성이 있다. BC카드(bccard.com)는 광고에 친숙한 모델로 '부자 되세요'라는 카

피의 사용과 빨강의 컬러마케팅을 통해 소비자의 기억 속을 지배했다.

3) 메시지 질

메시지의 질(message quality)은 발신자가 수신자에게 전달하고 싶은 정보ㆍ의미로서 언어적ㆍ비언어적ㆍ시각적ㆍ청각적 수단이나 상징을 통해 표현된다. 이상적 메시지는 표적 청중인 수신자의 주의를 유인(誘引)하고, 발신자와 수신자 모두 공감되는 소재나 언어를 사용하며, 수신자의 욕구를 일으키고 동시에 수신자의 사회적 여건을 고려하여 욕구를 충족시켜 주어야 한다. 가령, 의성군(usc.go.kr) 공동브랜드

진(眞)은 지역 최고의 농산물에만 공동브랜드를 부착한다는 것을 어필하고 있다.

4) 매체

매체(medium)는 발신자로부터 수신자에게 메시지를 전달하는 데 사용되는 의사전달채널을 말한다. 채널에는 판매원ㆍ친구ㆍ이웃ㆍ가족 등의 인적채널(personal channel)과 대중매체ㆍ인터넷과 같은 다이렉트 마케팅 도구들인 비인적경로(nonpersonal channel)가 있다. 특히 인적채널을 통해 전달되는 의사교환과정의 구전(word of mouth)은 비즈니스를 하는 모든 이해관계자들에게 매우 중요한 정보원천으로 활용되고 있다.

5) 해독화

해독화(decoding)란 발신자가 부호화하여 전달한 의미를 수신자가 해석하는 과정을 의미한다. 이 과정은 수신자의 경험영역에 의해 영향을 받는 것으로서, 의사교환상황과 관련하여 수신자가 가지고 있는 경험ㆍ지각ㆍ태도ㆍ가치 등을 말한다. 가령, 어린이들이 좋아하는 젤리나 초콜릿을 캐릭터 모양으로 상품화하면, 어린이들이 매우 선호한다.

6) 수신자

수신자(receiver)는 발신자가 제공한 메시지를 읽거나 청취해서 이를 해독하는 표적청중인 소비자이다. 발신자와 수신자의 효과적인 의사교환을 위해서는 발신자의 부호화와 수신자의 해독화 과정이 일치해야 한다. 즉, 수신자는 발신자가 전달하고자 하는 내용을 이해하고 이를 정확히 해석할 수 있어야 한다. 따라서 발신자와 수신자의 경험영역이 중복되는 공통경험영역(common ground)의 크기가 클수록 효과적 의사교환이 된다. 가령, 기업이 특정한 사회계층의 사람들에게 광고를 계획하려고 할 때, 광고를 많이 볼 수 있게 하는 방법은 그 사회계층이 즐겨보는 전문 잡지 또는 매체에 광고하는 방안이 발신자와 수신자 간의 공통경험영역을 크게 할 수 있어 그 효과가 높다.

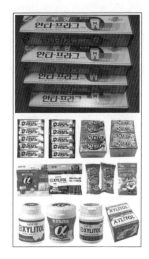

7) 반응

반응(response)은 수신자가 메시지에 노출된 후 일어나는 인지적(cognition)·감정적(attitude formation) 제품구매의도(intention) 그리고 구매행동의 결과를 말한다.

여기에서 주의사항은 메시지에 노출된 모든 소비자가 앞의 세 가지 반응을 모두 거치는 것은 아니다. 즉, 수신자가 제품에 대한 지식이 별로 없었더라도 자신이 좋아하는 모델을 TV 광고를 통해 접했다면 지금까지 부정적이었던 태도가 긍정적인 태도로 전환될 수 있다.

8) 피드백

피드백(feedback)이란 수신자 반응이 발신자에게 전달되는 반응을 뜻한다. 피드백은 다음의 의사교환활동에 반영되므로 그 피드백 을 얻기 위해 다양한 수단을 활용한다. 의사교환과정의 결과는 매출로 연결되거나 고객만족, 구전효과, 추천, 재방문의사 등으로도 나타난다.

9) 잡음

잡음(noise)은 의사교환 촉진과정에서 발생하는 일체의 방해요인으로, 계획되지 않은 현상이나 왜곡이 일어나는 것을 뜻한다. 즉, 수신자는 발신자가 전달하는 내용을 수신하지 못하거나 발신자의 의도와 다른 메시지를 얻게 된다. 잡음은 외적잡음(예: 아기울음소리, 비행기폭음, 클랙슨 소음), 내적잡음(예: 수면부족, 피로, 긴장), 경쟁잡음(예: 특정기업이 전달하고 있는 메시지 내용과 상반된 메시지를 주장하거나 인접되어 있는 타사광고로 주의가 산만해지는 소음) 등이 있다. 가령, 수신자가 특정광고를 시청하던 당시의 TV 수신 상태가 나쁘거나 다른 사람이 말을 시켜 수신인의 주의가 분산되는 경우 등이 있다.

의사교환촉진과정을 둘러싼 환경에는 상당한 양의 잡음이 존재하지만, 소비자들이 발신자가 의도한 대로 메시지를 수용하지 못하는 데에는 4가지 원인이 있다.

첫째, 소비자들은 선택적으로 노출되고 주의를 기울이기 때문에 자신들이 접하는 자극들을 모두 감지한다는 것은 불가능하다.

둘째, 소비자들은 자신들이 듣고 싶은 것을 청취하는 경향이 있기 때문에 메시지를 자의적으로 변형하여 수용하는 습관이 있다.

셋째, 소비자들은 정보처리능력의 한계로 장기기억 속에 자신들이 접한 의사교환 메시지들 중의 일부만을 간직한다. 소비자는 저장된 메시지들 중에 일부만을 선택적으로 인출하고 노출된 메시지의 일부만을 기억해 낼 수 있는 경향을 갖는다.

넷째, 소비자와 발신자 간에 공통경험영역이 없거나 작으면 의도된 대로 메시지가 수용되지 못할 수 있다. 즉, 표적소비자들은 자신들에게 익숙하지 않은 상징과 단어로 구성된 의사교환 메시지를 접하면 발신자의 의도와 다르게 메시지를 해석하는 경향을 갖는다.

(2) 의사교환 촉진과정

앞에서 의사교환 촉진과정의 6단계(발신자 → 부호화 → 매체 → 해독화 → 수신자 → 반응)와 구성요소에 대해 언급한 것처럼 성공적인 의사교환 촉진활동은 마케터 입장에서 소비자들을 둘러싼 수많은 잡음에도 불구하고 노출과 주의를 끌 수 있으면서도 설득력 있는 메시지를 만들어 가장 효과적이고도 효율적인 매체를 통해 소비자들에게 전달해야 하는 어려운 과업을 수행해 내야 한다.

[그림 8-32] 의사교환 촉진과정

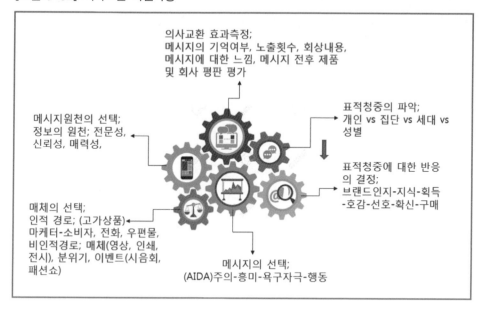

의사교환 효과측정;
메시지의 기억여부, 노출횟수, 회상내용,
메시지에 대한 느낌, 메시지 전후 제품
및 회사 평판 평가

메시지원천의 선택;
정보의 원천; 전문성,
신뢰성, 매력성,

표적청중의 파악;
개인 vs 집단 vs 세대 vs
성별

표적청중에 대한 반응
의 결정;
브랜드인지-지식-획득
-호감-선호-확신-구매

매체의 선택;
인적 경로; (고가상품)
마케터-소비자, 전화, 우편물,
비인적경로; 매체(영상, 인쇄,
전시), 분위기, 이벤트(시음회,
패션쇼)

메시지의 선택;
(AIDA)주의-흥미-욕구자극-행동

마케터는 [그림 8-32]에서와 같이 자사의 제품이나 기업의 이미지에 관한 메시지가 소비자의 매력을 유인하기 위해 우선 표적청중(target audience)을 파악해 내고, 그들로부터 원하는 반응이 무엇인지를 결정하고, 그런 후에 적절한 정보의 원천을 결정하고, 수신자가 손쉽게 메시지를 해독할 수 있도록 효과적으로 부호화한 후, 표적고객에게 효율적으로 도달될 수 있는 경로를 통해 메시지를 전달하고, 마지막으로 의사교환의 효과를 평가하는 것이다.

6.3. 촉진마케팅예산의 결정

기업이 해결해야 할 마케팅 의사결정에 대한 여러 어려운 문제들 중의 하나가 촉진예산의 책정이다. 그 이유는 광고나 인적판매를 위한 예산으로 얼마를 책정해야 할지 또는 각 분야별로 구체적인 활동에 얼마를 배정해야 적정한지에 대한 체계적이고 과학적인 모델들이 그리 많이 제시되어 있지 않기 때문이다. 그러므로 각 기업들은 자사의 원칙에 따라 다양한 방법으로 촉진예산을 책정하고 있는 것이 현실이다.

기업들은 이론에 근거한 의사교환예산결정방식보다는 실무적 경험을 통해 개발된 방법들을 주로 이용하고 있다. 기업들이 실제로 사용하는 촉진결정방법은 크게 상향식(bottom up approach)의 목표과업법과 하향식(top down approach)의 매출액 비율법, 가용예산 활용법, 경쟁사 기준법, 그리고 임의할당법 등이 있다.

(1) 목표과업법

목표과업법(objective and task method)은 가장 논리적인 촉진예산책정방법으로서, 촉진활동을 통하여 자사가 얻고자 하는 목표가 무엇인지에 따라 예산을 책정한다. 마케터는 ① 특정한 목표를 정의하고, ② 선정한 목표를 달성하기 위하여 수행해야 할 과업이 무엇인지를 결정하고, ③ 과업을 수행하기 위하여 소요되는 비용을 산정하여 예산을 책정하는 과정을 거친다.

목표과업법의 단점은 목표달성에 필요한 구체적인 과업과 각 과업별 소요비용을 결정하기가 어렵다는 점이다. 가령, 30%의 표적시장 고객들로부터 브랜드 인지도를 창출하는 것이 목표라면 이에 필요한 구체적 과업과 각 과업별 비용을 정확히 파악하는 것이 쉽지 않다. 따라서 기존제품 또는 이와 유사한 신제품에 대한 촉진예산 수립과 같이 예산수립의 지침으로 활용할 과거의 경험이 있다면 목표과업법의 사용이 비교적 용이할 것이다. 그러나 신제품에 대한 촉진예산을 수립할 때에는 목표과업법의 사용이 상대적으로 어렵다.

한편, 목표과업법의 채택배경은 하향식 접근방법들의 공통적 단점인 관리자의 판단에 의존하여 촉진예산이 결정되므로 의사교환 목표 및 전략과의 연계가 부족하여 먼저 의사교환목표를 고려하고 이를 달성하는 데 필요한 비용을 토대로 촉진예산을 책정하는 상향식 접근방법이 보다 효과적인 예산책정방법으로 평가되기 때문이다.

(2) 매출액 비율법

매출액 비율법(percentage-of-sales method)이란 촉진예산을 과거의 매출액이나 예상매출액을 기준으로 하여 일정비율로 정하는 방법을 말한다. 매출액 비율법은 기업이 촉진예산책정방법으로 가장 많이 사용하는 방법이다. 그 이유는 첫째, 기업이 사용가능한 금액을 일률적으로 사용하는 것이 아니라 매출액에 따라서 변화시킬 수 있으며, 둘째, 촉진비용, 판매가격, 그리고 제품의 단위당 이익 사이의 관계를 고려하여 촉진예산을 산정할 수 있으며, 셋째, 경쟁사들이 매출액에 대한 동일한 비율을 촉진비용으로 사용하기 때문에 경쟁사들과의 촉진예산 비용관계에 있어서 어느 정도 안전성을 유지할 수 있다.

이러한 이점들이 있음에도 불구하고 매출액 비율법의 단점은 매출을 촉진의 결과가 아니라 원인으로 보고 있기 때문에 매출액이 감소하는 시점에 촉진비용을 무조건 삭감해 버리는 결과를 빈번하게 초래한다. 따라서 이러한 논리적 모순은 '빈익빈 부익부' 현상을 가져다줄 가능성이 높다. 그다음으로 매출액 비율법은 시장상황의 여

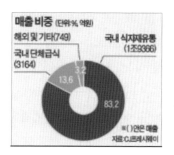

건과 마케팅전략이 변화함에 따라 이에 대처하여 탄력성 있게 촉진예산을 조정하기가 어렵다. 가령, 자사브랜드의 재포지션을 추구하거나 경쟁사의 적극적 의사교환에 대응할 필요가 있는 브랜드에 대해서는 필요한 의사교환활동에 미치지 못하는 과소비용이 책정될 가능성이 높은 반면, 시장에서 이미 높은 브랜드 인지도와 브랜드 이미지를 구축하고 있는 선도브랜드에 대해서는 과다한 경비가 책정될 가능성이 높기 때문이다.

(3) 가용예산활용법

가용예산활용법(the affordable method)은 기업의 다른 필수적 경영활동에 우선적으로 자금을 책정한 후 여유자금이 허락하는 범위 내에서 촉진예산을 책정하는 방법으로서, 재정적으로 기업에 부담을 주지 않는 방법이다. 그러나 가용예산활용법의 단점은 제한된 자금을 갖고 있는 기업에서 촉진을 위해 지나치게 많은 비용을 배분하지 않기 때문에 매출액에 대한 촉진의 효과가 전혀 반영될 수 없으며, 일정한 산출기준에 의하여 촉진예산이 책정되는 것이 아니고 매년 회사의 자금사정에 따라 책정되는 것이기 때문에 장기간에 걸쳐 마케팅계획을 수립하기에는 부적합한 면이 있다.

(4) 경쟁사 기준법

경쟁사 기준법(competitive parity method)은 자사의 촉진예산을 경쟁사들의 촉진예산에 맞추는 방법이다. 가령, 학교급식 전문업체인 CJ프레시웨이(cjfreshway.com)의 촉진예산을 총매출액의 10%로 책정하였다면, 자사의 촉진예산책정도 동일한 비율로 책정하는 것을 의미한다. 따라서 경쟁사 기준법은 매출액 비율법과 밀접한 관계를 갖는다. 즉, 매출액 비율법을 사용하는 기업들은 처음에 각자 독자적인 비율을 사용하다가 점차 경쟁사끼리 비슷한 매출비율을 사용하게 되

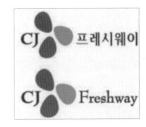

고, 결국 산업평균치(industry advertising to sales ratio)에 근거하여 촉진예산을 책정하게 된다. 이는 매출액 비율법과 경쟁사 기준법이 동시에 사용되는 경우라고 할 수 있다. 따라서 경쟁사 기준법은 매출액 비율법과 동일한 문제점을 갖게 된다.

경쟁사 기준법의 선호배경은 경쟁사와 유사한 수준에서 촉진예산을 책정하면 지나친 촉진경쟁을 회피할 수 있으므로 시장안정을 가져올 수 있다는 믿음 때문이다. 그런데 경쟁사 기준법을 채택할 경우 맹목적으로 경쟁사의 촉진예산을 따라가는 것보다 자사의 개별특성을 우선적으로 고려하는 것을 주의해야 한다.

(5) 임의할당법

임의할당법(arbitrary allocation method)은 CEO의 느낌으로 촉진예산을 책정하는 방식으로, 가용예산활용법보다 더 취약한 촉진예산결정방법이다.

임의할당법은 이론적 토대가 없으며 의사교환목표를 무시한 주먹구구식 촉진예산수립방식으로 다른 방법들과 비교할 때 전혀 이점이 없다. 시장환경이 확실한 시대에서는 CEO의 감각에 의한 경영이 가능하였으나 오늘날 복잡한 경영환경하에서는 적합하지 않은 촉진예산결정방법이다.

6.4. 한국적 정(情)마케팅

(1) 정(情)의 개념과 특징

정(情)이란 '오랜 접촉을 통해 자연발생적으로 생기는 감정이며, 서로 아껴주는 인간관계'(최상진 등, 2000), '서로 관련된 두 사람 혹은 그 이상의 사람들 간에 장기간의 접촉과정에서 친밀함의 정도'로서 이슬비에 옷이 젖듯 잔잔하게 쌓여서 느껴지는 누적적 감정상태를 말한다(최인재, 최상진, 2002). 정(情)은 서로가 상대를 아껴주는 마음이며, 아껴주는 마음을 상대로부터 느꼈을 때 생겨나는 것으로서 한국인들의 관계를 지속시켜주는 중요한 요인이다. 이는 한국적 정서와 가치관을 반영한 독특한 감정에 해당되며(김유경, 2000), 한국인의 인간관계에서 볼 수 있는 대표적인 심리특성으로 관계주의를 표방한다(최상진, 2000).

한편, 상업적 관계의 정(情)은 '거래 관계의 양 당사자가 서로에게 친밀감과 유대감을 느끼고, 상대방을 배려해주며, 부족한 점을 이해해주는 감정'으로 보았다(박종희, 김선희, 2008; 김선희 등, 2009). 이는 이해관계적 타산의 논리인 관계마케팅과 정리(情理)에 의한 비타산의 관점인 정(情)의 의미가 결합된 것으로 해석된다.

정(情)의 특징은 첫째, 정(情)은 한국인의 고유한 문화심리적 현상이다. 이는 강렬한 사랑이나 애정의 감정이 아니라 마음속으로 느낄 수 있는 잔잔하고 은근한 감정을 말한다. 둘째, 정(情)은 양 당사자에 대한 직·간접적 접촉과 공동경험을 통해 돋아난다. 셋째, 정(情)은 양 당사자가 오랫동안 상대방과 접촉의 결과로 서서히 나타나는 자연발생적 감정이다. 넷째, 정(情)은 상호 간의 접촉을 통해 정신적 유대감을 형성하게 된다. 이는 어느 한쪽의 친밀감이나 정신적 유대감의 정도가 상대방에서 느끼는 정도와 동일하거나 일치하지는 않는다.

정(情)마케팅은 한국인의 독특한 긍정적인 감정(이학식, 임지훈, 2002)과 상업적 관계의 정(情)을 내포한(박종희, 김선희, 2008; 김선희 등, 2009), '서로 관련된 두 사람 혹은 그 이상의 사람들 간에 장기간의 접촉과정에서 친밀함의 정도로서 상호 당사자에 대한 관심과 다정다감한 배려 그리고 상대방에 대한 허물없음과 같은 일련의 마케팅활동'으로 정의한다(박종희 등, 2006a; 박종희 등, 2006b; 김선희 등, 2009; 최상진 등, 2000; 권기대 등, 2010).

(2) 정(情)마케팅의 역할

한국적 정(情)은 [그림 8-33]에서처럼 B2B, B2C 간의 관계유지에 매우 중요한 윤활유 역할을 수행한다. 물론 기업과 기업 간의 거래관계의 형성과정에서는 한국적 정(情)이 큰 역할을 담당하지 못하지만, 거래관계를 시작하고 나서 관계유지에는 적지 않은 영향관계를 미치는 것으로 파악되고 있다. 마찬가지로 B2C에서도 한국적 정(情)의 역할을 소홀히 할 수 없다.

1) 관계신뢰

신뢰(trust)는 '교환 상대자의 말이나 약속이 믿을만하고 교환관계에서 의무를 다할 것이라는 믿음'(Schurr & Ozanne, 1985), '거래상대방이 쌍방관계에서 협력을 원하고 의무를 다할 것이라는 기대'(Dwyer et al., 1987)를 말한다. 신뢰는 교환관계에 있는 모든 비즈니스상에서 주춧돌에 해당되며, 이것이 구축되지 않은 상태에서 그다음 단계의 비즈니스로 연결되는 것은 사실 사상누각에 지나지 않는다.

[그림 8-33] B2B, B2C에서의 한국적 정(情) 역할

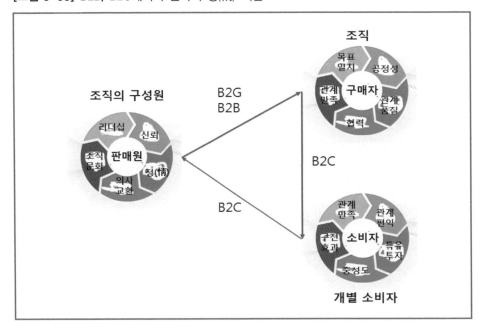

관계신뢰(relational trust)는 '교환관계에서 두 당사자의 관심을 고려하는 것처럼 반응하는 다른 당사자의 지각된 능력 및 의지'이다(권기대 등, 2006; Selnes & Sallis, 2003). 관계신뢰는 불확실성과 의존성의 특성을 지닌 교환상황에서 기회주의를 완화시키는 지배구조 메커니즘(governance mechanism)으로서 작용한다. 즉, 식품제조업체를 신뢰하는 거래관계 당사자는 거래상의 불확실성이 완화되어 비용이 감소되고 더 견고한 협력체제를 낳고(Ganesan, 1994; Morgan & Hunt, 1994), 갈등을 감소시켜 경로구성원의 만족을 제고시킨다(Anderson & Narus, 1990). 신뢰는 식품업체 조직 내의 기업전략을 효과적으로 수행하는 데 기여하고, 경영상의 협력을 촉진시킨다. 또한 조직 외부의 다른 파트너와의 신뢰관계를 유지하여 파트너십을 가져온다(Ganesan, 1994; Anderson & Kumar, 2006).

한국적 정(情)은 '오랜 접촉을 통해 자연발생적으로 생기는 감정이고, 서로 아껴주는 인간관계'(최상진 등, 2000)에서 신뢰가 싹튼다고 볼 수 있다. 사업 당사자가 상대파트너에 대해 비즈니스만으로 관계유지한 것이 아니라 장기적으로 한국적 정(情)을 묶어서 유지해 왔다면, 그 사업상의 정(情)은 미운 정 고운 정 다 들었음을 뜻한다. 상대방에 대해 한국적 정(情)이 든 관계라면 상대방의 흉이나 나쁜 점까지도 수용하게 되거나 심지어 긍정적으로 지각하게 된다는 것을 암시한다(박종희 등, 2006).

2) 공유가치

공유가치(share value)란 '사업 당사자의 특정 상대방에 대한 행동, 목표, 및 정책의 중요성과 적합성 여부, 그리고 옳고 그름에 대한 믿음의 정도'를 뜻한다(Morgan and Hunt, 1994). 개별 목표는 경쟁적 행동의 규범을 낳는 반면, 관계적 교환의 규범은 이익의 상호성에 기반을 두며, 또한 필수적으로 경영행동을 묘사하기 위해 관계의 존재가 잘 제고될 수 있도록 설계되어야 한다(Heide & John, 1992). 이는 광범위하고 강력하게 유지될 때 문화에 투영되고 조직 간의 신뢰 및 협력의 발전에 중요한 역할을 한다(Dwyer et al., 1987).

한국적 정(情)이란 두 개인의 상호관계에서 오랜 접촉이나 공동경험에 의해 자연적·무의식적으로 생기는 정신적 유대감으로 관심과 배려, 허물없는 관계를 의미하듯이(박진희 등, 2002), 조직의 공유가치는 보이든 보이지 않든 간에 자연스럽게 한국적 정(情)이 반영된 고유한 문화적 특성을 잉태해 있을 것이다. 즉, 사업 당사자가 상대 파트너에 대해 오랜 기간에 걸쳐 거래관계가 이루어지면서 자연스럽게 한국적 정(情)이 녹아났을 때와 그것을 제대로 융화하지 못했을 때 상대방에 대한 후속 행동이 달리 해석된다. 그러므로 사업 당사자 간에 높은 수준의 믿음이 형성될수록 서로 신뢰를 잃지 않기 위한 상호 간의 관계증진 행동을 낳는다.

3) 관계만족

관계만족(relational satisfaction)이란 '다른 상대방과의 관계 속에서 상대방의 모든 요소에 대한 긍정적 감정의 상태'를 말한다(Anderson & Narus, 1990). 만족은 조직 간 교환관계에서 상대방과의 협력을 형성하는 데 핵심적인 요소로 작용한다(Anderson & Narus, 1990). 이는 만족이 인지된 효과성에 대한 상당한 대리효과(close proxy)를 나타낼 뿐만 아니라 만족을 통해서 상대방의 미래 행동에 대해 보다 잘 예측할 수 있기 때문이다. 더 나아가 만족은 협력관계의 지속성을 유도한다. 유통경로연구에서는 경로구성원의 만족이 경로구성원 간의 협력을 증진시키고, 관계의 종결을 줄이며, 법적문제를 감소시키는 데 중요한 역할을 하는 것으로 확인되었으며(Ganesan, 1994), 경로구성원의 만족은 조직 간 관계의 성과인 동시에 경로 전체의 성과로서 활용되고 있다(박상준 등, 2011; 이미경, 김상현, 2012; Anderson & Narus, 1990).

협력의 근본 원리는 기업 간의 지속적인 신뢰 및 충성도와 관련됨으로써 선택 대안을 감소시키려 한다는 현상 내지는 의향을 뜻한다. 이는 궁극적으로 기업들 간의 긍정적이고 지속적인 관계는 협력과 만족을 통해 가능하며, 경로구성원들의 협력적 노력은 만족의 상위수준인 더 많은 경로의 효율성과 목표의 달성을 가져온다(Anderson & Narus, 1990). 과거 거래관계에서의 만족한 경험은 거래관계에서의 도덕적 가치와 협력을 증대시킴으로써 상호 간의 관계가 보다 오래 지속될 가능성이 높아진다고 하였고(Hunt & Nevin, 1974), 공급업자와 소매업자 간의 거래경험이 증가할수록 쌍방은 어려운 시기를 성공적으로 극복할 가능성이 높다고 주장하였다(Dwyer et al., 1987).

사업당사자 간의 관계만족은 한국인의 관계의 근원이 되는 정신적 유대감인 한국적 정(情)을 교류함에 따라 거래당사자들은 오해를 예방하고 서로 합의를 도출하는 경우에 만족하게 되며, 이런 만족한 경험이 장기지향성에 영향을 미칠 수 있다. 다만 한국적 정(情)은 미운 정 · 고운 정, 섭섭함 등의 다차원적 의미를 내포하고 있기 때문에 반드시 관계만족이 한국적 정(情)과의 긍정적 관계만을 갖는다고 볼 수 없을 것이다.

4) 의존

의존(dependence)은 '유통경로상에서 A가 욕구충족 또는 적응을 목적으로 상대방 B에게 의지하려는 경향'을 말한다(Emerson, 1962). 'A에 대한 B의 의존성은 A에게 B가 갈망하는 목표를 매개하고 있을 때 증진'된다. B의 목표달성을 위해 A가 자원을 제공하고 있을 때 B는 A에 대해 보다 의존적이다(Skinner et al., 1992). 희소한 자원을 획득하기 위해 다른 상대방과의 의존적 관계형성은 필수적이다. 비즈니스 당사자 간에 상호 의존적이란 말은 공동의 목표달성을 위해 당사자 간에 협력이 요구된다는 것이다. 이에 조직 간 협력은 상호 간의 의존성의 정도에 의해 영향을 받을 것으로 기대된다. 의존의 개념에서 볼 수 있듯 거래 당사자 간의 목표가 일치되고, 상호 간에 자원이 제공되며 또는 이해관계가 걸려있을 때 각 당사자 간에 협력이 증진될 것이다.

식품산업의 유통경로상에서 공급자에 대한 제조업체의 의존은 첫째, 상대방과의 거래규모가 크거나 거래성과의 가치가 클 때 둘째, 현재 교환 상대방과의 거래성과가 잠재 거래선으로부터 얻을 수 있는 성과보다 높을 때 셋째, 활용 가능한 거래대안의 수가 적고 거래가 특정 상대방에게 집중되었을 때 넷째, 관계특유자산에 대한 투자가 클수록 대체가능성이 낮을 때 등이다(김상현, 김재륜, 2004). 즉, 균형된 의존하의 높은 상호 의존은 경로구성원 간의 만족과 협력을 증진시키고, 전략적 연계를 강화시킨다.

조직 간의 관계의존에 있어서 한국적 정(情)이 존재하지 않는 경우보다 각자의 목표달성을 위해 한국적 정(情)이 조직 간에 녹아났을 때, 상대방에 대한 관심과 배려에 대한 필요성을 높게 인지함은 물론 실제로 더 긴밀한 수준의 빈도 높은 정관계를 유지한다. 물론 경로구성원 간의 의존에 따른 정(情)의 심화는 목표에 대한 도전과 긴장으로 오히려 상대방의 배려부족과 양보의 미흡으로 갈등의 증폭을 낳을 수 있다.

5) 의사소통

의사소통은 '공식적 또는 비공식적 경로를 통해 적절하고 중요한 정보들을 공유하는 활동'을 뜻하며(Anderson & Narus, 1990), 계획, 프로그램, 기대 목표, 그리고 평가기준의 상호개방과도 관련되는 등 광범위하게 정의된다(Anderson & Weitz, 1989). 특히 시의적절한 의사교환은 논쟁과 갈등을 해결하고(Morgan & Hunt, 1994), 지각과 기대를 낳으므로 신뢰와 협력을 잉태할 뿐만 아니라 조직기능의 중요한 토대이기 때문에, 의사교환 행동은 조직의 성공에 결정적 역할을 한다(Mohr & Spekman, 1994). 과거의 의사소통은 신뢰의 전제조건이지만, 일련의 기간에 있어서 의사소통의 누적은 더 좋은 협력을 낳는다 (Anderson & Narus, 1990). 즉, 관계 당사자들 간에 양질의 의사교환이 이루어질수록 공동의 목표달성을 위해 상호 노력을 증가시킬 것이다.

한국적 정(情)마케팅이 상대방과의 거래관계 상황에 적합하고, 시의적절하며, 그리고 신뢰할 수 있다는 것에 대한 파트너의 인식을 제공한다면 곧 양자 간의 갈등이 생산적 측면으로 치유되는 동시에 더 큰 상생의 관계로 발전될 수 있다. 의사소통이 공급사슬상의 조직들을 함께 묶어주는 접착제(glue)에 해당되며(Mohr & Nevin, 1990), 한국적 정(情)은 공급사슬상의 조직들에게 시너지효과를 가져올 수 있다. 의사소통과 한국적 정(情)은 기업 간 경로에서 파트너 간에 상호 이해를 제고시킴으로써 관계강화와 촉진에 긍정적인 역할을 한다(Anderson & Weitz, 1989). 특히, 신뢰와 관계결속에 관한 연구모델에서 의사교환을 중요한 변수로 다룸에 따라 기업 간 관계의 증진을 위해 의사소통이 협력을 촉진시킨다(Morgan & Hunt, 1994).

6) 관계편익

관계편익(relationship benefits)이란 '파트너 선택권과 관련된 제품의 수익성, 고객만족, 그리고 제품의 성능과 같은 유·무형의 경제적 편익'을 말한다(Morgan & Hunt, 1994). 이러한 우월적 편익을 제공받는 당사자는 그 상대방에 대해 적극적 관계증진으로써 상호발전을 도모할 수 있기 때문에 관계편익은 실질적으로 협력을 위한 핵심적 연결고리 역할을 한다. 일반적으로, 우리나라의 조직 간 관계시장 환경에서 경제적 편익의 많고 적음은 지속적 관계협력의 전제조건이다(권기대 등, 2010). 거래에 있어서, 식자재 공급자의 식품제조업체에 대한 협력이 신뢰라는 토대로 형성되기보다는, 많은 경우 일시적인 경제적 혜택을 누리려는 거래 관계자의 음험한 기회주의적 행위와 이중적 파트너십에 의해 관계구축의 정도가 결정되기도 한다.

반면 한국적 정(情)은 경제적 파이를 의미하는 관계편익과 다소 거리가 있다. 즉, 한국적 정(情)의 긍정적인 면과 부정적인 일면이 존재한다. 전자는 상대방을 아껴주고 배려해주며, 진심으로 걱정해 주고 관심을 보여주고, 이해해주는 행동을 한다거나, 필요할 때 도움을 요청할 수도 있으며, 비밀을 털어놓고 서로의 단점에 대해 충고해주는 것을 들 수 있다. 반면 후자는 부탁을 쉽게 거절하지 못하는 어려움, 맺고 끊음이 불분명해져서 정서적인 부담감을 갖고 서로 간섭하거나 상대방에게 함부로 하는 것을 들 수 있다(최상진, 최인재, 1999; 박진희 등, 2002).

 글로벌 환경하의 무한 경쟁상황은 기업들로 하여금 자사의 제공물에 부가가치를 제공해 주는 제품, 프로세스(process), 기술 등을 모색하도록 요구한다. 이런 맥락에서 제한된 자원을 갖고 있는 당사자는 거래 상대방과 제품, 프로세스, 기술의 유형적 편익은 물론 무형적인 브랜드를 통한 관계편익을 추구한다. 식자재 공급자들은 식품제조업체에 대해 다른 선택권과 관련된 제품의 수익성, 고객만족, 그리고 제품의 기능성과 같은 우월한 편익을 제공받음으로써 거래 양자 간의 건강하고 지속가능한 관계를 유지시킬 수 있다.

7) 관계특유자산

 관계특유자산(idiosyncratic specific asset)이란 '특정 파트너와의 교환관계에만 적합토록 투자되었기 때문에 타 파트너와의 교환관계로는 쉽게 재배치될 수 없으며, 재배치 시 자산가치가 없는 내구성자산에 대한 투자자산'을 말한다(Anderson & Weitz, 1992). 즉, 관계특유자산은 파트너가 다른 관계로 쉽게 이동할 수 없는 관계를 만들고자 '고객화한 투자자산'으로서, 인적자원의 교육, 유통상의 내부설비, 광고·촉진비, 그리고 기업거래절차상의 투자 등을 포함한다. 다시 말해서, 관계마케팅 연구문헌에서 일반적 가정은 지금까지의 식자재 공급자와 식품제조업체의 관계적 교환관계에 있던 쌍방 중에서 한 관계자가 관계를 청산하거나 종결짓고자 할 때 대안의 관계를 모색할 것이며, 현재까지의 쌍방 간 의존에서 초래된 전환비용을 포함할 것이기 때문에 그러한 특유투자자산은 이미 투자한 기업에게 교환관계 관리에 어려움을 불러일으킬 수 있다. 가령, 상대 파트너 측이 기회주의적 행동으로 이익을 부당하게 착복하더라도 다른 신규 파트너로의 변경을 효과적으로 대처할 수가 없다. 왜냐하면, 관계종결의 퇴출장벽이 높다는 것을 사실상 상대 파트너가 인지하고 역으로 이용하는 비윤리적 기업 운영 형태의 하나라고 볼 수 있기 때문이다. 한편, 비만회투자(nonretrievable investment)(Wilson, 1995)와 관계종결비용(relationship termination costs)(Morgan & Hunt, 1994)은 유사한 개념이며, 동일한 맥락에서 이해하면 될 것 같다.

 한국적 정(情)은 '거래 관계의 양 당사자가 상호 친밀감과 유대감을 느끼고, 상대방을 배려해주며 부족한 점을 이해해 주는 감정'을 뜻하므로(김선희 등, 2009), 관계특유자산 맥락에서 볼 때 거래 상대방에게 깊은 마음과 관심을 제공하고, 심지어 상대방이 경제적 어려움을 겪을 때 재정적 지원 등의 회수 불가능한 정신적 투자자산으로 비유할 수 있다.

그러므로 거래 상대방들로 하여금 관계특유자산을 투자 결정함으로써 의존과 신뢰를 낳을 수 있고, 강력한 협력의 파트너로 묶을 수 있다(Ganesan, 1994). 전형적으로 관계특유자산은 높은 전환장벽을 낳을 수 있으며 교환관계로부터 높은 퇴출장벽이 된다.

8) 협력

협력(cooperation)이란 '개인 또는 시스템의 목표를 달성하도록 지향된 공동노력', '상호이익목표를 달성하기 위해 기득권을 가진 참가자들의 공동노력', '협력의 각 당사자들이 공동의 목표를 달성하기 위한 상호 노력(Skinner et al., 1992)', '기업 간의 정신적 교류'(권기대 등, 2010; 권기대, 김신애, 2010; Ellram, & Hendrick, 1995) 등 다양하게 정의된다. 협력은 사회과학에서 주로 세 가지 관점에서 연구되어 왔다(Sibley & Michie, 1982). 첫째, 사회를 위한 가치체계의 독특한 형태로 이론화되었다는 점, 둘째, 경쟁과 대비되는 것으로서 개인 또는 집단을 위한 행동전략으로 고려되어왔다는 점, 셋째, 둘 이상 당사자 간의 갈등문제를 해결하기 위한 기술, 기법 또는 수단 등의 도구적인 방법으로 간주되어 왔다는 것 등이다. 학자들이 제안한 협력의 개념을 종합해보면 '상호호혜적인 성과를 달성하기 위하여 상호의존적인 관계에 있는 기업들에 의해 취해지는 유사하거나 보완적인 조정된 행동들'로 볼 수 있으며, 협력에 의한 상호의존적 행동은 강제적으로 해야 하는 것을 능동적·순향적(proactive)으로 이끌어 나간다(Morgan & Hunt, 1994). 기업 간 관계에서 협력의 기대효과는 원가 및 비용절감, 환경변화에 따른 불확실성의 감소, 적시공급, 시장정보의 공유, 전문화 및 차별화, 공동프로젝트의 수행, 경로진입억제 등 여러 가지 시너지 효과를 얻을 수 있다.

한편, 오늘날 기업들은 환경의 불확실성으로 인해 변화하는 환경에 적응할 수 있도록 자사가 핵심역량을 보유하고 부족한 다른 부분에서 협력체결을 중요시하고 있으며, 특히 영세한 식품업체들은 시장의 교두보를 확보하기 위해 무엇보다도 기술경쟁 요인과 마케팅 요인을 해결해야 한다. 그러한 맥락에서 제한된 자원을 보유한 영세한 식품업체들은 기술력과 브랜드, 자금력이 막강한 식품제조업체와의 협력관계를 통한 시장진입을 모색하게 된다. 일반적으로 식자재업체들의 CEO는 기술력만 있다면 낯선 시장진입도 용이할 것처럼 말하지만 공고한 기술력을 보유하지 않은 식품기업의 시장진입은 궁극적으로 소비자의 외면으로 사상누각에 지나지 않는다.

[그림 8-34] 한국적 정(精)의 역할

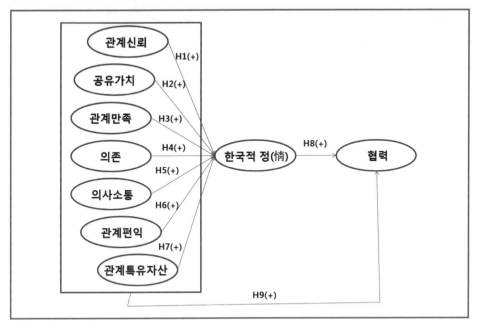

한국적 정(情)은 '대인관계 또는 조직관계에서 상대방과의 밀착도를 결정하는 일차적인 관계속성으로 인위적인 마음의 상태가 아닌 자연발생적인 마음의 지향성'으로 보아 거래 상대방과 협력을 체결했다면, 형식적이고 제로섬 게임(zero sum) 같은 협력이 아니라 플러스섬 게임(plus sum game)으로 협력의 밀도와 추진력은 더 강화된다고 봐야 할 것이다. 이에 거래 쌍방 간에 한국적 정(情)이 깃든 오랜 거래 파트너 관계라면 오히려 희소한 자원의 부가가치를 제고시킬 수 있는 계기로도 작용할 수 있다.

이슈 문제

1. 상품 브랜드의 가격결정에 영향을 미치는 주요 요인들에 대해 설명하시오.
2. 상품 브랜드의 가격결정방법에 대해 설명해 보시오.
3. 상품 브랜드의 초기고가전략과 시장침투가격전략을 비교 설명하시오.
4. 상품 브랜드에 대한 가격기능의 한계는 무엇인가? 언급해 보시오.

5. 소비자의 상품 브랜드에 대한 심리적 가격결정에 대해 설명하시오.

6. 편승효과와 청개구리효과의 의미를 살펴보고 예를 들어 보시오.

7. 유통의 정의를 내리고, 도소매상의 기능을 설명해 보시오.

8. 개방적 유통, 선택적 유통, 그리고 전속적 유통에 대해 논하시오.

9. SCM의 개념과 성공적인 공급사슬관리의 요건을 설명하시오.

10. 유통경로상의 힘의 원천에 대해 예를 들어 설명하시오.

11. 상품 브랜드에 대한 마케팅 의사교환과정을 설명하시오.

12. 의사교환의 촉진예산결정에 대해 논하시오.

13. 프로모션의 정의를 내리고 각 구성요소에 대해 비교 설명하시오.

14. 한국적 정(情) 마케팅을 구매자-판매자 관계발전모델과 연결해 보시오.

유익한 논문

공급망에서 소비자의 농산물 공동브랜드 구매요인분석: 예가정성 공동브랜드를 중심으로
김신애

농산물브랜드시장에서 관계만족의 선행요인과 결과: 전환비용, 관계편익, 대안의 매력도, 이탈의도 간의 관계를 중심으로
권기대, 김신애

쌀 공동브랜드의 성공요인 및 컬러마케팅전략: 부여지역 쌀을 중심으로
권기대

한국적 정(情)이 관계결속 및 관계지속의도에 미치는 영향: 한약재 도매상을 중심으로
권기대

프랜차이즈 브랜드 창업

1절 프랜차이즈 브랜드
2절 프랜차이즈 브랜드의 창업
이슈 문제
유익한 논문

09

1절 프랜차이즈 브랜드

1.1. 프랜차이즈 브랜드의 정의

프랜차이즈 브랜드(franchise brand)란 [그림 9-1]에서처럼 가맹본부(franchisor) 브랜드가 가맹점(franchiseé)에 상품 공급, 조직, 교육, 영업, 관리, 점포개설 등의 노하우를 브랜드와 함께 제공하며, 사업을 영위해 나가는 형태를 말한다. 즉, 상품을 제조하거나 공급하는 업체가 '가맹본부 브랜드'가 되고 독립 소매점이 가맹점이 되어 소매 영업을 프랜차이즈(franchise)화하는 사업 형태를 의미한다.

[그림 9-1] 프랜차이즈 브랜드의 정의

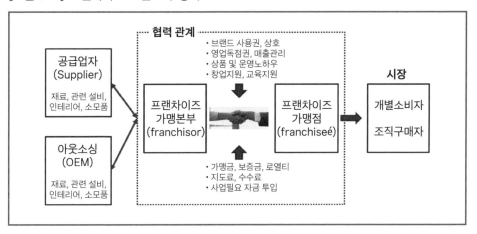

우리나라 공정거래위원회의 정의는 '가맹본부가 가맹점 사업자로 하여금 자기의 브랜드 · 서비스표 · 상호 · 간판 그 밖의 영업표지를 사용하여 일정한 품질기준에 따라 상품(원재료 및 부재료 포함) 또는 용역을 판매하도록 함과 아울러 이에 따른 경영 및 영업활동 등에 대한 지원 · 교육과 통제를 하며, 가맹점 사업자는 영업표지의 사용과 경영 및 영업활동 등에 대한 지원 · 교육의 대가로 가맹비(membership fee)를 지급하는 계속적인 거래관계'로 보았다(가맹사업법 제2조제1호, [표 9-1]의 5가지 조건이 만족할 때 가맹사업에 해당).

[표 9-1] 가맹사업의 조건

조 건	내 용
① 가맹본부가 가맹점사업자에게 영업표지 사용을 허락	영업표지의 상표 등록 여부와 관계없이 제3자가 독립적으로 인식할 수 있을 정도면 가능
② 가맹점사업자는 일정한 품질기준이나 영업방식에 따라 상품 또는 용역을 판매	가맹본부가 가맹점사업자의 주된 사업과 무관한 상품 등만 공급하는 경우에는 가맹사업이 아님
③ 가맹본부는 경영 및 영업활동 등에 대한 지원, 교육, 통제를 수행	가맹본부의 영업방침을 따르지 않는 경우 아무런 불이익이 없다면 가맹사업이 아님
④ 영업표지 사용 및 경영·영업활동 등에 대한 지원·교육에 대가로 가맹금 지급	가맹본부가 가맹점사업자에게 도매가격 이상으로 물품을 공급하는 경우도 가맹금 지급에 해당
⑤ 계속적인 거래관계	일시적 지원만 하는 경우는 가맹사업이 아님

　프랜차이즈 브랜드의 가맹본부는 가맹점에 해당 지역 내에서의 독점적 영업권을 주는 대신 가맹본부가 취급하는 상품 브랜드의 종류, 점포 인테리어, 광고, 서비스 등을 직접 조직하고 관리하는 것은 물론 가맹점에 교육지원, 경영지원 및 촉진마케팅 지원 등 각종 경영 노하우를 제공한다. 이에 대해서 가맹점은 가맹본부에 가맹비, 로열티(royalty) 등의 일정한 대가를 지불하고, 가맹점 사업에 필요한 자금을 직접 투자해서 가맹본부의 지도와 협조 아래 독립된 사업을 영위한다. 이와 같은 가맹본부와 가맹점 간의 지속적인 관계를 프랜차이즈 브랜드라고 할 수 있으며 결국 프랜차이즈 브랜드란 '가맹본부와 가맹점 간의 협력사업 시스템'이라고 볼 수 있다.

　프랜차이즈 브랜드의 장점은 ① 실패의 위험이 적고, ② 비교적 손쉽게 개업을 할 수 있으며, ③ 대량구매 분배에 따른 경비를 절감할 수 있다. 또한, ④ 높은 판매 수익을 기대할 수 있고, ⑤ 다점포로 인한 경쟁력 확보를 할 수 있다. 그러나 최근에는 프랜차이즈 브랜드 창업에 관심이 많은 사람들이 증가하자, 정부는 제대로 서비스를 제공하지 않는 가맹본부 브랜드들도 늘고 있어 프랜차이즈 브랜드 창업 기준을 강화할 방침인 것으로 확인되고 있다. 프랜차이즈 브랜드는 계약형 수직적 마케팅경로 시스템에서 가장 급속히 신장(伸長)된 유통업의 한 형태이다.

1.2. 프랜차이즈 브랜드의 유형

프랜차이즈 브랜드는 [표 9-2]에서처럼 제품유통형과 사업형 프랜차이즈로 크게 구분 가능하다. 통상적으로 프랜차이즈 브랜드는 사업형 프랜차이즈를 뜻한다. 실제적으로도 국제프랜차이즈협회(IFA, international franchise association)의 요청으로 2004년 Price waterhouseCoopers[1])에서 조사한 "프랜차이즈사업의 경제적 영향(economic impact of franchised business)" 결과 보고서에 따르면, 사업형은 고용, 임금, 산출, 점포수에 있어 제품유통형보다 전체 프랜차이즈산업의 약 70~80% 비중을 차지하고 있다고 언급하였다.

[표 9-2] 프랜차이즈 브랜드 유형

제품유통형 프랜차이즈 (product distribution franchises)	사업형 프랜차이즈 (business format franchises)
• 가맹본부의 제품을 판매하는 공급자·딜러 관계. 가맹본부는 가맹점에게 등록상표의 사용을 라이선싱(licensing)해 주지만 사업운영에 필요한 시스템을 모두 제공하는 것은 아님.	• 가맹본부의 제품이나 서비스를 가맹본부의 등록상표로 판매하되 가맹본부가 제공하는 시스템에 의해 사업이 운영됨. 프랜차이즈 브랜드 가맹본부는 가맹점에게 교육훈련, 마케팅, 점포운영 등의 매뉴얼 제공
예: 청량음료(Coca-Cola), 자동차딜러십(Ford), 주유소(Texaco) 등	예: 패스트푸드(McDonlad's), 소매업(7-Eleven), 서비스업(Jani-King) 등

주: 사업형 프랜차이즈와 제품유통형 프랜차이즈는 가맹본부가 가맹점에 대한 통제와 지원을 어느 정도 할 수 있는가에 의해 구분될 수 있음. 사업형은 제품유통형보다 통제와 지원의 정도가 큼.

---

1) 영국 런던에 본사를 둔 다국적 회계컨설팅기업. 프라이스워터하우스쿠퍼스(PwC)는 1998년 프라이스워터하우스(PriceWaterhouse)와 쿠퍼스 앤 라이브랜드(Coopers & Lybrand)가 전 세계적으로 대대적인 합병을 하면서 출범한 글로벌 회계컨설팅기업이다. 두 회사의 합병 이전에 설립된 프라이스워터하우스의 모태는 1849년 사무엘 로웰 프라이스가 런던에 세운 회계 사무소 '프라이스'이며, 프라이스는 1865년 에드윈 워터하우스, 윌리엄 홉킨스 홀리랜드가 런던에 세운 홀리랜드 앤 워터하우스(Holyland & Waterhouse)와 합병한 후, 1874년 회사명을 프라이스워터하우스(Price, Waterhouse & Co)로 바꿨다. 그리고 '쿠퍼스 앤 라이브랜드'는 윌리엄 쿠퍼를 비롯한 그의 형제들이 1854년에 세운 회계법인 '쿠퍼 브라더스(Cooper Brothers & Co)'와 미국의 로버트 몽고메리 및 윌리엄 라이브랜드가 1898년에 세운 '라이브랜드 로스 브라더스 앤 몽고메리(lybrand, Ross Brothers and Montgomery)'가 1957년에 합병하면서 출범한 이름이다. 글로벌 회계컨설팅기업인 PwC는 전 세계 157개국에 776개의 지사 및 다국적 네트워크 회사 체제를 갖추고 19만 5,000여 명의 전문 회계사, 변호사 등과 함께 특화된 회계감사, 세무자문, 경영자문 서비스를 제공하고 있다. PwC는 딜로이트(Deloitte), 언스트 앤 영(EY, Ernst & Young), KPMG 등과 함께 세계 4대(Big 4) 회계컨설팅기업에 속한다. '포춘 글로벌 500대 기업' 가운데 421개 기업에 서비스를 제공하고 있다. 2014년 기준으로 총 340억 달러의 매출을 기록했다.

[표 9-3] 전통적 및 수직적 마케팅경로 시스템의 비교

특성	전통형 경로	수직적 마케팅 시스템		
		관리형	계약형	기업형
개별구성원과 전반적 경로목표와의 관계	전반적 경로목표가 없음	개별구성원별로 독자적인 목표를 가지고 있지만, 전반적인 경로목표를 달성하기 위해 비공식적으로 협력	개별구성원별로 독자적인 목표를 가지고 있지만, 전반적인 경로목표를 달성하기 위해 공식조직을 형성	전반적 경로목표 달성을 위해 개별구성원을 조직화
전반적 경로의사 결정의 위치	개별구성원	공식적인 경로조직구조 없이 개별구성원 간의 상호작용에 의함	개별구성원의 승인을 얻은 경로조직구조 내의 상위기구	경로조직구조 내의 상위기구
권한의 위치	개별구성원에 배타적으로 존재	개별구성원에 배타적으로 존재	개별구성원에 주로 존재	공식적 경로조직구조의 상위계층
개별구성원 간 분업의 구조화 여부	경로전체의 관점에서 공식적으로 구조화된 분업이 존재하지 않음	개별구성원이 공식적인 구조화 없이 그때그때 분업에 동의	개별구성원이 경로조직에 영향을 미칠 수 있는 경로기능의 분업에 동의	공식적 경로조직 내에 개별구성원 간 분업의 공식적 구조화가 이루어짐
경로리더의 경로 시스템에 풀업	거의 없음	낮은 수준의 몰입	중간 수준의 몰입	높은 수준의 몰입
개별구성원의 규정화된 집단 지향성	거의 없음	다소 낮음	다소 높음	높음

자료: Stem and El-Ansary, 1992, Marketing channel, p. 324.

　수직적 마케팅경로 시스템의 등장은 [표 9-3]에서와 같이 전통적 유통경로(conventional distribution channel)가 경로 시스템 전체의 이익을 대변하기보다 각기 독립된 조직(메이커, 도매상, 소매상)의 단기이익 극대화에 몰두함에 따라 결속력이 약하고 갈등이 빈발하며 성과가 부진하였을 뿐만 아니라 경로주도자의 부재로 경로구성원들 간의 갈등의 조정이나 협력을 위한 공식적인 조직이 없는 것에 대한 대안으로 생겨났다.

　[그림 9-2]에서와 같이 수직적 마케팅경로 시스템(vertical marketing system)은 전통적 경로 시스템의 단점을 보완하고 운영상의 경제성과 시장에 대한 최대한의 영향력을 발휘하기 위해 전문적으로 관리되고 본부에 의해 설계된 네트워크 형태의 경로조직을 말한

다. 이 시스템은 생산에서 구매까지의 유통과정에서 각 경로구성원이 수행해야 할 마케팅기능을 통제하여 규모의 경제를 달성할 수 있게 하며, 경로 전체의 이익을 대변하기 때문에 경로구성원들 간의 협력을 이끌어낼 수 있어 전통적 유통경로 시스템보다 경쟁력이 높은 것이 특징이다.

[그림 9-2]에서처럼 수직적 마케팅경로 시스템은 경로구성원들의 소유권 정도에 따라 기업형, 계약형, 관리형으로 나눌 수 있다. 일반적으로 수직적 통합의 정도가 약한 관리형에서 매우 강한 기업형으로 갈수록 경로구성원에 대한 통제력이 증가하는 한편, 더 많은 투자를 필요로 하며 유통환경변화에 대응하는 유연성은 떨어진다.

[그림 9-2] 프랜차이즈 유형

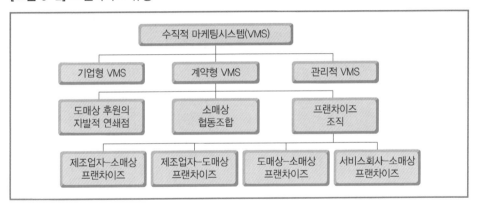

[그림 9-3] 기업형 수직적 마케팅경로의 통합 배경

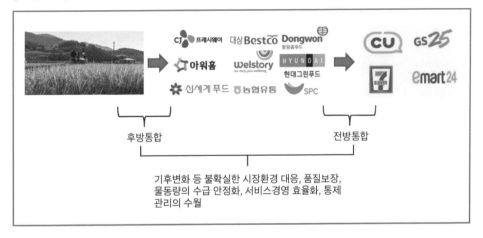

(1) 기업형 수직적 마케팅경로 시스템

기업형 수직적 마케팅시스템(corporate vertical marketing system)은 '소유에 의한 수직적 마케팅경로 시스템'이라고도 하며, 유통경로에서 하나 또는 그 이상의 조직을 법적으로 소유해서 경영하는 경로유형을 말한다. 즉, 이러한 경로유형은 특정기업이 생산시설, 도매상, 소매상을 모두 소유하고 관리하는 것을 의미한다. [그림 9-3]에서처럼 생산자가 도·소매상을 소유·경영하는 전방통합(forward integration), 도·소매상이 자신들에게 제품을 공급하는 메이커를 소유하는 후방통합(backward integration)이 있다.

(2) 관리형 수직적 마케팅경로 시스템

관리형 수직적 마케팅시스템은 소유는 하지 않더라도 어느 한 구성원이 자사의 힘(power)과 크기를 배경으로 다른 독립된 구성원들의 행동을 관리하는 시스템을 말한다. 이 시스템은 독립적인 경로구성원 간의 상호이해와 협력에 의존하지만, 협력을 해야 하는 계약상의 의무조항은 없다. 즉, 경로구성원은 독립적으로 존재하면서 서로 다른 목적을 추구한다. 가령, 한국담배공사(ktng.com)는 우리나라 담배 브랜드의 공급능력과 특별한 기술을 가진 대표 기업으로서, 담배와 관련된 유통경로 구성원들은 담배의 원활한 공급을 받기 위해서 암묵적으로 KT&G와 협력관계를 유지하려고 한다.

(3) 계약형 수직적 마케팅경로 시스템

계약형 수직적 마케팅경로 시스템은 [그림 9-2]에서처럼 경로구성원들이 공식적인 계약에 의해 상호 의존되어 있는 시스템을 말한다. 즉, 이 시스템은 각 경로구성원들이 단독으로는 달성하기 어려운 경제성이나 판매영향력을 확보하기 위해, 생산에서 유통에 이르는 각기 다른 경로수준에 종사하는 독립적인 기업들이 각자가 수행해야 할 기능들을 계약에 의해 합의함으로써 책임과 의미를 다하는 시스템이다. 수직적 마케팅경로 시스템은 ① 도매상지원 자발적 연쇄점(wholesaler-sponsored voluntary chain), ② 소매상 협동조합(retalier cooperative), ③ 프랜차이즈 시스템(franchise system) 등의 유형이 있다.

1) 도매상지원 자발적 연쇄점

도매상들을 중심으로 거대한 연쇄점 조직과 경쟁하고 있는 독립적 소매상을 지원하기 위해 계약에 의해 자발적 연쇄점을 조직한 것을 말한다. 이때 주도적인 도매상은 독립된 소매상들이 판매 관행을 표준화하고, 자발적 협력을 통한 집중된 구매력과 규모의 경제로 인하여 독립된 소매상은 저렴한 가격으로 물품을 조달할 수 있는 이점이 있다. 아울러 지원도매상은 독립된 소매상 구성원들에게 소매상 간에 동일한 이미지를 주는 데 필요한 재료와 점포입지 탐색, 점포계획서비스, 관리자 및 종업원 교육, 물적 · 유통기능 등을 제공한다. 예를 들어 1994년에 선경유통의 S-Mart를 예로 들 수 있다.

2) 소매상 협동조합

중소 소매상들이 거대한 체인점과 경쟁하기 위해 자발적으로 공동소유의 조직체를 만들어서 도매상의 기능과 생산기능까지 겸하는 것을 말한다. 소매상 협동조합[2]을 구성한

---

2) 대전일보(2018. 05.10)의 '동네 빵집 · 꽃가게 뭉치니 대기업 안부럽네'라는 기사에 따르면, 1990년대 이후 대기업 프랜차이즈 제과점이 생겨나며, 골목을 지켜온 많은 동네 빵집들이 문을 닫게 됐다. 작은 가게에서 낡은 오븐을 부둥켜안고 오로지 제빵 기술과 정성으로 최신식 장비와 매장을 갖춘 프랜차이즈와 경쟁했지만 자본력을 앞세워 브랜드 파워를 만드는 대기업의 마케팅을 감당할 수 없었다. 규모의 경제에 속수무책으로 밀려나던 소상공인들은 생존을 위해 손을 잡기 시작한 것이 '소상공인협동조합'이다. 서울의 은평구와 서대문구를 중심으로 오랜 세월 개인빵집을 운영해 온 제빵 장인들이 모여 만든 생산자 협동조합이다. 대전화원협동조합(꽃집), 자동차전문정비업협동조합(카센터), 피자연합협동조합(음식업), 하이크리닝협동조합(세탁업), 해피브릿지협동조합(음식업), 와플대학협동조합(음식업), HBM협동조합 경영연구소 등이다. 대전의 대표적 소상공인협동조합인 대전화원협동조합은 2013년 결성됐다. 2015년 3분기부터 공동사업제품(화환)의 조합원 단가를 10% 인하하고 실명제 화환을 도입하고 간편 화환대를 개발하는 등 꾸준한 노력 끝에 출범 직후 16명이던 조합원이 74명까지 늘어났다.
프랜차이즈 가맹본부의 '갑질'에 항의하며 탈퇴한 6개 가맹점의 점주들이 5개월 동안 준비 끝에 출범시킨 피자연합협동조합도 꾸준히 가맹점포를 늘려가고 있다. 2017년 1월 영업을 시작해 1년 새 조합원수가 12명으로 두 배가 됐고 가맹점포는 6개에서 25개로 급증했다. 그러나 국내 소상공인협동조합은 유럽의 성공모델과는 규모화 측면에서 큰 차이를 보인다.
2015년 유럽의 독일 · 프랑스 · 이탈리아 3개국의 도 · 소매업 사업자협동조합 현황을 살펴보면 독일은 153개 조합에 1만 4,500명이 소속돼 있다. 조합당 평균 조합원수가 94.8명이다. 프랑스는 독일에 비해 전체 조합수는 89개로 적지만 조합당 평균 조합원 수는 354.7명이나 돼 전체 3만 1,574명의 조합원을 보유하고 있다. 이탈리아는 346개 조합에 조합원이 3만 5,600명(조합당 평균 102.9명)에 이른다. 이들 국가의 소상공인협동조합에서 내는 연간 매출은 독일 1,070억 유로, 프랑스 1,435억 유로, 이탈리아 139억 유로에 이른다. 고용인원은 56만 1,000명, 53만 4,308명, 4만 7,350명 수준이다.
우리나라 제과점업의 경우 전국에 1만 8,403개 업소에 7만 6,347명이 일하고 있지만, 지역조합은 16개에 그치고 있다. 전국 단위 연합회로 발전하지도 못했다. 꽃집 지역조합은 16개, 자동차정비업 15개,

동기는 공동구매와 공동촉진을 통해 경쟁 소매상들과의 경쟁우위를 확보하자는 데 있다. 따라서 공동가입한 소매상들은 수량할인, 집단광고, 점포설비, 기록유지시스템의 개발, 경영상의 지원 등의 혜택을 누릴 수 있는 이점이 있다. 우리나라의 중소상인연쇄점협회나 한국슈퍼마켓협동조합이 이에 해당된다. 협동조합에서 나오는 이익금은 구매량에 비례하여 각 조합원에게 분배하는 특징이 있다.

3) 프랜차이즈 시스템

계약형 수직적 마케팅경로 시스템에서 가장 급속히 신장된 유통업이다. 프랜차이즈 시스템이란 프랜차이즈 본부(franchisor)가 계약에 의해 가맹점(franchisee)에게 일정한 기간 동안 특정지역 내에서 프랜차이즈 본부 소유의 상호, 브랜드, 기업운영 노하우 등을 사용하여 제품이나 서비스를 판매할 수 있는 권한을 허가해 주고, 가맹점은 이에 대한 대가로 초기 가입비와 매출액의 일정비율에 대해 로열티(royalty) 등을 지급하는 유통업 형태를 말한다.

우리나라 프랜차이즈의 시초는 1979년 난다랑과 롯데리아(lotteeatz.com)이다. KFC(kfckorea.com), 맥도날드(mcdonalds.co.kr), 버거킹(burgerking.co.kr), 놀부보쌈(nolboo-bossam.com) 등 패스트푸드 브랜드 점포들이 우리나라 프랜차이즈를 주도하고 있다. 최근에는 제과점에서부터 음식업(bonworld.co.kr), 농산물유통의 총각네 야채가게(chonggakne.com) 등 각종 의료, 헬스 등 서비스 관련 산업으로 확산되고 있다.

[그림 9-2]에서처럼 계약형 VMS에서 더 구체적으로 제조업자(maker) ─ 소매상 유형, 제조업자(maker) ─ 도매상 유형, 도매상 ─ 소매상 유형, 그리고 서비스회사 ─ 소매상 프랜차이즈로 분류할 수 있다.

세탁업 12개, 음식점업 22개 등 아직 미미한 수준이다. 레베(REWE), 코나드(CONAD), 에데카(EDEKA) 등은 대표적인 유럽 소매 협동조합이다. 공동구매를 기반으로 공동브랜드 · 물류 등 도 · 소매 협업으로 매출액 4,730억 유로, 직원 358만 6,000명의 기업으로 성장한 곳들이다. 20세기 초반부터 대자본의 유통시장 진입을 예상하고 협동조합을 설립해 대응한 덕이다. 이들 3국 소상인 협동조합의 평균조합원수는 최소 95명으로 규모화 달성에 성공해 자생력을 확보했다는 평가다.

첫째, 제조업자-소매상 유형은 제조업자가 프랜차이즈
본부가 되어 소매상을 가맹점으로 참여시킨 형태이다. 농산
물 분야의 사례는 생산농가에서 친환경농산물을 한살림
(hansalim.or.kr), 아이쿱생협(icoop.or.kr)으로 공급하는 형
태일 수 있다. 눈을 돌리면, 일반적으로 가전용품 제조업자
(예, 엘지전자; 삼성전자; 동양매직) 및 의류 메이커(예, 코오
롱인더스트리(kolonindustries.com), LF패션(lfmall.co.kr))

와 과거 대우조선이 티코를 생산하면 가맹점인 딜러들이 자
동차를 판매하는 방식이 여기에 해당된다. 이는 일종의 '대리점' 형태로서 특정의 제조업
자 또는 공급자로부터 상품을 공급받아 자신의 책임하에 판매나 공급업무를 수행하는 유
통판매업체를 말한다.

둘째, 제조업자-도매상 유형은 제조업체가 프랜차이즈 브
랜드 본부가 되어 도매상을 가맹점으로 참여시킨 형태이다. 대
표적인 예는 코카콜라(cocacola.co.kr), 펩시콜라(pepsi.com)
등의 기업이 음료수 원액을 생산하여 프랜차이즈 계약을 체결
한 Bottler(도매상)들에게 공급하며, Bottler들은 원액을 음료수
로 만들어 완제품을 소매상들에게 독점판매하고 있다.

셋째, 도매상-소매상 프랜차이즈는 도매상이 프랜차이즈 본부가 되고 소매상들을 가
맹점으로 참여시킨 유형으로서 PC 및 주변기기를 판매하는 소매상 체인인 선경컴플라자
를 예로 들 수 있다.

넷째, 서비스회사-소매상 프랜차이즈는 프랜차이즈
본부가 가맹점에 운영과 관련된 서비스를 제공하는 유형
으로서 매우 다양한 형태의 프랜차이즈 조직이 있다.
이는 직영점 형태의 다점포방식이다. 가령, 맥도날드
(Mcdonald's), 스타벅스(starbucks.co.kr), 아웃백 스테이
크하우스(outback.co.kr), 피자헛(pizzahut.co.kr), 호텔체
인인 Hyatt, Holiday Inn, Marriott Hotel 등이 있다. 우리나라
예로는 교촌(kyochon.com), BBQ(bbq.co.kr) 등이 있다.
이 유형의 장점은 소비자들이 그 명성을 인정하는 브랜드

이므로 사업의 위험성이 낮다는 점이고, 단점은 개업할 때 자본이 많이 들어간다는 점과 가맹점이 자기만의 장사를 해볼 수 있는 기회가 없다는 점이다.

1.3. 프랜차이즈 브랜드의 장 · 단점

프랜차이즈 브랜드는 앞에서 언급한 것처럼 제조업자와 도소매상 또는 서비스회사와 소매상 유형 가운데 가장 쉽게 소비자들이 이용하는 유형은 네 번째 서비스회사와 소매상 유형이다. 즉, 이 유형은 경영의 효율을 제고시키기 위해 ① 가입한 가맹점은 프랜차이즈 브랜드 본부3)의 관리통제하에 운영되고 있으며, ② 상품도 본부에서 통일적 정형적으로 기획되고, ③ 국제기준에 합당한 최저 점포수가 11개 이상이어야 하며, ④ 표준화 · 단순화 · 규격화 · 정보화가 경영의 원천으로 작용한다.

프랜차이즈의 장점은 먼저, 프랜차이즈 본부 관점에서 설명하면, 첫째, 사업확장을 위한 자본조달이 용이하다. 둘째, 공동으로 대량구매를 통해 규모의 경제를 달성할 수 있다. 셋째, 각 가맹점에서 개별적으로 촉진활동을 하는 것보다 공동광고는 적은 비용으로 많은 광고를 실현할 수 있으므로 역시 규모의 광고로 효과성이 높을 수 있다. 넷째, 본부가 직접 영업을 하지 않음으로 인해 또 다른 프랜차이즈 패키지 개발에 투자할 수 있다. 다섯째, 본부가 직업영업을 하지 않음으로 인해 조직관리비용과 노사 관계자들을 최소화할 수 있다. 다음으로 가맹점 관점에서 보면, 첫째, 최소의 투자로 효율적이고 안정된 사업을 운영할 수 있다. 둘째, 프랜차이즈 본부가 개발한 사업에 참여하는 것이므로 사업위험을 최소화할 수 있다. 셋째, 본부에서 경영노하우를 전수받고, 브랜드 인지도를 충분히 활용할 수 있으므로 소비자의 신용도를 높여 단기간에 걸쳐 가맹점을 활성화시킬 수 있다. 넷째, 본부가 공동집중 구매를 통해 상품과 원재료를 공급받기 때문에 품질과 가격에 대해 걱정할 필요가 없다. 다섯째, 가맹점은 회계처리, 상품개발을 본부에서 관리해 주기 때문에 직접 판매에만 관심을 가져도 된다.

반면, 프랜차이즈의 문제점은 첫째, 가맹점이 본부의 경영방침을 준수 — 점포 디자인,

---

3) 프랜차이즈 브랜드 본부는 가맹점으로부터 초기가입비 — 시스템구축비, 입지선정서비스, 교육훈련, 운영통제수단의 설치 및 기타 서비스에 대한 비용, 로열티 — 판매량의 총액기준으로 5%, 광고비, 제품 판매금 — 장비 또는 원재료, 완제품 판매, 임대료 및 대여료 — 건물과 장비 대여비, 사용 허가비 — 상호 및 브랜드 사용료 등을 들 수 있다.

[표 9-4] 프랜차이즈 가맹본부의 장점

분야	세부 항목	내용
단일 사업자 효과	레귤러체인 효과	독립 채산제인 업체가 동일 자본하에 있는 체인(레귤러체인)과 유사한 효과
소비자 편의	접근 편의성	전국 어디서나 지역별 가맹점에서 편리하게 이용가능
	품질 신뢰성	전국 어디서나 동일한 상호, 규격화된 상품 품질, 서비스 보장 가능
사업확장 및 성장에 유리	성장의 이익	동시다발적으로 가맹점 네트워크 구축 시 전국적 사업화가 빠르고 해외 진출도 유리
	자본의 이익	자기 자본을 갖지 않고도 최단시간 최소 자본으로 사업 확대 가능(타인자본활용 용이) *대리점형 영업점과 인센티브 영업직 차이
	규모의 이익	물류, 공동광고 등 네트워크의 힘으로 규모의 이익 가능
	대기업 경영효과	본부에서 점포 운영에 필요한 전략, 기획 업무가 가능하므로 대기업과 같은 경영 효과 기대 가능
	의욕 있는 인재 확보 유리	가맹점주는 독립 창업자이므로 의욕적으로 자기 사업 전개 가능(효율적인 점포 인사 관리가능)
사업위험 최소화	자본위험 감소	타인자본으로 사업 시험 가능(1호점도 가맹점으로 출발 가능)
	위험분산 효과	본사와 가맹점들이 독립 채산제이므로 상호 실패로 인한 영향이 없는 것은 아니지만 연쇄 도산의 위험은 피할 수 있음
	경험축적 효과	초기 가맹점들의 운영 현황을 통해 시행착오 방지 대책 수립 가능
효율적 경영	핵심역량 집중 가능	본부-가맹점의 명확한 기능 분화로 공동 연구 개발 가능 본부-전략·기획 업무 가맹점-판매 고객 관리 업무 집중 가능
브랜드 파워	마케팅 홍보 이점	현대 기업 성공의 핵심 포인트인 광고 홍보에 특히 유리 가맹점들의 간판 및 홍보활동이 브랜드 홍보에 시너지 효과 작용

상품개발, 판매전략 — 해야 하므로 가맹점 고유의 점포운영이 불가능하다. 둘째, 가맹점이 탁월한 사업수완에도 불구하고 이익극대화의 제한에 직면한다. 그러한 이유로 사업의 융통성이 부족하고 가맹비 및 로열티를 지불해야 하기 때문이다. 셋째, 부실하고 건전하지 못한 프랜차이즈 본부와 가맹 계약했을 때 공동파산의 가능성이 존재한다는 점이다. 그러나 프랜차이즈 사업자 단체의 공식출범으로 업계 스스로 규정 및 제도의 정비, 부실한 프랜차이즈의 규제 및 개선으로 프랜차이즈에 대한 신뢰가 전향적으로 바뀌고 있다.

이상의 내용을 정리하면, [표 9-4], [표 9-5]에서처럼 프랜차이즈 브랜드의 가맹본부 장단점을, [표 9-6]에서 가맹점의 장단점을 요약할 수 있다.

[표 9-5] 프랜차이즈 가맹본부의 단점

분야	내용	해결 방안
통일성 유지의 어려움	점장을 통한 직영점 운영에 비해 점주 통제가 어렵고 이 때문에 통일성 유지가 어려움	본사의 이니시어티브를 확고히 하는 시스템 구축 강력한 가맹점 통제 시스템 구축 및 계약서 반영
로열티 수입의 어려움	로열티 징수 어려움으로 본부의 지속적인 수익 창출에 애로	본사 사업주도권 강화 브랜드력 강화 기획력 강화
경쟁 악화, 모방 가능성	갈수록 본부 수가 늘어나면서 경쟁이 격화되는 상황 사업모델 모방 가능성도 높음	계약서를 통한 통제 지속적인 사업(상품)개발 브랜드력 강화 완고한 경영철학 철저한 가맹점포 관리
노하우 유출	기본 가맹점, 직원 등을 통해 노하우 유출 가능성이 높음	시스템 향상 및 발전 계약조건 강화 경영 철학
전문인력 부족	FC 사업에 이해가 깊고 역량 있는 인력확보 어려움	자체 교육 프로그램 강화 업무 시스템화 매뉴얼 강화 전문업체 아웃소싱 적극 활용
독자 자율경영 제약	가맹점과의 관계를 고려해야 하므로 혁신적, 창의적 방안 실시 어려움	신속·효율적 커뮤니케이션 통로 마련 슈퍼바이징 강화 계약서에 주기적 리모델링 제안 첨부
가맹점 통제	본부 방침을 따르지 않거나 매출이 부진하고, 경영이 부실 가맹점 폐쇄 어려움, 본사 이미지 하락에 영향	계약조건에 통제 규정 강화 평소 슈퍼바이징 강화
운영 경비 과다 지출	로열티 등 지속적인 수입이 확보되지 않은 상황에서는 광고비, 영업비, 인건비 등 과다 경비 지출 가능성, 본사 도산의 주요 원인	초기부터 지속수입 가능한 구조 창출 다브랜드화 전략

[표 9-6] 프랜차이즈 가맹점의 단점

분야	내용	해결 방안
부실업체 난립	무책임한 부실업체 선정 시 상품공급, 브랜드 이미지 추락 등 여러 가지 피해를 볼 수 있음 • 상품공급중단 • 부실 사업 모델 • 경쟁력 약화 • 본사 부실 시 브랜드 이미지 동반 추락 • 부실 점포 개발 • 본사 부도(고의 부도 포함)	우수 본사 선별요령 숙지 자생력 강화
수동적인 창업 및 경영태도	본사 의존성이 높아져 수동적인 경영을 하고 모든 문제의 책임을 본사에 전가할 수 있음	본사 교육 강화를 통해 경영자 의식 제고
체인본부의 슈퍼바이징 기능 미약	한국프랜차이즈의 가장 큰 단점으로 FC 성장 저해의 가장 큰 요인 창업 후 지원미약으로 FC 본래의 기능 악화	로열티 제공 등을 통해 본부와 운명 공동체의식 강화 도매상, 재료공급성 등 주변 인프라 정보 확보
권리금 손해	사업 실패 시 인근 점포보다 권리금을 높게 책정해야 하는 부담	점포 활성화 후 점포 양도 또는 업종 전환을 해야 함
부가비용 발생	본부 시설 규정에 따라 신규 시설투자비 및 설비구입비 과다, 로열티 지출 고정화 등	브랜드 지명도 높고 성공 가능성 높은 체인본사 선정으로 충분한 투자 회수 기간 확보
자율경영제약	고객의 반응이나 욕구를 즉각적으로 반영하지 못함, 본부 방침에 따라야 하고 의견 반영이 늦게 이뤄짐	슈퍼바이저 강화 점주 연락 강화 효율적인 커뮤니케이션 통로 확보
연쇄 도산 및 평판하락	본사의 사업 포기 시 브랜드 지명도 약화, 연쇄 도산 우려, 이미지 악화	고객 충성도 강화 지역 내 평판 유지

1.4. 프랜차이즈산업의 특성

프랜차이즈는 [그림 9-4]에서처럼 6가지의 주요 특성을 갖고 있다.

첫째, 가맹점의 독립성이다. 가맹본부와 가맹점의 자율성이 인정, 독립된 이윤의 흐름을 보장한다. 자본을 달리하는 독립 사업자들이 상호 협력하면서 동일자본하에 있는 체

[그림 9-4] 프랜차이즈산업의 특성

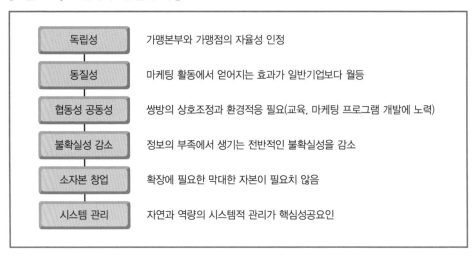

독립성	가맹본부와 가맹점의 자율성 인정
동질성	마케팅 활동에서 얻어지는 효과가 일반기업보다 월등
협동성 공동성	쌍방의 상호조정과 환경적응 필요(교육, 마케팅 프로그램 개발에 노력)
불확실성 감소	정보의 부족에서 생기는 전반적인 불확실성을 감소
소자본 창업	확장에 필요한 막대한 자본이 필요치 않음
시스템 관리	자연과 역량의 시스템적 관리가 핵심성공요인

인형태의 경우와 유사한 효과를 발휘한다.

둘째, 제품의 동질성이다. 독립적인 경영자와 사업 주체들로 구성되어 있지만 소비자들은 시스템 전체를 동질적인 것으로 인식한다. 여러 지역에서 영업활동을 하지만 본사는 모든 지역에서 품질의 동질성을 유지하려는 노력을 계속적으로 기울이기 때문에 소비자들은 어느 지역에서 구매를 하든지 품질에 대한 확신을 가지고 구매행위를 할 수 있다.

셋째, 협동성(파트너십)이다. 프랜차이즈는 가맹본부와 가맹점 간의 파트너십(동반자적 관계)을 근간으로 한다. 일반적으로 프랜차이즈 관계가 장기계약에 의해 이루어진다. 파트너십의 형성에는 신뢰와 결속(commitment)이 필수적이다. 환경변화를 적절히 반영하여 유연한 관계를 유지한다. 가맹본부와 가맹점 간의 파트너십이 존재하지 않는 경우의 문제점은 이익이나 비용의 분배문제로 분쟁이 발생할 소지가 많고, 전체 시스템의 성과가 낮아질 가능성이 높다는 점이다.

넷째, 낮은 불확실성이다. 프랜차이즈 시스템의 확장은 현지시장에 밝은 가맹점 사업자를 통해 이루어지는 경우가 많으므로 현지시장 정보의 부족에서 생기는 의사결정에서의 불확실성을 추가비용의 지출 없이 감소시킬 수 있다.

다섯째, 소자본 창업이다. 프랜차이즈는 자본보다는 아이디어와 네트워크 구축능력이 핵심이다. 가령, 미국 최고의 프랜차이즈로 평가받고 있는 서브웨이(Subway)(subway.co.kr)는 건강과 비만에 민감한 소비자를 대상으로 샌드위치를 프랜차이즈화하여 성공하였다. 가맹본부는 가맹점의 자본투자가 이루어지므로 프랜차이즈 시스템을 구축하고, 확장하는 데 있어 요구되는 자본투자가 크지 않다. 가맹점은 적은 투자로 가맹본부 시스템이 지니고 있는 브랜드자산이나 경영 노하우 등을 자신의 사업을 위해 활용할 수 있다.

여섯째, 시스템적 관리이다. 가맹본부의 자원과 역량이 핵심성공요인이 된다. 독립적인 가맹점으로 구성된 전체 시스템을 유지 · 관리한다. 환경변화에 신축적인 마케팅전략이나 교육훈련 프로그램을 개발한다. 가맹점의 활동을 계획하고 통제 능력을 갖는다. 가맹점의 기회주의적 행동에 대한 감시감독 능력을 갖는다. '암행 감사'(mystery shopper)는 가맹점의 기회주의적 행동을 감시하기 위해 고안된 제도이다.

2절 프랜차이즈 브랜드의 창업

2.1. 프랜차이즈 브랜드의 성장배경

프랜차이즈산업이 역사적으로 크게 성장하게 된 주요 배경을 살펴보면 다음의 내용을 들 수 있다.

첫째, 프랜차이즈 방식이 여타 사업방식에 비해 다음과 같은 장점을 지니고 있다. 가맹점 모집을 통해 급속한 성장이 가능하다. 자금조달이 유리하다. 가맹점에 의한 위험분산이 가능하다. 규모의 경제(economies of scale), 대량생산 등을 실현할 수 있다.

둘째, 소비자가 편의성(convenience)과 품질(quality)의 일관성을 선호하고 있다. 소비자는 보다 잘 알려지고, 믿을 만하며, 편의적인 브랜드를 구매하고자 한다. 프랜차이징은 시스템 전반에 걸쳐 동일한 품질의 제품/서비스를 동일한 브랜드로 편리한 장소에서 구매할 수 있게 해주고 있다.

셋째, 경제적 환경과 인구통계학적 환경이 개인의 소자본창업을 촉진하고 있다. 프랜차이징은 개인의 소자본창업을 가능하게 하는 매우 유용한 수단이다.

넷째, 제조업중심 경제가 서비스중심 경제로 옮겨가는 추세에 있다. 서비스업 프랜차이징은 소자본으로도 창업이 가능, 개인 업의 중요한 수단이다. 프랜차이즈 시스템은 오랫동안 서비스 부문에서 선두를 유지하고 있다. 미국의 경우 서비스 부문의 종사자가 전체 종사자에서 차지하는 비중이 증가하고 있다. 즉, 1900년도 30% → 1950년도 50% → 2000년도 70%로 증가 추세이다.

다섯째, 전문품(specialty items)에 대한 수요가 증가하고 있다. 전문품의 판매는 전문지식과 서비스가 필요하므로 소수의 잘 훈련된 딜러에 의해 제공한다.

여섯째, 해외에서의 프랜차이징이 증가하고 있어 프랜차이징은 유망한 수출사업이 되고 있다.

마지막으로, 정책당국의 지원을 받고 있다. 프랜차이징이 지역개발과 고용창출의 지렛대 역할을 할 것으로 기대되기 때문이다. 미국의 상무성과 중소기업청, 우리나라의 산업자원부와 중소기업청은 직접 혹은 간접적으로 프랜차이즈산업을 정책적으로 지원하고 있다.

2.2. 프랜차이즈 브랜드의 업종

국제프랜차이즈협회(IFA, international franchise association)의 POF(Profile of Franchising)는 프랜차이즈산업을 18개 업종으로 구분하고 있다. 프랜차이즈 브랜드창업을 위한 제1조건은 창업자의 리더십(leadership)이다. 창업자는 창업하기 전의 특정한 분야에서 소문이 나 있고, 또한 소비자들의 객관적 자격의 인정을 받은 위치에 있어야 한다. 즉, 그 분야의 마스터여야 한다. 그런데 빨리 돈을 벌어야겠다는 생각을 가지면, 실패의 길로 간다. 오로지 창업자 자신을 상품화해서 소비자들에게 진정으로 호소해야 한다. 그런 다음 프랜차이즈시장의 불확실한 시장환경을 꿰뚫어 볼 수 있는 감각이 필요하며, 프랜차이즈 브랜드의 성공은 바로 소비자를 유인(誘引)할 수 있는 신뢰의 브랜드를 개발해야 한다.

브랜드 하나 잘 만든다는 것은 마음처럼 그리 쉬운 일이 아니다. 브랜드 속을 해부해 보면 품목별로 차별적인 특성들이 녹아나야 하며, 더욱이 소비자들이 원하고 찾는 품질조건이어야 한다. 창업자 자신의 눈높이 품질은 의미가 없다. 오로지 시장의 소비자들이 품질에 관한 매서운 눈을 가졌다고 인정해야 한다. 그런 다음에 [그림 9-5]에서처럼 하나하나 성공을 위해 전진한다면, 성공의 문턱에 이를 것이다.

국제프랜차이즈협회(IFA, international franchise association)의 EIFB(economic impact of franchised business)는 프랜차이즈산업을 사업형과 제품유통형으로 구분한 후 다음과

[그림 9-5] 프랜차이즈의 성공요인

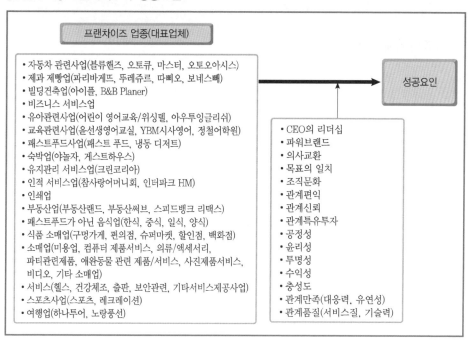

프랜차이즈 업종(대표업체)

• 자동차 관련사업(블류핸즈, 오토큐, 마스터, 오토오아시스)
• 제과 제빵업(파리바게뜨, 뚜레쥬르, 따삐오, 보네스빼)
• 빌딩건축업(아이플, B&B Planer)
• 비즈니스 서비스업
• 유아관련사업(어린이 영어교육/위싱텔, 아우투잉글리쉬)
• 교육관련사업(윤선생영어교실, YBM시사영어, 정철어학원)
• 패스트푸드사업(패스트 푸드, 냉동 디저트)
• 숙박업(야놀자, 게스트하우스)
• 유지관리 서비스업(크린코리아)
• 인적 서비스업(참사랑어머니회, 인터파크 HM)
• 인쇄업
• 부동산업(부동산랜드, 부동산써브, 스피드뱅크 리맥스)
• 패스트푸드가 아닌 음식업(한식, 중식, 일식, 양식)
• 식품 소매업(구멍가게, 편의점, 슈퍼마켓, 할인점, 백화점)
• 소매업(미용업, 컴퓨터 제품서비스, 의류/액세서리,
  파티관련제품, 애완동물 관련 제품/서비스, 사진제품서비스,
  비디오, 기타 소매업)
• 서비스(헬스, 건강체조, 출판, 보안관련, 기타서비스제공사업)
• 스포츠사업(스포츠, 레크레이션)
• 여행업(하나투어, 노랑풍선)

성공요인

• CEO의 리더십
• 파워브랜드
• 의사교환
• 목표의 일치
• 조직문화
• 관계편익
• 관계신뢰
• 관계특유투자
• 공정성
• 윤리성
• 투명성
• 수익성
• 충성도
• 관계만족(대응력, 유연성)
• 관계품질(서비스질, 기술력)

같이 사업형 10개 업종, 제품유통형 3개 업종으로 구분하고 있다.

(1) 사업형 프랜차이징

1) 자동차 관련사업(automotive),

2) 상업적 주거서비스(commercial and residential services),

3) 퀵서비스 레스토랑(quick service restaurants),

4) 테이블/풀서비스 레스토랑(table/full service restaurants),

5) 식품소매(retail food),

6) 숙박업(lodging),

7) 부동산(real estate),

8) 제품 및 서비스 소매(retail products and services),

9) 비즈니스 서비스(business services),

10) 인적서비스(personal services)

(2) 제품유통형 프랜차이징

1) 자동차 및 트럭 딜러(automobile and truck dealers),
2) 주유소(gasoline service stations),
3) 음료 병입(beverage bottling, 청량음료, 생수 및 주류)

2.3. 프랜차이즈 브랜드 창업

(1) 창업마케팅[4)

창업의 사전적 의미는 '사업 따위를 처음으로 이루어 시작함'을 뜻한다. 창업이란 '개인이나 조직이 영리를 목적으로 새로 만드는 일' 또는 '창업을 계획하는 자가 사업 아이디어를 갖고 특정한 자원을 결합하여 사업활동을 시작하는 일'을 말한다. 풀어쓰면 '창업은 이윤 창출을 위한 사업의 기초를 세우는 것으로 사업가적인 능력을 갖고 있는 개인이나 조직(집단)이 소비자(조직구매자)에게 가치를 전달할 수 있는 사업 아이템을 활성화시키기 위해 사업목표를 수립하고 적절한 시기에 자본, 인력, 설비, 원자재 등의 경영자원을 투입하여 제품 및 서비스를 생산하는 기업을 설립하는 것이다.

[표 9-7] 지원목적에 따른 분류

지원목적	관련법규	주요내용
조세 이외의 창업지원	중소기업 창업지원법	조세 이외의 창업지원 및 부담금 감면
국세의 감면	조세특례제한법	소득세, 법인세, 인지세의 감면
지방세의 감면	지방세특례제한법	지방소득세, 취득세, 등록면허세, 재산세의 감면

---

4) 이하의 단락은 중소기업청, (사)한국창업교육협회(2015), 「기술창업 가이드」의 토대를 많이 활용하였음을 밝혀둔다.

이러한 창업의 개념은 획일적으로 정의할 수 없으며, [표 9-7]에서처럼 지원목적에 따라 「중소기업창업지원법」,「조세특례제한법」,「지방세특례제한법」에서 창업의 정의를 하고 있다. 또한 [표 9-8]에서처럼 창업의 형태에 따라 일반창업, 벤처창업, 기술창업으로 구분하기도 한다. 창업에 해당되지 않는 경우는 사업의 승계(상속이나 증여에 의해 사업체를 취득하여, 동종사업을 계속할 때, 폐업한 타인의 공장을 인수하여 동일한 사업을 계속할 때, 사업의 일부 또는 전부의 양도, 양수에 의해 사업을 개시할 때, 기존 공장을 임차하여 기존법인의 사업과 동종의 사업을 영위할 때), 기업형태의 변경(개인사업자인 중소기업자가 법인으로 전환하거나 법인의 조직변경 등 기업형태를 변경하여 변경 전의 사업과 같은 종류의 사업을 계속할 때), 폐업 후 사업재개 등이 해당된다.

창업마케팅은 '사업을 추진하고자 하는 창업자가 특정한 아이템을 개인 소비자와 조직의 목표를 만족시킬 수 있도록 교환을 창출하기 위하여 아이디어, 재화 및 서비스에 대한 개념정립, 가격결정, 촉진 및 유통을 계획하고 실행하는 과정'이라고 볼 수 있다. 창업마케팅은 수요상황(부정적 수요, 무수요, 잠재적 수요, 감퇴적 수요, 불규칙적인 수요, 완전수요, 초과수요)에 따라 마케팅전략이 달라질 수 있다.

[표 9-8] 창업형태에 따른 유형

구분	주요내용
기술창업	혁신기술 또는 새로운 아이디어를 가지고 새로운 시장을 창조하여 제품이나 용역을 생산·판매하는 형태의 창업을 의미함
벤처창업	High Risk – High Return에 충실하며 반드시 기술창업을 전제로 하지 않으나 우리나라에서는 「벤처기업육성에 관한 특별조치법」에 정의되고 있음
일반창업	기술창업이나 벤처창업에 속하지 않는 형태로서 도소매업과 일반서비스업, 생계형 소상공인 창업 등이 해당됨

(2) 창업의 구성요소

프랜차이즈 창업을 구상할 때, 가장 중요한 골간은 창업자 및 창업에 동참한 인적자원, 창업 아이디어(기술, 제품, 서비스), 시장, 자본 등이다. 여기에서 첫째, 창업을 주도하는 창업자의 리더십(leadership)과 창업가정신이 가장 중요하며, 그다음에 창업투자에 도움을 제공하는 동업자, 창업한 기업에서 창업자와 함께 성공적인 창업에 협조하는 창업조 직의 인적자원이다. 둘째, 창업 아이디어는 특정한 제품이나 서비스를 생산하여 시장에 팔 것인지를 결정해야 한다. 즉, 우수한 기술이나 사업 아이디어로서 우수한 제품이나 서 비스로 생산될 수 있어야 하고, 가격이나 품질에서 경쟁우위를 갖추고 있어야 하며, 또한, 소비자가 기대하는 것 이상의 가치(value)를 제공할 수 있어야 한다. 셋째, 시장이다. 이 는 블루오션(blue ocean market), 레드오션(red ocean)시장일 수도 있으며, 제품·서비스 (용역)가 거래되어 가격이 결정되는 장소 또는 기구로서, 창업자가 생산한 제품이나 서비 스가 수요가 없거나 거래가 형성되지 않을 때는 일단 창업자의 제품과 서비스는 실패했다 고 볼 수 있다. 넷째, 자본이다. 창업자가 구상한 사업의 실현을 위해 필요한 자금을 뜻하 며, 자기자본(상환의무 없음)과 타인자본(상환의무 존재)으로 구분된다. 여기에서도 개 인기업과 법인으로 나눌 수 있으며, 전자는 개인 창업자가 사업에 필요한 모든 자금을 동 원하며, 창업이 여러 명의 동업자로 구성되어 있을 때, 구성원 모두가 자금을 부담하게 된 다. 후자는 법인기업으로서 주주 EH는 출자자들이 기업에 투자하게 되는 금액으로서 법 인기업의 투자자는 개인, 법인 모두가 될 수 있다.

(3) 창업의 절차

프랜차이즈의 창업은 프랜차이즈 가맹본부를 창업하는 경우가 있고, 가맹본부에 가맹 점을 계약하는 일종의 가맹점 창업도 가능하다. 가맹점 창업은 가맹본부의 창업보다 오히 려 쉽게 접근할 수 있다. 오늘날 건강웰빙시대를 맞아 주스음료시장의 관심기업인 휴롬팜 (hurom.co.kr) 사례를 활용하여 창업과정을 [그림 9-6]에서처럼 설명하면 다음과 같다.

휴롬팜은 '프랜차이즈 업계에 새로운 건강문화를 형성하여 건강하고 행복한 인간의 삶 을 추구합니다'라는 기업의 미션을 내걸고, 기존의 음료는 가는 방식을 선택하고 있으나 휴롬은 초저속 착습기술로 자연의 맛과 영양을 담아내는 주스기로 소위 '갈지 않고 지그 시 눌러 짜 더 건강한 휴롬 녹즙'의 슬로건을 마케팅하고 있다. 이 기업의 장점은 특허를 보유한 초저속 착습 녹즙기를 제조하고, 수직계열화 맥락에서 휴롬팜 가맹본부를 설립하 여 가맹점 창업주에게 나에게 맞는 휴롬주스 만들기, 홈메이드 휴롬주스는 채소, 과일, 곡 류, 견과류 등 신선한 재료를 직접 골라 다양한 맛과 영양을 한 잔에 담아 즐길 수 있음을 다른 음료 가맹점과의 차별성을 부각시키고 있다.

[그림 9-6] Hurom Farm 브랜드 가맹본부에 대한 가맹점 창업 절차

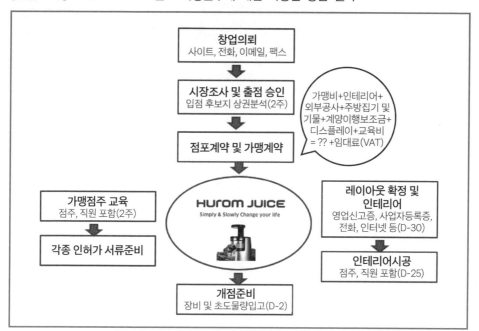

특히 농산물 및 식품관련 프랜차이즈 가맹본부 창업을 꿈꾼다면, [그림 9-7]에서처럼 단계적 절차를 밟는 것이 안전하고 바람직하게 창업의 연착륙을 이룰 수 있다. 본 도서에서는 창업과정을 [그림 9-7] 창업구상 단계, 사업계획 수립단계의 사업계획서 작성 및 창업보육센터의 입주 단계의 회사설립까지만 다룬다. 창업은 취미가 아니며, 창업자의 꿈이 성공적으로 실현되느냐와 관계된다. 특히 적지 않은 창업비용이 투입되므로, 안전하게 징검다리를 건너듯 신중하게 창업의 과정을 실행해야 한다. 창업자가 자신의 창업 아이템을 개발하여 시장에 론칭하였지만 시장에서 소비자로부터 외면받아 창업에 실패할 경우를 생각해 볼 수 있다. 창업자 본인은 경제적으로 어려움에 봉착하게 되고 신용불량자로 낙인찍힐 수 있다. 더욱이 가족, 친지, 동료, 친구까지 창업투자에 끌어들였다면, 재정적으로 더 불행스러운 일들에 직면할 수 있다. 따라서 창업자의 창업 꿈은 합리적이고도 이성적 판단이 요구된다.

[그림 9-7] 창업 순서

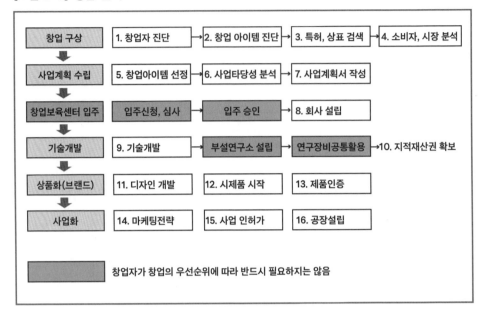

[그림 9-8] 창업의 구상단계

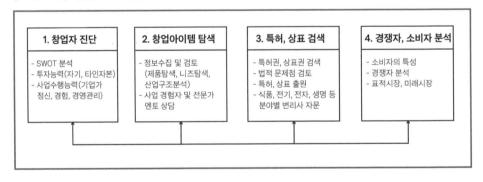

1) 창업자 분석

창업자 분석은 4단계의 3C(company, competitor, customer)와 함께 고려되어야 하는 사항이다. 창업자 분석은 [표 9-9]에서처럼 우선적으로 기업가 정신(entrepreneurship)[5]

---

5) 혁신과 창의성을 바탕으로 한 생산 활동을 통해 기업을 성장시키려는 도전 정신, 기업가 고유의 가치
관 내지는 기업가적 태도를 말한다. 특히 기업 활동에서 계속적으로 혁신하여 나가려고 하며 사업 기
회를 실현시키기 위하여 조직하고, 실행하고, 위험을 감수하려고 한다. 또한 조직과 시간 관리 능력,

을 갖추고 있는지의 적성과 자질, 능력을 진단하는 단계이다. 창업자 자신이 일확천금의
돈을 벌어야겠다는 마음을 가슴 한쪽에 두어 단기적인 목적이 숨어 있다면 창업을 꿈꿔서
는 곤란하다. 결국은 실패하기 때문이다. 적어도 사업을 통해 이 사회에 기여하고자 하는
건전한 목표를 가졌다면 과감하게 도전해 볼 필요성을 갖는다. 즉, 창업자는 창업을 통해
자신의 사회적 목표를 달성하고, 거기에 부수적으로 자신의 부를 축적하고자 하는 꿈을
꾸는 것은 가능할 수 있다.

[표 9-9] 창업자 진단 항목

진단 항목		진단 내용
SWOT분석	강점	창업자의 사업수행에 따른 강점사항 확인
	약점	창업자의 사업수행에 따른 약점 보완
	기회	창업자의 사업수행에 따른 기회요인 확인
	위협	창업자의 사업수행에 따른 위협요인 확인
투자능력	자기자본 확보	총 창업에 필요한 자금 중 자기자본 비율
	타인자본 조달능력	사업수행에 필요한 자본을 타인으로부터 조달
사업수행능력	소양과 적성	기업가 정신, 리더십, 통찰력, 창조력, 스케일, 의지력, 도전정신 등
	경험 및 전문지식	창업관련 분야의 경험 유무, 창업자 능력, 학문과 식견, 인적 네트워크 등
	경영관리능력	창업 인적자원의 구성 및 조직관리능력, 경영기획능력, 유연성, 민첩성

2) 창업 아이템의 탐색

창업자는 [표 9-10]에서처럼 평소 관심을 가져왔던 농산물 및 농식품 프랜차이즈 분야
와 보유한 특허, 또는 창업 브랜드에 관한 제품탐색 방법과 욕구탐색 방법을 고려해 봐야
한다. 또한 창업 아이템의 경쟁구도를 포괄적으로 이해하기 위한 방법으로 포터(Porter)
의 산업구조분서기법을 활용할 필요성도 제안한다.

―――――――
인내력, 풍부한 창의성, 도덕성, 목표설정 능력, 적절한 모험심, 유머감각, 정보를 다루는 능력, 문제해
결을 위한 대안 구상 능력, 새로운 아이디어를 내는 창조성, 의사결정 능력, 도전 정신 등이 요구된다.

[표 9-10] 창업 아이템의 진단

진단 항목	방법	진단 내용
제품브랜드 탐색	기존 제품 탐색	기존 제품브랜드 또는 성능, 품질 등 일부 변경한 제품을 기존 또는 신규브랜드시장에 적용하는 방법
	신제품 탐색	신제품 브랜드를 개발하여 기존 및 신규브랜드시장에 적용
니즈(needs) 탐색		시장 환경요인과 창업자 개인의 욕구가 효과적으로 결합된 창업 아이템의 선정 방법
산업구조분석 적용		현재의 경쟁자, 잠재 진입자, 구매자, 공급자, 대체재 요인의 종합적인 분석을 통한 창업 아이템의 결정

3) 특허권 및 상표 검색

창업자는 특허권이나 상표권(브랜드)을 갖고 있어야 한다. 이는 시장에서의 현재의 경쟁자 또는 잠재 경쟁자들로부터 창업자가 진입하고자 하는 시장에 대해 법적으로 보호를 받을 수 있다. 특허권(特許權, patent)은 기술적 사상의 창작물(발명)을 일정기간 독점적·배타적으로 소유 또는 이용할 수 있는 권리를 말한다. 발명은 산업상 이용가능성, 신규성, 진보성 등 몇 가지 요건을 갖추어야 비로소 권리로서 등록될 수 있으며, 그 등록을 위한 출원절차는 행정청인 특허청을 통하여 이루어진다. 특허청(kipo.go.kr)은 위와 같은 요건과 아울러 그 출원이 법에서 정한 각종의 개시요건을 충족하고 있는가를 심사하여 특허권 부여 여부를 결정한다. 일단 특허권이 부여되면 일정한 기간 동안 특허권자를 제외한 다른 사람은 특허권자의 동의 없이 그 특허발명을 생산, 사용, 양도, 수입 및 대여의 청약행위를 하는 것이 금지되며, 만약 그와 같은 행위가 있을 때 특허권자는 그 행위자를 상대로 특허권 침해를 원인으로 민·형사상 소송을 제기할 수 있다.

브랜드라 함은 앞에서도 여러 번 언급하였듯이 상품을 생산·가공·증명 또는 판매하는 것을 업으로 영위하는 자가 자기의 업무와 관련된 상품을 타인의 상품과 식별되도록 하기 위하여 사용하는 기호·문자·도형·입체적 형상 또는 이들을 결합한 것 및 위 각각에 색채를 결합한 것을 말한다. 상표법은 이와 같은 브랜드를 권리로 보호함으로써 수요자에게 상품의 출처를 명확히 하여 상품 선택의 길잡이를 제공하고, 브랜드를 사용하는 자에 대해서는 자신의 브랜드의 지속적인 사용으로 업무상 신용을 얻어 상품 및 브랜드의 재산적 가치를 높일 수 있도록 상표권(商標權, trade mark rights)의 설정, 보호 및 규제에 관하여 규정한 법률이다.

상표권도 특허권(特許權, patent)과 마찬가지로 출원에서 등록에 이르기까지 일련의
행정처분에 의하여 발생한다. 그러나 브랜드에 관한 권리는 특허나 저작권과 같이 국가
에 의하여 창설되는 권리라기보다는 거래계에서 브랜드를 사용하여 브랜드사용자의 신
용이 브랜드에 화체(化體)됨으로써 자연발생적으로 형성되는 것이고 등록제도는 이러한
브랜드의 권리관계를 명확하게 하기 위한 제도적인 장치에 불과한 것이라 할 수 있다.

특허권과 상표권은 특허정보넷 키프리스(KIPRIS, korea intellectual property information
service)(kipris.or.kr)를 통해 국내산업재산권(특허, 실용신안, 디자인, 브랜드)을 비롯한
미국, 일본, 유럽, 중국 등 전 세계 특허, 브랜드, 디자인 정보를 무료로 검색할 수 있다. 또
한 충남지식재산센터(ripc.org/chunan)는 지역 특산품을 기반으로 하여 농업, 수산업, 식
품업 분야에서 종사하는 창업자(지역향토자원 관련기업, 농어업인조직, 영농조합법인,
영어조합법인, 6차산업화 인증기업)를 지식재산기반의 향토기업으로 육성함으로써 농어
촌 지역의 경제발전을 도모하고 있다.

〈통합검색 입력화면〉

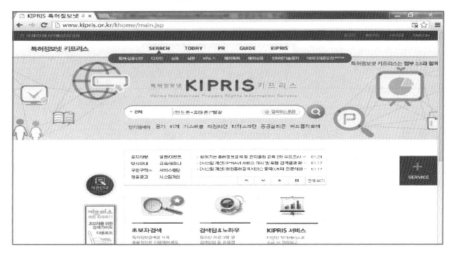

4) 소비자 및 시장성 검토

창업자는 흔히 3C분석(소비자, 경쟁자, 자사)을 실시해야 한다. 앞서 자사의 분석은 창
업자 본인에게 해당되므로, 여기에는 [표 9-11]에서처럼 소비자와 시장(경쟁사)분석만 다

룬다. 즉, 창업자는 소비자분석을 통해 시장세분화와 표적시장 선정 그리고 포지셔닝을 설정할 수 있다. 따라서 기본적으로 소비자분석은 다음의 요인들을 검토해 봐야 한다. 또한 창업자는 불확실한 시장(경쟁사)을 엄밀하게 검토해야 한다. 창업자의 창업 아이템이 기존시장에서 경쟁사의 제품과 경쟁력 관계(품질, 가격, 유통, 브랜드)를 갖고 있고 시장진입이 용이한지, 즉 신규시장에서의 시장진입 가능성을 확인해야 한다.

[표 9-11] 소비자 및 시장성 검토 내용

진단 항목		진단 내용
소비자 요인	사회문화적 요인	문화(사회적 유산 및 한 사회 특유의 라이프 스타일), 사회계층(한 사회 내에서 거의 동일한 지위에 있는 사람들로 구성된 집단), 준거집단(개인행동에 직·간접인 영향을 미치는 집단), 가족, 종교
	개인적 요인	나이, 학력, 소득, 직업, 성별, 결혼 유무, 라이프 스타일, 관여도
	심리적 요인	동기(maslow의 욕구단계), 태도(한 개인이 어떤 대상에 대해 갖는 긍정적 혹은 부정적 감정의 양), 소비자의 경험(구매 및 사용경험), 개성(환경적 자극에 대해 비교적 일관성과 지속성 반응을 가져오는 개인의 심리적 특성)
	상황적 요인	의사교환 상황, 구매 및 소비상황, 구매 후 상황
시장 요인	기존시장	창업 아이템(브랜드)의 시장이 이미 형성되어 있을 경우, 기존시장분석 통한 시장진입 여부 판단
	신규시장	창업 아이템(브랜드)의 시장이 형성되어 있지 않을 경우, 신규시장분석 통한 시장진입 여부 판단

[그림 9-9] 사업계획 수립단계

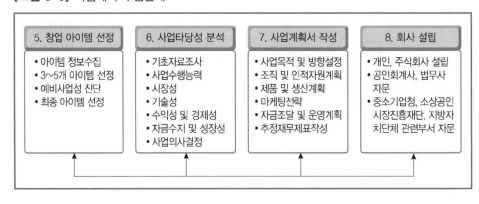

5) 사업 아이템의 선정

창업자는 평소 창업하고자 하는 상품에 관심을 가져왔다면 [표 9-12]처럼, 첫째, 창업 아이템에 관한 정보수집활동을 통해 창업 아이템을 찾아야 한다. 창업자는 매체, 전시회, 박람회, 전문가들로부터 의견을 듣고, 어떤 아이템을 창업에 활용할 것인지를 고민해야 한다. 물론 단기적으로 수익을 창출할 수 있어야 한다.

둘째, [그림 9-9]에서처럼 중장기적으로 동일한 유통경로를 통한 공급이 가능할 수 있도록 3~5개의 차기 창업 아이템 등을 선정하여 체계적으로 시장진입시킬 것을 고려해야 한다.

셋째, 창업 아이템에 관한 예비 사업성 진단은 사업 적합도 평가(자본 가용성, 제조역량, 마케팅 및 유통역량, 기술지원역량, 경영지원 등 예비평가)와 사업매력도 진단(매출 및

[표 9-12] 창업 아이템 진단 기준

진단 항목	선정기준
창업의 적성, 능력	• 해당 업종에 대한 적성 및 성격의 적합성 여부 • 창업자의 건강유지 능력 • 창업하고자 하는 해당 업종의 경험 • 해당 업종의 사업수행능력, 지식유무 • 해당 업종의 창업자금 조달 능력 여부
시장성, 입지성	• 해당 지역에서의 시장분석상 입지가 해당 업종에 적합 여부 • 사업발전 단계상 도입기, 성장기 업종 여부 • 해당 업종의 시장규모 여부 • 시장의 경쟁구도와 전망에 관한 긍정적 시그널 여부
수익성	• 투자비용에 대한 수익전망의 양호 여부 • 손익분기점은 얼마 정도이며, 시점은 언제인가? • 2~3년 이내 흑자 발생 여부 • 인테리어공사 등 고정비가 권리금화에 유리한가?
상품성(브랜드)	• 고객입장에서 가격에 비해 가치 있는 상품(브랜드) 여부 • 고객에게 브랜드의 인기와 경쟁력 여부 • 마케팅 및 신속한 A/S의 가능성 여부 • 상품(브랜드)조달 및 공급의 용이성
위협요인	• 해당 품목이 특허권 및 상표권 침해 여부 • 창업 업종인, 허가 문제에서 미흡한 점의 여부 • 경쟁업체 및 거래업체와의 분쟁 소지 여부

이익 잠재성, 성장 잠재성, 경쟁자분석, 위험분산, 산업구조 개편 잠재성 등의 예비평가)
을 검토해야 한다.

넷째, 창업 아이템 선정은 창업자 특성분석으로 창업자 자신의 적성과 사업조건에 적
합한 업종과 사업규모를 선택해야 한다. 경쟁사보다 우위의 업종으로 창업자 자신이 따
라잡을 수 있는 업종, 생산기술 및 능력을 확보할 수 있는 창업 아이템이어야 한다. 지속
적인 시장성과 수익성이 충분히 담보된 아이템, 시대변화에 따른 성장성이 내재되어 있
는 아이템, 자신의 사업조건에 적합한 창업 아이템을 선택결정해야 한다.

6) 사업타당성 분석

창업자의 사업타당성 분석은 [그림 9-10]에서와 같이 첫째, 사업계획의 객관성 확보이
다. 이는 신규사업 투자에 대한 실패요인을 사전 점검으로 성공가능성을 높이기 위한 것
이다. 둘째, 창업비용의 최소화이다. 신규사업의 문제점 및 제약요인을 파악하여 사업추
진 기간 단축과 창업비용을 최소화해야 한다. 셋째, 성공적인 사업의 기반 구축이다. 기
술성, 시장성, 수익성, 자금수지계획 등 세부항목에 대한 분석을 통해 사업 추진세부사항
을 점검해야 한다. 넷째, 경영능력 향상이다. 창업준비를 통한 경영관련 분야의 균형 있
는 지식습득으로 경영능력을 향상해야 한다.

[그림 9-10] 사업타당성 분석

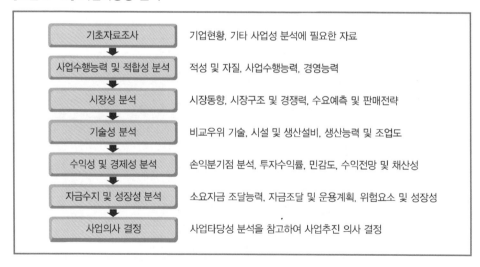

7) 사업계획서 작성

창업을 위한 사업계획서는 [그림 9-11]에서처럼 신규 사업이나 구상하고 있는 사업과 관련하여 투자, 개발, 생산, 판매, 자금 등을 명확히 초점을 맞추어 추진계획을 요약 정리한 보고서를 말한다. 이는 다음의 내용들로 요약될 수 있다.

[그림 9-11] 사업계획서 작성 절차

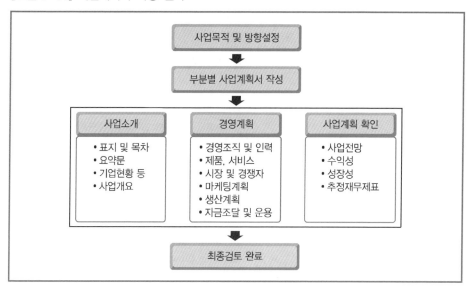

첫째, 계획한 사업의 목표가 무엇인지 설명하고 향후 사업추진 기간 동안 목표를 달성하기 위한 어떠한 수단을 사용할 것인지를 설명하는 서류이다.

둘째, 계획사업의 사업방향 및 수행능력 등을 외부에 객관적으로 제시하고 투자자들에게 이를 설득시키는 가장 중요한 자료이다.

셋째, 신규 사업계획이나 사업의 성공을 위해서 하고자 하는 사업의 초점을 명확히 맞추어 간결하게 메시지를 전달하는 것이다.

넷째, 사업계획서는 돈을 벌 수 있는 창업 아이디어를 실행 가능한 구체적인 청사진으로 발전시킨 것이다.

마지막으로 농업회사법인의 창업설립절차를 [그림 9-12]에서 그리고 개인기업과 법인기업과의 비교는 [표 9-13]에서 참고할 수 있다.

[표 9-13] 개인기업과 법인기업의 비교

구분	개인기업	법인기업
설립절차	사업자등록으로 간편한 절차	• 정관 작성, 법인설립절차 등 이행
경영	• 경영활동에 대한 단독 무한 책임 • 신속한 의사결정 • 경영능력의 한계	• 회사의 형태에 따라 분류(유한책임, 무한책임) • 의사결정의 저속성 • 소유와 경영의 분리 가능
기업 주 활용	• 기업주활동의 자유	• 기업주활동의 제약(상법 등)
자본조달	• 개인의 전액출자로 자본조달 한계	• 다수의 출자자로부터 거액의 자본금 조달 가능
이윤분배	• 이윤의 전부를 개인이 독점	• 출자자의 지분에 의해 분배
기업영속성	• 기업의 영속성 결여	• 기업의 영속성 유지
세제상의 차이	• 소득세 과세 • 일정규모 이하인 경우에 세금부담에 유리 • 대표자 본인의 급여 불인정 • 장부기장 등이 상대적으로 덜 엄격	• 법인세 과세 • 일정규모 이상인 경우에 세금부담에 유리 • 대표자의 급여인정 • 복식부기에 의한 장부기장, 증빙징취 등의 엄격성 요구 • 업무무관 가지급금 등에 대한 인정이자의 계산
기타	• 대인 접촉과 비밀유지에 유리 • 대외 신용도 취약 • 창의 노력의 극대화	• 출자금의 유가증권화 가능 (재산 이전 용이) • 대외적인 신용 유리 • 경영관리의 효율성

[**그림 9-12**] 농업회사법인의 설립 절차

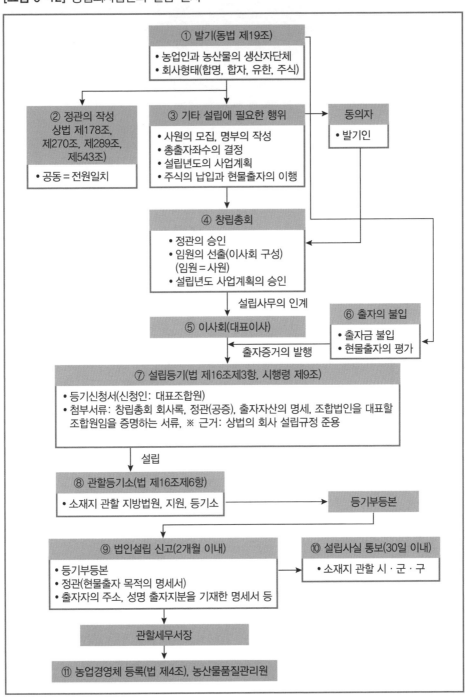

이슈 문제

1. 프랜차이즈 브랜드의 개념을 공급사슬맥락에서 그림을 그리고 설명하시오.
2. 프랜차이즈 브랜드 유형에 대한 정의를 내리고 예를 들어 보시오.
3. 프랜차이즈 브랜드 가맹본부의 장단점을 언급해 보시오.
4. 프랜차이즈 브랜드 가맹점의 장단점을 설명해 보시오.
5. 프랜차이즈산업의 특성을 정리해 보시오.
6. 창업의 개념과 창업마케팅의 의미를 설명해 보시오.
7. 창업형태에 따라 어떤 유형이 존재하는지를 설명하시오.
8. ○○ 브랜드 가맹본부에 대한 가맹점의 창업 절차를 도식해 보시오.
9. 창업의 정의를 내리고 그 절차를 차례대로 열거해 보시오.

유익한 논문

수산물 젓갈 브랜드의 창업가정신 연구: 굴다리식품을 중심으로

고삼숙, 김신애, 권기대

관계종결비용, 관계자본, 관계편익, 관계학습 및 협력 간의 관계: 프랜차이즈의 가맹점 관점

권기대

명품 농산물 공동브랜드의 성공요인 및 구매의향 간의 관계: 수도권 Z세대 대학생들을 중심으로

권기대

글로벌 브랜드전략

1절 글로벌 브랜드

2절 글로벌 협력경영의 전략

3절 글로벌 브랜드 사례

이슈 문제

유익한 논문

10

1절 글로벌 브랜드

1.1. 글로벌 브랜드의 정의

브랜드의 사전적 의미는 '다양한 국가에서 동일하게 사용되는 브랜드'를 말한다. 즉, 브랜드는 '제품의 생산자 혹은 판매자(유통업체[1]))가 제품이나 서비스를 경쟁자들의 것과 차별화하기 위해 사용하는 독특한 이름이나 상징물의 결합체'이다. 여기에 공간적 범위가 국내에서 해외로까지 확대시킨 의미를 포함한다면 '글로벌 브랜드(global brand)'로 지칭할 수 있다. [그림 10-1]에서처럼 실제적으로 대만, 말레이시아 그리고 베트남의 주요 도시를 방문해서도 소비자들은 자신들의 생활 만족을 위해 '공통적으로 연상되는 제품이나 서비스에 붙여진 네이밍'들인 Dole, Enza, Goodtrae, Sunkist, Zespri, Daily(경북능금) 등을 쉽게 구매의사결정을 내린다.

마찬가지로 우리 농산물 및 농식품의 해외 수출을 통해서 특정한 국가의 도시 소비자들이 빈번하게 특정브랜드를 조달하여 생활에 활용된다면 역시 글로벌 브랜드[2]로 간주

---

1) 이마트는 1997년 업계 최초 PL상품이었던 이플러스 우유부터 현재 1000여 종에 달하는 피코크 등 Private Label 상품들은 이마트 고속성장의 숨은 공신으로 꼽힌다. 유통업체 스스로 판매 리스크를 가지면서 독자적으로 개발해 직접 제조사로부터 상품을 납품받고 관리·운영하는 상품이다. 이마트가 본격적으로 PL 상품 개발과 품질에 주력한 시기는 첫 제품이 나온 지 10여 년이 지난 2000년대 중반이다. 2006년 12월에는 PL 브랜드 개발과 품질 향상을 담당하는 '브랜드 관리팀'과 '품질 관리팀'을 신설했다. 이마트는 2007년 10월, 신선 및 가공식품과 일상, 주방용품, 가전, 스포츠 등을 중심으로 5개 브랜드 3000여 상품을 새롭게 론칭했다. 2008년 2월에는 유아동복과 패션 잡화 등 PL 상품을 대거 새롭게 선보였다. 이때 이마트는 1만5000여 품목에 이르는 PL 라인을 구축했다.
피코크가 탄생한 2013년은 이마트 PL이 본격적인 3.0시대를 열어가기 시작한 원년으로 평가받는다. 당시만 해도 '대형마트 PL'이라면 저렴한 가격과 그에 어울리는 저(低)품질이 연상됐다. 이마트는 특급호텔 셰프를 초빙해 레시피연구를 맡겼다. 전문디자이너로 구성된 자체 디자인 팀까지 꾸려 피코크를 내놨다. 맛과 디자인에 중점을 두고 개발을 시작했다. 피코크는 2013년 첫 출시 이후 200여 종 340억원의 매출을 올렸고 1년만인 2014년 400종, 750억원 매출로 두 배나 파이를 키웠다. 다시 1년 뒤인 2015년에는 600종, 1,340억원, 2016년에는 1000종, 1,900원의 매출을 기록했다. 이마트는 2023년 피코크만으로 1조원 매출을 목표로 잡고 있다.
2) 전북 김제시에 소재하고 있는 농업회사법인 ㈜농산은 파프리카를 부여 및 김제지역에 시설재배로 생산 및 일본 수출전문업체, 오아로(OaarO)(온전히, 모두, 온통) 브랜드 개발로 일본 수출, 경북 청도군에 소재한 그린피스 버섯농장의 버섯해외 수출전문업체 Greenpeace, 충남 부여군에 소재하는 동성유통은 지방자치단체 Goodtrae밤(Chestnut) 공동브랜드를 이용하여 동남아 및 미국으로 수출하는 밤 생산 및 유통수출 전문업체, aT농수산식품유통공사에서 2004년 Whimori(배, 장미, 국화, 파프리카, 새

할 수 있다. 오늘날 글로벌 브랜드는 단지 다른 제품과 구별할 뿐만 아니라 제품의 성격과 특징을 쉽게 전달하고, 품질에 대한 신뢰(trust)를 끌어올려 판매에 영향을 끼치는 사회, 문화(culture)적 중요성을 가지는 상징체계로 포지셔닝되고 있다.

그렇다면 글로벌적으로 유명한 광고인들은 다음과 같이 브랜드 개념을 정의하고 있다.

[그림 10-1] 글로벌 농산물 브랜드

- 브랜드는 복잡한 상징이다. 그것은 한 제품의 속성, 이름, 포장, 가격, 역사, 그리고 광고 방식을 포괄하는 무형의 집합체다(David Ogilvy).
- 제품은 공장에서 만들어지는 물건인 데 반해 브랜드는 소비자에 의해 구매되는 어떤 것이다. 제품은 경쟁회사가 복제할 수 있지만, 브랜드는 유일무이(唯一無二)하다. 제품은 쉽사리 시대에 뒤떨어질 수 있지만, 성공적인 브랜드는 영원하다(Stephen King).
- 브랜드는 특정 판매자 그룹의 제품이나 서비스를 드러내면서 경쟁 그룹의 제품이나 서비스와 차별화하기 위해 만든 명칭, 용어, 표지, 심벌 또는 디자인이나 그 전체를 배합(配合)한 것이다(Philip Kotler).

송이버섯 취급) 공동브랜드의 개발, 농림부 차원에서 수출을 진두지휘하고 있다.

- 브랜드란 판매자가 자신의 상품이나 서비스를 다른 판매자들의 상품이나 서비스로부터 분명하게 구별짓기 위한 이름이나 용어, 디자인, 상징 또는 기타 다른 요소들을 말한다(AMA, american marketing association).

1990년대 이후 세계의 모든 기업들은 물론, 경영을 통한 이익 창출과 직접적 관련이 없어 보이는 지방자치단체나 사회단체, 심지어 학교 등도 브랜드 마케팅전략에 집중하고 있다. 점진적으로 어느 조직이든 자체의 브랜드를 글로벌화해 고유 브랜드로 창출하고자 시도하고 있고, 상당부분 성과를 거두었다. 브랜드의 중요성은 시대적으로 더욱 강하게 인식되어 한 브랜드의 가치(value)가 기업의 전체 자산적 가치를 상회하는 경우도 발생하고 있다. 이제 기업의 성공 여부는 브랜드의 성공에 직결해 있다는 것이 일반화되어 있다.

그렇다면 왜 이렇게 브랜드가 중요한 가치를 지니게 되었는가? 이에 대한 해답은 현대 사회 기술 문명의 발전과 이에 따른 소비자의 라이프 스타일 행태의 변화에 있다. 현대 사회에 들어서 매우 빠른 속도로 진행된 공산품 제조기술(manufacturing technology)의 놀라운 발달은 메이커에 따른 제품의 차이를 거의 무시해도 좋을 수준에까지 이르렀다. 이후 소비자들의 상품 소비는 종래 생존 욕구를 위한 물질의 소비라는 근원적이고 단순한 양상을 벗어나 소비 자체가 하나의 상징성(symbol)을 갖는 양상으로 바뀌고 있다. 최근의 소비문화는 상품의 주요 기능을 선택 기준으로 삼는 '기능적 소비'에서 상품의 이미지(image)나 상징성을 소비하는 '기호적 소비(symbolic consumption)'로 변하고 있다. 어떤 브랜드의 상품을 구입하는가 하는 점이 그 사람의 사회적 위치(social position)를 대변하고 더 나아가 그 사람의 심리와 인격을 말해 주는 시대가 되었다.[3]

1.2. 글로벌 브랜드의 특성

글로벌 브랜드는 브랜드 정체성(identity), 포지션, 광고전략, 개성(personality), 패키지(package), 그리고 인상과 느낌에 있어서 여러 국가에 걸쳐 매우 유사한 브랜드 이미지라고 볼 수 있다. 이처럼 글로벌 브랜드는 기본적으로 소비자들에게 신뢰감을 더해주고, 전

---

3) 조성광(2014), 브랜드 네이밍과 상표권, 커뮤니케이션북스.

세계적으로 동일한 브랜드명을 사용하며, 전 세계 소비자들에게 동일한 글로벌 브랜드의 이미지를 제공하는 브랜드라는 것임을 알 수 있다.

요컨대, 글로벌 브랜드의 특성을 살펴보면 다음과 같이 정리할 수 있다.

첫째, 글로벌 브랜드는 자국 내의 경쟁에서 성공한 경험을 가지고 있는 브랜드로서 처음부터 글로벌 브랜드의 지위를 가지고 있지는 않았다 .

둘째, 글로벌 브랜드는 주로 서로 유사한 취향을 나타내는 소비자들의 욕구를 충족시키는 경향을 갖고 있다.

셋째, 글로벌 브랜드는 특정지역이 아니라 전 세계에서 비교적 균형적으로 판매된다.

넷째, 글로벌 브랜드는 특정 제품의 범주에 초점을 맞추고 있기 때문에 사업은 다각한 방향의 브랜드를 확장하는 경우에도 기존의 사업범위에서 크게 벗어나지 않는 경향이 있다.

1.3. 글로벌 브랜드의 장점

글로벌 브랜드를 활용하는 글로벌 브랜드의 장점은 기업 및 소비자관점에서 전략적인 장점을 확인할 수 있다.

먼저 기업관점에서 글로벌 브랜드 장점을 살펴보면 다음과 같다. 생산 및 판매의 규모의 경제(economy of scale), 생산비 절감, 동일 브랜드에 대한 브랜드 마케팅 비용 절감, 동일 브랜드 이미지에서 얻을 수 있는 브랜드 가치 등 국내 브랜드(domestic brands)로는 도저히 얻을 수 없는 많은 장점들을 글로벌 브랜드로는 얻을 수 있다.

소비자관점에서 검토해보면, 많은 관계자들이 브랜드의 우수성에 대한 소비자들의 지각이 브랜드의 지각된 글로벌성(globalness)을 통하여 이루어진다는 데 동의하고 있다. 소비자들이 글로벌 브랜드를 선호하는 배경은 어떤 브랜드가 세계적으로 사용되기 위해서 높은 품질이 필수적이라고 생각하기 때문이며, 이로 인해 기업들은 자신들의 브랜드를 글로벌 브랜드로 인식시키기 위해 세계적으로 사용되고 있음을 광고하기도 한다. 이와 같은 내용을 바탕으로 볼 때, 비록 국내에서 소비자들에게 높은 인지도와 긍정적 연상을 확보한 로컬 브랜드라 할지라도 소비자의 긍정적 평가를 향상시키고, 지각된 품질과 긍정적 이미지 제고와 같은 성과를 달성하기 위해서 글로벌 브랜드전략이 필요하다.

1.4. 글로벌 브랜드 네이밍의 유형과 확장

(1) 자국어 브랜드 네이밍

글로벌 브랜드의 네이밍을 언어적인 맥락에서 검토해보면, [그림 10-2]에서처럼 각 국가마다 사용하는 자국어가 가장 많이 차지하고 있다. 그러나 세계 공용어라 할 수 있는 영어의 비중이 전체적으로 많이 차지한다. 이는 영어를 모국어로 하는 미국, 영국 등이 브랜드 선진국으로서 다수의 비율을 차지하고 있기 때문이기도 하지만, 세계 비지니스의 글로벌화와 함께 미국과 영국이 글로벌화된 여러 국가에 사회, 문화, 경제적으로 얼마나 많은 영향을 끼쳤고, 또 끼치고 있는지 반증하는 결과이다. 더욱이, 선진국 대열에 오른 일본이나, 글로벌 스탠다드(global standard)에 따라 선진화를 추구하고 있는 한국의 경우도 예외 없이 영어 사용 비율이 자국어보다 높게 차지하고 있음을 쉽게 발견할 수 있다. 가령,

[그림 10-2] 글로벌 브랜드의 자국어 브랜드 네이밍

농산물의 경우 글로벌시장을 겨냥한 브랜드는, OaarO(파프리카), Greenpeace(버섯), Daily(사과), Goodtrae(부여 공동브랜드), K-melon(농협 공동브랜드) 등을 들 수 있다.

(2) 자연어 형태의 브랜드 네이밍

글로벌 브랜드 네이밍은 자연어(natural language)가 가장 많은 부분을 차지하고 있다. 이는 [그림 10-3]에서처럼 소비자 커뮤니케이션에서의 의미전달 효율성에 기인한 자연스러운 결과로 볼 수 있다. 자연어 형태 다음으로 가장 많은 비율을 차지하는 것은 합성어(synthetic)로서 의미연상(meaning association)이 가능한 조합 형태의 표현과 함께 의미파악이 어려운 조어적 표현(a colloquial expression)을 포함한 것으로 자연어 수준에 버금가는 비율을 차지한다. 이는 법률적 요인에서 기인한 것이다. 즉, 하루에도 수백, 수천 개의 브랜드들이 시장에 새롭게 나타남에 따라 사용 가능한 자연어의 숫자가 한계에 이르게 되어 자연어 형태의 표현에 제약이 발생되었기 때문이다.

기업들은 이러한 법률적 한계의 극복 방안으로 합성어 형태의 브랜드 개발을 통해 어려움을 해결하였다. 합성어 형태의 브랜드 네이밍(brand naming)은 일정 언어권 내에서 이루어지는 경우도 있지만, 자국어와 외국어 간의 조합을 통해 주목력과 차별력을 높이는 방법이 동원되기도 한다. 이외에 법률적 어려움과 차별화의 방법으로 문장 형태의 브랜드가 동원되고 있다. 최근에는 브랜드 차원을 넘어 단지 특징을 강조한 '펫네임(pet name)'까지 더해지고 있다. 전국에서 이름이 가장 긴 아파트는 파주시 '가람마을10단지동양엔파트월드메르디앙'이었고, 화성시 '나루마을월드메르디앙반도보라빌2차', 남양주시 '해밀마을5단지반도유보라메이플타운' 등 이름이 '20자'에 육박하는 아파트가 적지 않다. 실제 커피 프랜차이즈 업계 1위 스타벅스는 프라푸치노 계열의 2011년 신메뉴인 '엑스트라 커피 캐러멜'의 후속 제품으로 '블랙 세서미 그린티 크림'을 네이밍했다. 이러한 브랜드의 네이밍은 기존 경쟁, 선두 브랜드들과의 차별화를 위한 사례로 들 수 있다. 이외에도 기호, 숫자를 활용한 브랜드들도 패션, 서비스산업을 중심으로 활발히 도입, 활용되고 있다. 중국의 스포츠웨어 '361°', 롯데칠성음료에서 생산되는 '2% 부족할 때', 아파트 브랜드 '더샵(The #)'이 좋은 예이다.

[그림 10-3] 글로벌 농산물 브랜드 네이밍

브랜드	생산단체	마케팅 홍보 전략
Zespri(뉴질랜드)	생산농가 공동브랜드	• 세계적인 정보네트워크로 단계별 모니터링 • 신품종 개발 • 1998년 Gold Kiwi 개발 • TV광고, 시식행사 등 해외 관촉행사 • 「Kiwifruit International」 마케팅 전략 수행
Sunkist(미국)	캘리포니아주와 애리조나주의 생산자 조합체	• 판매촉진 프로그램 운영 • 카테고리 관리(Category Management) • 소비자연구(Consumer Research) • 소매마케팅프로그램(Retail Marketing Programs) • 판매 증진 홍보물 제작 및 배포 • 식품요리법 전파
Dole(미국)	Castle & Cooke사와 Dole사가 합병하여 탄생	• 마케팅 프로그램 운영 • 세계 각국의 매스미디어를 통한 꾸준한 홍보 • 기술 보조(Technical Assistance) • 세계 각국 대형 생산기지 건설, 현지법인 설립 • 세계 각국의 현지 법인이 브랜드를 공동 사용
ENZA(뉴질랜드)	ENZA LTD(생산자 대부분 공급자 역할)	• 검증된 유통경험 활용 및 고품질 정책 • 규모화 소비자 선택 폭의 확대 및 유통비용 절감 • 소비자 포장, 크기, 종류별로 다양한 선택 • 중간 판매과정 최소화로 생산자 이익 최대화
Carmel(이스라엘)	정부지원기관(정부 50%, 생산자협회 25%, 협동조합 25%)	• 세계시장 진출(유럽, 아시아, 중남미, 북미, 남아프리카) • 수확 후 포장, 운송기술의 효율화 및 환경 친화적인 농산물 생산 홍보 • 각국 해외 지사 두고 소비자 기호 및 마케팅전략 정보 수립

자료: http://www.agribrand.co.kr/

(3) 속성형태의 브랜드 네이밍

브랜드 의미에 기초한 콘셉트 측면에서 볼 때, 조사한 전 세계 브랜드 중 제품 및 서비스 속성 표현과 함께 타깃(소비자)의 이미지를 반영한 브랜드가 골고루 분포되어 있다.

그밖에는 동물이나 자연물 등에 비유하거나 의인화한 상징적 브랜드 및 인명과 지명을 통해 역사성을 전달하는 브랜드들 역시 고른 비중을 차지하고 있다.

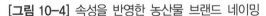

[그림 10-4] 속성을 반영한 농산물 브랜드 네이밍

(4) 글로벌 브랜드의 확장

글로벌 브랜드의 확장(extension of global brand)은 '기업이 현재 시장에서 소비자들로부터 사랑을 받는 브랜드의 신제품 출시 때도 널리 인지되어 있는 기존 브랜드를 가감 없이 활용하는 전략'을 뜻한다. 브랜드 확장전략은 [그림 10-5]에서처럼, 제품브랜드 확장(다른 제품군으로 카테고리 확장)과 라인 확장(기존 제품군 내에서)이 있으나 대부분 라인확장을 통해 이루어진다. 이러한 전략의 경제적 편익은 첫째, 기존 브랜드는 이미 소비자들에게 긍정적 노출로 인한 품질 등에 관한 한 신뢰성을 갖고 있음에 따라 신규 브랜드의 확장에서 거래 장애요인들인 장소, 시간, 소유, 지각, 가치를 최대한 제거할 수 있다. 둘째, 신규 브랜드의 새로운 유통경로가 아닌 기존 유통경로를 이용할 수 있어 기업의 포장비용, 물류비용 등의 재정절감을 가져온다. 셋째, 기업의 신규 브랜드 시장 론칭에 대한 광고홍보비용 등의 마케팅비용도 대폭 절감할 수 있다. 이러한 여러 유무형의 편익을 동반할 수 있는 배경은 당연히 기업이 기존 브랜드에 대한 막대한 비용을 투입하면서 얻어낸 긍정적 브랜드 이미지에 근거한다. 그러나 소비자들은 그야말로 프로이기 때문에 기존의

[그림 10-5] 브랜드 확장

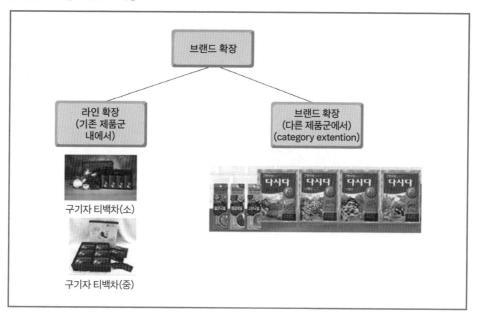

브랜드를 확장한 신규 브랜드가 기존 브랜드의 명성과 다르다면 실패할 확률이 항상 존재한다는 것을 기억해야 한다.

요컨대, 기업들은 신규 브랜드의 시장 론칭에 있어서 소비자들이 익숙한 브랜드를 접촉하면 신상품에 관한 낯가림을 최소화시킬 수 있고, 여러 기업의 경제적 편익을 동반할수 있기 때문에 적극적으로 기존 브랜드의 확장 전략을 선호한다고 볼 수 있다. 그러한 예를 들면, 1994년에 설립된 청양구기자원예조합(cygugija.co.kr)이 기존 제품군 내에서대·중·소 중량으로 라인 확장을 추구하였으며, CJ제일제당(cj.net)이 1972년부터 발효조미료가 아닌 종합 조미료로 시장 구조를 바꾸기 위한 방안을 연구하기 시작한 이후 1975년 11월 20일 '그래 이 맛이야! 고향의 맛 다시다!'에서 다른 제품군으로 카테고리를 쇠고기, 멸치, 조개, 해물로 시장에 내놓았다.

한편, 브랜드 레버리지(brand leverage)는 브랜드 자산을 전략적으로 확장시키고 신제품을 효과적으로 개발하기 위해 강력한 브랜드로 구축된 기존 브랜드를 다른 제품군으로 확대 적용하는 것을 말한다. 이는 브랜드 자산 가치 평가를 통해 효율적인 브랜드 포트폴리오를 구성하는 것으로 현재의 브랜드 가치나 파워를 분석하고 그에 따라 브랜드의 확대 여부를 결정한다. 즉, 브랜드 가치와 연관해 해당 브랜드의 확대가 가치에 어떠한 영향을 미칠 수 있는가를 보는 것이다. [그림 10-6]에서 보듯이 기업의 브랜드 레버리지를 통해 확장 여부를 확인할 수 있다.

[그림 10-6] 브랜드 레버리지

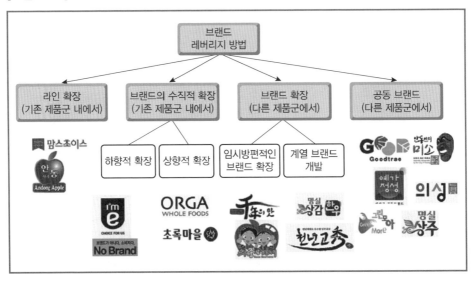

1.5. 원산지 효과

(1) 원산지 개념

원산지(country of origin)는 어떤 제품이나 기업의 국적, 즉 '제품의 제조국(country of production or manufacture)'으로 정의할 수 있다. 보통 "made in"으로 표시한다. 1962년에 디히터(Dichter)가 잡지 〈Harvard Business Review〉에 발표한 〈The world consumer〉에서 "Made in"이라는 단어가 소비자에게 제품평가에 영향을 미친다고 처음으로 제기한 후 1965년에 학자 스쿨러(Schooler)가 최초로 원산지 효과에 관한 연구를 실시했다.

스쿨러(Schooler)는 과테말라의 소비자를 선정하여 실험을 실시했다. 실험결과 과테말라 소비자들이 중앙아메리카 국가에서 생산된 제품들에 편견이 존재한다는 것을 발견했다. 이후 많은 학자들에 의해 원산지 효과에 관련한 연구가 계속 진행되어 왔다. 원산지 효과에 관련한 연구초기(1970~1980년)에는 제품의 생산과 제품디자인, 제품에 필요한 과학 기술 모두 한 국가가 완성하는 단일국적 생산이 많았다.

원산지, 제조국, made in이라는 용어의 개념이 유사해서 동일 명칭어로 혼합 사용되었다. 그러나 경제가 날로 글로벌화됨에 따라 국가 간의 경제 교류가 갈수록 빈번해지게 되었다. 각 국가는 자원, 과학기술, 노동력 등에 대한 각자의 장단점을 가지고 있다. 경제이익을 더 극대화하기 위해 자국의 유명한 브랜드 제품을 자원과 노동력이 큰 국가에서 생산하는 상황도 점점 증가했다. 이에 따라 1980년 후반부터는 원산지와 제품 제조지가 동일한 국가가 아닐 수도 있기 때문에 원산지 효과 기반에서 복수국적 제품에 대한 연구도 점점 이루어지게 되었다. 그래서 원산지의 개념도 제조국 원산지(COO of manufacture), 디자인 원산지(COO of design), 조립 원산지(COO of assembly), 부품 원산지(COO of part or component), 기업 원산지(COO of corporate) 등 세분화하게 되었다. 지금 원산지라는 용어는 제품의 모국(home country) 또는 최초로 제품을 생산하는 국가로 정의할 수 있는 반면, made in이라는 용어는 제품의 브랜드에 표시되는 것으로 실제 제품을 생산한 국가로 정의할 수 있다.

(2) 원산지 이미지

원산지 이미지는 거시적 관점에서 국가의 정치, 경제, 과학, 역사, 문화 등과 연관성을 갖는다. 미시적 관점에서는 한 국가가 생산한 브랜드나 제품과 관련이 있다. 원산지 이미지는 주로 이 두 차원에서 연구를 전개하는 것이다. 원산지 이미지에 관련한 자료들을 정리하면 [표 10-1]과 같다.

이상의 연구 결과를 종합하면 원산지 이미지는 한 국가의 정치, 경제, 역사, 문화, 전통, 대표적인 제품과 브랜드 등 여러 가지 요소로 인해 소비자에게 형성된 태도나 인식이라고 할 수 있다. 소비자들의 이러한 원산지 이미지에 대한 가지고 있는 태도나 인식은 제품평가에 커다란 영향을 주게 된다.

[표 10-1] 원산지 이미지의 정의

연구자	정 의
Schooler(1965)	원산지 이미지는 한 국가의 역사와 환경요소 때문에 소비자들의 그 국가와 국민과 사회조직에 대한 태도
Wang(1978)	원산지 이미지는 한 국가의 경제발전수준, 민주주의 정도, 문화적 유사성
Han(1989)	소비자가 어떤 특정 국가의 제품에 대한 일반적인 인식
Roth & Romeo(1992)	소비자가 특정 국가의 제품에 대해 형성되는 전체적인 느낌
Martin & Eroglu(1993)	원산지 이미지는 개인적으로 어떤 국가에 대한 대표성과 추측성을 지니는 메시지의 신념
Allred et al.(1999)	원산지 이미지는 소비자가 어떤 국가의 경제적 조건, 정치적 조건, 문화·노동 조건, 다른 국가와의 모순 또는 국가 환경에 대한 인상적이고 인지적인 것
Verlegh(2001)	원산지 이미지는 사람들이 한 국가에 대한 자기가 갖고 있는 감정과 인지된 연상
김영욱(2001)	소비자들의 한 국가에 대한 일반적인 감정이며 그 국가의 제품 평가에 영향을 미침
Thakor & Lavack(2003)	소비자가 "made in"을 통해 제품에 관련한 메시지를 얻을 수 있고 제품속성 이외의 제품에 관련한 이미지
이제영·최영근(2007)	특정 국가와 그 국가의 국민들에 대한 소비자들의 인식 또는 그 국가에 대한 이미 형성된 평가가 그 국가의 제품의 평가를 대신할 수 있는 것
김민정(2010)	소비자가 특정 국가 제품에 대한 태도와 신념
최윤정(2011)	소비자가 특정 국가의 정치, 과학기술, 기업, 문화, 경제, 그 국가의 국민과 관련된 형성하는 연상

(3) 원산지 효과

정보이론에 따르면, 소비자들은 한 제품을 구입하기 전에 그 제품과 관련된 내재적 정보와 외재적 정보를 고려할 것이다. 제품의 정보단서는 내재적 정보단서(intrinsic information cue)와 외재적 정보단서(extrinsic information cue)로 크게 구분된다. 전자의 내재적 정보단서는 제품의 크기, 디자인, 맛, 색깔, 성능 등 이러한 제품 자체와 물리적으로 관련이 있는 것이고, 반면에 후자의 외재적 정보단서는 제품의 가격, 브랜드, 매장 이미지, 광고, 원산지 이미지 등 이러한 제품 자체와 물리적으로 관련이 없는 것으로 정의한다.

일반적으로 소비자들은 사용경험이 있는 제품에 대해서 제품의 내재적 정보단서로 판단해서 구매결정을 할 수 있다. 반면에 사용경험이 없는 신규 제품의 경우 품질이나 속성에 대해 잘 모르기 때문에 제품의 외재적 정보단서가 되는 브랜드, 원산지로 판단해서 구매결정을 하게 된다. 그래서 원산지 효과는 소비자들이 개별적으로 가지고 있는 브랜드 원산지 또는 제조국 이미지 정보단서를 이용해서 해당 제품에 대한 품질을 추측하며, 제품평가에 영향을 미친다는 것으로 정의할 수 있다.

원산지 효과의 형성원리는 후광효과(halo effect)와 종합구조모델(summary construct)을 통해 설명할 수 있다. 후광효과는 소비자들이 어떤 국가의 제품에 대한 사전지식이 부족할 때 원산지 이미지를 통해 제품의 품질이나 성능을 판단하고, 소비자 태도에 영향을 미치는 것을 의미한다. 소비자들이 어떤 제품에 대한 사전지식이 부족할 때, 제품에 관련한 간접적인 단서를 통해 구매의사결정을 한다. 가장 대표적인 간접 단서로 원산지를 들 수 있다. 원산지 이미지는 소비자들의 제품에 대한 신념에 영향을 준다. 신념은 브랜드나 제품의 평가에 영향관계에 놓여 있다. 따라서 원산지 효과의 형성원리에 대한 후광효과는 광범위하게 영향을 끼칠 것이다. 후광효과의 연구 모델은 [그림 10-7]과 같다.

[그림 10–7] 후광효과모델[4]

원산지 이미지 → 신념 → 브랜드/제품 태도

[그림 10-7]의 후광효과모델은 소비자들이 어떤 국가의 제품이나 브랜드에 대한 사용경험이나 사전지식을 가지고 있는 경우에 그 제품속성에 대해 이미 형성된 느낌에서 그 제품의 원산지 이미지를 추상시키고 소비자의 제품태도에 영향을 미친다.

종합구조모델은 [그림 10-8]에서처럼 어떤 국가의 제품에 대한 인식을 기반으로 형성되었다. 한 국가의 제품이나 브랜드에 대한 인식은 그 국가의 제품이나 브랜드가 소비자의 신념에 영향을 미친 후 그 국가의 이미지에 대한 인식이 형성되며, 그 국가 이미지가 소비자들에게 그 국가의 다른 제품이나 브랜드에 대한 평가에 영향을 미친다.

---

4) Han, C. M. (1989), "Country Image: Halo or Summary Construct", Journal of Marketing Research, 26(2), pp. 222-229.

[**그림 10-8**] 종합구조모델[5]

원산지 효과는 단일국적 제품과 복수국적 제품으로 구분할 수 있다. 단일국적 제품 (uni-national product)은 한 국가 내에서 제품을 고안하고 생산해내는 것이다. 즉, 제품에 필요한 디자인 설계나 기술력을 제공하는 제품고안 원산지(country of design)와 노동력을 투입하는 제품을 제조하는 제조 원산지(country of assembly)가 일치하는 제품을 말한다.

복수국가 제품(multinational products)은 최소 두 국가 이상이 협력하여 제품을 고안하고 생산해내는 복수국적 제품을 뜻한다. 즉, 제품에 필요한 디자인 설계나 기술력을 제공하는 제품고안 원산지(country of design)와 노동력을 투입하여 제품을 제조하는 제조 원산지(country of assembly)가 서로 다른 원산지를 가지고 있는 제품을 말한다. 복수국적 제품은 디자인 원산지, 브랜드 원산지, 부품 원산지 등 생산과정이 복잡할수록 다양하게 구분할 수 있다.

예를 들어 [그림 10-9]에서처럼 미국의 기업인 Dole이 바나나 생산을 필리핀에서 한다면 원산지를 어떤 국가로 보아야 하는가 하는 문제가 제기된다. 이는 원산지와 제조국가를 구분하여 사용하는 접근방법을 택하고 있다. 즉, 원산지(country of origin)는 기업이 마케팅하는 제품이나 브랜드의 본사가 위치해 있는 국가를 의미하며, 제조국가(COM, country of manufacture)는 실제로 생산이 일어난 국가로 보고 있다. 이러한 관점에서 본다면 원산지는 소비자가 브랜드명을 추론할 수 있는 국가 즉 본사국(home country)을 의미하며, 제품 원산지(country of origin of product)나 제조국가(country of manufacture)는 실제로 제품이 최종적으로 제조된 국가를 의미하는 것으로 이해될 수 있다. 따라서 Dole의 바나나 원산지는 미국이지만, 제품 원산지 즉 생산국은 필리핀이라고 할 수 있다. 그런가 하면 이러한 관점과 조금 다른 견해는 만약 Dole이 필리핀에서 생산되고, Zespri가 한국의 제주에서 생산되었다면 이들 국가에 made in을 붙이기보다 assembled in Philippines나 assembled in Korea를 붙이는 것이 타당하다고 보았다.

---

5) Han, C. M. (1989), "Country Image: Halo or Summary Construct", Journal of Marketing Research, 26(2), pp. 222-229.

[그림 10-9] 원산지 바나나 수입 현황

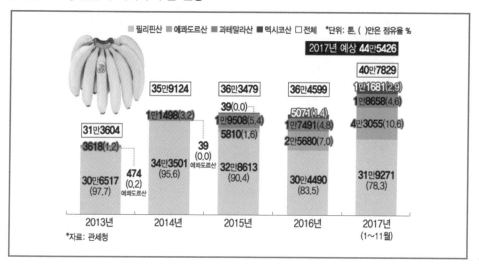

한편 이처럼 여러 국가가 관련된 제품(hybrid product)의 경우에 실제로 제품이 생산된 국가의 이미지도 중요하지만, 브랜드가 속해 있는 국가의 이미지가 소비자에게 중요하기 때문에 브랜드가 속한 국가, 즉 브랜드 원산지(country of origin of brand) 개념을 사용하는 것이 더 타당하다는 의견이 제기되고 있다. 이러한 논의 과정을 검토해 보면 다국가 원산지 제품의 경우에 원산지라는 용어는 존재할 수 있으나, 특정 국가만을 지칭하는 원산지에 대한 논의는 제품이 생산되는 과정에서 여러 과정을 아웃소싱하는 경우 소비자가 제품을 평가하는 데 있어 많은 혼동을 줄 수 있다. 최근의 연구들은 이러한 점을 고려하여 원산지를 여러 차원으로 나누어 사용하려는 경향을 보이고 있다. 예를 들어 자동차나 컴퓨터처럼 다소 복잡한 제품의 경우 디자인, 부품, 생산이 여러 국가에 걸쳐 아웃소싱이 이루어지는 경우 부품, 조립, 디자인, 본사 위치가 상이할 수 있는데 이에 따라 원산지를 달리 구분하여 부품 원산지(COO of Parts or Components), 생산 원산지(COO of Manufacture), 조립 원산지(COO of Assembly), 디자인 원산지(COO of Design), 기업 원산지(COO of Corporate)로 구분하는 경우이다. 이들 원산지의 개념을 좀 더 구체적으로 정의해 보면, 일반적으로 디자인 원산지(COD)는 제품이 개발되고 공학적으로 설계된 국가를 의미하며, 조립 원산지(COA)는 제품의 최종 조립이 이루어진 국가를 말하고, 부품 원산지(COP)는 제품에 사용된 상당 부분의 재료가 조달된 국가나 부품이 만들어진 국가를 나타낸다. 생산 원산지는 실제로 제품의 제조가 이루어진 국가를 의미하며, 상표 원산지

(COB)는 상표명을 갖고 있는 기업의 본사가 위치해 있는 국가를 의미한다.

원산지를 이렇게 여러 차원으로 나누어 정의함에 따라 원산지에 관한 연구가 초기에는 단일 실마리(single cue)를 중심으로 연구되다가 다중 실마리(multi-cue)로 연구가 진전되었으며, 이제는 기업 활동이 세계화되면서 이중국가 원산지 제품(binational product)이나 다국가 원산지 제품(hybrid product)으로 연구대상의 특성이 변화되고 있다.[6]

(4) 원산지 효과의 영향요인

원산지 효과에 관한 초기 연구들은 제품의 원산지 효과가 존재하는 여부에 대한 검정을 주로 했었다. 경제가 점점 세계화되면서 외국 기업들과 교류가 증가함에 따라 최근에는 다양한 영역에서 원산지 효과에 관련한 연구를 진행하고 있다. 예를 들어 소비자의 인구통계학적 특성, 제품 자체의 특성, 자민족중심주의, 소비자 제품에 대한 사전지식수준, 제품 관여도, 조절초점 등을 조절변수로 이용해서 원산지 효과 연구가 이루어지고 있다.

① 소비자의 인구통계학적 특성

인구통계학적 변인은 원산지 효과에서 조절변수가 되고, 소비자의 성별, 수입, 학력, 국적 등에 따라 조절효과가 나타난다. 원산지 이미지는 관여도가 다른 상황에서 소비자 제품평가에 영향을 미친다는 것을 입증하는 동시에, 소비자의 연령, 성별, 문화, 수입 등과 같은 인구통계학적 요소도 원산지 효과에 영향을 미치고 있음을 확인할 수 있다. 일반적으로 원산지 효과가 제품선택에 미치는 영향이 소비자의 인구통계학적 특성에 따라 어떤 차이가 있는지 살펴본 결과, 남성 소비자들은 자동차 원산지의 기술을 더 중시하고, 여성 소비자들은 자동차 디자인을 더 중시하는 것으로 나타났다.

② 소비자의 자민족중심주의

소비자가 어떤 상황에서 외국제품보다 자국의 제품을 더 선호하는 경향을 엿볼 수 있다. 즉, 자국과 외국의 제품을 구분하여 자민족중심주의(ethnocentrism)로 인해 외국제품의 평가와 구매의도가 떨어지는 경향을 의미한다. 이는 "소비자 자민족중심주의"라고 부

---

6) 황병일 · 김범종(2007), "소비자 선호에 대한 디자인 원산지, 생산 원산지, 부품 원산지 효과", 한국광고홍보학보, 9(1), pp.30-56.

를 수 있다. 소비자의 자민족중심주의는 일반적으로 다양한 국가의 제품이나 브랜드 평가에 영향을 미치는 것으로 검증되고 있다. 소비자에게 자국제품이 고려대상으로 되지 않은 상황에서 자민족중심 성향이 원산지 효과에 미치는 조절효과를 살펴보면, 자민족중심주의 성향이 소비자의 외국제품에 대한 구매의도에 미치는 영향을 조절하는 것을 알 수 있다. 소비자 자민족중심주의 성향과 원산지 효과 간에 관계를 구명한 결과, 소비자의 자민족중심주의가 외국제품의 평가와 구매의도에 부정적인 영향을 미치는 것을 보여준다. 자민족중심주의와 조절초점에 따라 외국산 구매 의도에 어떤 차이가 있는지 살펴본 결과, 소비자의 자민족중심주의가 낮을수록 외국제품에 대한 구매의도가 높게 나타났다. 반면에 소비자의 자민족중심주의가 높을수록 외국제품에 대한 구매의도가 낮게 나타났다.

③ 소비자의 조절초점성향

조절초점(regulatory focus)은 일반적으로 촉진초점(promotion focus)과 예방초점(prevention focus)으로 구분된다. 촉진초점을 가진 소비자들은 긍정적인 결과를 얻는 것에 대한 관심을 가지고 향상되는 것에 초점을 맞춰서 행동한다. 예방초점을 가진 소비자들은 부정적인 결과를 회피하고 기존 상태를 유지하는 것에 대한 초점을 맞춰서 행동한다. 자민족중심주의와 조절초점에 따라 외국산 구매의도에 대한 어떤 차이가 있는지를 확인한 결과, 소비자의 촉진초점이 높을수록 외국제품에 대한 구매의도가 높게 나타났다. 반면에 소비자의 예방초점이 낮을수록 외국제품에 대한 구매의도가 낮게 나타났다. 소비자의 조절초점과 원산지 효과 간의 상호작용을 검증한 결과, 촉진초점을 가진 소비자들은 중국 제품보다 한국 제품에 대한 구매의도가 더 높게 나타났다. 반대로 예방초점을 가진 소비자들이 한국 제품보다 중국 제품에 대한 구매의도가 더 높게 나타났다.

④ 제품에 대한 사전지식

소비자들의 제품에 대한 사전지식은 제품과 관련한 정보, 구매경험, 친숙도 등이 있다. 이러한 사전지식은 소비자의 구매의사결정에 영향을 미치는 중요한 변수가 된다. 그래서 소비자들이 어떤 제품에 대한 사전지식이 부족할 때 제품의 브랜드나 원산지를 통해 판단할 수 있다. 이는 원산지 효과도 소비자의 제품에 대한 사전지식의 정도에 따라 다를 수 있다는 것을 의미한다. 중국 소비자들의 제품에 대한 사전지식 수준에 따라 원산지 효과가 어떤 차이가 있는지 알아본 결과, 사전지식이 높을수록 원산지 제품의 광고에 대한 태도가 높은 것을 알 수 있다. 소비자의 제품에 대한 사전지식이 낮을수록 다른 정보를 이용하고, 반대로 사전지식이 높을수록 원산지 정보를 더 적극적으로 활용하는 것을 밝히고 있다.

⑤ 제품유형

제품유형에 따라 소비자의 제품과 브랜드에 대한 구매의도에 차이가 있을 수 있다. 제품유형을 구분하는 수단은 여러 가지가 있다. 우선 제품의 외형, 가격, 기능성 등 이러한 제품속성에 따라 실용적 속성과 쾌락적 속성으로 구분될 수 있다. 실용적 속성은 제품의 성능과 기능에 대해 중시하는 기능적 특성을 가지고 있다. 쾌락적 속성은 제품의 외형, 느낌, 상징적 의미를 중시하는 심리적 특성을 가지고 있다. 원산지 효과도 제품속성에 따라 다를 수 있으니 원산지 효과 연구에서 중요한 변수가 된다. 원산지 효과가 제품속성(실용적/쾌락적)에 따라 다를 수 있는 것을 검증했다. 즉 원산지 이미지가 실용적 제품인 디지털 카메라보다 쾌락적 제품인 향수를 구매하려 하는 정보처리 과정에 영향을 미친다. 즉, 원산지 효과는 실용적 제품보다 쾌락적 제품에서 영향을 미치는 것으로 밝혀졌다. 그리고 제품유형은 FCB grid에 따라 고관여 · 저관여, 이성 · 감성 4가지로도 구분하고 원산지 효과가 이에 따라 다를 수 있을 것인지를 분석한 결과 저관여 제품이 고관여 제품보다 구매의도에 대한 원산지 효과가 더 큰 것으로 나타났다. 감성적 제품은 이성적 제품보다 구매의도에 대한 원산지 효과가 더 큰 것으로 나타났다.

2절 글로벌 협력경영의 전략

2.1. 글로벌 협력경영의 개념과 범위

(1) 글로벌 협력경영의 개념

글로벌 협력이란 '공간적 범위가 국내에 국한하지 않는 둘 또는 그 이상의 기업들이 자신이 보유한 핵심역량을 바탕으로 상호 보완적인 역량을 결합하는 것' 또는 '경쟁 관계에 있는 기업이 일부 사업 또는 기능별 활동부문에서 경쟁기업과 일시적인 협조관계를 갖는 것'을 뜻한다. 협력은 기업 간 정신의 교류(meeting of the minds)라고도 하며, 경로협력의 관점에서 정의를 내리면, 구매자-판매자 간에 있어서, 관계자들이 공급자 제품의 주문 (ordering)과 물적유통(physical distribution)을 위해 목적(objectives), 정책(policies), 그리고 절차(procedures)에 동의한 유통업자와 독립된 공급자 간의 지속적인 관계(on-going relationship)를 의미한다. 또한 포장(packing), 가격표시(price marking), 신제품개발(new product development)과 시험(testing), 그리고 공동판매 촉진활동(joint sales pro- motion activities)에 대한 합의서도 포함하지만, 기본적인 초점은 거의 항상 주문과 물적 유통에 초점을 둔다. 그래서 경로의 협력은 공급자 협력(supply partnerships)을 지칭하기도 한다.

따라서 이는 [그림 10-10]에서와 같이 기업 간의 협력관계를 구축하는 다양한 행위의 총칭으로 사용되고 있다. 일부 학자들은 협력을 기업 간의 관계 측면에서 이해하였다. 구체적으로 협력을 달리 표현하면 관계마케팅으로서 관계적 계약(relational contracting), 관계

[그림 10-10] 글로벌 기업 간 협력경영의 관계

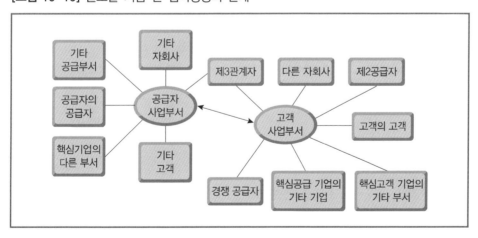

마케팅(relational marketing), 수직적 부가가치사슬(vertical value-adding chains)[7], 부가

---

7) 포터(Porter, 1985, p.36)는 "가치사슬(value chains)"의 개념을 다음과 같이 제시하였다. 경쟁우위는 한 회사가 그저 전체로 바라본다고 되는 것이 아니다. 이는 한 회사가 제품의 설계, 생산, 마케팅, 배송

가치 파트너십(value adding partnership), 업무 파트너십(working partnership), 심바이오틱 마케팅(symbiotic marketing), 전략적 제휴(strategic alliance), 공동 마케팅 제휴(co-marketing alliance), 그리고 내부 마케팅(internal marketing), 공급자 파트너십(supply partnerships), 연합(coalition), 전략적 파트너십(strategic partnership), 조직체 간의 연계(interorganization at linkage), 혼합협정(hybrid agreement) 등 다양한 견해가 있다.

협력의 가장 근본적인 원리는 상호성(reciprocity)으로서 파트너끼리 상호이익을 위하여 경영자원들을 공유, 교환, 통합하는 조직적 접근으로서 가령, 협력을 공동제품개발에서 공식적인 합작투자와 소수지분참여에 이르는 다양한 기업 간 협력관계, 내지는 소수지분 참여에 이르는 계약을 포괄하는 것으로서 어떤 전략적 목적을 달성하기 위해 기업들 간에 체결하는 파트너십, 기술교환, 공동연구개발, 보완적 자산 결합을 포함한 쌍무적 관계, 파트너 기업들이 장기적인 협력적 노력과 동일 지향점을 개발하기 위해 구성하는 조직 간 관계의 특정한 유형이라고 볼 수 있다.

(2) 협력의 범위

모든 기업 간 협력경로에서 공동의 사업을 이행하는 구성원들은 일종의 협력관계를 형성하고 있다. 관계(relationship)의 유형에는 조화로운(harmonious) 관계, 신랄한(acrimonious) 관계, 오해(misunderstanding)의 관계 혹은 부당한(mismanaged) 관계 등으로 분류할 수 있다. [그림 10-11]에서와 같이 관계마케팅에 있어서 조화로운 경로관계는 최종 사용자에 의해 필요한 서비스 상품을 전달하는 과정에서 효과성(effectiveness)과 효율성(efficiency)을 달성하는 방법인 과정의 집중성(convergence)뿐만 아니라, 관계의 다양한 측면에 관하여 경로 구성원들에게 유사한 목표(goals)가 요구된다.

이러한 관계의 연속성에 대한 궁극적인 목적은[그림 10-12]에서 나타난 것처럼 운영상 임기응변적인 거래 관계와 다른 한편으로는 지속적인 전략적 협력관계에 있다.

및 지원 등의 업무를 수행할 때, 수반되는 다수의 각기 분리된 활동으로부터 나온다. 이러한 각각의 활동은 한 회사의 상대적인 원가 지위에 기여할 수 있고, 차별화의 근거를 마련해 준다. 가치사슬은 원가 구조와 기존 및 잠재하고 있는 차별화의 원천을 이해할 수 있도록 한 회사를 전략적으로 연관된 활동들로 분해한다. 기업은 이러한 전략적으로 중요한 활동들을 경쟁자보다 더 낮은 비용과 보다 나은 방법으로 수행함으로써 경쟁우위를 획득한다.

이분법(dichotomy)은 관계의 본질(임기응변 혹은 지속적인)과 목적(전략적 혹은 운영적)에 따라 경로상에서 관계 유형의 범위를 정의하는 데 이해력을 제고시켜 준다. 거래적

[그림 10-11] 조화로운 관계의 기준

[그림 10-12] 관계협력의 분류

관계(transactional relationship)는 고객과 공급자가 매우 경쟁력 있는 가격에 대한 기본 제품의 시의적절한 교환에 초점을 둔다. 협력관계(partnering partnership)는 지속적으로 광범위한 사회적·경제적 서비스, 그리고 기술적 유대(ties)를 통해 발생한다. 전략적인 협력의 의도는 총비용이 오히려 낮거나, 경로에 대한 가치가 증가됨으로써 상호 이익(mutual benefits)을 획득한다. 협력의 관계는 경로 구성원들 간에 의사교환(communication), 협력(cooperation), 의존(dependence), 신뢰(trust), 그리고 결속(commitment)을 요

구한다. 요약하면, 조직 간 협력은 공급자와 그들의 유통업자 간 혹은 공급자와 고객 간의 깊은 협력관계에 있다. 이러한 관계자가 협력을 통해 달성하고자 하는 것은 단순하다고는 말할 수 없다. 관계자들은 목적, 정책, 발주와 물리적으로 제품을 분배하는 데 대한 절차 등에 동의해야 한다. 어떤 경우에 그들은 주문 이행률(order fulfillment), 재고관리(inventory management), 물류(distribution), 구매(purchasing) 그리고 판매 후 서비스(post-sales service)에 대한 공동 책임의 새로운 방식을 채택해야 한다.

결론적으로 협력이란, [그림 10-13]에서와 같이 파트너 관계에 있는 기업은 목표(goals)와 과정(process)이 집중적인 조화로운 관계에 있으며, 또한 관계목적에 있어서는 전략적 관점, 관계본질에 있어서는 지속성을 함유하고 있어야 한다. 그리고 이른바 공급 파트너와의 거래와 관련된 운영상의 위험의 정도가 낮아야 하며, 공급 파트너에 의한 유통 파트너의 제품에 대한 부가된 가치가 높은 1/4분면의 모습으로 범주화할 수 있다.

[그림 10-13] 잠재적인 협력의 분류

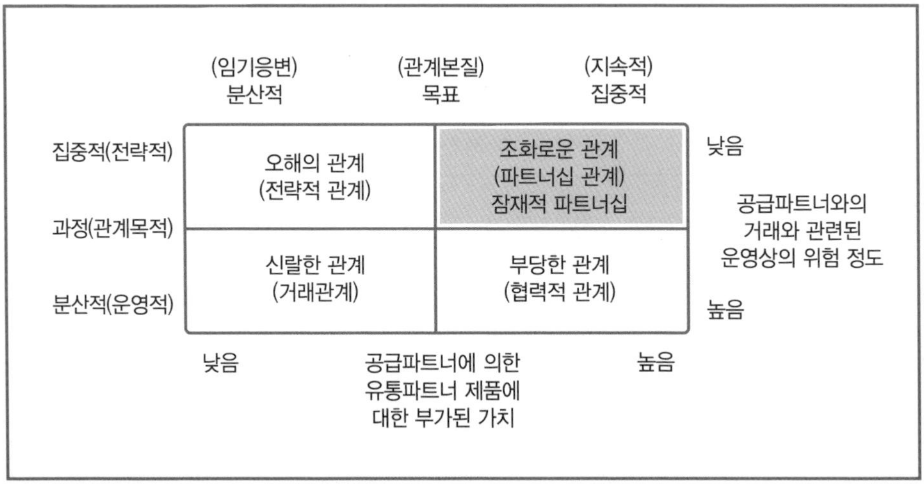

2.2. 글로벌 협력경영의 동기

기업이 협력을 기업경영전략으로 선택하는 배경은 학자들마다 의견이 다르다. 구체적으로 어떤 학자[8]는 R&D비용 및 위험의 경감, 규모의 경제실현, 신공정·제품기술의 신속한 개발 및 확보, 시장진입 및 확대, 경쟁방식의 조정, 경영자산의 공유 등을 들고 있으며, Glaister and Buckley(1996)[9]는 위험경감(risk sharing), 제품합리화(product rationalization) 및 규모의 경제, 기술이전과 특허공유(transfer of technology and exchange of patent), 경쟁방식의 조정(shaping competition), 정부정책에 순응, 국제화 촉진(facilitate international expansion), 수직적 통합(vertical links), 시장지위의 공고화(market position)를 들었다. 이상을 정리하면 ① 위험분산, ② 신제품개발과 시장진입의 단축, ③ 보완적 자원의 공유, ④ 새로운 경쟁구도의 구축으로 공통요인을 추출할 수 있다. 협력의 유형에 따라 한 가지 목적만을 달성하기 위한 협력동기도 있고, 앞의 네 가지를 모두 충족하는 협력동기도 있을 수 있다.

(1) 위험분산

기술혁신의 대형화 · 복잡화로 인해 연구개발 투자 소요액이 급격하게 증가하게 되어 기업의 재무부담이 크게 증가하였고, 기술개발에 실패했을 때 손실은 기업에 치명적이다. 따라서 오늘날 동태적인 시장환경에 글로벌 기업 간 협력경영은 사업과 관련된 비용과 위험을 협력관계의 특정 일방이 전적으로 부담하지 않기 때문에 위험을 분산하는 유효한 수단이 되고 있다. 즉, 협력에 의해 신규 사업 또는 시장으로의 진출에 따른 위험을 분산할 수 있고 협력 파트너와의 협력체결에 의해 비용을 절감할 수 있다. 협력관계를 형성하는 데 소요되는 비용은 각 파트너가 단독으로 투자하는 경우보다 적다. 그래서 협력체결은 쌍방의 전문지식과 비교우위를 지렛대로 이용하여 위험이 상대적으로 큰 사업에 진출할 때 활용될 수 있다.

정리하면, 기업의 협력체결은 자신에게 부족한 핵심역량을 파트너로부터 획득하거나 자신의 역량과 파트너의 핵심역량을 결합하여 빠른 시일 내에 시장에 진입할 수 있게 하고 경쟁기업에 비하여 경쟁우위를 가지며, 사업의 위험을 분산시켜 기업의 총투자비용 및 기회비용을 낮출 수 있다. 다만, 파트너 간에 협력체결에 앞서 사전적으로 검토되어야 할 사항은 협력체결을 바라는 당사자가 상대 파트너보다 어느 정도의 핵심역량의 매력요

8) 홍유수(1994), 「전략적 제휴와 기술혁신의 국제화」, 대외경제정책연구원, pp.9-35.

9) Glaister, K. W. and Buckley, P. J.(1996, 05), "Motives for International Alliances Formation", Journal of Management Studies, pp.303-308.

인을 갖고 있느냐가 관건이다.

(2) 신제품개발과 시장진입 속도단축

소비자의 욕구변화, 시장의 글로벌화, 경쟁사의 출현 등 동태적 시장환경의 변화는 모든 기업들에게 시장유지 및 생존에 대한 위협요인들이다. 이에 제한된 자원을 보유한 기업들은 지속적인 시장선점이라는 초기진입자의 경쟁우위확보 전략을 위해 경쟁사보다 신제품의 개발속도를 단축시켜야 한다.

이토록 시간에 의한 경쟁우위(time based competition)가 중요해짐에 따라 모든 기업들의 공통된 고민은 어떻게 하면 경쟁자보다 막대한 자금을 투자하여 신속하게 신제품개발로 시장에 먼저 내놓을 수 있는가와 어떻게 하면 경쟁기업이 진입하기 전에 신시장에 먼저 진입할 것인가가 기업경영에서의 초미의 관심사다. 이러한 고민의 해결, 즉 자신이 모든 분야에서 핵심역량을 가질 수 없는 기업들은 자연히 역량을 가진 기업과의 협력 필요성을 증대시킨 것이다.

가령, 제약산업은 막대한 개발비용과 장기적인 개발 기간으로 인해 진입장벽이 매우 높으며, 관련 기초과학과 축적된 노하우들로 인해 선진국 제약회사가 세계시장의 대부분을 점유하고 있다. 국내기업 중 엘지는 미래의 고부가가치 사업인 제약 사업의 국내 기반 확보를 위해 연구 개발에 투자하고, 독자 개발 신약의 세계시장 진출을 위한 선진 제약기업과의 협력을 체결하였다.

엘지는 제약산업을 21세기 전략산업으로 선정하고 장기간 연구개발에 투자하고 있는데, 1982년 연구소를 개설하여 미국의 Chiron사와 연구개발 협약을 필두로 신약개발을 시작하여, 1990년 감마인터페론을 국내 최초로 상품화한 회사이다. 1982년 제약산업 연구개발을 시작한 이후 누계로 약 2천억원의 R&D 투자를 지속적으로 하였으며, 현재 LG화학 기술연구원 바이오텍 연구소에는 약 216명의 연구인력이 신약개발에 매진하고 있다. 현재 미국 San Diego의 현지 연구소 LG BioMedical Institute(LG BMI), 국내외 협력 연구기관과의 공동연구, 해외 대학 및 연구소와의 공동연구를 통해 신약개발을 추진 중에 있다.

엘지는 1995년부터 상품화된 신약의 해외진출전략으로서 전략적 협력을 통한 국제화 계획을 수립하였다. 전략적 협력의 목표는 첫째, 엘지가 세계적인 신약을 상품화하기 위함이며, 둘째, 신약 개발의 노하우를 체득함으로써 한국 의약 사업의 질적 능력을 향상시키고, 셋째, 마케팅협력을 통하여 고부가가치 사업인 의약 사업의 전 세계 마케팅 경험을 공유함으로써 국내 의약 사업의 국제화를 앞당기는 것이다. 그러나 상품화를 위한 개발을 위해서는 막대한 개발비가 필요할 뿐 아니라, 필요한 전문 인력 및 노하우의 확보 그리고 상품화 이후의 해외시장 진출을 위한 마케팅을 성공적으로 추진하기 위한 세계적 제약회사와의 전략적 협력은 적절한 국제화전략이라고 판단할 수 있다.

(3) 보완적 자원의 공유

협력의 근간은 협력 당사자 간의 시너지를 극대화하고 기술이나 여타의 숙련된 기법을 이전함으로써 전략적 혜택을 만들어 내어 조직 간의 단순한 지식이전 이상의 이익을 가져온다. 가령, 상호이질적인 자원을 보유한 기업이 서로 장기적인 관계를 구축함으로써 보완적 자산에 대한 탐색비용을 장기적으로 낮출 수 있게 된다. 자본과 기술의 결합을 통한 기업가치의 창조와 연구개발 투자의 컨소시엄 등의 보완적 자원의 공유를 위한 협력의 예로 설명될 수 있다. 또한 협력은 배타적 자원의 공유를 통해 시장접근성을 획기적으로 높여줄 수 있다. 가령, 제조기업의 경우 특허권을 공유한다든지, 유통업체의 경우 영업권을 공유하는 방법으로 빠른 시간에 새로운 시장으로의 진입을 가능하게 한다.

가령, 1998년에 설립한 한꿈엔지니어링 벤처기업은 핵심연구 인적자원으로 의료업계와 공동으로 국내 최초로 캡슐내시경을 개발한 것을 들 수 있다. 캡슐 내시경은 소형 비디오 카메라를 삼키는 것과 같이 지름 11㎜, 길이 25㎜ 크기의 큰 알약 정도의 캡슐 내시경을 환자가 삼키면, 구강에서 직장까지 위장의 운동에 따라 이동하며 영상을 촬영, 몸 밖에 있는 수신기에 전송한다. 캡슐 내시경은 몸 안에 들어가 1초당 2개의 영상을 촬영하여 송신하며 한번 검사에서 전송된 5만여 장의 고감도 영상정보는 환자가 허리에 찬 기록 장치에 저장된다. 검사가 종료되면 캡슐은 약 24시간 안에 대변과 함께 몸 밖으로 배출된다. 판독은 의료진이 컴퓨터로 다운로드된 영상을 보면서 한다. 캡슐 내시경은 지난 2001년 미국 식품의약품안전청(FDA)의 공인을 획득했다.

(4) 새로운 경쟁구도의 구축

기업의 협력경영은 상호경쟁관계에 있는 기업에 영향을 미치고 심지어 경쟁구도 자체를 바꾸어 버린다. 가령, 합작투자는 잠재적인 경쟁상대와 동맹함으로써 다른 경쟁기업의 반격능력을 무디게 만들 수 있다. 따라서 합작투자는 단일 기업이 상대하기 어려운 위협적인 세력으로부터 현재의 전략적 지위를 유지하는 수단이 된다. 더 나아가서 합작투자는 다양한 여러 기업의 내부자원을 혼합함으로써 자신에게 좀 유리한 경쟁자를 창출할 수도 있는 방어적 전략으로도 활용된다. 물론 이와는 반대로 협력은 경쟁관계에 있는 기업들이 이익과 시장 점유율을 제고하기 위해서 라이벌과 협력하는 것은 협력이 공격적으로 이용된 경우이다. 실제적으로 오래된 사례이지만, VCR산업에서 일본의 Sony=베타방식과 Matsushita=VHS기술이 산업표준화로 경쟁하다가 Sony가 실패한 사례는 산업표준이 얼마나 중요한가를 알려주는 사례인 동시에 시장의 지각변동을 일으킨 공격적 전략이라고 볼 수 있다.

2.3. 글로벌 협력경영의 유형

협력경영에는 [그림 10-14]에서처럼 다양한 유형이 있다. 협력경영에서 가장 단순하고 단기적 성격이 높은 협력의 유형은 연구개발 컨소시엄 또는 기술협력이다. 그런데 합작투자는 기업들의 지분참여도가 높고 협력 당사자들 간에 결속하는 정도가 높은 협력의 유형이다. 이처럼 협력경영은 일부 기능별 협력보다 합작투자에서 더욱더 긴밀한 협력관계를 나타낸다.

결과적으로 [그림 10-14]에서와 같이 기능별 협력은 지분참여가 뒤따르지 않기 때문에 협력경영의 궁극적 형태는 합작투자라고 할 수 있다.

[그림 10-14] 글로벌 협력경영의 유형

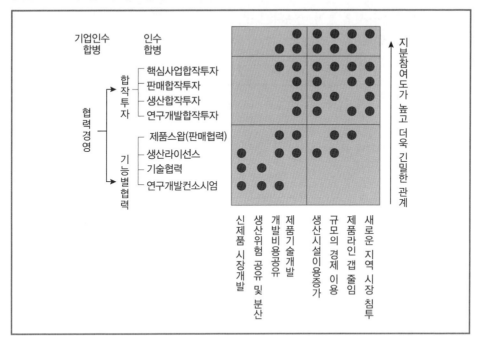

(1) 인수합병

인수합병(M&A, mergers and acquisitions)이란 경영환경의 변화에 대응하기 위하여 기업의 업무 재구축의 유효한 수단으로 행하여지는 기업의 매수·합병을 말한다. 즉, 어떤 기업의 주식을 매입함으로써 소유권을 획득하는 경영전략이다. 보다 쉽게 풀어쓰면 두 기업이 하나의 기업으로 통합하여 새롭게 출발하는 형태라고 볼 수 있다.

M은 기업합병을, A는 매수(종업원 포함)를 뜻하며 M은 매수한 기업을 해체하여 자사(自社) 조직의 일부분으로 흡수하는 형태를, A는 매수한 기업을 해체하지 않고 자회사·별회사·관련회사로 두고 관리하는 형태를 말한다.

M&A는 투기를 목적으로 하는 단기수익 추구형과 경영방식의 개선을 위한 경영다각화형으로 나눌 수 있는데, 한국의 기업은 주로 후자의 입장에서 신속한 시장진입, 규모의 경제와 범위의 경제 활용가능, 리스트럭처링, 현지 생산·판매, 경영 노하우 습득, 선진국의 무역장벽 극복, 국제화의 발판 마련 등을 위하여 외국기업의 인수·합병에 주력해 왔다.

실제적으로 [표 10-2]에서 보듯이 대상(주)의 종가집김치의 인수, CJ그룹의 해찬들, 하선정 까나리액젓 흡수 통합 등이 M&A의 예이다.

[표 10-2] M&A의 정의와 보기

구분	정의	사례
인수합병	경영환경의 변화에 대응하기 위하여 기업의 업무 재구축의 유효한 수단으로 행하여지는 기업의 매수 · 합병	• CJ제일제당 → 러시아 냉동식품업체 '라비올리' 인수, 브라질 식품업체 '셀렉타' 인수(식물성 고단백농축대두단백 생산 글로벌 1위 기업) • 동원홈푸드 → 국내 1위 반찬 배달 스타트업 '더반찬' 인수합병 • 신세계푸드 → 15년 이마트에 냉동만두를 제조 · 납품하는 '세린식품' 인수, 음료사업부인 '스무디킹코리아' 지분 인수, 생수제조업체 '제이원', 수제버거전문점 '자니로켓'과 소프트아이스크림전문점 '오슬로' 등 프랜차이즈 외식사업도 강화

(2) 합작투자

합작투자(joint venture)란 2개국 이상의 기업 · 개인 · 정부기관이 특정기업체 운영에 공동으로 참여하는 투자방식이다. 2개국 이상의 기업 · 개인 · 정부기관이 영구적인 기반 아래 특정기업체 운영에 공동으로 참여하는 국제경영방식으로 전체 참여자가 공동으로 소유권을 갖는다. 공동소유의 대상은 주식자본 · 채무 · 무형고정자산(특허권 · 의장권 · 상표권 · 영업권 등) · 경영노하우 · 기술노하우 · 유형고정자산(기계 · 설비 · 투자 등) 등에 이르기까지 다양하다.

합작에 참가하는 기업들은 소유권과 기업의 경영을 분담하여 자본 · 기술 등 상대방 기업이 소유하고 있는 강점을 이용할 수 있고 위험을 분담한다는 점에서 상호 이익적 투자방식이다. 합작투자는 신설방식으로 이루어질 수도 있고, 기존 현지법인의 일부 소유권을 취득하는 방식으로 이루어질 수도 있다. 다국적기업이 현격한 기술격차를 이용하여 해외에 진출했던 1950~1960년대에는 합작투자보다 단독투자방식이 많이 이용되었지만, 경쟁이 격화되고 신기술이 지연되는 등 독점적 우위의 확보가 어려워짐에 따라 최근 들어 합작투자를 통한 해외진출을 많이 이용하고 있다.

합작투자방식이 선호되는 경우는 첫째, 현지 정부의 제한 때문에 단독투자방식을 이용할 수 없는 경우, 둘째, 필요로 하는 원료 및 자원을 현지파트너가 생산하고 있어 원료 및 자원의 입수가 현지진출을 위한 전제조건이 되는 경우, 셋째, 다각적인 제품을 취급하는 기업의 경우 현지 마케팅 노력이 요청되는 경우, 넷째, 해외사업운영에 필요한 자본 및 경영능력 부족을 해결하고자 하는 경우, 다섯째, 해외사업경험이나 협상력이 부족한 경우 등이다.

외국기업은 합작투자방식을 이용함으로써 위험부담의 축소, 규모의 경제 및 합리화 달성, 상호보완적인 기술 및 특허 활용, 경쟁 완화, 현지 정부가 요구하는 투자 또는 무역장벽 극복 등의 전략적 이점을 활용할 수 있다. 가령, [그림 10-15]에서 보듯이 2007년 3월 한국의 CJ제일제당과 중국 얼상(二商)그룹, 2018년 한국의 농심은 일본의 종합식품기업 아지노모토와 협력해 경기도 평택 포승 농심공장 부지에 즉석분말스프 생산 공장을 설립하고 2019년부터 생산 시판할 예정이었다.

[그림 10-15] 합작투자의 보기

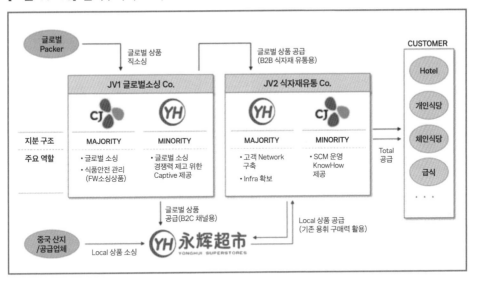

자료: CJ 프레시웨이 내부자료.

(3) 기능별 협력 또는 업무별 협력

1) 마케팅협력

제품스왑(product swap)은 마케팅협력을 의미한다. 마케팅협력이나 제품스왑은 타사의 생산품에 자사의 브랜드를 붙여 마치 자사의 생산품인 것처럼 판매하는 일종의 주문자상표부착생산방식(OEM)방식이다. 제품스왑은 특정산업에서 다양한 제품을 만드는 데 소요되는 비용을 절감하기 위하여 일부 품목과 부품을 서로 OEM으로 공유하며, 그 대신 개별기업들은 자신의 경쟁우위를 갖고 있는 분야에 집중투자를 하기 위한 전략적 협력의 한 유형이다. 또한 다수의 기업이 특정제품의 규격설정, 표준화를 통하여 전체적 수요 및 시장을 확대하는 전략도 판매 및 마케팅협력에 속한다고 할 수 있다.

2) 생산협력

생산협력은 참여기업들이 경영자원을 상호공급하여 공동으로 생산활동을 수행하는 협력이다. 이는 시장을 확보하고 공동생산과정에서 기술을 습득하기 위한 목적으로 많이 이용된다. 생산협력은 상대적으로 생산량이 적은 중소기업이 특정제품 기술이나 조직·기술적 노하우를 보완적으로 이용하기 위해 추진되기도 한다. 이러한 중소기업의 생산협력은 소규모 틈새시장에서 다품종·소량생산으로 경쟁하는 경우 매우 효율적일 수 있다. 일반적으로 생산협력은 기술변화의 속도가 빠른 첨단 기술분야보다는 안정적인 성숙기술분야에서 활발히 진행된다. 생산협력의 유형으로는 공동생산, OEM 생산과 아웃소싱 등이 있다. 기업 간 생산협력은 노동비용의 절감, 노동인력수급의 신축성 확보, 다양한 제품수요와 디자인 변화 및 제품수명주기단축에 따른 신속한 대응, 시장지배력 강화, 서비스 향상, 범세계적 생산네트워크 구축 등 다양한 목적에서 추진되고 있다. 또한 생산협력은 규모의 경제와 범위의 경제달성, 학습효과 획득, 저렴한 가격으로 보다 광범위한 시장에서 제품을 공급할 수 있는 수단이 된다.

3) 기술협력

기술협력은 기술의 공동개발과 상호교환을 목적으로 한다. 참여기업 간의 특허, 상표, 노하우, 엔지니어링 서비스의 제공, 기술공여, 교차라이선싱(cross licensing), 공동 R&D, 신제품 기술개발 등이 포함된다. '라이선싱(licensing)'이란 한 기업이 자신의 독점적 기

술, 상표, 제품의 유통 및 판매를 타 기업이 활용할 수 있도록 허가해주고, 그 대가로 로열
티를 지급받는 협력관계이다. '교차라이선싱(cross licensing)'은 2개 이상의 회사가 자사
의 기술을 제공하는 대신 상대기업의 특허나 독점적 기술을 상호 교환하는 협력으로서 기
술의 상호보완성이 주요 목적이다. 공동 R&D는 2개 이상의 회사가 신제품이나 기술을 개
발하는 데 협력하는 협력유형이며, 두 기업 간에 추진되는 경우로부터 컨소시엄의 형태
로 다수의 기업이 참여하는 경우에 이르기까지 그 형태가 다양하다. 즉, 둘 이상의 파트너
가 상호의 보완적인 자산 및 정보를 제공하여 합의된 공통의 기술개발 목표달성을 위하여
추진하는 모든 활동이라고 할 수 있다.

4) 연구개발 컨소시엄

연구개발 컨소시엄은 공동연구(collaborative R&D), 기술개발을 위한 동맹, 협약
(cooperative agreement)이라고도 한다. 이는 둘 이상의 파트너가 상호의 보완적인 자산 및
정보를 제공하여 합의된 공통의 기술개발 목표달성을 위하여 추진하는 모든 활동을 말한
다. 연구개발 컨소시엄의 장점은 기술파급효과의 내부화(internalization of technological
spillovers)와 R&D비용과 위험경감(risk sharing), 자산과 기술의 시너지효과촉진, 이노베
이션의 확산(diffusion of innovation) 등이다.

연구개발 컨소시엄이 급증하는 이유는 외국과의 경쟁이 치열해지고 자국만의 독자적
인 연구만으로는 한계가 있고, 기술혁신의 가속화로 기술이 거대화 · 첨단화 · 복잡화됨
에 따라 R&D가 기하급수적으로 증가하게 되었기 때문이다. 따라서 기업은 투자부담과
리스크 헤지를 할 필요성을 절실히 느끼게 되었기 때문이다. 공동연구의 유형에는 전통
적인 연구합작(traditional research joint venture)이 있는데 이는 최소한 2개 이상의 기업
이 지분을 참여하여 별도의 법인을 세우는 것이다. 또한 특정 프로젝트를 수행하기 위하
여 연구 컨소시엄(research consortium)이 있다.

수행주체(role player) 측면에서 볼 때, 공동연구는 기업과 기업들 간에, 정부와 기업 간,
산학연 간, 공동연구 등 다양한 형태가 있다. 또한 연구합작은 일반적으로 공동생산, 공동
마케팅과 결합한 형태로 발전하기도 한다. 경쟁기업들을 포함한 유사기업들 간의 수평적
공동연구와 원자재 생산기업, 제조기업 및 해당제품을 소비하는 기업들이 함께 참여하는
수직적 공동연구도 있다. 공동연구를 추진 조직 또는 계약형태에 따라서 국가 기술혁신
을 위한 하부구조형과 비공식적인 기술정보 및 인력교류 등을 포함한 비공식형(informal)

으로 구분할 수 있다.

연구개발 컨소시엄은 정보기술과 신소재, 생명공학분야, 반도체, 정보통신, 정밀기계 등 첨단분야에서 특히 현저하다.

연구개발 컨소시엄에 참여하는 기업들에게 경제적 효과는 다음과 같다.

먼저, 경쟁촉진효과이다. 연구개발 컨소시엄은 참여기업에게 경제적 이익을 가져다주기 때문에 기업들로 하여금 공동으로 연구하려는 인센티브를 주게 된다. 첫째, 경쟁촉진효과를 들 수 있다. 연구개발 컨소시엄은 R&D의 실패가능성과 관련된 위험과 이에 수반되는 비용을 효과적으로 감소시킬 수 있다. 즉, 이 협정은 기업 간 위험분산 및 비용중복의 회피를 통해 산업전체의 R&D 비용을 감소시킬 수 있다. 연구개발 컨소시엄은 담합적인 성격으로 인해 부정적인 영향이 있을 수도 있으나 일정한 규모의 경제적 효과를 창출하고, 낭비적인 중복투자를 방지하고, 다수기업의 참여로 광범위한 기술파급효과를 촉진시킬 수 있는 장점이 있다. 둘째, 기술 · 자원 보완성과 기술독점성의 이익가능성이다. 자원과 기술의 보완성은 기업의 연구개발 컨소시엄 참여 여부를 결정하는 가장 중요한 요소이다. 만약 기술, 자원의 보완성이 강하고 기술독점성의 이익이 크다면 연구개발 컨소시엄은 증가할 것이다.

다음으로 경쟁제한 효과이다. 연구개발 컨소시엄은 이상과 같이 경쟁촉진의 효과에도 불구하고 담합적 속성 때문에 연구개발 컨소시엄 참여기업 간의 경쟁을 둔화 내지는 제한하는 이중적 속성을 지니고 있다. 사실 연구개발 컨소시엄에 의한 수평적 경쟁자 간의 기술담합(technology collusion)이 생산물 시장에서 높은 가격을 유지하고, 급속한 기술혁신에 따른 기업 간 경쟁이나 각 기업이 부담하는 R&D 비용을 회피하는 독점적 협정이 될 수 있을 것이다. 따라서 연구개발 컨소시엄의 경쟁제한 가능성은 공동 R&D 참가자와 시장경쟁자의 수 등 기술시장과 생산물 시장 양자를 고려해야 한다.

5) 조달협력

조달협력은 안정적 공급원의 확보를 목적으로 하는 다국적 기업의 전 세계적 물자조달 전략의 일환으로 협력상대기업에 부품조달이나 OEM을 통해 제품생산을 위탁하는 장기적 관계를 뜻한다. 조달협력은 다국적기업의 전 세계적 물자조달 전략에서 중요한 역할을 담당한다. 종래에는 선발기업과 후발기업 간의 하청 · 위탁생산관계가 위주였으나 최근에는 선발기업 간에도 상호보완적 · 쌍방적 조달협력이 이루어지고 있다.

6) 자본협력

자본협력은 기술협력이나 판매협력과는 달리 상호 간의 지분참여를 수반하는 유형으로서 특정기술이나 제품을 개발 또는 생산하기 위하여 합작회사를 세우거나 상대기업의 주식을 일부 취득하는 형태를 의미하며, 이는 종래의 합작투자(joint venture)와 비슷하다고 볼 수 있다.

7) 전략적 아웃소싱

아웃소싱이란 기업의 생산활동 중에서 내부적으로 수행할 필요성이 없는 부분은 이를 수행할 수 있는 외부기업에게 용역을 주는 것을 말한다. 즉, 기업들은 자신이 수행하는 여러 활동을 가치사슬의 기법을 통해 분석하고 이 생산활동을 내부적으로 수행할 필요성이 있는지를 검토한 뒤, 만일 내부적으로 수행할 필요성이 없다고 판단되면 이를 보다 효율적으로 수행할 수 있는 외부의 기업에게 용역을 주는 형태이다. 다시 말해서 자신의 핵심분야가 아닌 활동분야는 적극적으로 외부기업에게 외주를 주는 방법으로 사업구조를 재조정하였다. 가령, 은행에서 핵심업무는 자체 내에서 소화하고 총무부나 경비업무 등은 별도로 독립시키는 분사화가 일종의 아웃소싱에 해당된다고 보면 된다.

정리하면 아웃소싱이란 동태적인 시장환경 변화에 유연한 대응을 위해 기업이 자사의 핵심역량에 집중하고 주변분야는 분사화(spin off)를 통해 지원받는 협력체제를 구축하는 것을 말하며, 최근에는 기업의 다운사이징, 리스트럭처링 등 구조조정의 하나로 활용하고 있다. 아웃소싱전략을 추구할 때 유의할 점은 아웃소싱은 자신에게 핵심역량이 없어 중요하지 않은 부문에만 한정적으로 활용되어야 한다는 점이다.

아웃소싱전략을 수행할 때 주의할 점은 다음과 같다. 첫째, 아웃소싱에 의존함으로써 우리의 핵심기술을 상실할 수도 있다는 점을 미리 충분히 고려해야 한다. 둘째, 아웃소싱을 함에 따라 기업 각각의 기능별 분야 간의 밀접한 상호협력관계를 잃지 않도록 유의해야 한다. 셋째, 아웃소싱에 너무 의존함으로써 부품공급업체에 대한 통제를 상실할 수도 있다는 점을 고려해야 한다. 앞의 내용들을 [표 10-3]에서 일목요연하게 정리하였다.

8) 브랜드의 제휴

기업들은 급변하고 불확실한 기업 환경 속에서 서로 간 협력을 하고자 하는 동기가 증가하게 된다. 기업들은 전략적 연합을 통해서 개발비용을 줄이고, 제품소개에 따른 위험

[표 10-3] 기능별 협력유형의 내용

기능별 협력	목적	실례	
마케팅 협력	상대국 시장접근 및 판매 강화	공동브랜드, 위탁판매, 공동 규격설정, OEM	Zespri KIWIFRUIT
생산협력	생산비 절감 및 자사브랜드 의 시장지배력 강화	공동생산, 생산위탁·수탁, OEM, second sourcing	우일음료 WOOIL BEVERAGE / woongjin 웅진식품
기술협력	기술의 공동개발과 상호 교환	공동기술 개발, 기술도입· 교환, 특허공유, 연구참여	Decoria enjoy looks & taste / baskin BR robbins
R&D 컨소시엄	공동의 신기술개발	연구 합작(traditional research joint venture)	Pulmuone DANONE 풀무원다논
조달협력	범세계적 조달활동으로 비 용절감 및 조달 원활화	생산위탁·수탁, 부품조달, 단순 외주 가공	mom's choice / Cheong Song 맘스초이스 청송농산물 유통센터
자본협력	특정 기술이나 제품을 개발 또는 생산, 자본참여	합작회사, 상대 기업의 주식 취득	자연과 사람들 / 정심품 Dr.Chung's Food
전략적 아웃소싱	핵심부품은 자사에서 생산 하고, 기술 공유를 통한 생 산비 절감에서 협력 회사에 외주 처리	특정 업무 위탁, 특정 생산업 무 담당	자연과 사람들 / Dole

을 줄이며, 내부적으로 가지지 못한 역량에 대해 접근할 수 있다. 최근 기업들을 보면, 브랜드들이 서로 간 연결을 통해 한 개의 제품을 제공하거나 공동의 판촉(joint promotion)을 수행하는 경우가 늘어나고 있다. 이러한 브랜드 제휴는 하나의 제품에 두 개의 브랜드를 도입함으로써 서로 다른 두 브랜드의 장점을 극대화하려는 시도에 해당된다.

브랜드 제휴란 '둘 혹은 그 이상의 브랜드가 제품 간의 결합을 포함하여 어떠한 형태로든 시장에서 협력적인 마케팅 활동을 전개하는 것'을 의미한다. [표 10-4]에서처럼 많은 용어들이 브랜드 간의 제휴 마케팅에 사용되고 있다. 브랜드 협업(brand collaboration), 브랜드 제휴(brand alliances), 공동브랜드(co-branding), 공동 마케팅(co-marketing), 상호 촉진(cross-promotion) 등이 그것이다. 브랜드 제휴를 통해서 두 개의 브랜드가 연계된 제품이 출시될 수도 있으며, 제품 꾸러미(bundle)로 두 브랜드가 구성되기도 하며, 부품으

[표 10-4] 브랜드 제휴의 유형

구분	정의	사례
브랜드 제휴	두 개 혹은 그 이상의 개별 브랜드, 제품, 또는 그 밖의 독특한 독점적 자산(distinctive proprietary asset)이 단기간 또는 장기간 결합하는 브랜드	• LG생활건강 → Coca cola, Minute maid, Georgia, Powerade • 농심 → Welch's • 해태htb → Sunkist • 롯데칠성음료 → Tropicana
주문자 위탁생산 (OEM, original equipment manufacturing)	a, b 두 회사가 계약을 맺고 a사가 b사에 자사상품의 제조를 위탁하여, 그 제품을 a사의 브랜드로 판매하는 생산방식 또는 그 제품	• 남양유업 → 우일음료(17차, 초코에몽) • 롯데칠성음료 → 우일음료(칸타타, 엔젤리너스 커피, 알로에) • 웅진식품 → 자연은, Caffebene, 초록매실 • 광동제약 → 헛개차, 옥수수 수염차
기술 제휴	a는 기술향상 통한 사업확장 목적으로 기술선도 기업 b사와의 제휴	• 삼립식품 → 일본 사누끼 마루이치사와 기술 협약 체결(우동사업 진출)
생산-판매 제휴	a는 생산, b는 유통 제휴	• 제주특별자치도개발공사(삼다수) → 광동제약, 이마트, 홈플러스, 롯데마트

로 사용되거나 브랜드 확장 제품으로 활용되고, 또 공동 촉진 등의 활동으로 나타나기도 한다. 또한, 국제 간에 있어서도 극심한 시장경쟁 상황에서 경쟁력을 강화하고 비용을 절감할 수 있는 새로운 접근법으로서 브랜드 제휴가 각광을 받고 있으나, 이러한 제휴의 효율성과 소비자 평가에 관한 연구는 상대적으로 적은 편이다.

브랜드 제휴가 이루어질 경우 소비자들은 각 브랜드에 대한 이미지 역시도 변화시켜 받아들일 수 있는 스필오버 효과(spillover effect)[10]가 유도될 수 있다. 성공적인 브랜드 제휴는 브랜드 자산을 강화시키거나 품질에 대한 높은 평가를 가져올 수 있지만, 잘못된 브랜드 제휴는 기존의 각 브랜드가 가지고 있던 브랜드 파워와 브랜드 명성, 미래 이익 등에 부정적인 영향을 끼칠 수도 있다. 각 브랜드는 브랜드 연상(brand association)을 통해서 브랜드 자산을 구축할 수 있는데, 2차 연상 레버리지의 원천 중의 하나로 언급된 것이

10) 일반적으로 하나의 사상(事象)이 주변에 의도하지 않은 영향을 미치는 현상을 말한다. 경제학에서는 한 경제 주체의 생산·소비 또는 분배행위가 시장교환 과정에 참여하지 않고 있는 다른 소비자 또는 생산자에게 유리 또는 불리한 영향을 미치는 것을 의미하는 외부효과(external effect)를 누출효과(漏出效果)라고도 부른다.

다른 브랜드이다.

　브랜드 간 제휴는 덜 알려진 유통 브랜드가 제조업자 브랜드와 결합할 경우 소비자의 브랜드 선호가 증가함을 보였다. 이는 신호전달이론(signaling theory)을 활용하여 브랜드 제휴의 효과를 설명할 수 있다. 이는 고객들이 제품의 품질을 연상하는 데 믿을만한 정보를 활용하게 되고 이를 신호전달로 설명하고 있다. 즉, 브랜드가 제품 품질의 정보로서 소비자에게 신호를 전달한다. 유통업체 브랜드와 제조업체 브랜드가 전략적으로 제휴함으로써 여러 혜택을 누릴 수 있으며, 일반적인 브랜드 제휴에서 제휴 브랜드가 어떤 성과를 얻을 수 있는지를 보였다. 이 결과 친숙성이 낮은 브랜드가 더 많은 효과를 거둘 수 있다. 기업 간 제휴를 제품군 차원과 브랜드 차원에서 다각적으로 분류하고 이에 대한 소비자 평가에 대한 연구를 수행하였는데, 연구 결과 서비스에서는 기술적이나 평가적으로 일치하는 경우에 모두 동화현상이 일어나지만 패션제품의 경우 평가적 차원에서 시장에서 호의적으로 평가되는 브랜드 간 제휴는 오히려 부정적으로 평가되었다.

2.4. 성공적 협력경영을 위한 과정

　조직 간 협력경영이 성공적으로 이루어지고 관리되기 위해서는 [그림 10-16]의 프로세스가 성공적으로 진행되어야 한다.

[그림 10-16] 협력경영을 위한 프로세스

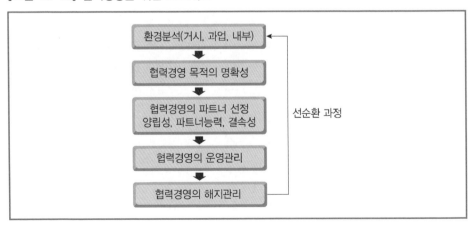

(1) 환경분석

협력경영의 실행은 거시환경과 과업환경 그리고 기업 자신의 내부환경의 분석을 통해 자사를 장기적으로 시장에서 어떤 전략적 위치에 포지셔닝할 것인가로부터 출발한다.

협력이란 기업 내부적으로 해결할 수 없는 어떠한 약점을 보완하기 위한 하나의 수단이다. 즉, 협력추진 당사자들은 단기간에 자신이 구축할 수 없는 기술과 능력을 협력을 통해 파트너로부터 얻고 배운다는 전략적 마인드가 숨어 있어야 한다.

따라서 가장 좋은 파트너는 기업 자신의 부족한 자산과 자원을 보완해줄 수 있는 기업을 모색하여야 비로소 파트너 간에 의사교환과 신뢰가 구축되고 시너지가 창출될 수 있다. 물론 기업은 자사와 잠재적 파트너의 강점과 약점에 따라 다양한 협력유형 — M&A, 합작투자, 기능별 협력(제품스왑, 아웃소싱, OEM, 연구개발 컨소시엄), 조달협력, 생산협력, 기술협력 등을 전략적으로 선택할 수 있을 것이다.

(2) 협력경영 목적의 명확성

협력경영은 실행가능하고 잘 정립된 전략적 목표를 가져야 한다. 즉, 협력을 바라는 당사자가 왜 협력경영을 추진해야 하는지, 협력을 통해 어떠한 혜택을 기대할 수 있는지가 명확해야 한다. 특정업체가 협력경영을 서두르니 우리 기업도 덩달아 협력경영을 하는 사치스러운 생각을 해서는 곤란하다. 따라서 협력의 목적인 기업 자신의 시장 및 전략적 입지를 강화하고, 위험을 경감시키는 동시에 보상을 증대시키고, 귀중한 재무 및 인적자원을 공유하고자 해야 한다.

(3) 협력경영의 파트너 선정

협력전략을 수립하고 나면 가장 중요한 단계로서 협력 파트너를 선정해야 한다. 파트너선정은 협력의 성공을 결정짓는 결정적인 고비이다. 파트너의 선정에서 가장 중요한 요소는 첫째, 파트너 간의 양립성(compatibility)이다. 이것은 협력하고자 하는 쌍방의 전략이 서로 모순되거나 이해가 상충되지 않아야 한다는 점이다. 즉, 쌍방기업의 전략, 기업문화, 경영관리시스템이 그것이다. 둘째, 파트너 간에 상호 보완할 수 있는 능력(capacity)

이다. 파트너가 갖고 있는 경영자원과 핵심역량을 정확하게 파악해야 한다. 그 이유는 협력을 통해서 우리 기업이 갖고 있는 약점을 보완하고 자신의 강점을 강화하는 것이 필요하기 때문이다. 핵심역량의 관점에서 협력을 바란다면 쌍방기업 중에 자신이 취약한 분야에서 파트너가 강한 핵심역량을 보유하였다면 이상적인 보완관계(complementary relationship)의 협력이 될 수 있다. 셋째, 파트너 간의 협력에 대한 결속(commitment)이 높아야 한다. 협력 파트너가 핵심역량과 경영자원을 보유하고 있고 양사의 경영관리시스템과 기업문화의 양립성이 높을지라도 협력 당사자들 간에 협력을 성공적으로 만들어가기 위하여 시간과 노력, 경영자원을 투입하지 않으면 협력은 실패하기 마련이다. 그러므로 협력 파트너를 선정할 때, 자신의 파트너가 협력의 성공을 위해 혼신의 노력을 다할 수 있는지가 가장 중요하다.

결국 성공적인 협력 파트너의 선정은 일반적으로 세 가지 기준(3Cs), 기업문화의 양립성(compatibility), 전략적 보완이 가능한 능력(capacity), 결속(commitment)을 가지고 이루어져야 할 것이다.

(4) 협력경영의 운영관리

많은 수의 기업들이 협력경영에서 실패하는 이유 중의 하나가 협력이 체결된 다음에 방심하는 데 있다. 협력을 통해 바라는 목적을 달성하기 위해서는 무엇을 얻을 것인지를 명확히 설정하고 이를 비즈니스 논리에 따라 접근해야 한다. 한편, 협력은 협력 파트너 각자의 고유성이 유지된다는 점에서 M&A와 구별된다. 따라서 협력에 참가하는 각 주체는 서로를 대등하게 여기면서 각자의 목적에 충실해야 한다. 또한 파트너의 CEO가 협력에 관심을 지속적으로 갖고 구성원들 간에 결속되어야 효율적인 협력이 유지될 것이다.

(5) 협력경영의 해지관리

협력경영은 본질적으로 단기적인 목표수행을 위한 전략이라는 점을 잊어서는 안된다. 협력의 가장 중요한 목표는 경쟁이며 궁극적으로 경쟁을 하기 위해 일시적으로 협력한다는 점이다. 즉, 협력은 협력 당사자 간에 동상이몽을 꿈꾼다고 해도 과언이 아닐 것이다. 또한 협력은 대부분 한쪽 협력 파트너가 상대 파트너의 지분을 인수함으로써 협력경영이

해지된다. 따라서 협력경영의 해지에 대비하여 협력을 통해서 자신의 약점을 보완할 수 있는 기술을 파트너로부터 배우고 자신의 강점을 더욱더 개발하여 한 단계 도약하는 계기로 삼아야 할 것이다.

3절 글로벌 브랜드 사례[11)

오늘날 소비자들이 브랜드 시대에 살고 있음을 느낄 때가 바로 interbrand.com의 매년 10월 중순~11월 초순 최고의 글로벌 100대 브랜드(Best Global Brands 2023)를 접하는 시점일 수 있다.

글로벌 브랜드 컨설팅 전문업체 인터브랜드(Interbrand)는 '2023년 글로벌 100대 브랜드(Best Global Brands)'를 발표했다. 이 보고서에 따르면, 국내 기업 중에서는 삼성전자와 현대자동차, 기아 3개 기업만이 100대 브랜드 안에 이름을 올렸다.

인터브랜드는 기업의 재무성과, 고객의 제품 구매 시 브랜드가 미치는 영향, 브랜드 경쟁력(전략·공감력·차별성·고객참여·일관성·신뢰 등) 등을 종합 분석해 매년 브랜드 가치를 평가해 발표하고 있다. 인터브랜드 CEO인 곤잘라오 브루조는 "2023년 글로벌 브랜드의 총 가치는 전년에 비해 5.7% 증가에 그쳤다. 2022년 15% 증가율에 크게 감소한 수치이지만 일부 브랜드는 과감한 리더십과 큰 폭의 성장을 달성했다"고 보고서에서 평가했다.

삼성전자의 브랜드 가치는 지난해보다 약 4% 성장한 914억 달러(약 117조 8000억원)로 세계 5위를 기록했다. 이는 애플과 마이크로소프트, 아마존, 구글 다음이다. 삼성전자는 도요타와 메르세데스 벤츠, 코카콜라, 나이키, BMW보다도 앞섰다. 삼성전자는 2011년 17위에서 2012년 9위로 도약하며 처음 10위권에 진입한 이후 2017년 6위, 2020년 5위 등 브랜드 가치 순위가 지속적으로 상승했다. 2012년부터 올해까지 12년 연속 글로벌 10대 브랜드에 포함됐으며, 미국 이외 기업으로 유일하게 2020년부터 글로벌 5대 브랜드 업체로 자리 잡고 있다.

---

11) 김우선, 인터브랜드 '글로벌 100대 브랜드'에 오른 국내 기업은 단 3곳뿐, eroun.net, 2023. 11. 22. 기사.

삼성전자는 글로벌 IT 업계 시황 약세에도 불구하고 휴대폰과 TV · 가전 · 네트워크 · 반도체 등 전 사업 부문의 브랜드 가치가 골고루 상승한 것이 브랜드 가치가 높아진 이유라고 분석했다.

인터브랜드는 삼성전자의 전사적으로 일관되게 추진하고 있는 '원삼성' 기반 고객경험 강화 전략, 다양한 제품 포트폴리오를 활용한 차별화된 '스마트싱스' 연결 경험과 게이밍 경험 제공, 6G 차세대 통신, AI, 전장, AR · VR 등 미래 혁신 기술 선도 역량, 전 제품군에 걸친 친환경 활동을 통한 ESG 리더십 강화 등이 이번 평가에 긍정적인 영향을 미쳤다고 밝혔다.

현대자동차는 브랜드 가치 204억 달러를 기록하며 종합 브랜드 순위 32위에 올랐다. 지난 2005년 글로벌 100대 브랜드에 처음 이름을 올린 현대차는 매년 전 세계 주요 브랜드와 어깨를 나란히 하며 2005년을 시작으로 브랜드 순위 52계단 상승했고, 브랜드 가치는 169억 달러가 증가하는 등 괄목할 만한 성장을 이뤄왔다.

현대차 브랜드 순위는 지난해 35위에서 올해는 32위로 상승했고, 브랜드 가치는 전년 대비 약 18% 오르는 높은 성장세를 기록했다.

인터브랜드는 "현대자동차는 친환경 상품 및 혁신적 기술을 통해 브랜드의 비전을 실현하는 데 큰 진전을 이루고 있고, 지속 가능성 등 인류의 핵심 가치에 대해 진정성 있는 소통으로 깊은 인상을 남기고 있다"며, "앞으로도 격변하는 모빌리티 산업에서 현대자동차의 성장을 기대한다"고 평가했다. 한편 기아는 지난해 87위에서 올해 88위로 순위가 한 계단 내려앉았다. 올해 기아의 브랜드 가치는 70억 달러를 기록했다.

이슈 문제

1. 글로벌 브랜드의 정의를 내리고, 그 특성과 장점을 언급해 보시오.

2. 글로벌 브랜드 네이밍의 유형과 브랜드의 확장에 관해 설명해 보시오.

3. 브랜드 확장과 브랜드 레버리지에 관한 각 개념과 내용을 설명하시오.

4. 농산물을 활용하여 원산지의 개념, 원산지의 효과를 설명해 보시오.

5. 글로벌 협력경영의 개념과 범위에 대해 설명해 보시오.

6. 기업에 있어서 글로벌 협력경영의 동기가 무엇인지 설명해 보시오.

7. 글로벌 협력경영은 어떤 유형이 있는지 그림을 그려서 각각의 유형을 설명하시오.

8. 창업형태에 따라 어떤 유형이 존재하는지를 설명하시오.

9. 글로벌 협력경영에서 성공적인 과정을 설명해 보시오.

10. 브랜드의 제휴에 관한 정의와 각 유형을 구체적인 예를 들어가면서 설명해 보시오.

유익한 논문

로컬푸드의 브랜드 자산, 원산지효과 및 충성도 간의 관계에 관한 탐색적 연구
김신애, 이점수, 권기대

우리나라 사과 클러스터의 '코러플' 브랜드 수출전략: 안동, 충주, 거창 그리고 예산
지역을 중심으로
김신애, 권기대

농산물 공동브랜드의 글로벌네이밍 전략: 경상북도 기초지방자치단체를 중심으로
김신애, 권기대

찾 아 보 기

[ㄱ]

가격결정방법 / 306

가격기능의 보완 / 304

가격기능의 한계 / 299

가격의 개념 / 297

가격의 결정요인 / 304

가격의 기능 / 298

가격조정전략 / 320

가격차별화 / 324

가용·예산활용법 / 379

가족(family) / 172, 193

개(dogs) / 155

개발 프로세스 요인 / 271

개별브랜드 / 3, 13

개별브랜드전략 / 13

개성(personality) / 188

결제자 / 193

결합상승효과 / 5

결합전략(combination strategy) / 152

경쟁기업의 동질성 / 157

경쟁대응 가격전략 / 312

경쟁사 기준법 / 380

경쟁우위(competitive advantage) / 133

경쟁중심 가격결정(competition based pricing) / 311

경제성 / 337

경험효과(experience effect) / 218

계약형 수직적 마케팅경로 시스템 / 398

계획 / 128

계획서의 수집 및 분석 / 203

계획적 충동구매 / 179

고전적 조건화(classical conditioning)이론 / 190

고정비(fixed cost) / 306

공급사슬관리 / 357

공급사슬관리의 개념 / 359

공급사슬관리의 적용과 시사점 / 363

공급사슬관리의 전략적 토대 / 364

공급자의 교섭력 / 162

공급자의 선택 / 203

공급처와의 타진 / 203

공동브랜드 / 12, 13, 114

공유가치 / 345, 383

공평성 / 303

과점 / 237

관계만족 / 384

관계신뢰 / 382

관계특유자산 / 387

관계특유투자 / 345

관계편익 / 345, 386

관련다각화전략 / 149

관리형 수직적 마케팅경로 시스템 / 398

관성적 구매(inertia) / 178, 179

관습가격 / 321

관여도(involvement) / 172, 183, 186

관점 / 128

광고 / 6

광고기능 / 7

교촌치킨 / 3

구매 후 행동(postpurchase behavior) / 180

구매결정 / 177

구매담당자 / 193

구매센터(buying center) / 198

구매자(buyer) / 200

구매자의 교섭력 / 161

구전 / 180

국제프랜차이즈협회(IFA, international
   franchise association) / 408

규모의 경제 / 218

그래픽 디자인 / 4

그래픽(graphics) / 118

글로벌 브랜드 / 427

글로벌 브랜드 네이밍의 유형과 확장 / 431

글로벌 브랜드의 장점 / 430

글로벌 브랜드의 정의 / 427

글로벌 브랜드의 특성 / 429

글로벌 브랜드의 확장 / 434

글로벌 협력 / 444

글로벌 협력경영의 개념 / 444

글로벌 협력경영의 동기 / 448

글로벌 협력경영의 유형 / 452

글로벌 협력경영의 전략 / 444

금융자원 / 136

기능별 전략(functional strategy) / 140, 142

기능별 협력 / 456

기술자원 / 136

기술전략요인 / 269

기술협력 / 456

기억(memory) / 185

기업문화 / 260

기업사명(mission) / 130

기업의 경영자원 / 136

기업의 마케팅목표 / 131

기업전략 또는 전사적 전략 / 140

기업전략(corporate strategy) / 140

기업형 수직적 마케팅경로 시스템 / 398

기존기업 간의 경쟁 / 157

기타 독점적 자산 / 87

기획조정실(corporate planning office) / 140, 142

긴급품(emergency goods) / 21

깊이 / 37

[ㄴ]

내재적 속성 / 86

내적 탐색 / 174

넛지효과 / 207

노출(exposure) / 182

농산물 공동브랜드 / 49

[ㄷ]

다각화전략 / 145

다양성 추구(variety seeking) / 178, 179

단기기억 / 185

단수가격 / 321

단순재구매 / 198

대금결제(payment) / 34

대량마케팅(mass marketing) / 218

대리점 / 353

대체재와의 경쟁 / 161

도매상(wholesaler) / 346

도매상의 유형 / 350

도매상의 정의와 기능 / 346

도매상지원 자발적 연쇄점 / 399

도약전략 / 285

도입기 / 279

독과점 / 302

독점 / 237

독점적 경쟁 / 237

독점적 브랜드 자산 / 8
디자인(design) / 30

[ㄹ]

라이프 스타일(lifestyle) / 189, 228
로고(logo) / 91, 118
리포지셔닝(repositioning) / 252
린치핀(linchpin) 브랜드 / 112

[ㅁ]

마케터 / 10
마케팅전략의 개발과 사업성 분석 / 264
마케팅협력 / 456
마크(mark) / 4
만족 / 345
매뉴얼(manual) / 36
매슬로우(Maslow) / 173
매체 / 374
매출액 비율법 / 378
멀티브랜드전략 / 14
메시지 질 / 374
메이커 도매상 / 351
명도(brightness) / 100, 104
명성 / 7, 345
모방 신제품 브랜드 / 258
목표과업법 / 378
목표투자수익률법(target return on investment
     pricing) / 309
무농약농산물 / 73
무항생제축산물 / 73
문제의 인식 / 173, 201
문화(culture) / 172, 191
물음표(question marks) / 154

물적자원 / 136

[ㅂ]

반응 / 375
발신자 / 373
방패(flanker) 브랜드 / 113
방향전환전략 / 150
배달(delivery) / 34
백로효과 / 205
버즈마케팅(buzz marketing) / 180
베블렌효과 / 207
변동비 우위의 원리 / 330
변동비(variable cost) / 306
보완적 자원의 공유 / 451
보증(endorsed) 브랜드 / 114
보증(guarantee) / 33
복잡한 의사결정 / 178
본원적 마케팅전략 / 163
부분매각전략 / 150
부속제품 가격결정 / 318
부채꼴형 또는 연속성장형 라이프 스타일 유형
     / 279
부호화 / 373
분업의 원리 / 329
브랜드 / 136
브랜드 개성 / 85
브랜드 그룹핑(brand grouping) / 115
브랜드 네이밍 / 8, 90
브랜드 네임 / 3, 4
브랜드 마크 / 3, 4
브랜드 슬로건(brand slogan) / 94
브랜드 신념(brand beliefs) / 176
브랜드 신뢰 / 87
브랜드 아키텍처(brand architecture) / 119

브랜드 이미지 / 5
브랜드 이미지(브랜드 연상) / 86
브랜드 인지도 / 85
브랜드 자산 / 85
브랜드 재인(brand recognition) / 85
브랜드 충성도(brand loyalty) / 4, 8, 35, 86, 178
브랜드 캐릭터(brand character) / 94
브랜드 포트폴리오(portfolio) / 111
브랜드 하이어라키(hierarchy) / 115
브랜드 회상(brand recall) / 85
브랜드 효과 / 55
브랜드(brand) / 3
브랜드수명주기 / 276
브랜드수명주기 유형 / 277
브랜드의 기능 / 6
브랜드의 사용 / 50
브랜드의 연상 이미지 / 8
브랜드의 제휴 / 459
브로커 / 354
비관련다각화전략 / 149
비용구조 / 160
비용우위 마케팅전략 / 238
비전(vision) / 130

[ㅅ]

사업 아이템의 선정 / 419
사업계획서 작성 / 421
사업부전략(business strategy) / 140, 141
사업성 분석 / 266
사업타당성 분석 / 420
사업형 프랜차이징 / 409
사용자(user) / 193, 199
사이코 그래픽스 / 189
사회계층(social class) / 172, 192, 228

사회심리이론 / 188
산업구조분석모델 / 156
산업재 구매의사결정과정 / 200
산업재 브랜드 / 20, 196
산업재 브랜드마케팅 / 196
상대적 고가격전략 / 311
상대적 저가격전략 / 311
상업화 / 268
상인도매상 / 351
상징성(symbolization) / 105, 106
상표권 / 6
상향확장(upward stretch) / 43
상황(situation) / 172, 186, 194
색광의 3원색 / 101
색료의 3원색 / 101
색상(hues) / 100, 104
생산자 브랜드 / 11
생산협력 / 456
선매품 / 21
선택대안의 평가 / 175
선택적 노출 / 183
선택적 유통(selective distribution) / 341
선택적 주의(selective attention) / 183
설치(installation) / 36
성공 / 78
성공적 협력경영을 위한 과정 / 462
성숙기 제품브랜드의 마케팅 / 284
성숙기(maturity) / 280
성장기 / 280
소매상 협동조합 / 399
소매상(retailer) / 354
소매상의 유형 / 356
소매상의 정의와 기능 / 354
소비자 구매의사결정 / 172, 177

소비자 및 시장성 검토 / 417
소비자 심리적 가격결정 / 320
소비자 요인 / 269
소비재 브랜드 / 20
소비재(brand of consumer goods) / 20
속성 / 175
속성형태의 브랜드 네이밍 / 433
손익분기점(break even point) / 264, 265
쇠퇴기 / 281
수단적 조건화(instrumental conditioning)이론
　/ 190
수신자 / 375
수요중심 가격결정(demand based pricing) / 310
수용과정모델 / 271
수정 재구매 / 198
수직적 통합전략 / 147
수평적 통합전략 / 147
수확전략 / 282
순수경쟁 / 237
순환-재순환 형태 / 278
스키마 / 184
스타(star) / 153
스타일 개선(style improvement) / 285
스타일형 브랜드수명주기 / 278
시그니처(signature) / 4
시너지(synergy) / 133
시장개발전략 / 144
시장세분화 / 220, 223
시장의 실패 / 299
시장점유율의 유지 / 6, 7
시장진입 속도단축 / 450
시장집중전략 / 221
시장침투전략 / 144
시장환경적 요인 / 269

시험마케팅 / 267
식별기능 / 6
식별성(discrimination) / 6, 105, 110
식자재 / 196
식품 포장 / 33
신규구매 / 198
신뢰 / 344
신용 / 7
신제품 브랜드 수용자 모델 / 272
신제품 브랜드 수용자의 유형 / 195
신제품 브랜드의 유형 / 257
신제품 특성 요인 / 269
신제품가격전략 / 313
신제품개발 / 450
신제품개발의 성공요인 / 269
신제품개발의 실패요인 / 271
실버 불렛(silver bullet) 브랜드 / 113
실질적 규모 / 222
실천가능성 / 223
심리분석이론 / 188
심리적 욕구변수 / 224
심벌 / 92
쌍방확장(both ways stretch) / 43

[ㅇ]

아이디어 창출 / 260
아이디어 평가 / 261
안동간고등어 / 3
안정전략(stability strategy) / 152
애프터서비스(A/S) / 26, 34
언더독 효과(Underdog Effect) / 206
업무별 협력 / 456
연구개발 컨소시엄 / 457
연상성(association) / 105, 109

영향력 행사자 / 193

영향자(influencer) / 199

오뚜기 / 3

옵션제품 가격결정 / 318

외재적 속성 / 86

외적 탐색 / 174

요구제품의 구체화 / 202

요구제품의 규격화 / 203

우연적 노출 / 183

원가가산법(cost plus pricing) / 308

원가우위전략 / 163

원가중심 가격결정 / 306

원산지 개념 / 436

원산지 이미지 / 437

원산지 효과 / 436, 438

원산지(country of origin) / 436

위치선정 / 128

위험분산 / 449

유기가공식품인증 / 76

유기농산물 / 73

유기축산물 / 73

유사성효과(similarity effect) / 176

유인효과(attraction effect) / 176

유통경로 / 331

유통경로 설계과정 / 332

유통경로목표설정 / 335

유통경로의 갈등 / 342

유통경로의 역할 / 330

유통경로의 유형 / 331

유통경로의 정의 / 325

유통경로의 협력 / 344

유통관계 / 8

유통업체 브랜드 / 11

유형제품(tangible product) / 19

음향마케팅 / 103

의도적 노출 / 183

의사결정자(decider) / 193, 200

의사교환 촉진과정 / 376

의사교환 촉진과정의 구성요소 / 373

의사교환(communication) / 344, 373

의사교환의 촉진 / 372

의사소통 / 385

의존성 / 345

이질성 / 157

이해(comprehension) / 184

인구통계적 또는 사회경제적 변수 / 224

인구통계학적 변수 / 225

인구통계학적 특성 / 190

인수합병 / 453

인적자원 / 136

인증의 갱신 / 77

인증의 변경 / 77

인증의 승계 / 77

인지도 / 8

인지부조화 / 181

인지적 학습이론 / 187, 190

임의할당법 / 380

[ㅈ]

자국어 브랜드 네이밍 / 431

자민족중심주의 / 442

자본협력 / 459

자사브랜드전략 / 15

자산성 / 6

자연어 형태의 브랜드 네이밍 / 432

자연어(natural language) / 432

잠재적 진입자와의 경쟁 / 160

잡음 / 376

장기기억 / 185

장수브랜드의 경우 / 277

재산권 / 6

재순환전략 / 287

재포지셔닝 / 228

적응전략 / 287

전국브랜드 / 3

전략 / 127

전략의 수립(strategy formulation) / 132

전략의 실행 / 139

전략적 브랜드(strategic brand) / 112

전략적 아웃소싱 / 459

전략적 통제(strategic control) / 139

전문품 / 21

전속적 유통(exclusive distribution) / 341

전술 / 127

접근가능성 / 222

정(情)마케팅의 역할 / 382

정(情)의 개념과 특징 / 381

정교화가능성모델 / 187

정보수집자 / 193

정보의 원천 / 174

정보의 탐색(information search) / 174

정보처리과정 / 182

정보통제자(gatekeeper) / 200

제거전략 / 282

제안형 충동구매 / 179

제품(product) / 18

제품개념의 개발과 시험 / 262

제품개발 / 266

제품개발전략 / 144

제품계열(product line) / 40

제품계열의 길이 / 37

제품계열전략 / 41

제품다양화마케팅(product variety marketing) / 218, 219

제품라인 가격결정 / 316

제품묶음 가격결정 / 319

제품믹스 가격결정전략 / 316

제품믹스 넓이 / 37

제품믹스(product mix) / 37

제품믹스의 분할 / 40

제품믹스전략 / 38

제품믹스축소전략 / 39

제품믹스확대전략 / 39

제품브랜드 확장 / 258

제품속성 / 175

제품스왑(product swap) / 456

제품유통형 프랜차이징 / 410

제품차별화 / 158

제품폐기전략 / 282

조달협력 / 458

종합주의전략 / 221

주도자 브랜드의 역할(drivers role) / 114

주목성(attractiveness) / 105, 106

주문방식의 선택 / 204

주의(attention) / 183

준거가격 / 320

준거집단(reference group) / 172, 192

지각 장애 / 215

지각된 품질(perceived quality) / 86

지각적 조직화 / 184

지각적 추론 / 184

지각적 해석 / 184

지리적 가격결정 / 323

지리적 변수 / 224, 225

지리적 표시제 / 63

지리적 표시제의 이점 / 72

집약적 유통(intensive distribution) / 340
집중도(concentration) / 157
집중마케팅전략 / 238, 242
집중저장의 원리 / 330
집중적 성장전략 / 143
집중화전략 / 163, 165
징글(jingle) / 96

[ㅊ]

차별적 마케팅전략 / 238, 240
차별적 반응 / 223
차별화전략 / 163, 165
창업 아이템의 탐색 / 415
창업마케팅 / 410
창업의 구성요소 / 411
창업의 절차 / 412
창업자 분석 / 414
채도(saturation) / 100, 104
책략 / 128
청산전략 / 151
청정원 / 3
체험마케팅 / 103
초과설비 / 159
촉진마케팅(promotion marketing) / 368
촉진마케팅예산의 결정 / 377
촉진마케팅의 구성요소 / 369
총거래수 최소의 원칙(the principle of
    minimum total transaction) / 328
총비용(total cost) / 307
축소전략 / 150
출처표시 / 6
충동구매 / 179
충동품(impulsive goods) / 21
충성도(loyalty) / 232

측정가능성 / 222
친환경농축산물 / 73
친환경농축산물 인증 신청 / 75

[ㅋ]

캐시카우(cashcow) 브랜드 / 113
커뮤니케이션(communication) / 194
컬러(color) / 99
컬러마케팅(color marketing) / 99, 103, 215

[ㅌ]

태도(attitude) / 177, 187
통제기능 / 7
통제력 / 339
통제성 / 6
통합공동브랜드 / 16
통합적 성장전략 / 146
통합적 품질경영(TQM) / 26
통합전략 / 40
트레이드 네임 / 4
트레이드 마크 / 4
특성개선(feature improvement) / 285
특허 · 등록브랜드 / 8
특허권 및 상표 검색 / 416

[ㅍ]

파문효과(ripple effect) / 214
파워 브랜드 / 112
판매경로 / 331
판매촉진 가격결정 / 322
패키지(package) / 96
편승효과 / 205
편의품 / 21

편익브랜드 / 114
평균고정비(average fixed cost) / 307
평균변동비(average variable cost) / 307
평균비용(average cost) / 307
포장(package) / 31
포장의 주요 기능 / 31
포지셔닝(positioning) / 244
포트폴리오의 그래픽 / 117
표적시장마케팅 / 218, 219
풀무원 / 3
품질(quality) / 25
품질개선(quality improvement) / 284
품질경영(QM) / 26
품질관리(QC) / 26
품질보증 / 6
품질보증기능 / 7
프랜차이즈 브랜드 / 393
프랜차이즈 브랜드 창업 / 410
프랜차이즈 브랜드의 성장배경 / 407
프랜차이즈 브랜드의 업종 / 408
프랜차이즈 브랜드의 유형 / 395
프랜차이즈 브랜드의 장·단점 / 402
프랜차이즈 브랜드의 정의 / 393
프랜차이즈 시스템 / 400
프랜차이즈산업의 특성 / 405
피드백 / 375
필수품(staple goods) / 21

[ㅎ]

하위 브랜드(sub brand) / 114
하향확장(downward stretch) / 42
학습(learning) / 189
한국적 정(情)마케팅 / 381
합작투자 / 148, 454
해독화 / 374
핵심성공요인 / 78
핵심역량(core competence) / 133
핵심제품(core product) / 19
행동적 변수 / 224, 229
행동주의 이론 / 190
행위유형 / 128
향기마케팅(aroma marketing) / 103, 334
혁신(innovation) / 271
혁신의 확산(diffusion of innovation) / 195
혁신적인 신제품 브랜드 / 258
현금젖소(cash cow) / 154
협력 / 388
협력 성과 / 346
협력의 범위 / 446
혼합브랜드 / 13
혼합브랜드전략 / 16
확장제품(augmented product) / 20
환경적응력 / 339
회상적 충동구매 / 179
후광효과(halo effects) / 176

[A-Z]

BCG 매트릭스(BCG matrix) / 153
CJ그룹 / 3
SO전략 / 137
ST전략 / 137
SWOT분석 / 135, 136
S자형 / 275
TQC(total quality control) / 25
WO전략 / 137
WT전략 / 137

저자약력

권기대(權奇大)(knickerboker@naver.com)

국립공주대학교 산업유통학과 교수

대구고, 연세대학교 경영학박사, U. of Wisconsin at Madison, 중국 요녕(遼寧)師範大學, 中國農業大學, 中國延邊大學 訪問敎授, 노동부(한국산업인력공단) 대한민국 명장 최종심사위원장, 농림축산식품부 적극행정지원위원장, 충남 지자체(부여군·공주시·예산군·청양군) 농산물 공동브랜드 심의위원, 공주시/예산군 고향 답례품 선정위원, 충남지식재산센터 운영위원

(전)충남 농림축산정책자문위원장, 충남지식재산권위원회 부위원장, 충남 기초지방자치단체 농산물 공동브랜드 심의위원활동(천안, 청양, 예산, 공주, 서천, 보령, 세종), (전)(사)한국전략마케팅학회 회장, (사)한국마케팅학회 부회장, (사)한국마케팅관리학회 부회장, (사)대한경영학회 「대한경영학회지」 마케팅분 편집위원장, (사)한국기업경영학회 「기업경영연구」 마케팅편집위원장, (사)한국경영교육학회 부회장 및 「경영교육연구」 마케팅편집위원장 (전)한국연구재단 상경계 마케팅분야 PM

기초지방자치단체와 개별농가의 공동브랜드, 신뢰 및 충성도 간의 관계, 「브랜드디자인학연구」, 2023, Vol. 21 No. 4) 등 120여 편 게재, 「마케팅전략」(2016, 박영사) 등 14권의 저서 발간

관심분야: 龍巒 權紀(1546~1623)의 13世孫로서의 「永嘉誌」(1608년) UNESCO 登載) 연구, 농산물 공동브랜드의 경쟁우위 요인분석, 지역 브랜드의 Leadership, 브랜드 신뢰 및 Loyalty, 조직 간의 협력 연구

김신애(金信愛)(art0731@naver.com)

성결대학교 경영학과 교수

국립공주대학교 대학원 경영학박사, 계명대학교 대학원 미술학 박사수료

해양수산부 유통정책 심의위원, 한국연구재단 예술경영 및 복합학 분야 평가위원, 충남지식재산센터 심의위원, 경기지식재산센터 심의위원, 부여군, 청양군, 예산군, 보령시, 농정유통 자문교수, aT농식품유통교육원 지원 공주대 농산물유통CEO과정 담임 교수

(전)(사)한국전략마케팅학회 부회장, (사)한국마케팅관리학회 부회장, (사)한국경영교육학회 부회장, (사)한국전략마케팅학회 「마케팅논집」 편집위원장 역임.

예산군 농산물 공동브랜드의 전략적 제휴 연구: 예가정성 미황(米皇)을 중심으로, 「브랜드디자인학연구」, (2020, Vol. 20 No. 3) 등 논문 80여 편 발표 및 게재

관심분야: 공동브랜드의 전략적 제휴, 농산물 공동브랜드 및 패키지의 컬러마케팅 연구, 농산물 브랜드의 카리스마(charisma) 연구, 농산물 아이덴티티(identity) 연구, 농산물 공동브랜드의 네이밍(naming) 연구

제 2 판
농산물 브랜드 마케팅

초판발행   2019년 3월 2일
제2판발행   2024년 2월 28일

지은이   권기대 · 김신애
펴낸이   안종만 · 안상준

편 집   김다혜
기획/마케팅   정연환
표지디자인   Ben Story
제 작   고철민 · 조영환

펴낸곳   (주) **박영시**
             서울특별시 금천구 가산디지털2로 53, 210호(가산동, 한라시그마밸리)
             등록 1959. 3. 11. 제300-1959-1호(倫)

전 화   02)733-6771
f a x   02)736-4818
e-mail   pys@pybook.co.kr
homepage   www.pybook.co.kr
ISBN   979-11-303-1947-6 93520

정 가   35,000원